ウッドケミカルスの新展開
Advanced Technologies for Chemicals from Wood Resources
《普及版》

監修 飯塚堯介

シーエムシー出版

はじめに

　最近のウッドケミカルスに対する社会的な注目と期待の大きさには驚かされるものがある。しかるに，それに応えるべき研究開発の進展状況を把握することは，含まれる内容が余りにも多岐にわたり，多くの専門分野に関係するために容易ではない。2000年10月に上梓した「ウッドケミカルスの最新技術」（飯塚堯介監修，シーエムシー出版）が幸いにも好評を博し，先般，普及版での再版がなされたのも，このような背景によるものといえる。

　ウッドケミカルスに関する最近の進展を中心に取りまとめた「ウッドケミカルスの新展開」は，前回出版を念頭においたものであり，ウッドケミカルス利用研究の最前線の状況がセルロース，リグニン，抽出成分それぞれの分野の専門家によって分担執筆されている。官・学の研究者に加えて，実用化研究の現状に詳しい企業の研究者にも多数執筆陣に加わって頂いたことも今回の特徴の一つと言えよう。

　21世紀は「生物材料」の時代であるともいわれている。本書がウッドケミカルスの研究に携わっている研究者はもちろん，生物材料全般の研究者，技術者ならびにユーザー諸氏の一助になれば幸いである。

2007年8月

東京大学名誉教授：東京家政大学　家政学部
教授　飯塚堯介

普及版の刊行にあたって

本書は2007年に『ウッドケミカルスの新展開』として刊行されました。普及版の刊行にあたり，内容は当時のままであり加筆・訂正などの手は加えておりませんので，ご了承ください。

2012年6月

シーエムシー出版　編集部

執筆者一覧（執筆順）

飯塚堯介	東京家政大学　家政学部　教授；東京大学名誉教授
谷田貝光克	秋田県立大学　木材高度加工研究所　所長・教授；東京大学名誉教授
鈴木　勉	北見工業大学　化学システム工学科　教授
美濃輪智朗	㈱産業技術総合研究所　バイオマス研究センター　チーム長
坂　志朗	京都大学　大学院エネルギー科学研究科　エネルギー社会・環境科学専攻　教授
山田竜彦	㈱森林総合研究所　バイオマス化学研究領域　主任研究員
小野拡邦	工学院大学　工学部　応用化学科　教授
渡辺隆司	京都大学　生存圏研究所　バイオマス変換分野　教授
山田富明	㈳アルコール協会　研究開発部　部長
磯貝　明	東京大学　大学院農学生命科学研究科　生物材料科学専攻　教授
恩田吉朗	信越化学工業㈱　有機合成事業部　セルロース部　顧問
早川和久	信越化学工業㈱　合成技術研究所　研究部　開発室長
荒西義高	東レ㈱　繊維研究所　主任研究員
西尾嘉之	京都大学　大学院農学研究科　森林科学専攻　教授
黒田　久	三菱レイヨン㈱　アセテート工場　技術開発課
森　裕行	富士フイルム㈱　フラットパネルディスプレイ材料研究所　研究担当部長
小野博文	旭化成㈱　研究開発センター　主幹研究員
松田裕司	特種製紙㈱　営業本部　執行役員　本部長
近藤哲男	九州大学　バイオアーキテクチャーセンター；大学院生物資源環境科学府　バイオマテリアルデザイン分野　教授
浦木康光	北海道大学　大学院農学院　応用生命科学部門　准教授
大原誠資	㈱森林総合研究所　バイオマス化学研究領域　領域長
大平辰朗	㈱森林総合研究所　バイオマス化学研究領域　樹木抽出成分研究室室長
谷中一朗	ハリマ化成㈱　中央研究所　開発室長
三國克彦	塩水港精糖㈱　糖質研究所　商品企画開発室　室長
浜田博喜	岡山理科大学　理学部　臨床生命科学科　教授

執筆者の所属表記は，2007 年当時のものを使用しております。

目　次

第1章　ウッドケミカルス時代の到来を目指して　　飯塚堯介

第2章　リグニン利用の現状と方向性　　飯塚堯介

1　はじめに …………………………… 4
2　リグニンの分離法とその性状 ……… 4
3　用途別に見たリグニン利用の変遷 …… 7
4　今後に期待されるリグニン利用とは …… 8
　4.1　土壌改良剤としての利用 ……… 8
　　4.1.1　アルカリ性酸素処理クラフトリグニン …………………… 8
　　4.1.2　酸処理リグニンのアルカリ性酸素酸化 ………………… 10
　　4.1.3　漂白工程排液リグニンの利用 …………………………… 11
　4.2　分散剤としての利用 …………… 14

第3章　熱的変換技術の最前線

1　見直される木材炭化技術と炭化生産物の利用 …………… 谷田貝光克 … 18
　1.1　はじめに ……………………… 18
　1.2　多様化する炭材 ……………… 20
　1.3　炭化法と炭化炉 ……………… 25
　1.4　木炭の新規利用 ……………… 30
2　急速熱分解法の現状
　　……………… 鈴木　勉，美濃輪智朗 … 34
　2.1　はじめに ……………………… 34
　2.2　急速熱分解法の原理 ………… 35
　2.3　加熱方式と反応器 …………… 35
　　2.3.1　流動床反応器 …………… 36
　　2.3.2　循環流動床反応器 ……… 36
　　2.3.3　回転円錐反応器 ………… 37
　　2.3.4　アブレーティブ反応器 …… 37
　　2.3.5　真空反応器 ……………… 37
　2.4　プロセス操作 ………………… 38
　2.5　油の性状，用途，改質処理 …… 39
　2.6　急速熱分解法の課題 ………… 41
　2.7　バイオリファイナリーとしての技術 …………………………… 41
　2.8　おわりに ……………………… 43
3　亜臨界，超臨界溶媒を用いたバイオマスからのケミカルス・バイオ燃料の製造 ……………………… 坂　志朗 … 46
　3.1　はじめに ……………………… 46
　3.2　バイオマス資源 ……………… 47
　3.3　亜臨界及び超臨界流体について … 48

3.4 亜臨界及び超臨界水技術によるバイオマスの化学変換 …………… 49
　3.4.1 セルロース及びヘミセルロースからの有用ケミカルス …… 49
　3.4.2 リグニンからの有用ケミカルス ……………………………… 53
　3.4.3 バイオマスからのバイオ燃料 ……………………………… 56
　3.4.4 バイオマスからのバイオガス ……………………………… 57
3.5 亜臨界及び超臨界アルコール技術によるバイオマスの化学変換 …… 58
　3.5.1 リグノセルロースの液化 …… 58
　3.5.2 油脂類からのバイオディーゼル燃料 ………………………… 61
3.6 非プロトン性溶媒によるバイオマスの超臨界分解 ………………… 61
3.7 超臨界流体技術によるバイオケミカルスの将来 ……………… 62

第4章　加溶媒分解法の最前線

1 はじめに……………山田竜彦… 67
2 成分利用のための加溶媒分解 …… 67
　2.1 パルプ化のための加溶媒分解 …… 67
　2.2 有用ケミカルス創成のための加溶媒分解 ……………………………… 69
　　2.2.1 セルロースの積極的な分解 … 69
　　2.2.2 環状カーボネート中でのセルロースの迅速な分解 ………… 71
　　2.2.3 有用ケミカル原料「レブリン酸」……………… 72
　　2.2.4 加溶媒分解システムによる有用ケミカルスの取得 ………… 75
3 樹脂原料製造のための加溶媒分解 ………………………小野拡邦… 80
3.1 フェノール分解生成物の利用 …… 80
　3.1.1 フェノール分解生成物の接着剤化 …………………………… 80
　3.1.2 レゾルシノール分解生成物の接着剤化 ……………………… 81
3.2 ポリエチレングリコール分解生成物の利用 ……………………………… 81
　3.2.1 完全加溶媒分解物のウレタン化 ……………………………… 81
　3.2.2 部分加溶媒分解物の利用 …… 82
3.3 アルコール分解生成物から分離したレブリン酸からのペンダント型ポリマー ……………………………… 84
4 加溶媒分解技術の展望 ……………… 84

第5章　発酵技術の最前線

1 リグノセルロース系バイオリファイナリー……………渡辺隆司… 87

1.1 はじめに …………………… 87	………………… 山田富明 … 107
1.2 バイオリファイナリー創成の背景 ………………………… 87	2.1 はじめに …………………… 107
1.3 バイオリファイナリーに必要な技術革新 ………………… 90	2.2 わが国および海外のバイオマス原料事情 ………………… 109
1.3.1 植物細胞壁多糖の酵素加水分解 ……………………… 90	2.3 セルロース系バイオマスからのバイオエタノール製造技術 ……… 111
1.3.2 バイオリファイナリーのための微生物の改変と利用 …… 93	2.3.1 希硫酸前処理・酵素加水分解法 ……………………… 112
1.3.3 バイオリファイナリーのためのプラットフォーム化合物の生産と誘導体化 ………… 94	2.3.2 酸加水分解法 ………… 115
	2.4 プロセスの経済性評価 …… 123
	2.4.1 糖質,澱粉質原料からのエタノール製造コスト ………… 123
1.4 微生物変換と熱化学変換の統合バイオリファイナリー …………… 100	2.4.2 セルロース系原料からのエタノール製造コスト ………… 125
1.5 紙パルプ製造プロセスとリンクした森林バイオリファイナリー …… 102	2.5 プロセスのエネルギー収支の検討 ……………………………… 128
1.6 セルロース系オリゴ糖の新展開 … 103	2.6 おわりに …………………… 128
2 バイオエタノールの製造技術の現状	

第6章 セルロースの改質とその利用

1 セルロース改質技術の現状 ………………… 磯貝 明 … 131	1.7 天然セルロースのTEMPO触媒酸化によるセルロースナノファイバーの調製 …………………… 139
1.1 はじめに …………………… 131	
1.2 セルロースの改質 ………… 132	1.8 おわりに …………………… 141
1.3 セルロースの形状改質 …… 133	2 セルロース系の医薬用製剤のコーティング剤 ……… 恩田吉朗,早川和久 … 142
1.4 セルロースの誘導体化による改質 ………………………… 134	2.1 はじめに …………………… 142
1.5 セルロースの酸化による改質 …… 135	2.2 胃溶性のコーティング用セルロース誘導体 ………………… 142
1.6 セルロースのTEMPO触媒酸化による改質 ………………… 136	2.2.1 メチルセルロース(MC)及

びヒドロキシプロピルメチル
　　　セルロース（HPMC） ……… 142
　2.2.2 ヒドロキシプロピルセルロー
　　　ス（HPC） ………………… 144
　2.2.3 低置換度ヒドロキシプロピル
　　　セルロース ………………… 145
　2.2.4 エチルセルロース ………… 145
 2.3 腸溶性のコーティング用セルロー
　　ス誘導体 ……………………… 145
 2.4 おわりに ……………………… 146
3 溶融紡糸法によるセルロースの繊維化
　………………荒西義高，西尾嘉之… 148
 3.1 はじめに ……………………… 148
 3.2 既存のセルロース系繊維 …… 148
 3.3 セルロースの熱可塑化に関する研
　　究 ……………………………… 149
　3.3.1 水酸基の反応性を利用したセ
　　　ルロースの誘導体化 ……… 149
　3.3.2 セルロース誘導体へのグラフ
　　　ト重合 ……………………… 150
 3.4 熱可塑性セルロース繊維
　　"フォレッセ" ………………… 151
 3.5 "フォレッセ"の特徴 ………… 152
 3.6 おわりに ……………………… 153
4 通気性制御素材の開発……黒田　久… 155
 4.1 はじめに ……………………… 155
 4.2 通気性制御素材の概要 ……… 155
 4.3 "動く繊維"の原糸設計 ……… 156
 4.4 可逆捲縮特性の実用化 ……… 158
 4.5 おわりに ……………………… 159
5 TACのLCD構成材料としての応用

　………………………森　裕行… 161
 5.1 はじめに ……………………… 161
 5.2 TACフィルムの製造方法 …… 161
 5.3 偏光板保護フィルムとしてのTAC
　　………………………………… 162
 5.4 TACフィルムを利用したLCDの
　　視野角拡大フィルム ………… 164
　5.4.1 光学特性を制御したTACフィ
　　　ルム ………………………… 164
　5.4.2 視野角拡大フィルム
　　　「WVフィルム」 …………… 166
 5.5 表面フィルム ………………… 170
 5.6 おわりに ……………………… 171
6 セルロースの微細化………小野博文… 172
 6.1 微細化におけるセルロースの特徴
　　………………………………… 172
 6.2 微結晶セルロースの製造技術 … 173
 6.3 機械的微細化によるフィブリル化
　　技術 …………………………… 174
 6.4 微細化セルロースに関する最近の
　　トピックス …………………… 175
7 微細フィブリル化セルロースの製紙用
　添加剤としての利用………松田裕司… 178
 7.1 はじめに ……………………… 178
 7.2 MFCの評価法 ………………… 178
 7.3 填料含有紙へのMFC添加の影響
　　………………………………… 179
 7.4 MFCの染料吸着特性 ………… 180
 7.5 製紙用添加剤としてのMFCの利
　　用 ……………………………… 181

第7章 機能性セルロース構造体の開発　　近藤哲男

1　はじめに−構造体設計の2方向− …… 184
2　機能性セルロース一次構造体−繊維− ………………………………………… 185
　2.1　天然セルロース繊維 …………… 185
　2.2　酢酸菌産生ナノ繊維 …………… 187
3　機能性セルロース二次元構造体−平面− ………………………………………… 188
　3.1　樹木細胞壁 ……………………… 188
　3.2　汎用人工フィルム ……………… 189
　3.3　ネマティックオーダーセルロース
　　　（NOC） ………………………… 189
　3.4　セルロースハニカムフィルム …… 190
4　機能性セルロース三次元構造体 ……… 191
　4.1　酢酸菌産生セルロースペリクル
　　　（ナタデココ） …………………… 191
　4.2　酢酸菌を用いる機能性セルロース
　　　三次元構造体の構築 …………… 191
　　4.2.1　マイクロバイアルセルロース
　　　　　を用いるティッシュ・エンジ
　　　　　ニアリング ………………… 191
　　4.2.2　酢酸菌をナノビルダーとして
　　　　　用いる自動三次元構造構築 … 192
　4.3　セルロースファイバーネットワー
　　　ク構造を用いた複合材料 ………… 194
5　おわりに ………………………………… 194

第8章 機能性リグニン-多糖複合体の開発　　浦木康光

1　はじめに ………………………………… 196
2　LCCの溶液物性 ……………………… 197
　2.1　LCCの分子量と分子会合性 …… 197
　2.2　両親媒性物質としてのLCC …… 199
3　未漂白パルプを原料とする機能性材料 ………………………………………… 202
　3.1　両親媒性パルプ誘導体とその分子
　　　会合性 …………………………… 202
　3.2　両親媒性パルプ誘導体の特性とそ
　　　の利活用 ………………………… 203
　　3.2.1　粘度と増粘剤 ……………… 203
　　3.2.2　疎水性環境の形成と物質包接
　　　　　能 …………………………… 204
　　3.2.3　タンパク質との相互作用 …… 207
4　未漂白パルプ誘導体ゲル ……………… 208
　4.1　下限臨界共溶温度とゲル化 …… 208
　4.2　HP化未漂白パルプ誘導体のLCST
　　　と化学ゲル化 …………………… 209
　4.3　HP化未漂白パルプ誘導体の環境
　　　応答性とゲスト分子の吸放出挙動
　　　………………………………………… 210
　4.4　HP化未漂白パルプ誘導体ゲルの
　　　ゲスト分子吸放出挙動 …………… 213
5　単離リグニンに親水性高分子を結合さ
　　せたリグニン-多糖複合体モデルの特
　　性 ………………………………………… 214

6　おわりに ……………… 215

第9章　樹皮の利用　　大原誠資

1　樹皮の排出量と利用・処理状況の実態
　　……………………………… 217
2　樹皮の物理的・化学的特徴 ……… 218
3　樹皮の利用技術 ………………… 218
　3.1　エネルギー利用 …………… 218
　3.2　園芸用資材 ………………… 219
　3.3　樹皮ボード ………………… 221
　3.4　バーク堆肥 ………………… 221
　3.5　ポリウレタンフォーム …… 222
　3.6　接着剤への利用 …………… 223

4　樹皮タンニン ………………… 223
　4.1　分布，含有量 ……………… 224
　4.2　利用技術 …………………… 225
　　4.2.1　木材用接着剤 ………… 225
　　4.2.2　抗酸化性健康飲料 …… 225
　　4.2.3　VOC吸着材 …………… 226
　　4.2.4　住環境向上資材 ……… 228
　　4.2.5　重金属吸着材 ………… 228
5　樹皮抽出成分の機能性 ………… 228

第10章　木材抽出成分の利用

1　木材抽出成分利用の現状
　　……………………… 谷田貝光克 … 232
　1.1　はじめに …………………… 232
　1.2　抽出成分は合成品に劣るか … 233
　1.3　抽出成分の持続的な利用に向けて
　　……………………………… 235
　1.4　バイオマス研究，そして抽出成分
　　　　研究に終わりはない ……… 236
2　テルペン …………… 大平辰朗 … 238
　2.1　はじめに …………………… 238
　2.2　テルペンの生合成経路…メバロン
　　　　酸経路 ……………………… 238
　2.3　テルペン類の分類 ………… 238
　2.4　樹木に含まれるテルペン類 … 241

　　2.4.1　精油類 ………………… 241
　　2.4.2　樹脂類 ………………… 242
　　2.4.3　イソプレン …………… 243
　2.5　テルペン類の利用 ………… 243
　　2.5.1　モノテルペン類 ……… 244
　　2.5.2　セスキテルペン類 …… 246
　　2.5.3　ジテルペン類，トリテルペン
　　　　　類 ………………………… 247
3　ロジン ……………… 谷中一朗 … 251
　3.1　はじめに …………………… 251
　3.2　ロジンの種類 ……………… 251
　3.3　樹脂酸 ……………………… 252
　3.4　ロジンの市場動向 ………… 255
　3.5　ロジンの変性と用途 ……… 256

- 3.5.1 化学的性質 …………… 256
- 3.5.2 ロジン塩 …………… 257
- 3.5.3 製紙用サイズ剤 …………… 257
- 3.5.4 油性印刷インキ用樹脂（ロジン変性フェノール樹脂） …… 258
- 3.5.5 ロジンエステル …………… 258
- 3.5.6 安定化ロジン …………… 259
- 3.5.7 重合ロジン …………… 260
- 3.6 ロジンのその他の用途 …………… 260
  - 3.6.1 はんだへの適用 …………… 260
  - 3.6.2 ロジンの生物活性 …………… 260
- 3.7 おわりに …………… 261
- 4 水溶性パクリタキセル（水溶性タキソール） ……… 三國克彦，浜田博喜 … 264
  - 4.1 はじめに …………… 264
  - 4.2 パクリタキセル …………… 265
  - 4.3 配糖化剤 …………… 265
  - 4.4 パクリタキセル配糖体 …………… 266
  - 4.5 ドセタキセル配糖体 …………… 267
  - 4.6 おわりに …………… 268
- 5 香料 ……… 大平辰朗 … 270
  - 5.1 はじめに …………… 270
  - 5.2 花等から得られる精油類 …………… 270
    - 5.2.1 イランイラン（Ylang ylang oil） …………… 270
    - 5.2.2 クローブ（チョウジ）（Clove oil） …………… 271
  - 5.3 果実等から得られる精油類 ……… 271
    - 5.3.1 アニス（Anis oil） …………… 271
    - 5.3.2 ジュニパー・ベリー（Juniper berry） …………… 272
    - 5.3.3 ナツメグ（Nutmeg oil） …………… 272
    - 5.3.4 ピメンタ（オールスパイス）（Pimenta oil（Allspice oil）） 272
    - 5.3.5 ベルガモット（Bergamot） … 273
  - 5.4 葉，樹皮から得られる精油類 …… 273
    - 5.4.1 ガルバナム（Galbanum oil） … 273
    - 5.4.2 カユプテ（Cajaput oil） …… 273
    - 5.4.3 カンファー（Camphor oil），ホウショウ（Ho leaf oil, Ho wood oil） …………… 274
    - 5.4.4 グアイアック（Guaiac wood oil） …………… 274
    - 5.4.5 シナモン（Cinnamon oil），カッシア（Cassia oil） …………… 275
    - 5.4.6 ユーカリ（Eucalyptus oil） … 275
  - 5.5 木材から得られる精油類 …………… 277
    - 5.5.1 サンダル（白檀）（Sandalwood oil） …………… 277
    - 5.5.2 シーダーウッド（Cedarwood oil） …………… 277
    - 5.5.3 ローズウッド（ボアドローズ，Bois de rose）（Rosewood oil） …………… 278
    - 5.5.4 スギ，ヒノキ，ヒバ …………… 279
  - 5.6 おわりに …………… 280

第1章　ウッドケミカルス時代の到来を目指して

飯塚尭介*

　石油に代表される化石資源への過度の依存が，資源の持続的利用の面のみならず，地球環境面でも深刻な問題を引き起こしていることは周知のとおりである。化石資源から再生可能なバイオマス資源に軸足を移し，緊急にその利用拡大を図ることの必要性が叫ばれ，多様な取り組みが進められている。自動車用燃料としてのエタノールの生産が，世界の多くの国で試みられ，また実用化されていることはその典型である。しかし，多くの場合，その製造原料として余剰農産物が使用され，そこに含まれるデンプンからの燃料用エタノールの生産が進められている現状には，疑問を感ぜざるを得ない。本来，食糧として利用可能な余剰農産物を原料とすることは，燃料用エタノールの生産拡大が食糧の不足，あるいは価格上昇を引き起こしかねないからである。化石資源に代わるバイオマス資源の利用拡大は，食糧としての利用の見込めない木質系バイオマス資源に集中すべきであり，また，そのための技術開発を急ぐことが必要である。

　地球上のバイオマス資源の90％を木質系バイオマス資源が占めている。木質系バイオマス資源の最大の特徴は，樹木として永年にわたって森林に蓄積されており，必要に応じて伐採し，資源として利用することが可能である点にある。通常は1年以内に収穫し，利用しなければならない非木質系バイオマス資源とは異なり，長期にわたり計画的に利用していくことが可能である。適切に利用するならば，森林は我々の生活に不可欠の木質系バイオマス資源を，永続的に供給してくれるものと期待される。地球環境保全の観点から，森林の二酸化炭素固定能に大きな注目が寄せられているが，一旦大気中に放出された二酸化炭素を吸収し，その濃度を低減する機能を他に求めることは不可能である。この面での森林に対する期待は今後とも益々増大するものといえる。このように考えると，木質系バイオマス資源の利用にあたっては，従来にも増して充分な配慮を森林の生態系にして行かなければならないことは言うまでもない。人工造林地における樹木の健全な生長にとって，間伐が不可欠であるとされている。森林の機能の活性化と木質系バイオマス資源確保の両面から，間伐材の積極的な利用が求められている所以である。

　木質系バイオマス資源を化学工業原料として利用する上で，それがセルロース，ヘミセルロース，リグニンに代表される多様な成分の複合体として存在しており，決して一様な成分からなる

＊　Gyosuke Meshitsuka　東京家政大学　家政学部　教授；東京大学名誉教授

ものではないことが，大きな難しさの原因となっている．そのため，それぞれの主成分を，著しい変質を抑えて分離する各種の主成分分離技術が提案されていることは周知のとおりである．また，製紙用パルプの製造における蒸解工程も，主としてセルロースからなるパルプとリグニンを分離する，成分分離技術の一つであるとみることもできる．いずれにしても，木質系バイオマス資源の化学工業原料としての利用に際しては，その利用目的に最も合致した主成分分離技術を確立することが不可欠であるといえる．

表1 米国におけるプラスチック，繊維，ゴム生産量（1973年）を代替するのに必要なリグノセルロース資源量

	生産量（千トン）	リグノセルロース推定値（千トン）
○プラスチック	11,940	
エポキシ	110	275 (L)
ポリエステル	525	1,320 (L)
尿素	435	
メラミン	85	
フェノール，タール酸	695	1,740 (L)
ポリエチレン（低密度）	2,900	9,100 (C)
（高密度）	1,320	4,150 (C)
ポリプロピレン	1,080	3,400 (C)
ポリスチレン	2,510	6,300 (L)
塩化ビニール	2,280	3,100 (C)
○セルロース系繊維		680
レーヨン	450	
アセテート	230	
○非セルロース系繊維	3,155	
ナイロン	1,090	2,700 (L)
アクリル	370	1,160 (C)
ポリエステル	1,450	3,600 (L)
オレフィン	245	770 (C)
○合成ゴム	2,895	
スチレン－ブタジエン	1,695	7,500 (C)
ブチル	175	800 (C)
ニトリル	95	300 (C)
ポリブタジエン	370	1,670 (C)
ポリイソプレン	130	
エチレン－プロピレン	130	410 (C)
ネオプレン，その他	300	
○全プラスチック，非セルロース系繊維，ゴム	17,990	
リグノセルロースによる代替	17,040	
セルロースから誘導	10,660	32,360 (C)
リグニンから誘導	6,380	15,935 (L)

L：リグニンから製造，C：セルロースから製造

第 1 章　ウッドケミカルス時代の到来を目指して

　分離された個々の主成分の利用技術の確立もまた重要である。Goldstein 教授（ノースカロライナ州立大）は，1973年当時の米国におけるプラスチック，繊維，ゴムの生産量の全量をバイオマス資源に置き換えるとした場合の，必要なそれぞれの主成分量を試算している（表1）[1]。例えば，非セルロース系ポリエステル繊維の生産量145万トンの全量をバイオマス資源から製造するためには，360万トンのリグニンが必要であるとしている。また，必要とするセルロース，リグニンの全量を，それぞれ3236万トン，1594万トンと試算している。この試算は，化石資源によって製造されているこれらの製品を，バイオマス資源の主成分から製造することが，製品の品質面，コスト面に課題は残されているものの，技術的には可能であること，そして何よりも木質系バイオマス資源が化石資源に代わって我々の生活を支えることが可能な資源であることを，当時，既に指摘していることに注目する必要がある。今，我々は全ての知識と，最新の技術を集中して，木質系バイオマス資源の効果的な利用技術の開発にあたらなければならない。

　国の総合科学技術会議では，真に重要な研究開発分野に資源（予算）を重点配分するとして優先分野を選定しているが，その中で，バイオマス燃料の普及を加速するための施策を強化するとともに，バイオマス利活用地域活性化計画を省庁の枠を越えた連携によって，強力に推進するとしている。関連分野の研究者にとって，これまでの常識にとらわれない斬新なアイディアと研究者間の緊密な連携によって，木質系バイオマス資源の利用拡大につながるブレークスルーを見出す絶好の機会を迎えているといえる。

文　　献

1) 中野準三，紙パルプ技術タイムス4月号，1-11 (1979)

第 2 章　リグニン利用の現状と方向性

飯塚堯介*

1　はじめに

　再生可能資源としてのバイオマス資源の有効利用に大きな注目が寄せられている。その利用法としては，最も基本的な直接燃焼によるエネルギーへの変換，酸素存在量を制限した条件下での熱分解による一酸化炭素および水素ガスへの変換に加えて，一層酸素存在量を制限した条件での熱分解による木炭の製造などが広く知られている。このように酸素量の過不足によって区別される三種の処理法は，特別な前処理を施すことなく，バイオマス資源，特に木質系バイオマス資源を直接有用物質に変換することができる点で極めて有用である。とりわけ，建築用材，製紙，あるいは化学製品などへの変換を含めた，いわゆる本来の用途には不向きな低質バイオマス資源についても，上述のような用途を志向する限り，良質とされるものと何ら変わらないことは，バイオマス資源の有効利用を進めるうえで重要な点であろう。しかし，このような利用法における問題点の一つは，バイオマス資源を構成する個々の成分の特性が考慮されていないことである。

　リグニンはセルロース，ヘミセルロースとともに，木質系バイオマス資源を構成する主成分の一つである。細胞壁中においてこれらの成分は，互いに緊密に物理的あるいは化学的に結合し，いわゆる複合体を形成して存在していると考えられる。リグニンの利用はバイオマス資源から単一成分として分離された，いわゆる単離リグニン（分離リグニン）が対象となるが，分離法によってその性状が大きく異なるために，検討すべき利用法も多様なものになる。換言すれば，リグニンの利用にあたっては，分離過程における変質を考慮して，それぞれの単離リグニンに最も相応しい利用法を開発することが必要である。

2　リグニンの分離法とその性状

　木質系バイオマス資源由来のリグニンの利用を目的としたその分離法には，大別して以下の二つの方法がある。すなわち，① 可溶化リグニン分離法：リグニンを適度に化学修飾し，あるいは分解するとともに多糖成分との結合を開裂させて，媒体中に溶出させる方法。② 不溶解残渣

　＊　Gyosuke Meshitsuka　東京家政大学　家政学部　教授：東京大学名誉教授

第2章 リグニン利用の現状と方向性

リグニン分離法:多糖成分を分解除去し,リグニンを不溶解残渣として分離する方法。

可溶化リグニン分離法として最も代表的なものに,パルプ蒸解排液中に溶出したリグニンを,排液の酸性化による沈降,分子量分別などによって分離する方法がある。クラフト蒸解排液から分離されるクラフトリグニン(KL)は,蒸解工程の高温,強アルカリ条件の履歴によって高度に変質している。具体的には,各種エーテル結合の開裂によるフェノール性水酸基の増加,芳香核部分での新たな炭素–炭素結合の形成(縮合反応)などに代表される多様な反応によって,天然リグニンとは明らかに異なった構造的特徴を有している。このような変質に基因するKLの特徴としては,アルカリのみならずある種の有機溶媒に対する溶解性と,比較的低い反応性を挙げることができよう。今一つの特徴としては,多糖成分などの混入の少ない,比較的リグニン純度の高い状態で分離されることが挙げられる。多糖マトリックスとの結合の開裂により,多糖を不溶解残渣(パルプ)として分離するとともに,蒸解過程で低分子化した一部の多糖成分とも分子量の相違によって容易に分離できることによる。いずれにしても,化学パルプの製造のほとんどがクラフト法によっていることを考えるならば,現時点でリグニン利用の対象となる工業リグニンはKLをおいて他にない。なお,草本系等の非木材系バイオマス資源のパルプ化に使用されるソーダ蒸解で分離されるソーダリグニンも,KLとほぼ同様の特性を有している。

サルファイト蒸解排液から分離されるリグノスルフォン酸塩(LSA)が,歴史的にリグニン利用の主体となってきたことは周知のとおりである。分子内に強酸性基であるスルフォン酸基を有するこのリグニンは,比較的高分子量であるにもかかわらず水溶性であり,高分子電解質としての多様な性状を示す。そのため,既存の用途の多くもこの性状に基づくものである。LSAの特徴としては,その多分散性とともに,多くの場合,相当量の糖鎖が結合した状態で分離されることである。したがって,その利用にあたっては,必要に応じて,適切な分子量画分を分別するとともに,酵素処理などの方法によって糖鎖を分解除去することとなる。なお,現在,サルファイトパルプの生産は国内では1工場で実施されているに過ぎない。したがって国内産LSAを対象として,その利用を大幅に拡大することは困難な状況にあるが,他のリグニンの化学的改質によってLSAに近似した性能を付与することも可能である。

可溶化リグニン分離法に関連しては,他にも幾つかの方法が提案されている。オルガノソルブ蒸解法,オートヒドロリシス法等の成分分離法によって,木質系バイオマス資源を主要成分であるセルロース,ヘミセルロース,リグニンに分離することができる。ヘミセルロースは多くの場合,それを構成する単糖,あるいはさらにフルフラール等の糖変質物にまで変化するが,セルロースおよびリグニンについては大きな変質を受けることなく分離できることが知られている。少量の酸触媒を含むエタノール・水混合液を用いた蒸解で広葉樹材から溶出するリグニンは,$\overline{Mw}$ 1600〜2000,$\overline{Mn}$ 900の分子量をもち,各種有機溶剤に可溶である[1]。酸触媒を使用してい

るにもかかわらず，このリグニン分離過程での縮合反応の程度が極めて軽微であり，反応性に富むリグニンを得ることができる。このようなリグニンの特性は，リグニン分子中に生成するベンジルカチオン構造での縮合反応を，共存するエタノール分子が阻害したことによると考えられる。既に市販されている Alcell Lignin はこの種のリグニンである。フェノール類（p-クレゾール）および濃酸（72％硫酸）からなる相分離系によるリグニンの分離[2,3]が注目されている。この方法では酸触媒によって多糖との結合から解放されたリグニンは，直ちにフェノール類に溶解して酸触媒から分離される。そのため酸触媒による過度の変質が抑えられるとともに，フェノール類の導入によって溶媒に対する溶解性に優れ，既往の単離リグニンには見られない興味ある反応性を有するリグニンが得られるとされている。現在，用途開発が積極的に進められているが，このリグニンの利用を進めるにあたっては，その特色をどこまで活かすことができるかが問題となろう。また，分離されたリグニン中に微量の硫酸が残存する可能性，および処理廃液中に微量フェノール類が残存する可能性に留意する必要があることを指摘しておきたい。可溶化して多糖マトリックスから分離されるその他のリグニンとしては，ジオキサンリグニン，および磨砕リグニンなどがあるが，これらはいずれもリグニン構造研究用としては広く使用されているものの，リグニン利用の対象にはなり難いので，ここでは省略する。

　不溶解残渣分離法で得られるリグニンとしては，各種の酸処理によって多糖成分を分解除去した際に不溶解残渣として得られるリグニンがある。現在，バイオマス資源由来のバイオフューエルとして注目を集めている燃料用エタノールは，バイオマス資源の酸処理によって多糖から単糖を得た後，これをエタノール発酵することによって製造される。ここで酸処理段の不溶解残渣として得られるリグニンの利用の成否は，燃料用エタノール製造自身の成否をも左右するものとして注目されている。木質系バイオマス資源を原料とし，濃硫酸を使用したプロセスについて，リグニン分離の状況の概略を以下に述べる。木屑状の原料に必要量の72％硫酸を加え，室温下で穏やかに攪拌する。この段階で原料中の多糖成分は膨潤してジェル状となるが，リグニンは黒色の硬い粒子状残渣としてジェル中に残存している。これに水を加えて硫酸濃度を下げたのち，加熱して多糖成分を単糖あるいは少なくともオリゴ糖まで加水分解する。依然として残存している黒色残渣がリグニンである。これをろ別したのち，フィルター上で熱水および冷水により繰り返し洗浄し，粒子中に残存する硫酸を除去する。このようにして得られた濃硫酸法リグニンは，リグニン定量法として広く用いられているクラーソンリグニン法で得られるリグニンに近い性状を有していると考えられる。すなわち，濃硫酸処理によって高度に酸縮合などの変質が進行しており，天然リグニンに比較して，その反応性は著しく低下している。今一つの特徴としては，糖成分などの混入が少なく，リグニン純度の高いことが挙げられるが，これはリグニン化学製品への変換利用を考える上で重要な特徴である。希硫酸のみを使用し，高温処理によって単糖を得るプ

ロセスでは，多糖の加水分解の不十分な場合が多く，得られる残渣リグニン中には著量の糖成分が残存しているのが通常である。したがって，希硫酸法リグニンをリグニン原料として利用する場合には，その分解除去が必要となる。不溶解残渣として得られるリグニンとしては，他に塩酸リグニン，過ヨウ素酸リグニンなどがあるが，これらは化学的変質が比較的軽度であると考えられており，主としてリグニン構造研究に用いられている。

3 用途別に見たリグニン利用の変遷

リグニンの工業的利用の歴史は長く，また用途も多様である。LSA の場合は分子中に存在するスルフォン酸基の機能に注目した利用が，また，その他のリグニンの場合はフェノール性水酸基の存在に注目した利用が中心となっている。少々古いデータではあるが，ケミカルアブストラクト（CA）に採録されたリグニン利用に関する研究報告および特許の数を分野毎に分類した結果を図1[4]に示す。

昭和25年から昭和37年の間に発表された研究報告，特許の総数は，酸化リグニンに関するものを除いても約600件に達しており，リグニン利用分野の研究が活発であったことがわかる。これを単離法，分散剤，土質安定剤・土壌改良剤，イオン交換剤，鞣（なめし）剤，プラスチックス，ゴム補強剤，分解生成物，およびその他に分類している。最も多いプラスチックスの分野では，リグニン中のフェノール性水酸基に注目し，フェノール樹脂などの製造におけるフェノール代替材料としての利用を意図したものが中心であったと考えられる。この分野の研究では，クラフトリグニンが主要な対象リグニンとして取り扱われたが，現在においてはオルガノソルブリグニン，オートヒドロリシスリグニン，爆砕リグニンなどの新たなリグニンにも対象が広がっている。分散剤，土質安定剤・土壌改良剤，イオン交換剤，鞣剤の分野の多くは，一部のスルフォメチル化クラフトリグニンを対象としたものを除き，LSAのスルフォン酸基の性質に着目したものである。リグニン利用

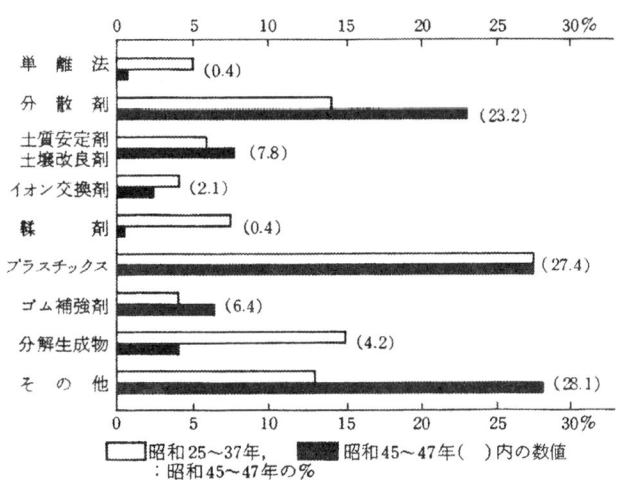

図1　昭和25年～37年，および昭和45年～47年に発表されたリグニン利用に関する研究報告，特許数の分野別比率

研究において，LSAを対象としたこれらの分野の研究が，プラスチックス分野とともに主要な研究領域であったことは本図からも明らかである。しかし，現在ではサルファイトパルプ工場が国内では1工場を残すのみとなっていることからも予想されるように，我が国におけるLSAを対象としたリグニン利用研究は極めて限られている。適度な酸化処理によってリグニン分子中にカルボキシル基を中心とする酸性基を導入した新たな水溶性リグニンが，LSAに代わる機能性リグニンとして注目されるが，これについては後述する。図1の分解生成物の分野では，当時，LSAの酸化分解によるバニリンの製造に関連するものが主であり，他に還元的分解による低分子フェノール類の製造に関するものが注目されたが，いずれの分野も現在では極めて低調である。これは前者についてはバニリンの化学合成法が開発されたことによるが，後者についてはリグニンの複雑な構造のために分解生成物が極めて多様となり，特定の低分子フェノールの製造を目的とした工業化が困難であることによる。

4　今後に期待されるリグニン利用とは

　今後のリグニンの工業的利用を模索するうえで考慮すべき条件について考えてみる。まず第一に，リグニンが木質系バイオマス資源の主要構成成分であることが挙げられる。対象となるリグニンが他の構成成分の利用に伴い副成するものであると考えるならば，その生成量は膨大である。換言すれば，副成するリグニン量に見合った大きな需要が期待される利用分野を対象とすることが必要となる。第二には，多くの場合リグニンは純粋な状態ではなく，ある程度の多糖成分あるいは他の微量成分を含んだ状態で得られることであり，利用に際してもそのような状態が受け入れられるような用途が望ましい。第三には，木質系バイオマス資源から分離されるリグニンが，広い分子量分布を有する多分散性高分子であるとともに，分子量画分によって化学構造的にも一様でないことがある。すなわち，リグニンの化学反応性に大きな影響を及ぼすフェノール性水酸基量についてみると，低分子量画分中の存在量が高分子量画分中のそれよりも多いことが知られている。第四には，リグニンは多糖成分に比較して著しく安定ではあるが，環境中で徐々に分解される生分解性を有している。これらの諸条件を踏まえて，筆者が期待するリグニン利用について以下に述べてみたい。

4.1　土壌改良剤としての利用
4.1.1　アルカリ性酸素処理クラフトリグニン

　土壌が劣悪であるために作物の栽培が困難であるか，生産性の低い，いわゆる劣悪土壌が世界的に広がっていることは周知の通りである。特に酸性土壌は世界の陸地の11％を占めていると

第2章 リグニン利用の現状と方向性

されている[5]。また，世界の耕作可能地の30〜40％が酸性土壌であるとの統計もある[6]。これらの土壌においては，低pHのためと同時に，酸性条件下で土壌から溶出したアルミニウムイオンの存在により，ほとんどの植物の生育が極度に低下することが知られている[7]。健全な土壌においては，表土中に存在する土壌腐植物質によって，土壌水中の過剰な金属イオンが捕捉され，表土中の環境は植物にとって良好な生育条件に保たれていると考えられる。一方，樹木の伐採によって露出した土壌表面からは，降雨により土壌腐植物質が流失し，前記のような正常な表土の持つ機能は失われる。同様のことは過度の耕作によっても生起するものと予想される。このように土壌を健全に保つうえで重要な役割を果たしている土壌腐植物質は，カルボキシル基およびフェノール性水酸基などの親水性基に富むものの，依然として水不溶性の高分子物質であり，主として植物成分，特にリグニンを起源とし，それらが土壌中での化学的，あるいは生化学的酸化反応を受けて生成したものと考えられる。このように考えると，工業リグニンを出発物質として，何らかの酸化的処理によって土壌腐植物質に近い化学構造的特徴を有する化学改質リグニンを調製するならば，劣悪土壌に対して有効な土壌改良剤としての用途が期待される。前述したように，劣悪土壌の世界的な広がりを考えるならば，このようにして開発されたリグニン系土壌改良剤の用途は，極めて膨大であろう。

クラフトリグニンに適度のアルカリ性酸素酸化を施した化学改質リグニンが，アルミニウムイオンによる植物の生育阻害を軽減する作用を有することは，図2に示した二十日大根の根の伸長生長に対する影響からも明らかである[8]。ここで使用した化学改質リグニンの調製には，クラフトリグニンを0.1M NaOH中に溶解させたのち，70℃，酸素圧0.3MPaの条件で4時間処理する

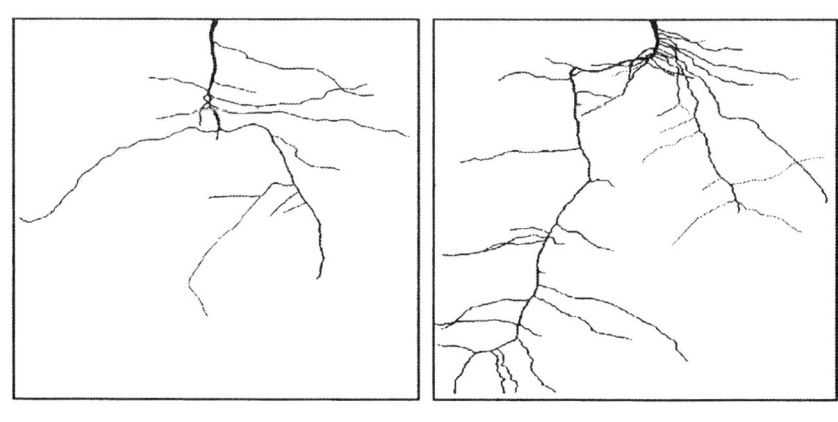

アルミニウムイオン存在　　　　　アルミニウムイオン及び処理リグニン
　　　　　　　　　　　　　　　　　　　　　存在

図2　アルミニウムイオンによる二十日大根の根の伸長生長阻害に対する化学改質リグニンの効果

という条件が使用された。クラフトリグニンは高分子量画分から低分子量画分までの広い分子量分布を有しているが、前記の処理によってその全量が水可溶性となる。また、各分子量画分の化学構造を比較すると、低分子量画分ほど多くの酸性基を含んでいる。この処理の反応機構から考えて、これらの酸性基が主として芳香核構造の開裂に由来するカルボキシル基およびフェノール性水酸基からなることは明らかであり、全体として前述の腐植物質に類似の化学構造的特徴を有しているといえる。アルカリ性酸素酸化処理においては、遊離フェノール性水酸基を有する芳香核構造は環開裂反応によるムコン酸型構造への変換を経て、更に低分子量の脂肪酸へ分解するものと考えられる。一方、遊離フェノール性水酸基を含まない芳香核構造は、処理の初期段階においては比較的安定であると予想される。しかし、反応の進行に伴って、二次的に生成する反応性の高い活性酸素種の作用によって、全ての構造の分解が進むものと考えられる[9]。クラフトリグニン分子中の芳香核構造のほぼ半分程度が遊離フェノール性水酸基を有していると考えられる。したがって、前処理におけるクラフトリグニンの化学構造の変化は、まず、主にそのような構造において進行すると言えよう。処理リグニン中の高分子量画分には相当量の芳香核構造が残存していることが確認されており、高分子量を保持していることと符合している。一方、低分子量画分中には芳香核構造の存在はほとんど確認されず、中間の画分は両者の間の性状を示している。二十日大根の芽生えを移植した培地中にアルミニウムイオンが溶存している場合、その濃度が0.5ppmの低い条件であっても、二十日大根の生育が著しく阻害される[10]。これは根の伸長生長が阻害されたことによる。このような培地に処理リグニンの高分子量画分を添加したところ、阻害現象が消失するのみならず、コントロールであるアルミニウムイオンおよび処理リグニンのいずれも未添加の場合よりも大きな伸長生長を示す場合も多く認められた。このことは、処理リグニンの高分子量画分が培地中の遊離アルミニウムイオンを捕捉し、無毒化したことを示している。

クラフトパルプ工場においては蒸解黒液を燃焼して薬液成分の回収を行うとともに、エネルギーを得ている。蒸解黒液中の主要成分であるリグニンは、石油に代わるエネルギー源として既に積極的に利用されていると言える。このような状況下で、クラフトリグニンを分離し、前処理して土壌改良剤として使用することの積極的な意義は、これによって植物の生育阻害が軽減され、作物生産の困難な地域の生産性を回復することが可能であると期待されるからに他ならない。

4.1.2 酸処理リグニンのアルカリ性酸素酸化

石油資源の枯渇が予測されるところから、それに代わるエネルギー資源としてバイオエタノールに大きな期待が寄せられていることは、第5章に詳述されている通りである。木質系バイオマスを原料としたバイオエタノールの生産では、酸処理によって多糖成分を単糖あるいはオリゴ糖

第2章 リグニン利用の現状と方向性

に変換したのち,酵母による発酵によってエタノールを得る。酸処理段階で副成する酸処理リグニンの特性については既述の通りであるが,一般に反応性の極めて乏しい酸処理リグニンの利用が容易ではないことは周知の通りである。ここでは,クラフトリグニンの場合と同様に,酸処理リグニンのアルカリ性酸素処理による化学的改質と,土壌改良剤としての利用の可能性について述べる。

酸処理リグニンに対するアルカリ性酸素処理の適用には,クラフトリグニンの場合にはない困難が伴う。すなわち,酸処理リグニンは,その一部を除いてはアルカリ性水溶液に不溶であるため,反応の進行が不均一になることがある。この問題の解決には,微粒子状の酸処理リグニンを事前に十分に粉砕すること,および反応中に激しく攪拌することが有効であると考えられる。反応自身は,クラフトリグニンの場合と同様に,遊離フェノール性水酸基を有する芳香核において環開裂反応が進行するものと考えられる。酸処理過程において縮合反応が進んでいるために,アルカリ性酸素処理によって酸性基が導入されても酸処理リグニンが依然として水不溶性であるか,水可溶性になるかは不明であるが,親水性に富み,土壌中の腐植物質に近い特性を有する物質が得られるものと期待される。腐植物質が土壌中に安定に保持され,長期にわたって土壌改良剤としての機能を示すことを考えるならば,高度に酸縮合の進んだ酸処理リグニンの特徴は,土壌改良剤としての利用を考える上で逆に利点になるといえよう。アルカリ性酸素処理を行うことで,酸処理リグニンに土壌改良剤としての新たな用途が見出せるならば,木質系バイオマスからのバイオエタノール製造の経済性の向上にも大きく貢献するものと期待される。なお,アルカリ性酸素処理酸処理リグニンおよびアルカリ性酸素処理クラフトリグニンの水可溶画分を実際に土壌に添加した場合,これらのリグニンは土壌マトリックス中に安定に保持され,多量の水によって土壌を洗浄するといった条件でも,洗浄水中への溶出は極めて限られており,リグニンの水溶性の有無が土壌改良剤としての利用にとって大きな障害となることはない。

4.1.3 漂白工程排液リグニンの利用

土壌改良剤としての利用が期待される今一つのリグニンに,パルプ漂白工程の酸素脱リグニン段排液中のリグニンがある。我が国の漂白クラフトパルプ製造工程の全てに酸素脱リグニン段が組み込まれており,この段階で蒸解後の未晒パルプ中に含まれるリグニンのほぼ半分が分解除去されていることは周知の通りである。木材中のリグニンに比較して多量のフェノール性水酸基を有する未晒パルプ中のリグニンの特徴を活かし,アルカリ性酸素に対する反応性の大きなリグニン部分を除去したのち,引き続く多段漂白段での一層選択的な脱リグニン反応によって残されたリグニンを除去し,漂白パルプが製造される。したがって,酸素脱リグニン段排液中のリグニンは,先に述べたアルカリ性酸素処理クラフトリグニンと同様の反応を履歴した化学改質クラフトリグニンであるともいえよう。そのため,同様に土壌改良剤としての機能を有していると期待さ

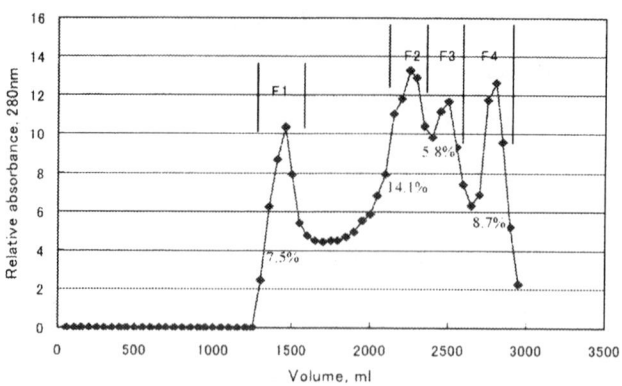

図3 混合広葉樹クラフトパルプのアルカリ性酸素脱リグニン段排液のゲルろ過分布曲線

れる。

図3に実際の混合広葉樹材クラフトパルプの酸素脱リグニン段排液中の成分の分子量分布を，ゲルろ過法によって求めたものを示す[10]。なお，この分布図は芳香核構造に起因する280nmの吸光度によって求めたもので，多様な構造変化をしたリグニンの吸光度が一様ではないことを考えると，リグニン量の正確な分布を示すものではないことを付言しておく。いずれにしても，酸素脱リグニン段排液中のリグニンが極めて広い分子量分布を有していることは明らかである。全体を4区分に分離し，それぞれの区分の性状を検討したところ，最も高分子量の区分1がアルカリ性酸素処理クラフトリグニンとほぼ同様の化学構造的特徴を有しているのに対して，最も低分子量の区分4にはギ酸ナトリウム，酢酸ナトリウムとともに著量の無機塩が含まれること，区分3の特徴的な成分がシュウ酸ナトリウムであることなどが明らかとなった。分子量が低下するに従って芳香核構造の残存量も低下し，より高度の変質を受けているといえる。

アルミニウムイオンによる二十日大根の生育阻害に対する各区分の影響について液体培地（pH4.8）を用いて検討したところ，区分1（図4）および区分2についてはアルカリ性酸素処理クラフトリグニンの高分子量区分の場合とほぼ同様の生育阻害除去効果を示した。図において，コントロールとはアルミニウムイオンお

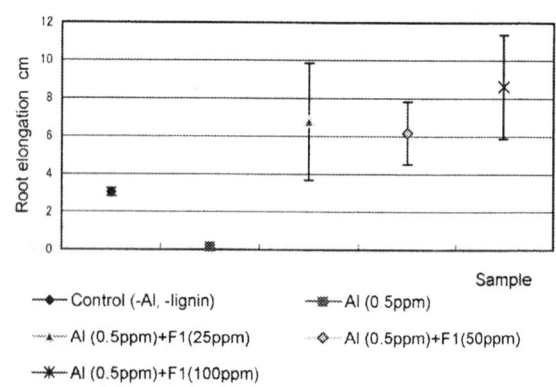

図4 二十日大根芽生えの根の伸長生長に及ぼすアルカリ性酸素脱リグニン段排液高分子区分（区分1）添加の影響

第2章　リグニン利用の現状と方向性

び排液リグニンの区分1のいずれも添加しない条件での根の伸長生長を示す。これに対し、アルミニウムイオン濃度0.5ppmでは、根の伸長生長がほぼゼロのレベルまで阻害されている。一方、これと同一のアルミニウムイオン濃度でも、区分1を添加することで阻害が軽減され、測定結果には幅があるものの、添加量25ppmでは逆にコントロールの2倍程度の伸長生長を示している。区分1の添加量を一層増大させても、その効果

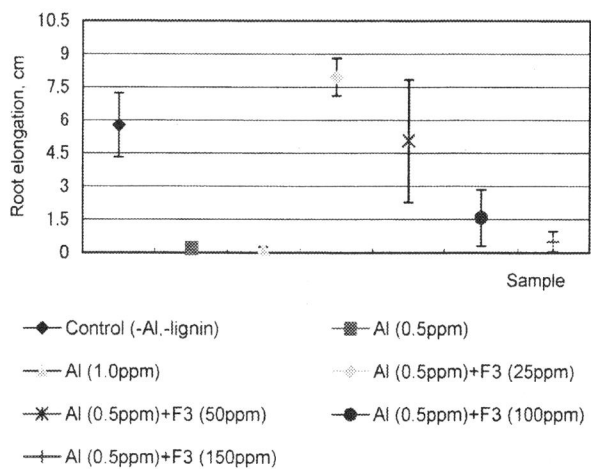

図5　二十日大根芽生えの根の伸長生長に及ぼすアルカリ性酸素脱リグニン段排液低分子区分（区分3）添加の影響

がほぼ同程度に留まっていることも、排液リグニン高分子区分に特徴的な結果といえよう。

一方、区分3（図5）の添加の影響は明らかに異なっている。25ppm程度の少量添加の段階ではアルミニウムイオンによる生育阻害が効果的に除去されるのに対して、添加量が過大するとともに、逆に明瞭な生育阻害を示す結果となった。類似の挙動は、アルカリ性酸素脱リグニン段排液全体を添加した場合にも認められた。また、区分3中の主要成分であるシュウ酸塩を、区分3中に存在が予想される量だけ単独で添加した場合にも確認された。これらの結果は、酸素脱リグニン段におけるリグニン芳香核の酸化分解によって生成するシュウ酸塩は、低濃度レベルではアルミニウムイオンによる生育阻害を抑制する効果を示すものの、濃度が高い条件では、シュウ酸塩自身の生育阻害効果が顕著になるといえる。したがって、アルカリ性酸素脱リグニン段排液を土壌改良剤として利用する場合には、排液中のシュウ酸塩濃度を適切なレベルに調整することが必要であるといえる。そのための方法としては、必要量の塩化カルシウムを添加し、過剰なシュウ酸をカルシウム塩として沈殿除去するのが適当であろう。

なお、アルミニウムイオンによる二十日大根の根の生育阻害が、シュウ酸塩の存在により抑制される機構に関連して、両者の間に各種の錯体構造が形成されていることが、^{27}Al-NMRによって確認されている[11]。図6にアルミニウムイオンに対する区分3の添加量の異なる条件での^{27}Al-NMRスペクトルを示す。-33.4ppm付近のシグナルは内部標準として使用したPotassium hexathiocyanatoaluminate（$K_3[Al(SCN)_6]$）のシグナル、-0.03ppmの鋭いシグナルは遊離のアルミニウムイオンに基づくものである。アルミニウムイオンに対する区分3の添加量が低い段階では、6.2ppmに強いシグナルが、更に11.48ppm付近に弱いシグナルが、遊離アルミニウ

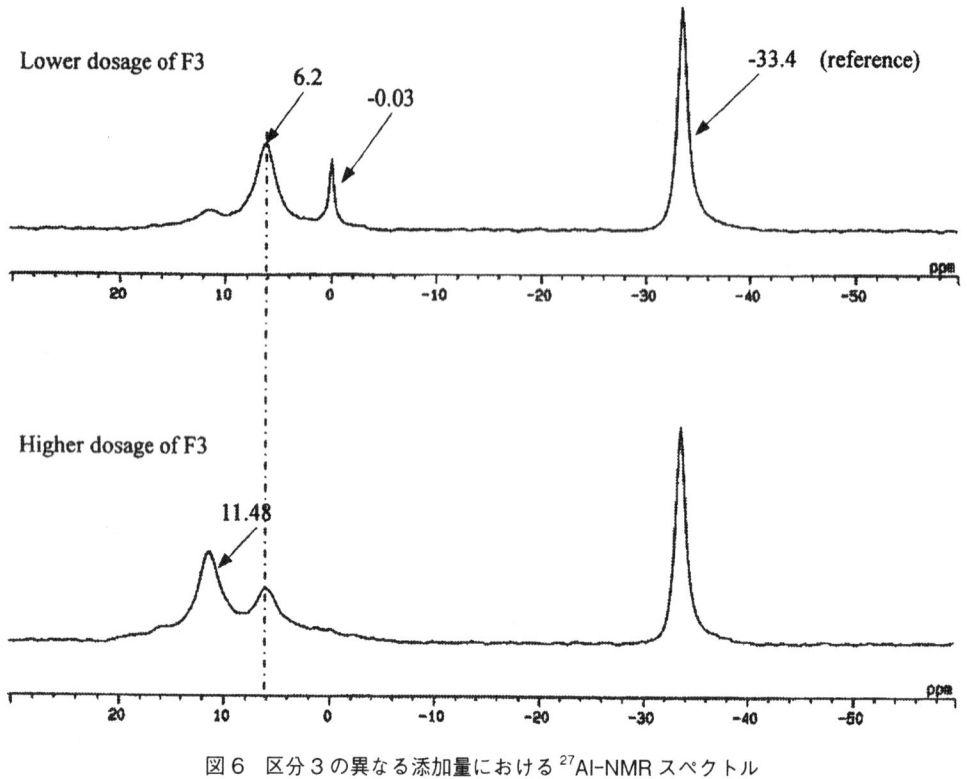

図6 区分3の異なる添加量における^{27}Al-NMRスペクトル

ムイオンに基づくシグナルとともに認められるのに対して,相対添加量が増大するにしたがって,遊離アルミニウムイオンに相当する0ppm付近のシグナルが消失するとともに,6ppm付近のシグナルの強度も明瞭に低下している。代わって,11.48ppmのシグナルの強度が明瞭に増大している。このような区分3とアルミニウムイオンの相対濃度によるシグナルの変動は,シュウ酸とアルミニウムイオンの相対濃度の異なる条件においても完全に再現されていることから,区分3中のシュウ酸とアルミニウムイオンとの相対濃度によって,両者の間に異なる構造の錯体が形成されていることを示している。

4.2 分散剤としての利用

不溶解成分の分散状態の安定化は,土木,鉱工業などの広範な分野で重要な技術であり,そのための多様な分散剤の開発が古くから行われてきた。将来における安定した供給に問題があると予想されるLSAに代わる,新たなリグニン系分散剤の開発を図ることは,リグニン利用の発展のために非常に重要であると考えられる。ここでは,クラフトリグニンおよび酸処理リグニンを対象とした,スルフォン酸基等の強酸性基の導入による水溶性リグニン誘導体の開発について述

第2章　リグニン利用の現状と方向性

べる。クラフトリグニンを亜硫酸ナトリウムおよびホルマリンの存在下にアルカリ性水溶液中で加熱することによって，水溶性のスルフォメチル化クラフトリグニンを得ることができる。以前から Westvaco 社（米国）から市販されているこのリグニンの LSA との相違は，後者のスルフォン酸基がリグニン側鎖（主に α 位）に存在しているのに対して，前者では芳香核および側鎖の双方に導入されている点がある。

　アルカリあるいは酸履歴により化学的変質が進み，反応性の低下したクラフトリグニンあるいは酸処理リグニンに対し，通常のイオン反応によって充分量のスルフォン酸基を導入することは，容易ではないと考えられる。そこで，亜硫酸ナトリウムと酸化剤の組み合わせによる新たなスルフォン化反応の可能性について検討を行った[12]。この場合，亜硫酸イオンと酸化剤の反応によって生成するサルファイトアニオンラジカルが，リグニン芳香核に直接反応し，ラジカル的に芳香核にスルフォン酸基が導入されるものと期待される。実際に，酸糖化残渣リグニンに対し適用した結果，リグニン芳香核当たり0.3個程度のスルフォン酸基が導入され，その全量を水溶性化することができた。その際の反応条件は，図7に示すように，1M NaOH 中，酸素圧 0.1〜0.3MPa の条件で 70℃，4時間処理するという温和なものであった。なお，この反応において，酸化剤の直接的な作用によってリグニンが部分的に分解され，水溶性化した可能性については，生成した水溶性化リグニンの分析から否定されている。

　ラジカルスルフォン化反応の機構の概略を図8に示す。この反応の特徴は，遊離のフェノール性水酸基を有する芳香核構造の，フェノール性水酸基のオルト位にスルフォン酸基が導入される点にある。その結果，リグニンは水溶性化されるとともに，水酸基とスルフォン酸基が相互にオルト位にある結果として，ある種の金属イオンとの間で錯体を形成し，それを捕捉する機能をも有するものと期待される。酸処理の履歴をもつ酸糖化リグニンにおいては，側鎖 α 位および芳香核のフェノール性水酸基のメタ位は，酸処理の過程での縮合反応に組み込まれていることが多いのに対し，フェノール性水酸基のオルト位は依然として反応性を有している可能性が高い。このことが本反応によって酸糖化リグニンの全量を水溶性化することが可能となる理由であると考えている。このようにして得られた水溶性化酸糖化リグニンの水溶液を凍結乾燥して微粉末状の水溶性化酸糖化リグニンを得る。このリグニンの分散剤としての性能を，カオリンの飽和水酸化カルシウム懸濁液の粘性について検討した結果を図9に示す。この図から，ラジカルスルフォン化酸糖化リグニンが，LSA にほぼ

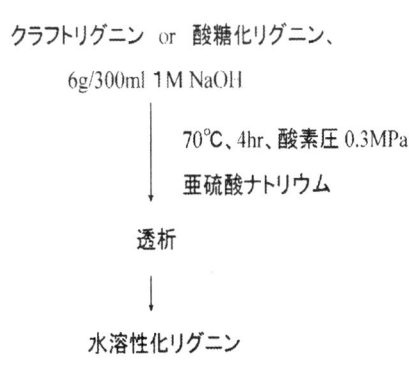

図7　ラジカルスルフォン化反応によるリグニンの水溶性化

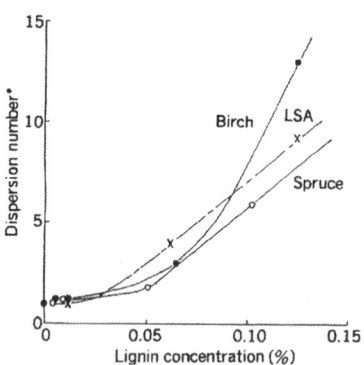

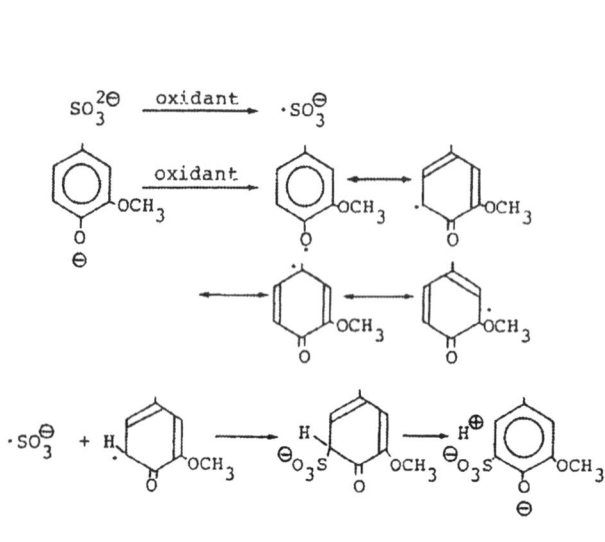

図8 ラジカルスルフォン化反応の反応機構

図9 ラジカルスルフォン化反応の反応機構がカオリンの飽和水酸化カルシウム懸濁液の粘性に及ぼす影響
カオリン：20g/40ml，pH10.0
注：Dispersion number：数字が大きいほど，対象試料よりも粘度が低下したことを示す。

匹敵する分散剤としての性能を，カオリンの飽和水酸化カルシウム懸濁液に対して示すことがわかる。他の対象に対する分散剤としての性能についても，検討することが必要ではあるが，燃料として以外にはほとんど用途の見出されていない酸糖化リグニンを，積極的に利用していくことが可能になるのではと期待している。

           文   献

1) H. L. Hergert, G. C. Goyal, J. H. Lora, "Lignin : Historical Biological and Materials Perspectives", W. G. Glasser, R. A. Northey, T. P. Schultz eds., pp265-277, American Chemical Society (2000)
2) M. Funaoka, *Polymer International*, **47**, 277 (1998)
3) M. Funaoka, *Lignin Macromol. Symp.*, **201**, 213-221 (2003)
4) 中野準三, 紙パルプ技術タイムス (5), 1-7 (1975)
5) Wan A. Wambeke, "Proceedings of Workshop on Plant Adaptation to Mineral Stress in Problem Soils", M. J. Wright, S. A. Ferrari eds., pp15-24, Spec. Publishing Cornell Univ., Agricultural Experimental Station, Ithaca (1976)
6) A. Huag, *CRC Crit. Rev. Plant Sci.*, **1**, 345-373 (1983)

第2章 リグニン利用の現状と方向性

7) C. D. Foy, "The Plant Root and Its Environment", E. W. Carson eds., pp601-642, University Press Virginia, Charlottesville (1974)
8) K. Katsumata, G. Meshitsuka, "Chemical Modification, Properties, and Usage of Lignin", T. Q. Hu eds., pp151-165, Kluwer Academic/Plenum Publishers (2002)
9) T. Yokoyama, Y. Matsumoto, G. Meshitsuka, *J. Wood Chem. Technol.*, **19** (3), 187-202 (1999)
10) D. X. Wang, K. S. Katsumata, G. Meshitsuka, *J. Wood Sci.*, **51**, 357-362 (2005)
11) D. X. Wang, K. S. Katsumata, G. Meshitsuka, *J. Wood Sci.*, **51**, 634-639 (2005)
12) 渡辺正介, 作本征則, 飯塚堯介, 石津 敦, 中野準三, *Mokuzai Gakkaishi*, **34** (5), 428-435 (1988)

第3章 熱的変換技術の最前線

1 見直される木材炭化技術と炭化生産物の利用

谷田貝光克*

1.1 はじめに

　木炭が薪と共に主要な燃料であった昭和30年代までのわが国では，木炭の年間生産量は200数十万トンにまで達していた。ところが昭和40年代に入り，石油等化石資源へのエネルギー革命により木炭生産量は年間数万トンにまで急激に落ち込んだ。それが近年になり，生産量・消費量は漸増の傾向を示し出した。最近のわが国における木炭消費量は約20万トンで漸増の傾向にあり，全消費量の約半分を輸入炭でまかなっている。しかしながらごく最近のわが国での木炭生産量はここ数年伸び悩み，停滞気味である。それにも関わらず消費量が増加しているのは，輸入量が増えていることによる。平成13年に輸入量が10万トンを越えて以来，多少の増減はあるものの常に輸入量は10万トン以上を推移している（図1）。中国からの輸入量が平成10年前後から急激に増加し，平成15年には6万トンを越え，輸入量の半分量を中国からの木炭でまかなっていた（表1）。

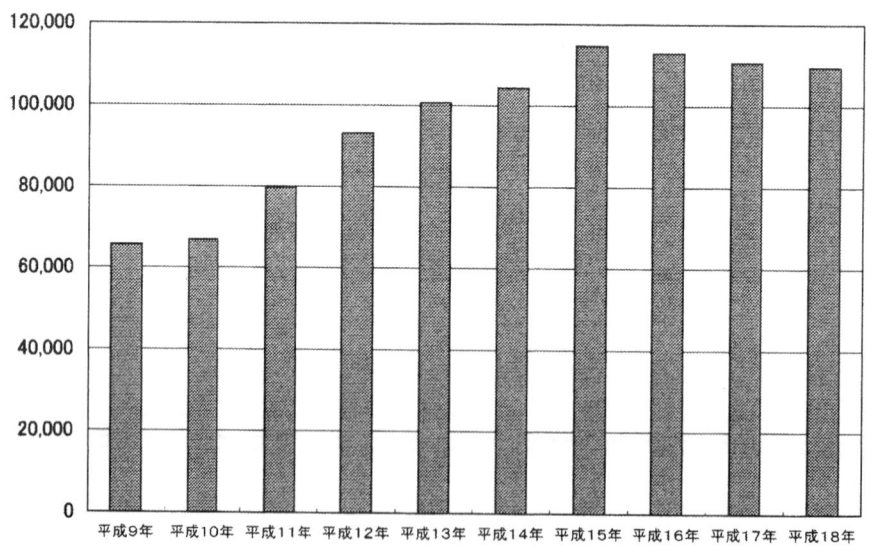

図1　わが国の木炭年間総輸入量（単位：トン）

＊　Mitsuyoshi Yatagai　秋田県立大学　木材高度加工研究所　所長・教授；東京大学名誉教授

第3章　熱的変換技術の最前線

表1　わが国の主な木炭輸入国と輸入量

年度（平成）	9		10		11		12		13	
相手国	数量	単価	数量	単価	数量	単価	数量	単価	数量	単価
大韓民国	435	68,445	854	60,195	346	59,546	343	68,536	269	115,554
中国	28,741	101,865	32,067	105,742	38,512	98,942	48,849	93,323	56,953	105,171
台湾	224	231,522	245	222,718	306	150,124	199	194,592	206	199,413
ベトナム			2	194,500	3	74,333	30	83,000	34	83,059
タイ	1,426	67,081	798	62,197	1,173	55,790	878	45,859	1,209	53,342
シンガポール	3,304	40,557	3,654	37,788	3,378	36,603	1,953	34,510	1,842	33,629
マレーシア	11,883	61,437	12,591	59,663	18,199	53,589	21,863	49,957	17,763	51,542
フィリピン	213	45,774	30	51,733	275	33,320	412	28,609	358	29,349
インドネシア	18,067	62,803	15,836	59,844	17,084	52,734	18,185	49,036	21,553	52,987
インド	83	46,265			18	66,556	104	50,153	94	53,681
ミャンマー							35	47,285	268	60,795
アメリカ	1,243	180,727	852	201,825	298	178,970	222	137,788	88	131,818
ブラジル									13	57,923
スイス					97	24,351			15	60,067
ラオス									17	102,941
その他	90		9		63		46		22	
合計	65,709	81,412	66,938	83,028	79,752	75,409	93,119	72,679	100,704	82,398
年度（平成）	14		15		16		17		18	
相手国	数量	単価	数量	単価	数量	単価	数量	単価	数量	単価
大韓民国	358	164,453	187	199,278	205	59,590	452	125,624	575	153,075
中国	56,582	107,493	62,825	102,888	55,655	99,779	41,039	85,849	42,660	91,434
台湾	176	234,170	162	215,105	100	207,090	89	302,191	94	266,681
ベトナム	100	182,820	45	202,244	105	124,714	529	48,612	75	171,440
タイ	1,972	49,470	3,634	45,633	4,088	43,264	1,497	49,485	914	51,904
シンガポール	1,085	37,336	1,037	32,921	1,384	33,301	1,124	35,438	1,356	36,174
マレーシア	21,696	54,772	22,942	51,472	27,194	46,432	30,442	48,877	29,613	53,771
フィリピン	514	20,527	307	17,684	789	24,760	604	23,550	741	22,989
インドネシア	21,180	51,786	22,830	46,019	22,283	43,373	27,046	47,050	24,032	50,825
インド	76	48,026	36	46,861	80	38,425	38	44,684	37	32,459
ミャンマー	508	62,366	359	57,368	723	110,869	6,914	123,953	8,416	128,840
アメリカ	53	171,208	88	147,091	11	235,818	69	73,290	27	146,815
ブラジル	42	58,500	54	59,685	96	64,365	26	64,385	39	61,769
スイス	24	51,833								
ラオス			168	20,167	121	29,678	477	45,639	788	63,055
その他	12		44		53		314		235	
合計	104,378	83,202	114,718	78,692	112,887	72,381	110,660	67,178	109,602	74,132

（輸入通関統計資料による）

ところが、同年、中国政府は当時発生した沿岸部大洪水の原因が炭材伐採による森林破壊であることを理由に、竹の炭、果実の殻・種の炭、オガ炭のように木材でないものを原料とした木炭に関しては輸出禁止にしていないものの、木材を原料とする木炭の海外輸出を全面禁止とした。中国からの木炭は主に料理用に用いられる営業用や、野外レクリエーションのバーベキュー用等に輸入されていた。中国の木炭輸出禁止策によってわが国の主たる輸入先は代わったものの、輸入量にはほとんど変動がない。

最近のわが国での木炭消費量の増加は、グルメ志向による焼き鳥・ウナギ等の料理用、野外でのバーベキュー用燃料としての消費拡大と共に、木炭の土壌改良材、水質浄化材、調湿材など燃料以外への利用拡大に由来する。これらの燃料以外の用途は、今では新用途木炭と称されているが、全く新規に開発されたものではなく、地域的に、経験的に用いられてきた利用法である。新用途と呼ばれる理由は、最近になりその用途への消費量が増え、広い地域で利用が認識され、使われ出したことにある。

木炭生産・消費が活発化してきた理由の一つに後述するような炭材の多様化がある。バイオマス・ニッポンの旗印の下、様々な有機材料を使用しての炭化が行われるようになり、炭化がバイオマス利用のためのより身近な手段として普及してきたことが木炭消費の漸増につながっている。

炭材の多様化に伴って、それに対応するために炭化炉の開発も積極的に行われだした。様々な形状をした炭材を炭化するには炭材の形状に適した、そして効率よく炭化ができる炭化炉が必要になってくる。炭化炉の開発も木炭生産の活性化の一つの原因となっている。

製炭時に排出される排煙が空気冷却され、凝縮し液体になったものが木酢液であるが、木酢液の植物成長促進作用や抗菌作用などが注目され、木酢液の利用も行われている。製炭時の排煙を凝縮し利用すれば、大気中への排煙の拡散防止にもなる。化学成分で構成された木酢液を効率よく利用することは、化学的に合成された農薬等合成品の使用量を減量させることにもつながり、合成に費やすエネルギーを減少させ、それは地球温暖化抑制や、合成品による環境汚染の防止にも貢献する。

以下にわが国における木材炭化における現状について炭材、炭化炉、炭化生産物の用途開発などの面から述べる。

1.2 多様化する炭材

木炭の主たる用途が木炭であったころの昭和37年に農林省によって告示された木炭の日本農林規格[1]によると黒炭の定義は「白炭以外の木炭」をいい、黒炭の炭材としてはクヌギ、ナラ、カシが挙げられ、これとは別個に「黒炭くり」、「黒炭まつ」が定義され、前者の炭材としてはク

第3章 熱的変換技術の最前線

リ、ホウ、ヌルデ、ハゼが挙げられた。これに対して針葉樹から製造された黒炭は一括りで「黒炭まつ」とされていた。しかしながらマツ材からの木炭が火力が強いので鍛冶炭としてよく利用されていたほかは、燃料として木炭を製造する際の最良の炭材はナラ、クヌギ類と一般的には認識されていた。

白炭も黒炭同様、カシやナラ、クヌギのほか、クリ、ホウ、ヌルデなどの広葉樹からも製造されていたが、備長炭を代表とする白炭用炭材としてはウバメガシが最良のものとされてきた。針葉樹からの炭は、燃え尽きるのが早いので、燃料としての炭はマツを例外としてあまり生産されていなかった。

木炭の日本農林規格は、木炭の品評会等で活用されていたが、木炭生産・消費量の減少と共に規格の利用度も減少したため、その後、政府の規制緩和政策の下で廃止された。しかし、その後、営業用・家庭用として木炭の燃料としての利用が復活し、木炭ブームを引き起こすに至って、燃料としてある程度の基準が必要との考えから、林野庁の指導の下、㈳全国燃料協会、新用途協議会によって平成15年3月に新たな「木炭の規格」が作られている。旧農林規格が木炭を等級別に細かく分類していたのに対して、新たな規格では、炭の大まかな括りとその品質を固定炭素量、精錬度によって区別するに留まっている（表2）。

燃料としての木炭としては、燃焼中に煙が出ない、燃焼後の灰分が少ない、ある程度の堅さをもち、壊れにくいなどが良好な品質と考えられているので、その物理特性としては、精錬度、硬

表2　木炭の規格　　　　　　　　　　　　　　　　　　（平成15年3月）

1　適用の範囲
この規格は、木炭に適用する。

2　定義
この規格は次の各号のとおりとする。
1　木炭とは木材を炭化して得られたものをいい、種類及び定義は次による。

種類	定義
黒炭	窯内消火法により炭化したもの。
白炭	窯外消火法により炭化したもの。
備長炭	白炭のうちウバメガシ（カシ類を含む）を炭化したもの。
オガ炭（黒）	鋸屑・樹皮を原料としたオガライトを炭化したもの。
オガ炭（白）	鋸屑・樹皮を原料としたオガライトを炭化したもの。
その他の木炭	黒炭・白炭・備長炭・オガ炭（白・黒）以外の木炭。

注(1)　炭化とは、着火後木材が熱分解を始めてから精錬を経て消火までの間をいう。

（つづく）

2 原料による定義は次による。

	定　義
原　料	木材をいう。ただし，薬剤，防腐剤，防蟻剤，接着剤，塗料などを使用していないもの。

3 木炭の形状による区分及び定義は次による。

区　分	定　義
塊炭（丸）	丸もの（割らない原木）を炭化したもの
塊炭（割）	割った原木を炭化したもの
塊炭（その他）	粒径が30mm以上のもの
粒炭	粒径が5mm以上から30mm未満のもの
粉炭	粒径が5mm未満のもの

3 品質

木炭の品質は次による。

区　分	品　質
黒炭	固定炭素は75％以上，精煉度が2〜8度の木炭
白炭	固定炭素は85％以上，精煉度が0〜3度の木炭
備長炭	固定炭素は90％以上，精煉度が0〜2度の木炭
オガ炭（黒）	固定炭素は70％以上，精煉度が2〜8度の木炭
オガ炭（白）	固定炭素は85％以上，精煉度が0〜3度の木炭
その他の木炭	固定炭素は55％以上，精煉度が4〜9度の木炭

注(1) 精煉度とは炭化の度合いを示すもので木炭表面の電気抵抗を測り，0〜9度の10段階で表示したもので，木炭精煉計により測定する。

注(2) 精煉度と炭化温度の関係は，以下の通り。
　　ア．精煉度が0〜1度は炭化温度900℃以上。
　　イ．精煉度が1〜2度は800℃以上900℃未満。
　　ウ．精煉度が2〜5度は700℃以上800℃未満。
　　エ．精煉度が5〜7度は600℃以上700℃未満。
　　オ．精煉度が7〜8度は500℃以上600℃未満。
　　カ．精煉度が8〜9度は400℃以上500℃未満。
　　なお，炭化温度とは窯内（土窯及びそれに類するもの）の天井最上部から10cm下がった所の温度である。

4 包装

木炭の包装は堅固で内容物のもれないものとする。

5 表示

この規格に適合した木炭については，次の表示をするものとする。
　1　種類
　2　樹種名等
　3　形状
　4　正味量目「キログラム（kg）単位で記載し，粉炭についてはリットル（ℓ）単位の記載も可とする」
　5　木炭生産地
　6　製造者の住所又は電話番号・氏名（団体名・会社名）

度，灰分量，固定炭素量が品質の善し悪しを決める基準として使われてきた。表3に木炭の物性の一例を示した。

　ところが，前項にも述べたように最近の木炭の用途は燃料以外に幅広く使われ出したので，木炭の品質を判定するのに燃料としての基準は関係なくなり，硬度や精煉度，あるいは灰分量などの物理特性よりも，たとえば水質浄化に用いるには汚染物質を吸着する能力の判定の目安になる

第3章　熱的変換技術の最前線

表3　黒炭と白炭の物性の比較

	黒　炭	白　炭
揮発分（％）	12～25	8～10
灰分（％）	1～3	1～3
固定炭素（％）	66～80	77～85
水分（％）	5～10	8～12
発熱量（cal/g）	6900～7500	6800～7100
硬度	5～8	10～12
比表面積（m^2/g）	380～420	200～250
真比重	1.40～1.70	1.70～1.90
容積重（g/cm^3）	0.40～0.75	0.65～1.00
精錬度	2～8	0

注：炭材はいずれもコナラ

表面積や，細孔の大きさなどの方がより重要な要素として考慮されている。一般針葉樹からの木炭は，広葉樹よりも表面積が大きい。そのようなこともあって最近ではスギ，ヒノキ，カラマツなどの間伐材，端材，おが屑なども炭材として利用度が高い。燃料としての木炭を製造するための従来の炭材だけでなく，様々な植物資源が炭材として用いられるようになってきた。未利用材や低利用材はもちろんのこと，製材端材，林地残材などの林業林産廃棄物，モミガラなどの農業廃棄物，生ゴミ，汚泥，ダム流木，タケなど，さらには家畜の糞に到るまで，これまではほとんど注目されていなかったか，あるいは製造にあたっての効率，経済性の面から無視されていたような廃棄物が炭材として利用されるようになった（表4）。今まではゴミと考えられていた廃棄物が資源として注目される時代となったのである。原料から製品を作る過程で排出される廃棄物をいかに少なくするかが重要視されるゼロエミッションの時代である。そのような背景の中で，経費の面でも，技術の面でも比較的入り込みやすい炭化が取り入れられ，結果として炭材の多様化につながっている。

　生ゴミや汚泥は多量の水分を含むので，炭化に際してはある程度の乾燥が必要になり，炭化の前段として乾燥炉を使用し水分調節をするのが一般的である。

　生ゴミ処理に炭化の利用を試みているものに大阪府エコタウンプランがある。このプランの中では食品系・木質系廃棄物を炭化することによって木炭，木酢液を得て利用し，廃棄バイオマス

表4　わが国における主な炭材

クヌギ，コナラ，ナラ，ブナ，ミズナラ，カシ，ウバメガシ，スギ，ヒノキ，マツ類，カラマツ，間伐材，ダム流木，剪定枝，風倒木，マツ枯損木，タケ，もみ殻，製材端材，チップ，建築解体材，おが屑，生ゴミ，汚泥，家畜糞

の再資源化と同時に廃棄物の処理をねらっている。食品系廃棄物としては厨房厨芥，動植物残渣を使用し，木質系廃棄物としては剪定枝や林地残材を使用している。

汚泥の炭化も普及しつつある。含水率50％程度に乾燥させた農業汚泥を造粒後に炭化炉に投入する方法も行われている。造粒するのは炭化むらをなくし，炭化物の取り扱いを容易にするためである。汚泥の造粒では特別のバインダーは必要なく，水分を適度に調節することで汚泥のみで造粒可能である[2]。

サトウキビの絞りかすであるバガスを乾燥，粉砕し，20％糖蜜，30％デンプン，10％消石灰，50～60％の乾燥汚泥などをそれぞれバインダーとして造粒後に炭化することも試みられている[2]。

野菜等作物も炭材として利用されるようになった。野菜を収穫し製品化する際に排出される葉や根などの野菜の一部や，余剰の野菜の有効利用の目的で炭化が試みられている。タマネギを500℃で8時間炭化して得られる炭化物はpH9.95で，通常の木炭がpH9以下であるのに比べアルカリ性が強い[3]。炭素含有率は45％～75％程度で木炭よりはかなり低く，その代わりに灰分含量が高く，植物の生長に有効なカリウム，カルシウム，マグネシウム含量が高い。作物への施用試験では肥料効果，土壌酸度矯正効果が認められている。

牛糞，鶏糞などの家畜排泄物の炭化の場合も炭化の前段として乾燥設備による乾燥が必要である。家畜糞中の水分含有率は家畜の種類によって異なるが，水分含有率は牛で約80％，豚で約70％，鶏では採卵鶏で約65％，ブロイラーで約40％とされている（表5）[4]。いずれにしても家畜糞の大半は水分であるので，乾燥による水分調節は不可欠となる。さらに炭化物については木質系材料の炭化物と大きな違いがある。その一つは炭素含有率である。表6に牛糞炭，鶏糞炭の成分組成を示した[4]。畜糞中の炭素含有率は畜種と給与飼料によって決まり，その数値がそのまま炭化物の炭素含有率に影響する。牛糞は約50％～60％，鶏糞では約40％前後の炭素含有率であり，これは木質系原料からの炭化物が65～95％であるのに対して大きな差がある。

木質系材料からの木炭中の重金属含有量はごくわずかであるが，家畜糞の炭化物中には家畜飼

表5 畜種別家畜排せつ物の乾物率と化学組成

(乾物%)

		乾物率	N	P_2O_5	K_2O	CaO	MgO	Na_2O
牛	ふん	19.9	2.19	1.78	1.76	1.70	0.83	0.27
	尿	0.7	27.10	tr	88.6	1.43	1.43	—
豚	ふん	30.6	3.61	5.54	1.49	4.11	1.56	0.33
	尿	2.0	32.50	—	—	—	—	—
鶏	採卵鶏	36.3	6.18	5.19	3.10	10.98	1.44	—
	ブロイラー	59.6	4.00	4.45	2.97	1.60	0.77	0.41

出典：家畜ふん尿処理・利用の手引き（原田，畜産環境整備機構　P8）

第3章　熱的変換技術の最前線

表6　炭化物の成分組成

	炭化温度 ℃	T-C %	T-N %	C/N比	P$_2$O$_5$ g/kg	K$_2$O g/kg	CaO g/kg	MgO g/kg	CEC me/kg	リン酸吸収係数 mg/100g
牛ふん炭	380	62.1	0.1	620	0.42	4.7	32.5	14.3	390	50
牛ふん炭	300	49.2	2.0	25	21	22.0	31.0	8.5	310	560
鶏ふん炭	380	38.6	4.0	9.7	7.8	5.83	7.5	2.1		280
木質系炭	380	64.2 －92.5	0.10 －0.74		20 －170	170 －450	140 －1220	30 －240	1.0 －16.3	

出典：平成12年度家畜ふん尿処理・利用研究会資料，凌

料由来の重金属類が多く含まれる。家畜飼料には生育上必要なミネラル類が含まれているが，家畜体内に吸収されなかったものが糞中に排泄され，糞の炭化後にもそれらは炭化物に残留する。特に銅，亜鉛が多い。畜糞由来の炭化物の利用を検討している地域も増えてきているが，木炭と異なる上記の畜糞炭の特性をよく把握した上での利用が必要である。

1.3　炭化法と炭化炉

わが国での主たる製炭法は古くから築窯によるものであった。すなわち，粘土を主たる材料とする黒炭窯，石を主たる材料とする白炭窯である。これに平地にコンクリートで囲いを作りおが屑などの廃材を炭化する平炉法，土に矩形の浅い穴を掘り，その上に炭材を積み上げ，葉やおが屑で覆って炭化する小規模の伏せ焼きが行われてきた。黒炭窯，白炭窯には土地土地によって工夫，改良されてそれが伝承されてきた炭窯の製法が存在する。これらのいわゆる土窯は通常，炭材の得られる山地，あるいはその近くに設置されてきた。最近では，炭焼き専門家でなく素人でも庭先で容易に製炭できる小型の炭化炉が多く市販されている。家庭で出された廃棄物を自家で容易に炭化し，廃棄物の処理と炭化物の利用を考えようというねらいである。炭材のある場所に容易に移動させ，炭化できる移動式炭化炉の普及も最近の特色である。円形の鉄製輪を2〜3個積み上げて，その上にふたをかぶせた円形移動式炭化炉や移動可能なように炭化炉の下に車をつけたものなどがある（図2）。これらの炭化炉は，いずれもバッチ式で，手動であるが，これとは別に最近では大型の機械炉で，連続的に炭化する炭化炉が目立ってきた。これらの炭化炉には外部から熱をかけて炉内の炭材を蒸し焼きにする外熱式と炭材自身を不完全燃焼させて炭化させる内熱式がある。

最もよく普及しているのがロータリーキルンである。ロータリーキルンは大型の円筒形炭化炉を横に設置し360度回転させながら，チップなどの炭材を連続的に充填して炭化する炭化炉である。下水汚泥，家畜糞などの炭化にも用いられる。外熱式と内熱式があるが，炭化初期には外熱で着火させ，炭化が始まった時点で内熱式に移行する方法がよくとられる。水分含有率を一定に

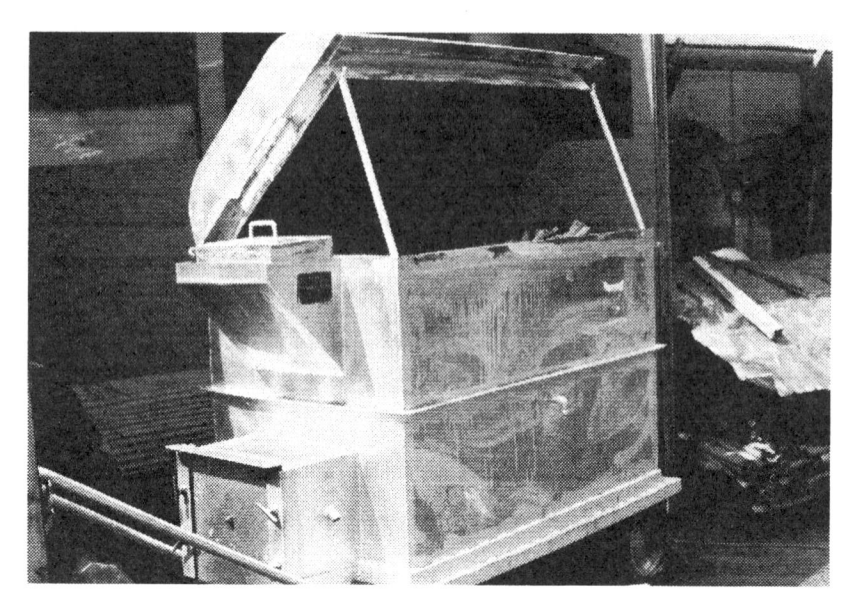

図2 移動用車付き炭化炉

するために乾燥炉を併設する場合が多い。

　ロータリーキルンと類似の円筒形炭化炉を完全に回転させることなく，一定の角度回転させ，その回転を反復させる機械炉に反復揺動式炭化炉がある。ロータリーキルンが360度回転させるのに対して反復揺動式では回転させる角度が小さくてすむので省エネルギーの効果がある。

　流動床式炭化炉は，縦型の炭化炉に鋸屑を連続的に送り込み，下から熱風を送って炉内で鋸屑を流動させながら炭化し，軽くなった鋸屑炭化物を炉の上部から吹き飛ばし，サイクロンで捕集する炭化炉である。ほかに，ベルギーで開発された縦型の連続式炭化炉のランビオッテ型炭化炉，さらにそれがアメリカで改良されたSIFIC型炭化炉，平たい円形の炉床が4～12階層で構成され，上部から各階層へおが屑あるいは木片を順に落として炭化するヘレショフ炉，回転する横型円筒の中におが屑を送り込み，スクリューで押し出すタイプの炭化炉などがある[5]。流動式炭化炉，ランビオッテ型炭化炉，SIFIC型炭化炉，ヘレショフ炉はいずれも内熱式である。

　バイオマスの積極的利用に伴う炭材の多様化によって炭化炉の開発も活発化し，古来改良を重ねてその土地に築きあげられた土窯に加えて[5]，それぞれに機能が少しずつ異なる大型の機械型炭化炉も数多くみられる。

　製炭時には炭化過程での発熱が少なからずあるが，この余熱を何とか利用できないかとの考えで考案されたのが図3に示す炭窯である。窯の焚き口部分に水槽（F）を置き，炭化時の急激な温度上昇を防ぐと共に，水槽で沸かされた湯を窯に隣接して設置された精油採取装置に導き，植物精油を取るのに利用している[6]。また，この窯では炉の中央部の窯底に空気パイプ（L）を導

第3章 熱的変換技術の最前線

入し，このパイプの開閉で炭化終了時直前の精錬を行うことによって，品質の向上を試みている。

廃棄物を高温燃焼させるガス化溶融炉に炭化装置を組み込んで，ガス化溶融炉で発生する熱源で炭化する方法も考案されている[7]。この装置では既存のガス化溶融炉に炭化施設を組み込み，ガス化炉内の高温ガスを熱源とするのでバーナー等の加熱源が不要である。この炭化炉は外熱式であるので，原料の自燃による炭素の消費が少ないために，高い収率を得ることができるなどの利点がある。

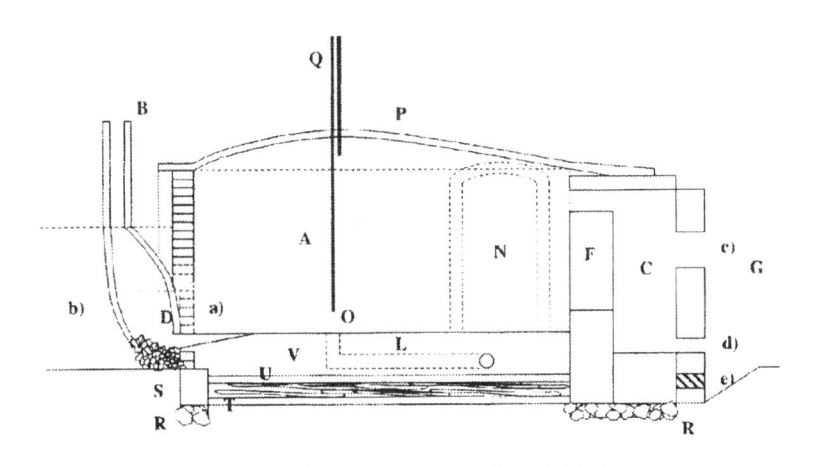

図3 精油採取用水槽を取り付けた炭化炉
A：炭化室，B：煙突，C：燃焼室，D：煙道口，F：水槽，
G：焚き口，L：精錬パイプ，N：炭化室入り口，P：天井，
Q：熱電対，R：基盤用石，T：調湿用木材，V：粘土窯底

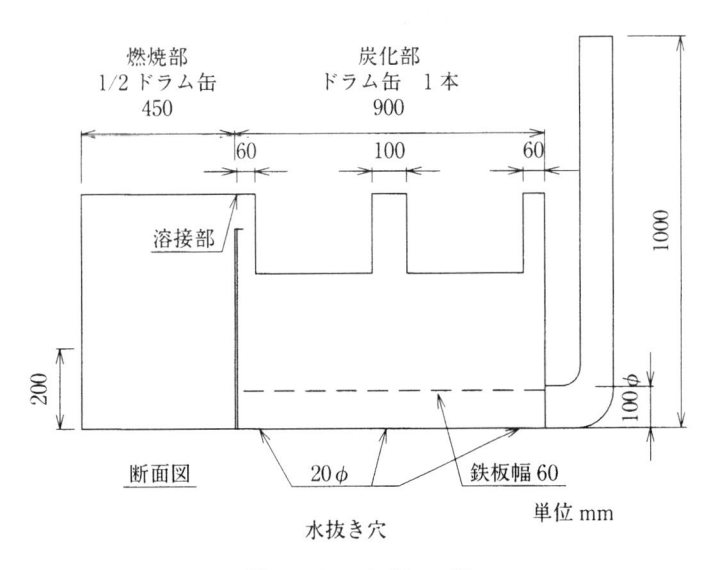

図4 ドラム缶窯の一例

ウッドケミカルスの新展開

　簡易炭化炉の一つにドラム缶窯があり，これにも様々な工夫がされている。図4はドラム缶半分を燃焼部として1個分のドラム缶に溶接して接合したものである[8]。炭化部上部は2カ所を切り開き，炭材，木炭の出し入れを容易にしている。この部分は炭化時は密閉される。

　図5，図6は縦型の連続式炭化装置の一例である。VCCS (Vertical Continuous Carbonization System) と名付けられたこの装置[9]は自燃式炭化炉で，炭化に伴って発生する排煙の冷却液化装置及びその受器を含めた装置全体の大きさは高さ約10m，幅約5m，奥行き約9mで，24時間連続稼働が可能な装置である。処理能力

図5　縦型連続式炭化装置（VCCS）

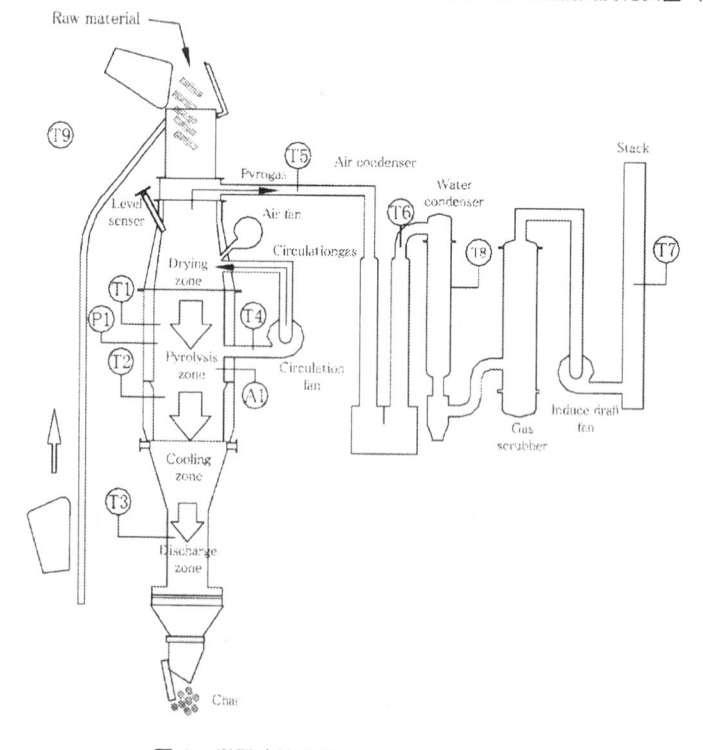

図6　縦型連続式炭化装置システムの概要

第３章　熱的変換技術の最前線

は炭材の形状にもよるがチップ状で約 1000〜1800kg/24h である。炭材が VCCS の上部から投入されて下方へ移動する間に乾燥，熱分解の過程を経て，底部より炭化物を取り出す仕組みになっている。炭材の投入にあたっては炉内の炭材の位置が測定され，一定の位置以下になると自動的に投入されるようになっている。炭材投入から炭化物を得るまでの時間はおおよそ 18〜24 時間である。この装置を一回り大きくし，木質系廃材から日産 10 トン程度の木炭を自動制御で得られる装置も稼働している。

　図7，図8は金網で囲った内枠に炭材を充填し，内枠ごとフォークリフトによって炉に設置し，炉体をかぶせて炭化する炭化炉である[10]。KST 型炭化炉と名付けられたこの炭化炉は基台の周囲の溝に張られた水によって外気と遮断

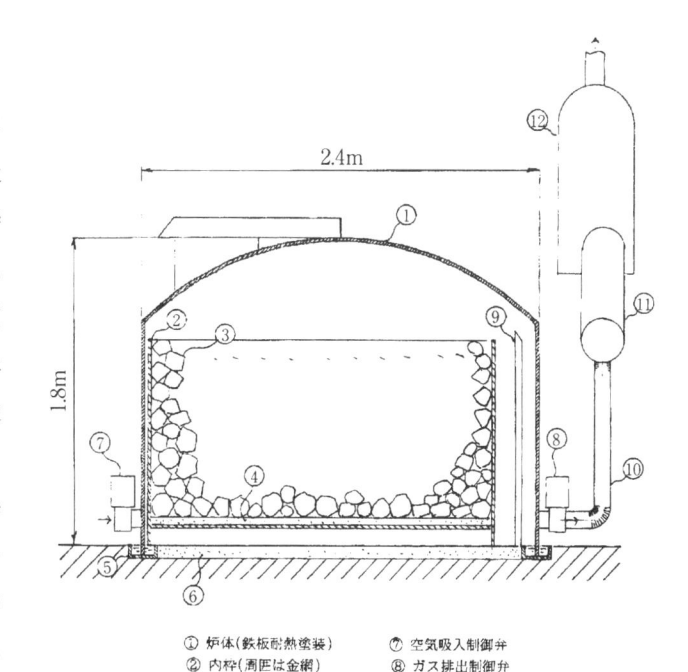

① 炉体(鉄板耐熱塗装)　⑦ 空気吸入制御弁
② 内枠(周囲は金網)　　⑧ ガス排出制御弁
③ 原料木材　　　　　　⑨ 温度センサー
④ 断熱材(耐熱コンクリート)　⑩ 乾溜ガスダクト
⑤ 基台の水封部　　　　⑪ 集合管
⑥ 断熱材(砂)　　　　　⑫ 乾溜ガス燃焼装置

図7　KST 炭化炉

図8　KST 炭化炉

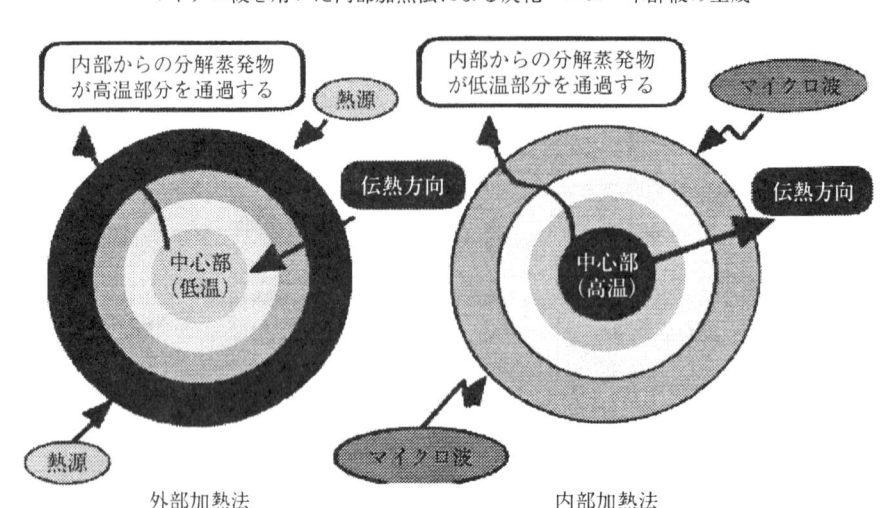

マイクロ波を用いた内部加熱法による炭化　ニュー木酢液の生成

図9　熱分解モデルの比較
（三浦正勝による）

される。排煙は重油によって完全燃焼させて無臭無害化をねらっている。バイオマス1トンを36時間で処理でき，炭化効率は容積比で70％，重量比で30％である。数機を同時に作動することにより，大量に排出される建設廃木材などの処理に有効である。

　通常の炭化過程では自燃式，外熱式のいずれにしても炭材を外側から加熱するので，炭材は表層から熱分解を始める。すなわち炭材の温度は表層が高く，内側が低い。これに対して，炭材をマイクロ波で照射すると炭材の内部が加熱され，温度勾配は外部加熱の時と逆になり，内側が高く，表層が低い（図9）[11]。電子レンジの原理である。従来の外部加熱法では材の表面から内部に向かって熱分解反応が進行する。内部で熱分解した生成物は外部に放出されるときに高温の表層部分を通過するのでさらに二次分解を受ける。熱分解で生じた表層部の細孔には内部からの揮発性物質が二次分解を受け付着するといった現象が起き，表層部分は汚れる。これに対してマイクロ波熱分解では内部で熱分解した揮発性物質が，内部よりも温度の低い表層部で二次分解を受けることなく通過する。したがってマイクロ波熱分解では高次分解した生成物以外に植物の成分そのものや，セルロースの一次分解物である無水糖を高濃度で得ることができる。また，炭化物の細孔は二次分解物を捕捉することなく，タールなどで汚れることなく，きれいな状態に保たれる。

1.4　木炭の新規利用

　木炭の用途が燃料以外の土壌改良材，水質浄化材，調湿材等として利用されていることは前述

第3章　熱的変換技術の最前線

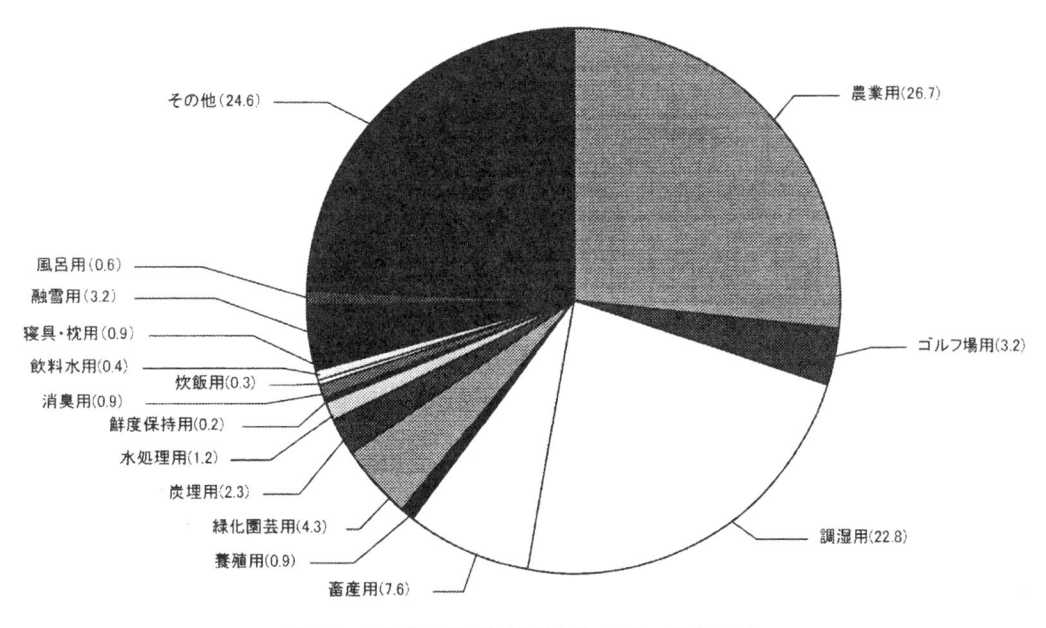

図10　新用途木炭用途別販売量（%）　平成14年
（全国燃料協会調べ）

した。用途別のおおよその割合を図10に示した。約25%強が土壌改良材としての利用である。昭和61年に地力増進法施行令の一部改正により，木炭が土壌改良資材として政令指定され，昭和62年から施行された。その後，木炭の土壌改良資材としての利用は定着しつつある。側溝，湖沼などの水質浄化への木炭の利用に関しては，試験的に多くの実証がなされているものの，使用量や水量，流量，使用期限等との関係のデータが依然として少なく，利用の普及が停滞しているのが現状である。床下調湿材に関しては，基礎的なデータも蓄積され木炭の効果も実証された現状にあるが，木炭が調湿能力を発揮するには施行場所の環境，すなわち地下の水回り，住居周囲の温湿度等に影響されることを考慮して使用する必要がある。そのほかの炭の利用としては，鮮度保持材，電磁波遮蔽材，融雪用，消臭用などがある。

最近では木炭の利用に関して多くの実験データの蓄積，実証例がみられる。以下にそのいくつかを紹介する。

通常の木質系炭化物では固定炭素含量が高く，炭素以外の揮発性成分，灰分に相当する元素が少ないことが品質のよい炭化物とされてきた。ところが近年は炭材の多様化に伴い，必ずしも高い炭素含量の炭化物が得られるわけではなく，灰分等炭素以外の成分の含量の高い炭化物も得られ，むしろ，その特性を活かした利用法も検討されている。例えば，豆腐製造の際の絞りかすのオカラの炭化物である。オカラは家畜飼料，堆肥原料として用いられているが，窒素分が含まれているために堆肥化するときに悪臭を発生する。そこで堆肥化以外の用途開発として炭化，さら

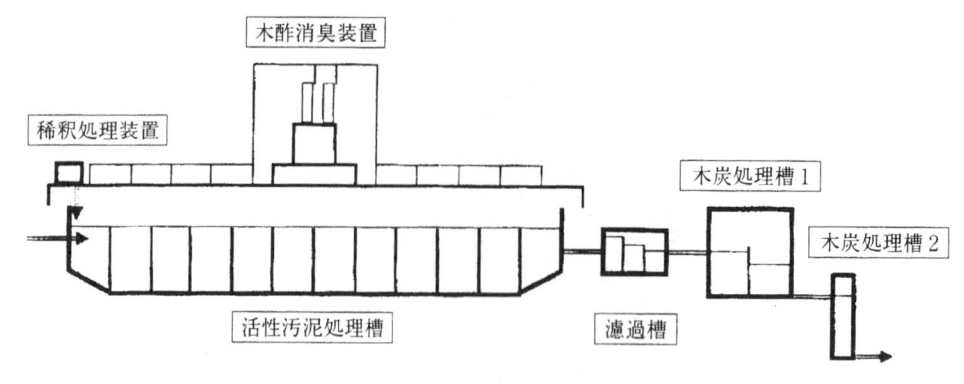

図 11　木炭処理槽を有する屎尿処理装置

にその作物への施用が試みられている[12]。800℃以上の温度で20～30分間，回転炭化装置で連続炭化して得られた炭化物はpH9.96のアルカリ性で，窒素，リン酸，カリウム，マグネシウム，カルシウムなどを含んでいる。特に可給態リン酸，交換性マグネシウムとカリウムを豊富に含むので，作物の生育改善への効果が期待される。

　木炭は多くの細孔を有するので表面積が大きく吸着性能に優れ，消臭作用がある。木炭は活性炭ほどの強い消臭力は無いものの，小規模に家庭用の消臭用によく利用されている。畜舎の糞尿のにおいは周辺への悪影響が大きく，無視できない環境問題の一つである。家畜の屎尿処理としては活性汚泥法，2次処理としてコルク，合成資材，岩石などを濾材とした方法が用いられているが，内部表面積が大きく吸着性に富み，微生物の繁殖にも適した木炭を用いた屎尿処理法が検討されている[13]。

　図11に示すような活性汚泥処理層と2個の木炭処理槽を備えた屎尿処理装置を用いて消臭が検討された。活性汚泥処理槽では曝気を行うために悪臭が外界に飛散するので汚泥槽の上部に木酢液による消臭装置を設置している。木炭槽の消臭能力には限りがあるので，木炭槽と活性汚泥処理槽との間に濾過槽を設け，木炭の消臭能力を十分に引き出す工夫もなされている。

　木炭は畜産の飼料の添加剤としても用いられる。木炭に木酢液を含浸させたものを飼料に添加する方法がよくとられている。牛，豚，鶏などに木炭・木酢液混合飼料を食べさせると肉質や卵の質が変化し，糞のにおいも消えることが知られている。この製品は動物用医薬品として市販されている。木炭に木酢液を含浸させたもの（木炭：木酢液＝4：1重量比）を子豚に与えると，対照に比べ体重が増加する[14]。木酢液を含んだ木炭を飼料に1～3％添加すると対照に比べ飼料摂取量が減少し，一日あたりの体重は増加する。すなわち，飼料効率の向上がみられる。

　木炭を機能性カーボン材料として開発する試みもなされている[15]。放電焼結法による焼結炭の製造はその例である。放電焼結法で木炭粉末を高温焼成すると，かさ密度，熱伝導率などの物性

が間接加熱型の高温電気炉で焼成した炭化物や，熱硬化性樹脂を原料としたガラス状炭素よりも優れたものとなることが明らかにされている。

文　　献

1) 木炭の日本農林規格，昭和37年3月5日農林省告示第304号
2) 凌祥之，柬理裕，農業および園芸，**78** (10), 3 (2003)
3) 牧浩之，渡辺和彦，日本土壌肥料学雑誌，**75** (4), 439 (2004)
4) 家畜排泄物を中心とした燃料・炭化施設に関する手引き，(財)畜産環境整備機構，p.88 (平成16年3月)
5) 谷田貝光克監修，木質炭化学会編，炭・木竹酢液の用語事典，創森社 (2007.5)
6) M. Sakasegawa, N. Seki, M. Yatagai, *J. Wood Carbonization*, **2** (1/2), 17 (2006)
7) 「樹木等の炭化による温暖化防止等複合環境対策技術の開発」成果報告書，(財)地球環境産業技術研究機構 (平成13年)
8) 岩崎眞理，第4回炭化学会研究発表会要旨集，p.5 (2006)
9) 東野孝明，「木質系廃棄バイオマスの炭化生成物の研究」，博士学位論文 (2005)
10) 小鷹敬一，神力愛晴，藤井石根，第一回木質炭化学会研究発表要旨集，p.9 (2003.6)
11) 三浦正勝，榎本雄司，加我晴生，第一回木質炭化学会研究発表要旨集，p.13 (2003)
12) 磯部勝孝，山中亘，片野功之輔，日本土壌肥料学雑誌，**73** (3), 287 (2002)
13) 「木炭等の畜産的利用方法に関する開発実証調査報告書」，(社)日本林業技術協会 (平成13年3月)
14) A. Mekbungwan, K. Yamauchi, T. Sakaida, *Anal. Histol. Embryol.*, **32**, 1-7 (2003)
15) 山根健司，木材工業，**54** (7), 42 (1999)

2 急速熱分解法の現状

鈴木　勉[*1]，美濃輪智朗[*2]

2.1 はじめに

木材，樹皮，もみ殻，稲ワラなどを不活性ガス（窒素）中で400～500℃に加熱すると液体を留出，気体を放出して黒色の固体（炭）が形成される。このバイオマスの熱分解過程は，反応温度以外にも原料の化学組成，形状，サイズ，水分，加熱速度や圧力などの因子に支配されるので，気，液，固3相の生成物の性状と分布は原料の物理化学的特性と適用する反応条件に大きく依存することとなる。従って，原料の初期性状と反応環境をコントロールすることで，ある特定相の生成選択性を高めることが可能となる。例えば微粒化した乾燥原料を急速昇温（数1000℃/分以上）して上記温度を維持し，発生蒸気を素早く系外に排出（反応器滞留時間は2秒以下）して急冷すると得られる油（タール*）の収率は70％前後に達する。このように厳密な反応温度管理下で原料の急速加熱と生成物の短滞留時間を実現し，タールを高収率で得る熱分解法を急速熱分解（Flash, fast, あるいは rapid pyrolysis）という。従来の低速昇温型熱分解（常法熱分解[1]）のタール収率は20～30％であり，溶剤（水）を用いるPERC法，LBL法などの高圧法[2]（最近では水熱液化[3]と称することが多い）でもオイル*収率は40～50％であるから，急速熱分解油の収率の高さは注目に値する。

* 通常熱分解法，水熱液化法共に得られた油をバイオオイルと総称するが，本項に限り以前の慣例に従ってそれぞれの油をタール，オイルと区別して記した。

1980年代後期に登場した急速熱分解法は以後バイオマス油化法の主流となり，ほぼ10年に渡って多様な反応器を備えたプロセスがヨーロッパを中心に相次いで開発された。この画期的な新技術に対する人気沸騰ぶりは実操業への期待を大きく膨らませたが，装置が高額で運転コストが高い，得られる油（一次油）は自動車用燃料として不向きなどの難点を克服するまでには至らなかった。2000年以降プロセス技術に関しては特別大きな変更，改良はなされておらず，主たる関心は一次油の用途開発に注がれて実用性が論じられているが，事態は好転していない。ただし，最近ではバイオリファイナリーの要素技術として位置づけるなど，その立場や評価などはこれまでと異なる感がある。

本稿では，急速熱分解に関する基本的な事項と現状を概説，紹介し，今後を展望する。2000年前後までの技術開発の経緯，動向については，本出版社2000年発行の「ウッドケミカルスの最新技術，第9章エネルギー資源としての木材」を初めとする多くの成書[4~9]に解説されている

---

*1　Tsutomu Suzuki　北見工業大学　化学システム工学科　教授
*2　Tomoaki Minowa　㈱産業技術総合研究所　バイオマス研究センター　チーム長

第3章　熱的変換技術の最前線

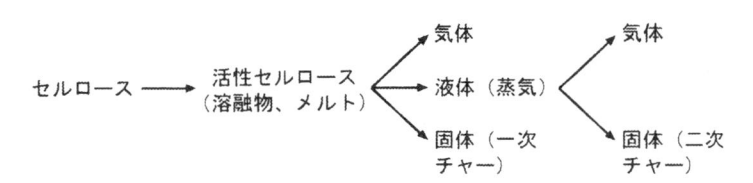

図1　E. g. Broido-Shafizadeh 熱分解モデル

ので，それらを参考とされたい。

2.2　急速熱分解法の原理

バイオマスの熱分解では多くの素反応が併発，競合し，様々な液体，気体成分が生成することから，その複雑な過程の全容を解明することは至難である。しかし，生成物の分布と反応条件との関係などを予測することは実用上重要であり，普遍的な熱分解モデルの構築は熱分解機構研究の究極目標の1つとなる。図1に表した E. g. Briodo-Shafizadeh モデル[10]は現在最も合理的なスキームとして受け入れられているもので，急速熱分解における油の高収率生成もこのモデルに基づいて理解，説明される。すなわち，油の高収率化を図るには (1) 活性中間体（溶融物，メルト）の選択的な生成と (2) メルト蒸気の二次分解の抑制が要求され，(1)，(2) の要求に対してそれぞれ適正な温度域において(1)' 原料基質に高速で大量の熱を与える，(2)' 蒸気の反応器滞留時間を短くして系外で急冷するといった操作が行われる。多くのプロセスが前処理として原料の粉砕と乾燥を行うのは (1)' に関係する問題（後述）であり，技術的には (2)' より (1)' に重点がおかれる。

2.3　加熱方式と反応器

急速熱分解では，前記のように原料を急速昇温する必要があり，その熱媒体として高温の砂，搬送ガス，反応器壁などが利用され，それに合わせて反応器の形式が工夫，考案されている。図2は加熱方式をイメージ化して示し，表1は反応器形式の現状と特徴などを比較してまとめたものである[11]。各反応器の概要は以下の通りである。

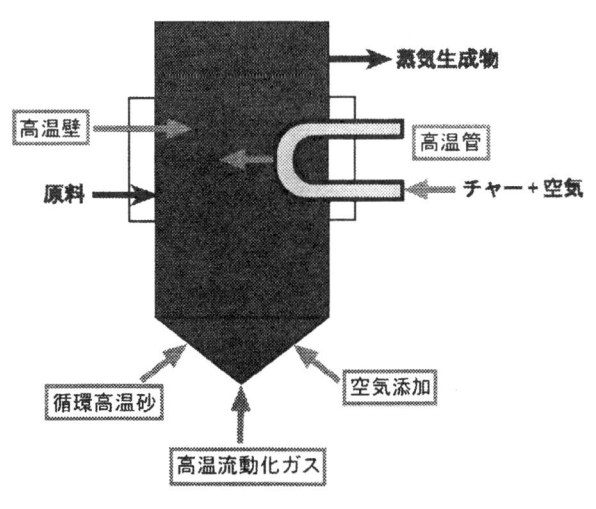

図2　急速熱分解の加熱方式

ウッドケミカルスの新展開

表1 急速熱分解反応器形式の現状，特徴

反応器形式	状況[a]	油収率(wt%)	複雑さ[b]	原料サイズ	不活性ガス量[c]	固有サイズ	スケールアップ
流動床	デモ	75	中間	小	多	中間	容易
循環流動床	パイロット	75	高い	中間	多	大	容易
噴流床	ラボ以下	65	高い	小	多	大	容易
回転円錐	パイロット	65	高い	極小	少	小	困難
アブレーティブ	ラボ	75	高い	大	少	小	困難
真空	デモ	60	高い	大	少	大	困難

a) デモ（デモンストレーション）：200～2,000kg/h 規模，パイロット：20～200kg/h 規模，ラボ（ラボラトリー）：1～20kg/h 規模　b) 構造，操作を表わす　c) 窒素使用量

2.3.1 流動床反応器

循環流動床と区別してバブリング流動床（図3[12]）ともいい，流動熱媒体として砂を使用する。操作が容易，温度制御が良好，油収率が高い（75％）等の利点から最も普及している。木材原料の微粒化コストの低減と液体蒸気の分解を促進する未分解炭素（チャー）との分離が主な課題である。多くはデモプラントレベルであるが，カナダ Dynamotive 社では原料処理量 100t/日規模の実用運転を行っている[13]。

2.3.2 循環流動床反応器

カナダ Ensyn 社開発のチャー燃焼器（移動床）を付設した二塔床型（図4[12]）に代表され，流動熱媒体の砂は熱分解器とチャー燃焼器の間を循環する。運転技術の完成度は高いが，装置の規模が大きくなるのでチャー燃焼の制御と原料木粉への大量熱伝達が難しいとされる。なお，米国

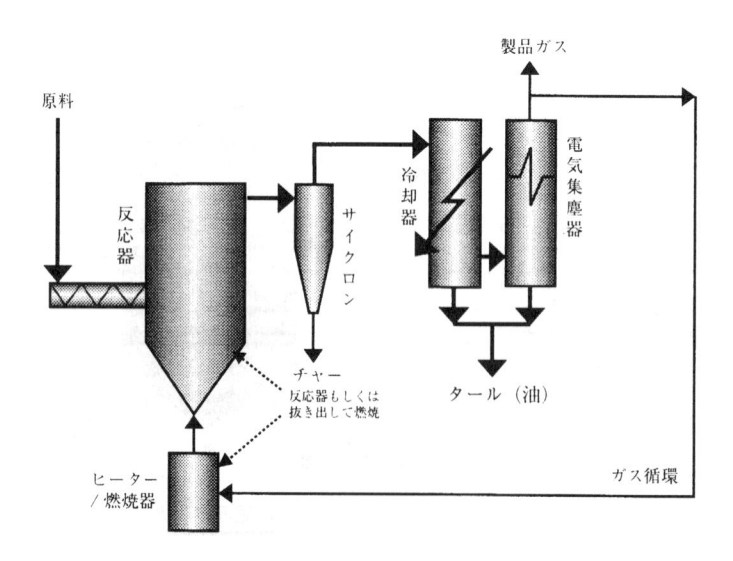

図3 バブリング流動床反応器

第3章 熱的変換技術の最前線

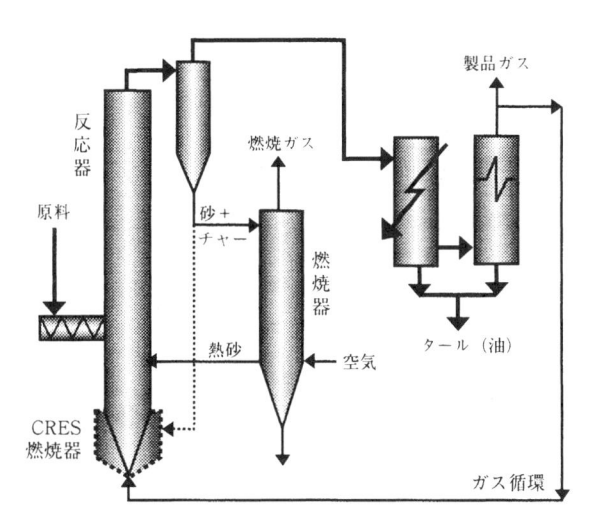

図4 循環流動床—移動床反応器（二塔床式）

のRed Arrow Products社は本方式による食品香味料の商業生産を行っている[14]。

2.3.3 回転円錐反応器

オランダTwente大学が開発，BTG社が工業化を進めている。回転する逆円錐形反応器（図5[15]）の底部に微粉原料が多量の砂と共に送り込まれ，器壁を伝わりながら遠心力で上昇する間に熱分解が進行する。3つのサブシステム（回転逆円錐反応器，バブリング流動床チャー燃焼器，砂上昇器）から成るこの反応系は全体操作が複雑で，建設費，操業費が高いことも欠点である。

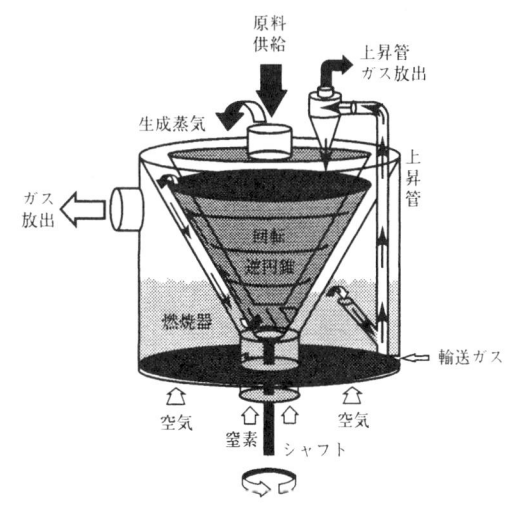

図5 逆円錐形反応器

2.3.4 アブレーティブ反応器

米国NREL開発のVortex型（図6[12]）ではキャリヤガスを高速で反応器に送り，旋回流を生じさせて木材チップを反応器に送る。この旋回流による遠心力でチップは反応器壁に押し付けられてずり落ち，この間に器壁との接触面が溶融，気化して器外へ運ばれる。器壁のスケール除去が面倒で，反応器の構造が複雑である。その後イギリスのAston大学では，キャリヤ不要の改良型（回転ブレードアブレーティブ反応器）を開発している[16]。

2.3.5 真空反応器

カナダLaval大学が開発し，Pyrovac社が商業化した減圧（15kPa）移動床プロセス（図7[17]）

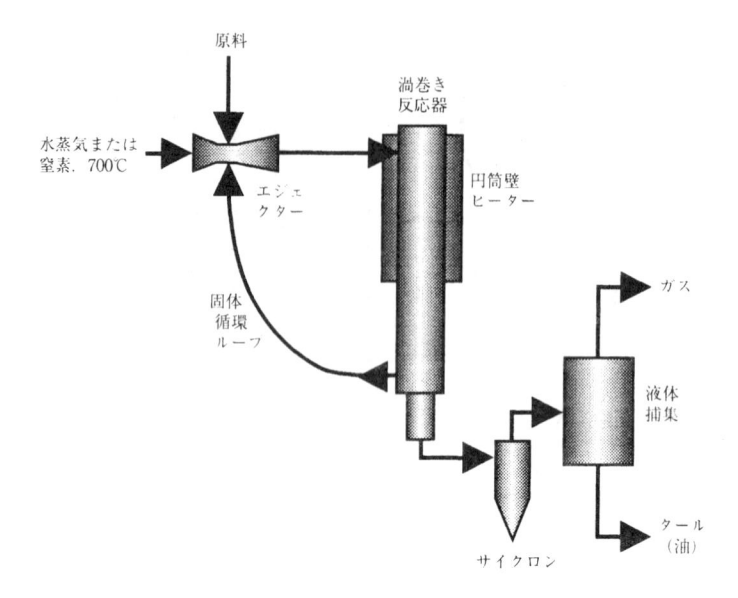

図6 Vortex型アブレーティブ反応器

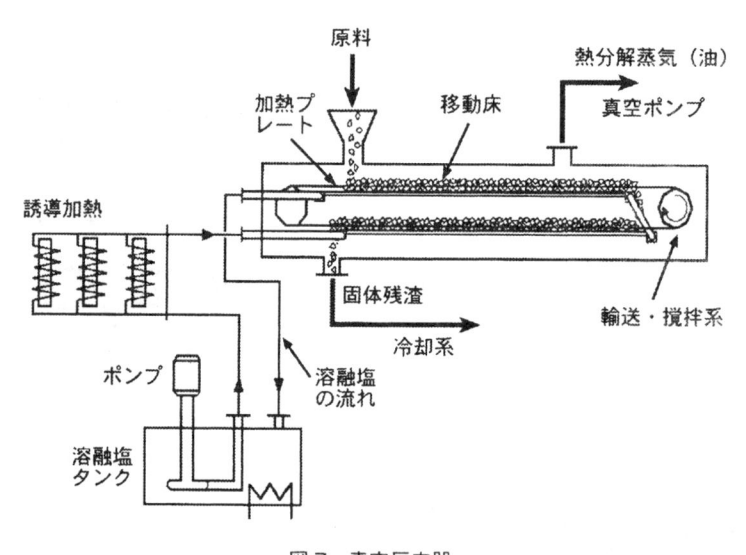

図7 真空反応器

が知られている。高速加熱は行わないが，生成蒸気の滞留時間が短く，油化法として適することから便宜上急速熱分解法に含める。

2.4 プロセス操作

急速熱分解の主たる工程の流れは，(1) 原料の受入れ・貯蔵 → (2) 乾燥 → (3) 粉砕 → (4) 反

第3章 熱的変換技術の最前線

応（熱分解）→ (5) 固体分離 → (6) 油回収（冷却）である。木材を原料とする場合，(1) では反応器容量の制限から通常チップとして受入れ，丸太のような大きなサイズは拒否される。(2) の乾燥は，反応時の伝熱速度や熱効率の向上，生成油への水混入量の低減を目的として行う。含水率を10±5％に調整し，熱源としてはプロセスの低温排熱や原料の一部の燃焼熱などを使用する。なお，自然乾燥したワラなど低含水率原料が対象の場合，この工程は不要である。(3) の主目的は伝熱速度の増大であり，原料粒径が小さい方が望ましいことから通常数mm以下とする。粉砕は高コストであるから，この点でアブレーティブや真空式のようにチップサイズの原料をそのまま処理する反応器が有利である（表1参照）。(4) は前述のように種々の反応器中で行われ，生成物は油蒸気，ガス，固体（チャーと灰分）の3種である。(5) ではサイクロン，フィルターを使用する。灰分はチャー中にほぼ全量が残るので特別な分離操作は不要である。分離したチャーは，固体燃料として販売するかプロセスの熱源とする。(6) では，タール蒸気の二次反応（分解，重合）進行を避けるためにクエンチクーラーなどで急速冷却する。静電気凝結器を併用することも多い。凝縮したタールは *in situ* で利用するかタンクなどに貯蔵し，オイルと分離した非凝縮ガスは燃焼してプロセスの補助熱源とする。

2.5 油の性状，用途，改質処理

木材処理時の生成物分布は，乾物基準で油40～65％，ガス10～30％，チャー10～20％である。得られる油は茶褐色ないしは黒褐色のタール状であり，特有の刺激臭がある。化学組成は非常に複雑で，炭水化物由来とリグニン由来のさまざまな含酸素分解物が混在しており（表2[6,12]），平均分子量は数100～1,000である。表3[6,12]は油の代表的な性状とその特徴をまとめたものである。重油に比べて窒素，硫黄が少ないという利点はあるが，含水率と酸素含有量が高いので発熱量は

表2 急速熱分解油の化学組成

主　要　成　分	割合（wt％）
水	20～30
リグニン分解物：水不溶熱分解リグニン	15～30
アルデヒド：ホルムアルデヒド，アセトアルデヒド，ヒドロキシアセトアルデヒド，グリオキサール，メチルグリオキサール	10～20
カルボン酸：ギ酸，酢酸，プロピオン酸，酪酸，バレリアン酸，カプロン酸，グリコール酸（ヒドロキシ酢酸）	10～15
炭水化物：セロビサン，α-D-レボグルコサン，オリゴ糖，1,6-アンヒドログルコフラノース	5～10
フェノール：フェノール，クレゾール，グアイアコール，シリンゴール	2～5
フルフラール	1～4
アルコール：メタノール，エタノール	2～5
ケトン：アセトール（1-ヒドロキシ-2-プロパノン），シクロペンタノン	1～5

表3 急速熱分解油の代表的性状

物理的特性		代表値	特徴など
水分		15～30wt%	・液体
pH		2.5	・ボイラー，エンジン，タービン
比重		1.20	などの燃料と代替可能
元素組成	C	55～58%	・発熱量は重油，軽油の約40%
	H	5.5～7.0%	・炭化水素油と混和しない
	O	35～40%	・保存，安定性はよくない（酸化，
	N	0～0.2%	重合が起こる）
	灰分	0～0.2%	・利用に応じた品質の確保が必要
発熱量（水分に依存）		16～19MJ/kg	
粘度（40℃，25%水分）		40～100cP	
固体（チャー）		1%	
減圧蒸留残渣		～50%	

5割以下と低い。密度，粘度が高く，熱に不安定であるからハンドリング性に難点がある。メタノール，アセトン等の極性溶剤には可溶であるが，炭化水素とは混和しない。用途としてはボイラー，ディーゼルエンジン，タービン用燃料のほか遅効肥料[18]やフェノール系接着剤[18,19]，ヒドロキシアセトアルデヒド，レボグルコサンなどのケミカルス[20]等が挙げられ，酢酸製造とスモーク液（食品フレーバー）は商用化されている[14]。なお，燃料利用については，液体化する結果単位容積当たりのエネルギー密度が増加して（例えば，ワラのエネルギー密度は$1.3GJ/m^3$であるのに対して生成油のそれは$25GJ/m^3$）輸送が容易となる[21]が，自動車燃料用への用途拡大を図るには品質改善を余儀なくされる。このための改質処理は物理的方法と化学的／触媒的方法に大別され，前者はエージング（相分離を起こして有機相の粘度が増加する）防止による燃焼性の向上，後者は脱酸素による炭化水素の増加に主眼をおいている。表4[6]はこれまでに試みられた代表的な改質処理法とそれらの特徴を示している。化学的／触媒的方法は物理的方法より高コストであり，水素を使用しないゼオライトクラッキングに実用化の期待がかかる。

表4 急速熱分解油の改質法

物理的方法	特徴など
熱ガス濾過	チャー，灰分との分離
石灰添加	中和による安定化，燃焼時のNOx低減
水，アルコールの添加	主にメタノールを使用，発熱量は増加せず
界面活性剤の添加	炭化水素油との混和可能，コストが高い
化学的／触媒的方法	
高圧水素化	現行の石油精製プロセス，水素消費量が大
ゼオライトクラッキング	低分子量化に伴う脱酸素，触媒失活が激しい
エステル化，アセタール化	アルコール成分が対象，発熱量の増加は僅か

第3章 熱的変換技術の最前線

2.6 急速熱分解法の課題

イギリス Aston 大学 Bridgwater 教授らは，技術的にはかなりの完成度に達しているという認識の下に次の①～⑥を主たる課題として指摘し，技術的な課題として⑦～⑨を挙げている[13]。また，⑧と⑨の品質と影響に関しては，科学的な分析と理解が重要であると述べている。

① 油のコストは化石燃料の10～100％高く，従来の燃料と競争できない。
② 油の供給が限られており，研究開発用の入手が困難。
③ 油の規格がなく，品質が一定でない。
④ 油の存在がユーザーに知られていない。
⑤ 油の供給には新たなインフラが必要である。
⑥ 熱分解技術は良いイメージを持たれていない。
⑦ スケールアップとコスト低減。
⑧ 品質の改善と標準化。
⑨ 環境，健康への影響と安全性。

2.7 バイオリファイナリーとしての技術

近年バイオマスの総合利活用システムとして多くの構想（バイオリファイナリー）が提案され，我が国の「バイオマス・ニッポン（総合戦略）」[22,23]でもペトロ（石油）リファイナリーと対比してその概念の重要性，意義が言及されている。この構想の中心はリグノセルロースの糖化と得られた単糖をベースとする化成品の合成（シュガープラットフォーム）とガス化経由の合成ガスを出発とするそれ（ガス化プラットフォーム）であるが，急速熱分解を組み込んだプロセスもいくつか提案されている（図8～11）[24]。これは急速熱分解がさまざまな原料に適応できる，灰分をチャーとして除去できる，直接液体が得られる（バイオマスのエネルギー密度が増大する）などの利点を備えているためである。

図8は生成油と石油化学を複合する短期のバイオリファイナリーの形態，図9はシュガープラットフォームとの複合形態である。後者は糖化後のリグニン残渣を処理する。一方バイオマスが直接入るルートは分散型前処理に対応する。図10はバイオリファイナリーの一次処理（成分分離）法として，図11は図10を組み込んだ中核技術として位置づける場合である。この成分分離法としての性格を打ち出した全体像（図11）では，大規模なガス化プラットフォームの分散型前処理にも対応す

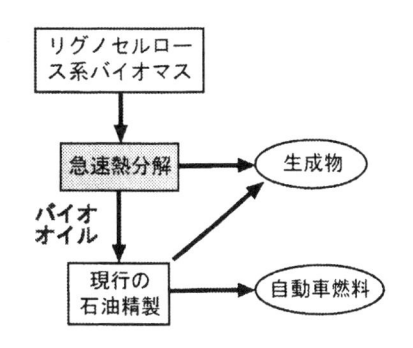

図8 バイオオイル／石油化学の複合バイオリファイナリー

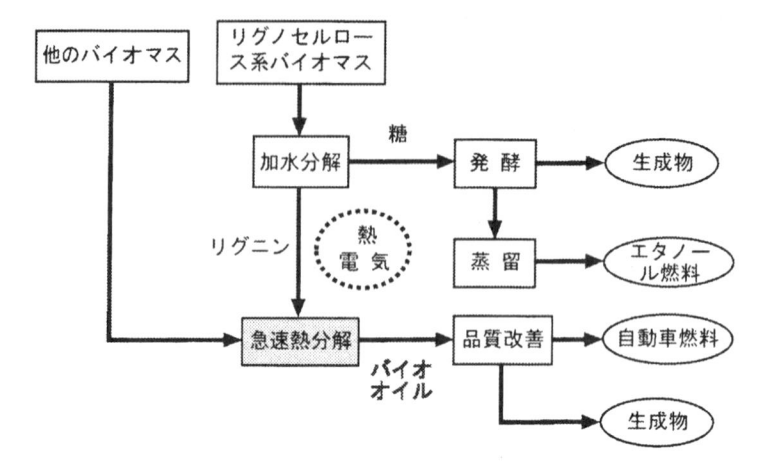

図9 シュガープラットフォームとの複合バイオリファイナリー

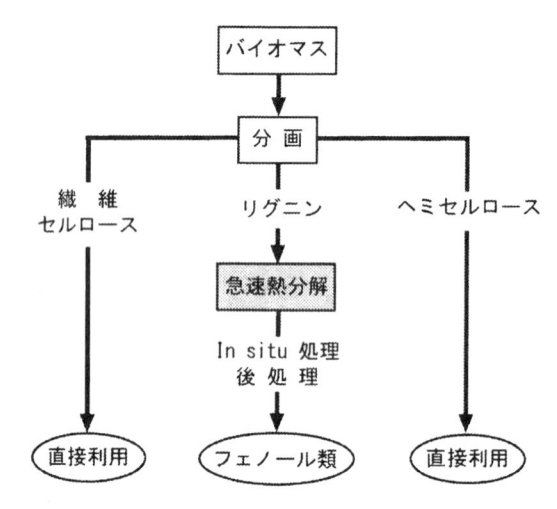

図10 バイオリファイナリーの一次処理（成分分離）

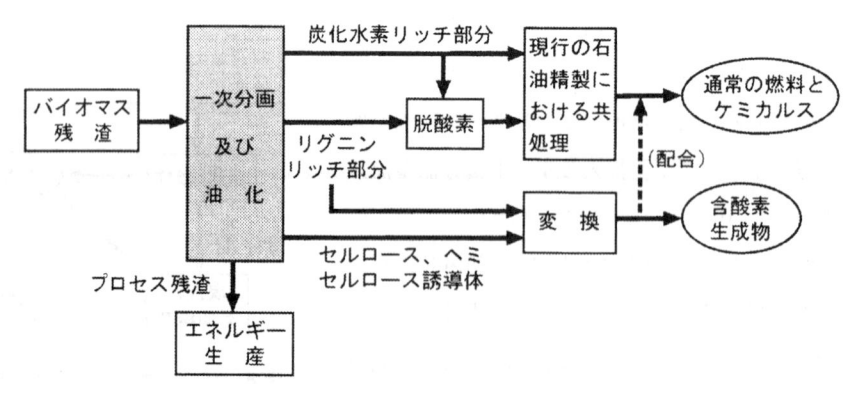

図11 バイオリファイナリーの全体像

第3章　熱的変換技術の最前線

る。なお，分散型前処理に関係してドイツのカールスルーエ研究所は麦ワラを原料とする500 kg/hのバブリング流動床型パイロットプラント（2軸スクリュー式 twin screw mixer reactor）を建設し，この夏から稼働を開始する予定である[25]。このプラント稼働後にガス化炉を建設し，油を輸送して大規模ガス化するバイオリファイナリーを検討する計画もある。

2.8　おわりに

　原料の急速昇温—生成物の低滞留時間を可能とする急速熱分解はまさしく技術のブレークスルーであり，バイオマスの熱分解に関する知識を拡げ，理解を深めた点で学術的に極めて大きな価値，意義を有する。実際これまで「常識」とされた熱分解における生成物選択性の低さは見事に覆され，原理的には納得できる油成分の優先的生成が実証，確認された。このことは反応環境を分子レベルでコントロールすることの重要さを再認識させるが，その一方で油組成の複雑さは加熱という手段のみで多岐にわたる分子反応全体を制御することは困難という現実を改めて教示する結果となった。バイオマス原料からガソリンライクな炭化水素油を製造するには低分子化と脱酸素の両反応を同時に促進する必要があり，急速熱分解の反応環境はどうやら後者反応には不適である。それ故含酸素ケミカルスを目指すバイオリファイナリー技術，高分子フラグメントの分解前処理技術としての位置づけは理に叶ったものである。しかし，実用化の観点で望まれるのはより高度な分解選択性，すなわち酸素の結合様式が特定されたアルコール，ケトン，フラン類などへの高効率転換であり，このためには対象原料を限定する必要もあろう。付加価値の高い比較的高分子量の含酸素化成品の製造技術は現在でも待望され，今後は触媒技術とのより密接な連携を視野に入れることが大切である。

　急速熱分解法の輪郭は見えているが，その細部が明らかになった訳ではなく，現在でも熱重量測定と質量分析，赤外分光法分析を組み合わせた反応経路の解析や分子ビーム質量分析による生成分子の in situ 同定[26]，原料中の無機成分の放出挙動や触媒効果の調査[27,28]などの基礎研究が続いている。油改質用のゼオライトクラッキングでは，依然として高耐久性触媒の開発が大きな課題である[29]。農場を移動しながら収集したワラを熱分解する移動型の遠心反応器（Pyrolysis Centrifuge Reactor, PCR）で油収率60%（エネルギー基準で55%）を目指すという実用提案[21]もある。急速熱分解法の現状は今日のバイオマス利活用アプローチがおかれている立場を象徴しており，前記のような地道な学問レベルの研究と新しい着想による取り組みの成果が早期の雌伏期脱出につながることを期待したい。

文　　献

1) 例えば，三浦正勝，新エネルギー大事典，茅陽一監修，p.282，工業調査会（2002）
2) 例えば，D. L. Klass, "Biomass for Renewable Energy, Fuels, and Chemicals", p.271, Academic Press（1998）
3) 美濃輪智朗，バイオマスハンドブック，日本エネルギー学会編，p.131，オーム社（2002）
4) 鈴木勉，美濃輪智朗，ウッドケミカルスの最新技術，飯塚堯介監修，p.290，シーエムシー（2000）
5) 河本晴雄，バイオマス・エネルギー・環境，坂志朗編著，p.245，アイピーシー（2001）
6) 鈴木勉，木材学会誌，**48**, No.4, 217（2002）
7) 三浦正勝，バイオマスハンドブック，日本エネルギー学会編，オーム社，p.106（2002）
8) 美濃輪智朗，エネルギー便覧・プロセス編，日本エネルギー学会編，p.537，コロナ社（2005）
9) 谷田貝光克監修，炭・木酢液の用語事典，木質炭化学会編，p.129，創林社（2007）
10) J. Lédé et al., "Biomass Pyrolsis Liquids Upgrading Utilization", A. V. Bridgwater, G. Grassi eds., p.27, Elsevier Applied Science, （1991）
11) PyNet ホームページ，http://www.pyne.co.uk/
12) A. V. Bridgwater, S. Czernik, J. Piskortz, "Progress in Thermochemical Biomass Conversion", A. V. Bridgwater eds., p.977, Blackwell Science（2001）
13) A. V. Bridgwater, "The Status and Future of Pyrolysis", 15th European biomass Conference & Exhibition, Germany（2007）
14) G. Underwood, "Biomass Thermal Processing", E. Hogan, J. Robert, J. Grassi, A. V. Bridgwater eds., p.226, CPL Scientific Press（1992）
15) A. M. C. Janse, W. Pins, W. P. M. van Swaaiji, "Development in Thermochemical Biomass Conversion", A. V. Bridgwater, D. G. B. Boocock eds., p.368 Blackie Academic & Professional（1997）
16) A. V. Bridgwater, G. V. D. Peacocke, "Sustainable and Renewable Energy Reviews", p.1, Elsevier（1999）
17) C. Roy, *PyNet Newsletter Issue*, **8**, 12（1999）
18) R. McAllister, *PyNet Newsletter Issue*, **3**, 4（1997）
19) U. S. patent, 5, 034, 498（1991）；6,844, 420（2005）
20) D. R. Ladlein, *PyNet Newsletter Issue*, **5**, 12（1998）
21) N. Bech, P. A. Jensen, K. Dam-Johansen, "Cost Effective Straw Utilisation：Harvesting Bio-Oil on the Field", 15th European biomass Conference & Exhibition, Germany（2007）
22) 小宮山宏，迫田章義，松村幸彦，バイオマス・ニッポン，p.29，日刊工業新聞社（2003）
23) バイオマス・ニッポンホームページ，http://www.maff.go.jp/biomass/index.htm.
24) D. Elliott, T. Bridgwater, *PyNet Newsletter Issue*, **21**, 9（2007）
25) K. Raffelt et al., "Bio Slurries from Pyrolysed Wheat Straw", 15th European biomass Conference & Exhibition, Germany（2007）
26) B. Forsman, W. Zhang, J. B. C. Pettersson, "Release of Alkali Compounds from Biomass

Pyrolysis at 400-850 ℃", 15th European biomass Conference & Exhibition, Germany (2007)
27) J. Giuntoli *et al.*, "Influence of Pre-Treayments on Thermal Conversion of Agricultural Residue : Effects on Nitrogen Chemistry During Pyrolysis", 15th European biomass Conference & Exhibition, Germany (2007)
28) M. Auber *et al.*, "Pyrolytic Behaviour of Cellulose Impregnated by Different Catalysts under Different Heating Conditions", 15th European biomass Conference & Exhibition, Germany (2007)
29) A. Aho, *et al.*, "Catalytic Pyrolysis of Biomass in CFB", 15th European biomass Conference & Exhibition, Germany (2007)

3 亜臨界,超臨界溶媒を用いたバイオマスからのケミカルス・バイオ燃料の製造[注]

坂 志朗[*]

3.1 はじめに

1973年の第一次石油危機を契機に,化石資源由来のケミカルスのバイオマス資源による代替が検討されてきた。また,地球の温暖化問題とも連動して,バイオマス資源によるポスト石油化学が21世紀において注目されている。図1には,化石資源由来のケミカルスとその年間使用量が地球レベルで示されている。また,バイオマス資源(廃棄物)の酸加水分解によるペントース及びヘキソースへの転換とそれに続く発酵により得られるケミカルスを示している。これらを見比べると,化石資源由来のケミカルスの大部分がバイオマス資源より転換可能であることがわかる[1]。

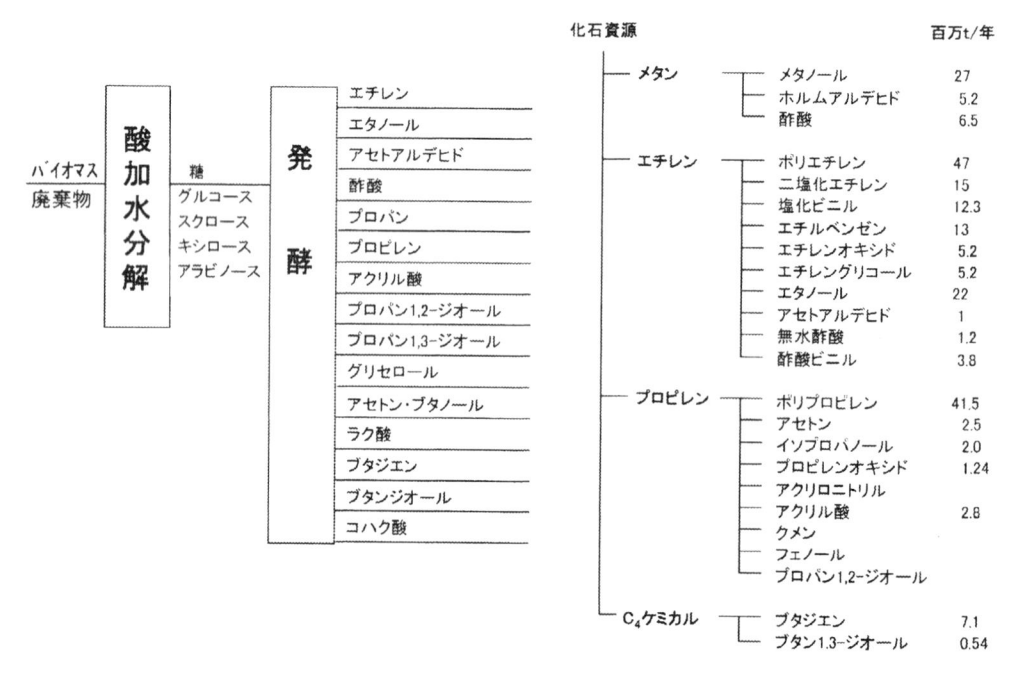

図1 バイオマス資源及び化石資源由来のケミカルスの比較[1]

注) 総説(超臨界流体技術による木質バイオマスの利活用,坂 志朗,江原克信,南 英治,木材学会誌 51 (4),207-217 (2005))をもとに加筆改訂したものである。

---

* Shiro Saka 京都大学 大学院エネルギー科学研究科 エネルギー社会・環境科学専攻 教授

第3章 熱的変換技術の最前線

　木質系バイオマスの主要成分はセルロース，ヘミセルロース及びリグニンであるが，Goldstein[2]は，セルロースを加水分解してグルコースを得，さらにアルコール発酵によりエタノールに転換，さらに脱水してエチレンやブタジエンに転換することで，化石資源由来の合成高分子の95％がバイオマスから得られることを示している。さらにグルコースは熱処理により5-ヒドロキシメチルフルフラールに転換されるが，これをレブリン酸に転換してポリアミドやポリエステルなどの汎用の高分子とすることが可能である。

　また，ヘミセルロースの加水分解物の石油化学原料への転換についても，ペントースのひとつキシロースはフルフラールに転換され，ポリアミドやフラン樹脂が得られることが示されている。リグニンについては，地球上の再生可能資源としてセルロースに次ぐ豊富な高分子物質であるが，現時点で有効に利用されているとは言い難い。しかし，そのポテンシャルは高く，多くの有用なケミカルスを誘導することが可能である[3]。

　以上のことから，バイオマス資源は我々の身の回りで使われている多くの有用な材料源となるケミカルスを提供し得る高いポテンシャルを有し，技術的には化石資源を用いなくても十分に対応することが可能である。そこで我々は，次世代を狙ったポスト石油化学への一提案として，酸加水分解や酵素糖化とは異なる，亜臨界又は超臨界流体によるバイオマス資源の有用ケミカルスやバイオ燃料への化学変換について検討を進めてきたので，その研究成果を以下に紹介する。

3.2 バイオマス資源

　我が国におけるバイオマスの年間発生量は約3億7,000万トンであり，そのうち有効利用されていない資源量（利用可能量）は約7,700万トンに上る[4~6]。バイオマスの炭素含有量を45％と仮定すると，この量は二酸化炭素換算で1億2,700万トンとなり，我が国における1990年の二酸化炭素排出量（12億3,700万トン）の約10％に相当する。したがって，種々のバイオマスを有効利用し，化石資源の利用量を削減することで，地球温暖化の抑制に寄与することが可能である。

　しかしながら，樹木など多くのバイオマスは結晶性のセルロース，非晶のヘミセルロース及び芳香族化合物からなるリグニンを主要成分とする複合体であり，化石資源と比較して有用ケミカルスへの変換が困難である。したがって，その変換技術の開発はきわめて重要であり，これまでにも熱分解[7]，酸加水分解[8~11]などの種々の変換法が検討されてきた。さらに近年では，超臨界流体技術を用いたバイオマスの化学変換の研究が精力的に進められ，多くの貴重な知見が得られている。

3.3 亜臨界及び超臨界流体について

物質は，温度と圧力条件により気体，液体，固体として存在するが，臨界温度及び臨界圧力を共に超えると超臨界状態となり，それ以上に加圧してももはや液化しない非凝縮性の流体となる[12,13]。表1に各種溶媒の臨界温度及び臨界圧力を示したが[14]，超臨界流体は気体と同等の大きな分子運動エネルギーと液体に匹敵する高い密度を兼ね備えており，その中では反応速度が大幅に増大する。さらに，超臨界状態ではプロトン性溶媒は，温度，圧力をコントロールすることによって化学反応場の重要なパラメーターである誘電率やイオン積を大幅に制御できる。例えば，水の誘電率は図2に示すように，常温，常圧で約80程度であるが，臨界点（374℃/22.1MPa）では5～10まで低下し[15]，非極性の物質も溶解できるようになる。一方，イオン積は増大し，触媒を添加することなくH^+とOH^-を介した加水分解反応が期待できる[16]。

表1　種々の溶媒の臨界温度及び臨界圧力[14]

溶媒	臨界温度（℃）	臨界圧力（MPa）
二酸化炭素	31	7.1
ジエチルエーテル	195	3.6
ヘキサン	234	3.0
アセトン	235	4.7
メタノール	239	8.1
エタノール	243	6.4
1-プロパノール	264	5.1
テトラヒドロフラン	268	5.2
1-ブタノール	287	4.9
ベンゼン	289	4.9
ジオキサン	312	5.1
トルエン	321	4.1
水	374	22.1
1-オクタノール	385	2.9
1-デカノール	414	2.2
フェノール	419	6.1

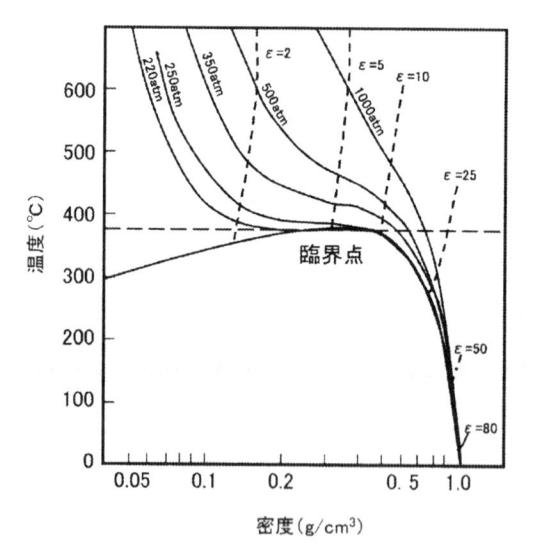

図2　水の誘電率の温度及び圧力依存性[18]
ε ＝誘電率

第3章 熱的変換技術の最前線

メタノールにおいても，常温，常圧での誘電率は約32程度と大きいが，臨界点(239℃/8.1MPa)では非極性溶媒なみの7程度となり，超臨界状態では非極性の有機物質や無機ガスをも溶解する[17,18]。イオン積も水と同様，温度，圧力の上昇とともに増大し，超臨界状態では解離したメタノールがH^+とCH_3O^-を介したアルコリシス能を持つに至る。

以上のように，超臨界流体中では単一溶媒で極性溶媒から非極性溶媒の特性を包括し，無触媒でイオン反応場からラジカル反応場まで実現できる。さらに超臨界水の場合には，常温，常圧に戻れば元の水となるため，触媒や有機溶媒を必要とする既存の変換法に比べてクリーンなバイオマス変換が可能であり，プロセス自体の簡略化が期待できる。

この超臨界流体に対し，亜臨界という表現がしばしば用いられるが，その定義は明確でなく，ここでは高温，高圧状態で臨界点近傍での処理をまとめて"亜臨界"と表記する。

亜臨界及び超臨界流体処理には，バッチ型(回分型)，半流通型(パーコレーション型)，又は流通型の装置が用いられている。これらの仕様は目的に応じて工夫されており，それぞれ研究者独自の構造を有している場合が多い。したがって，本稿では溶媒と試料が反応管に封入された形式のものをバッチ型，一定圧力下で溶媒が試料を流通する形式及び試料が溶媒と共に移動する形式を，それぞれ半流通型及び流通型と呼ぶ。いずれの装置も高温，高圧での腐食の抑制のため，インコネルやハステロイなどの特殊合金を用いることがあるが，腐食が顕著でない場合はステンレスなどが用いられる[19]。なお，これらの形式以外に，水蒸気を断熱圧縮することで超臨界水を作り出す往復動圧縮式装置の開発も行われている[20]。

3.4 亜臨界及び超臨界水技術によるバイオマスの化学変換

プロトン性溶媒としての水は亜臨界及び超臨界状態でイオン積が増大し，バイオマスの効果的な加水分解が期待できる。以下に，バイオマスを構成する主要成分，セルロース，ヘミセルロース及びリグニンに対する亜臨界及び超臨界水の働きについて述べる。

3.4.1 セルロース及びヘミセルロースからの有用ケミカルス

セルロースの化学変換に関する研究では，主として微結晶セルロースが用いられ，温度範囲180～450℃，圧力範囲9.8～100MPaの亜臨界又は超臨界水が適用されている。セルロースの分解が始まる温度は約230℃の加圧熱水域からであり，温度の上昇に伴い分解速度も大きくなる[21,22]。処理物は水可溶成分と不溶成分に分離され，前者にはセルロースからの加水分解物，脱水物及び断片化物が含まれている[23]。加水分解物は図3に示す如く，多糖類(1)，オリゴ糖(2)，D-グルコース(3)及びD-フルクトース(4)などの単糖類，脱水物はレボグルコサン(5)，5-ヒドロキシメチルフルフラール(6)及びフルフラール(7)，断片化物はグリコールアルデヒド(8)，ジヒドロキシアセトン(9)，メチルグリオキザール(10)及びエリトロース(11)等で構成され

る[24~27]。なお，加水分解物に分類される多糖類(1)は，流通型装置を用いた臨界点近傍での1秒以内の処理で得られる。

Arai 及び Adschiri らは，亜臨界又は超臨界水とスラリー状試料を反応管内で合流させる急速昇温可能な流通型装置を用い，320～400℃/25MPa の亜臨界及び超臨界水条件でセルロース，セロビオース（D-グルコースが β-1,4 グルコシド結合した2量体）及びグルコース(3)の処理を行った。その結果，350℃以下ではセルロースの分解速度よりもグルコース及びセロビオースの分解速度の方が大きいが，350℃以上ではセルロースの分解速度がより大きくなり，加水分解物である多糖とオリゴ糖が高収率で得られることを明らかにした[21,24,27,28]。

同様の装置を用いた臨界点近傍（350℃以上）の処理では，処理直後の溶液中にセルロース由来の多糖類が可溶化しているが，後にそれらは沈殿物として回収される[22,24,26,27,29~31]。この多糖類は乾燥させるとセルロースⅡ型（再生セルロースの結晶構造）となることから，超臨界水処理によりセルロースが一度単分子の β-1,4 グルカンに分解し，疎水性の超臨界水が親水性の水に戻ることで凝集沈殿したと推察される。これら沈殿物は，重合度が13から100の範囲で広く分布している[25,29~31]。また，380℃以上/40MPa の超臨界水処理で得られる水可溶なオリゴ糖の重合度は12以下であり，還元性末端が断片化や脱水反応を受け D-グルコース残渣(3')はグリコールアルデヒド残渣(8')，エリトロース残渣(11')，レボグルコサン残渣(5')に変化している（図3左側参照）。一方，280℃/40MPa の亜臨界水処理で得られるオリゴ糖の重合度は7以下であり，超臨界水処理の時よりも分子量が小さく，還元性末端も安定であることが明らかとなっている[23]（図3右側参照）。

また，セルロースの分解機構を検討するため，モデル化合物として加水分解，脱水物及び断片化物等を用いた多くの検討がなされている[23,32~41]。セロビオース，D-グルコース(3)及び D-フルクトース(4)の場合，高温・低圧域ではレトロアルドール縮合（断片化）による反応が進行しやすい一方，低温・高圧域では脱水反応が進みやすいことが報告されている[36,37]。これらの結果は，セルロースやリグノセルロースを対象とした検討でも確認されている[26,27,42]。

これらの知見から，圧力を 40MPa に固定した場合における亜臨界水（280℃）及び超臨界水（400℃）中でのセルロース分解挙動の差異は，以下のように説明することができる。すなわち，常温，常圧の水は水素結合によって水分子が数個集まったクラスターを形成しているが，温度の上昇とともに水素結合は開裂し，350℃付近ではほぼ単分子で存在するようになる[43]。一方，セルロースの結晶構造を形成している水素結合も同様に温度上昇とともに開裂するものと推察される[13,19,44~48]。したがって，350℃以上の処理温度では，セルロースの結晶構造に"緩み"が生じグリコシド結合が内部から開裂するため，多糖や重合度が12以下のオリゴ糖(2)が得られてくる。この時，オリゴ糖(2)の還元性末端の一部は断片化と脱水を受ける。一方，水素結合の影響

第3章 熱的変換技術の最前線

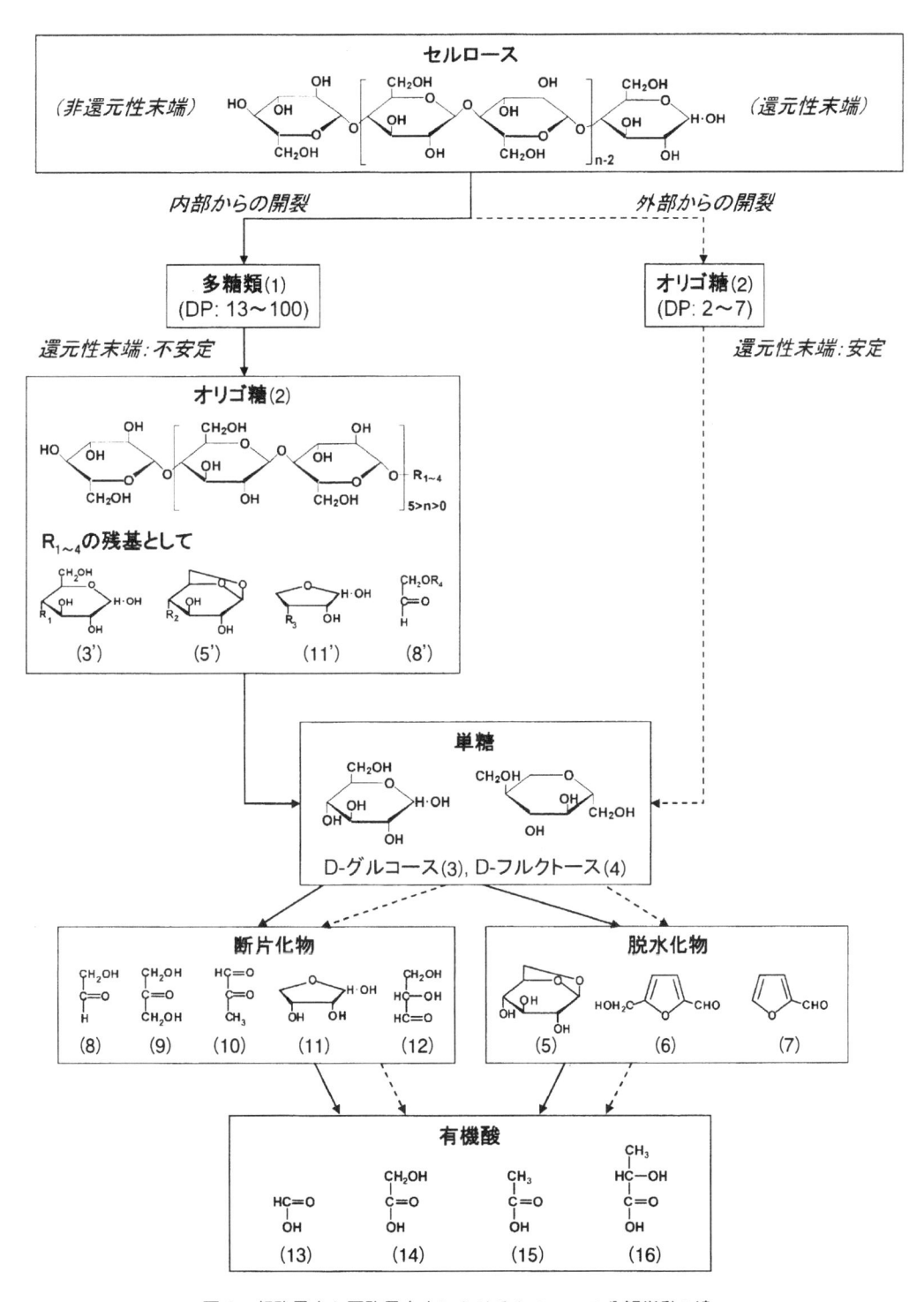

図3 超臨界水と亜臨界水中におけるセルロース分解挙動の違い
(実線及び点線はそれぞれ超臨界水及び亜臨界水中での分解経路を示す。)

が残る280℃程度の処理では、結晶構造は強固なままであるため、結晶ミセル外側からのグリコシド結合の開裂が優先的に生じ、還元性末端が安定な、重合度7以下のオリゴ糖が得られる。このようにして得られた糖類は、圧力が一定の場合、超臨界水処理（低密度）では断片化反応が進行しやすく、逆に亜臨界水処理（高密度）では脱水反応が進行しやすい[25,36,37]。この反応挙動の違いに着目し、ごく短時間の超臨界水処理の後に亜臨界水処理を後続させた複合処理によって、加水分解物を高収率で回収できる処理法も提案されている[26]。

断片化物と脱水物は、さらにギ酸(13)、グリコール酸(14)、酢酸(15)及び乳酸(16)などの有機酸に分解されることも明らかにされている[49]。加水分解物はエタノール生産の原料として利用できる一方、断片化物、脱水物及びこれらが酸化分解して得られた有機酸なども有用ケミカルスとしての利用価値が高い。したがって、比較的長時間の超臨界水処理[49]や、Lunthanum(Ⅲ)[50]、炭酸カリウム[51]、過酸化水素[52]、酸素[53,54]、酸及びアルカリ[55]を触媒として添加した亜臨界又は超臨界水処理によってこれらを選択的に生産しようとする試みもなされている。

ヘミセルロースの化学変換に関する研究では、木材等のリグノセルロースを試料とし、超臨界水よりも低温及び低圧の加圧熱水領域（180〜285℃/1〜34.5MPa）で研究がなされている。200〜230℃/34.5MPaの加圧熱水処理では、6種の木材（*Eucalyptus gummifera, Eucalyptus saligna, Populus deltoids, Luecaena* hybrid KX-3, Silver maple, Sweetgum）と4種の草本（Switch grass, Sweet sorghum, Sugarcane, Energy cane）から、ヘミセルロースを水可溶成分として分離できることが示されている[56]。また、180℃〜285℃/9.8MPaでのタケ、チンカピン及びブナの加圧熱水処理では、180℃以上でヘミセルロースの分解が始まることが明らかにされている[57]。この処理では、生成物としてヘミセルロースの構成糖であるL-アラビノース(17)、D-キシロース(18)、その2量体であるキシロビオース、キシロオリゴ糖であるキシロトリオース、キシロテトラオース及びキシロペンタオースが得られ、処理圧力の違いは生成物の収率にほとんど影響がないことが明らかにされている[58]。

サトウキビの蒸煮処理（215℃、試料濃度70%）と加圧熱水処理（試料濃度5%）を比較した検討では、それぞれ40%及び82%のヘミセルロース由来ペントースが得られている[59]。また、トウモロコシの茎の濃度を0.5〜10.0%に変化させ、200℃の加圧熱水処理でキシランの分解実験を行ったところ、試料濃度が低いほどキシロース(18)が高収率で得られることが報告されている[60]。これらの結果は、ヘミセルロースの分解では、試料に対する水量が多いほど適していることを示唆している。実際、トウモロコシの茎を半流通型装置で加圧熱水処理（180〜220℃）した検討では、加圧熱水の送液量が多いほどヘミセルロースの分解が促進されることが報

第3章 熱的変換技術の最前線

告されている。これは，流量の増大により試料と分解物とが速やかに分離され，相互の水素結合による再結合が抑制されるためであると推察されている[61,62]。

このように，非晶性のヘミセルロースは結晶性のセルロースよりも低温で分解する。したがって，セルロース，ヘミセルロース及びリグニンの複合体であるリグノセルロースを処理する場合，構成成分に固有な処理条件を選択する必要がある。一方，スギ（*Cryptomeria japonica*)[63]やブナ（*Fugus crenata*)[64]を臨界点近傍（350℃以上）で1秒以内の処理をすると，セルロースとヘミセルロース由来のオリゴ糖が同時に水可溶部として得られることが報告されている。これはセルロースの分解で述べたように，水の臨界点近傍ではセルロースの結晶構造に"緩み"が生じるため，セルロースとヘミセルロースが同様の条件で分解できる可能性を示唆している。

3.4.2 リグニンからの有用ケミカルス

筆者の研究チームでは，針葉樹のスギ（*Cryptomeria japonica*）と広葉樹のブナ（*Fugus crenata*）を超臨界水処理（380〜400℃/100〜115MPa）し，セルロース及びヘミセルロース由来物質は主に水可溶部へ，リグニン由来物質は水に不溶なオイル状物質（メタノール可溶部）及びメタノール不溶残渣に分離されることを明らかにした[47]。得られたリグニン由来物質の構造解析では，フェノール性水酸基の増加とアルカリ性ニトロベンゼン酸化生成物の減少が確認された。また，グアイアシルグリセロール-β-グアイアシルエーテル(19)及びビフェニル(20)のリグニンモデル化合物を用いた検討では，前者のβ-O-4エーテル結合は容易に開裂するが，後者の5-5縮合型結合は安定であることが確認された。これらの結果から，リグノセルロース中のリグニンは主にエーテル型結合が優先的に開裂することで分解し，その結果，縮合型結合の二量体であるビフェニル型(21)，スチルベン型(22)，ジフェニルエタン型(23)及びフェニルクマラン型(24)やこれらの結合からなる三量体のリグニン由来物質がメタノール可溶部に，また，メタノール不溶残渣には縮合型結合に富んだリグニンが不溶物として得られてくることを明らかにした[65]。

さらに，ガスクロマトグラフ-質量分析計（GC-MS）によるリグニン由来物質の同定により，針葉樹リグニンでは，主としてグアイアシル核を有するフェニルプロパン骨格（C_6-C_3）として，コニフェリルアルコール(25)，イソオイゲノール(26)，プロピルグアイアコール(27)，グアイアシルアセトン(28)，コニフェリルアルデヒド(29)，プロピオグアイアコン(30)，フェルラ酸(31)などが見出された。また，C_6-C_2骨格として，ホモバニリン(32)，ホモバニリン酸(33)，アセトグアイアコン(34)，エチルグアイアコール(35)，ビニルグアイアコール(36)など，C_6-C_1骨格として，バニリン(37)，メチルグアイアコール(38)など，C_6骨格として，グアイアコール(39)が確認された。さらに，広葉樹リグニンでは，それらに加えてシリンギル核を有する同様の骨格の物質が見出された[66,67]。すなわち，C_6-C_3骨格として，シナピルアルコール(25')，プロ

(19) (20) (21) (22) (23) (24)

ペニルシリンゴール(26')，プロピルシリンゴール(27')，シリンギルアセトン(28')，シナピルアルデヒド(29')，プロピオシリンゴン(30')などが見出された。C_6-C_2骨格として，アセトシリンゴン(34')，エチルシリンゴール(35')，ビニルシリンゴール(36')など，C_6-C_1骨格として，シリングアルデヒド(37')，メチルシリンゴール(38')，C_6骨格として，シリンゴール(39')などが見出されている。これらの物質は，亜臨界水処理で得られるリグニン由来物質中でも見出されている[68〜72]。

また，イソプロピルベンゼンを用いたモデル実験でも，C_6-C_3骨格のプロピル側鎖の脱アルキル化が報告されている[73〜76]。これらの結果から，エーテル結合だけでなくプロピル側鎖も一部開裂していることが明らかにされている。

これらの分離されたリグニン由来物質は，燃焼による熱エネルギーへの変換のみならず，高付加価値な芳香族物質への転換も可能であり，リグノセルロースの総体利用を実現するためにも重要な研究対象である。さらに付け加えるならば，これらは化石資源からは全く見出されない化合物であり，亜臨界又は超臨界水による加水分解物で極めてクリーンなバイオケミカルスであり，今後の詳細な研究が期待される。

第3章　熱的変換技術の最前線

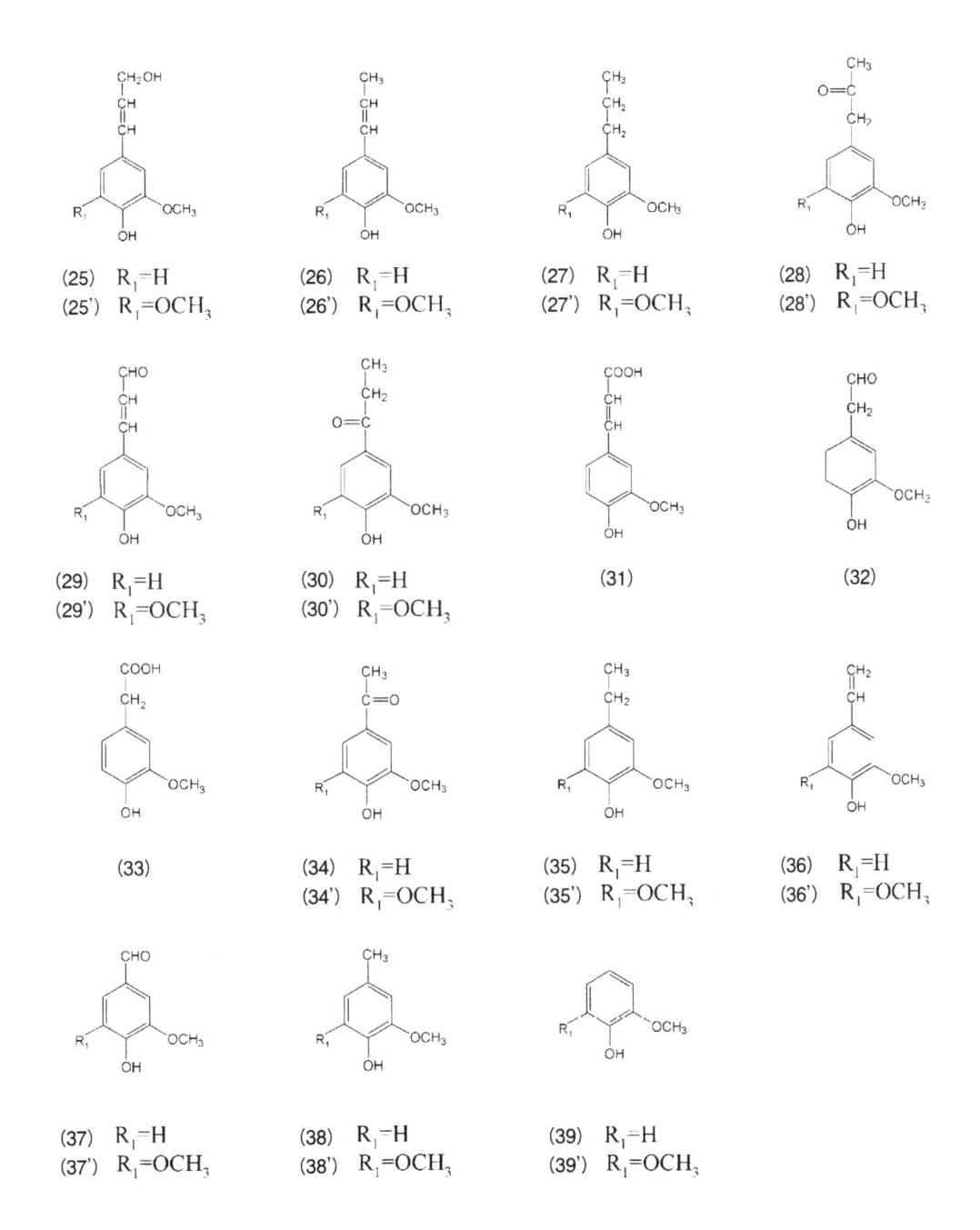

(25) $R_1=H$
(25') $R_1=OCH_3$

(26) $R_1=H$
(26') $R_1=OCH_3$

(27) $R_1=H$
(27') $R_1=OCH_3$

(28) $R_1=H$
(28') $R_1=OCH_3$

(29) $R_1=H$
(29') $R_1=OCH_3$

(30) $R_1=H$
(30') $R_1=OCH_3$

(31)

(32)

(33)

(34) $R_1=H$
(34') $R_1=OCH_3$

(35) $R_1=H$
(35') $R_1=OCH_3$

(36) $R_1=H$
(36') $R_1=OCH_3$

(37) $R_1=H$
(37') $R_1=OCH_3$

(38) $R_1=H$
(38') $R_1=OCH_3$

(39) $R_1=H$
(39') $R_1=OCH_3$

　一方，オルガノソルブリグニンやリグニンスルホン酸[77]等の単離リグニンの亜臨界及び超臨界水処理も検討されている。350～400℃/10～40MPaの条件でオルガノソルブリグニンを処理し，処理物をオイルと固体残渣（チャー）に分離した実験では，圧力が高いほどオイル収率が増加し，エーテル結合の加水分解によってフェノール性水酸基が増加していることが報告されている[78]。また，400℃で水密度を0.1～0.5g/cm^{3}と変化させた実験では，水密度が高いと加水分解反応が

進行しやすくなるため反応性に富んだ官能基が生成し，これらが縮合することで高分子化することが示唆されている。これに対し，処理時にフェノールを添加し，反応性に富んだ官能基とフェノールとを反応させることで高分子化を抑制できることが報告されている[79]。なお，スルホン酸リグニンやフェノールの亜臨界及び超臨界水処理（310～504℃/20～30MPa）では，芳香核の開裂も報告されている[80,81]。

3.4.3 バイオマスからのバイオ燃料

前述のように，亜臨界水や超臨界水条件での木質バイオマスから有用物質を生産しようとする試みが多くの研究者によって続けられてきた[82～85]。一方，木質バイオマスからエネルギーを得ようとする研究も近年活発に進められている。図4に，筆者の研究チームで推進してきたリグノセルロースの超臨界流体技術によるバイオ燃料への変換スキームを示す。

リグノセルロースは超臨界水処理によってセルロース，ヘミセルロース由来物質とリグニン由来物質に分離することができ，処理条件を最適化することで前者からは糖類が高収率で得られる[47,86]。これらは，セルラーゼを用いた酵素糖化の後，酵母や遺伝子組み換え微生物を用いた発酵によってエタノール(40)へと変換できる。この時，超臨界水処理で得られた糖類は，3.4.1で述べたような特徴から，単糖へ変換することができる[87～90]。しかしながら，糖類の過分解物や微量のリグニン由来物質は発酵阻害を引き起こす[91～93]。これに対し，700℃～900℃の処理で調製した木炭が発酵阻害物質のみを選択的に吸着除去し得ることを見出している[90]。

一方，嫌気性発酵による下水汚泥や厨芥等からのメタン生産は一部で実用化されているが，木質バイオマスからのメタン生産も検討されている。バイオマスからのメタン生産では，酸生成細

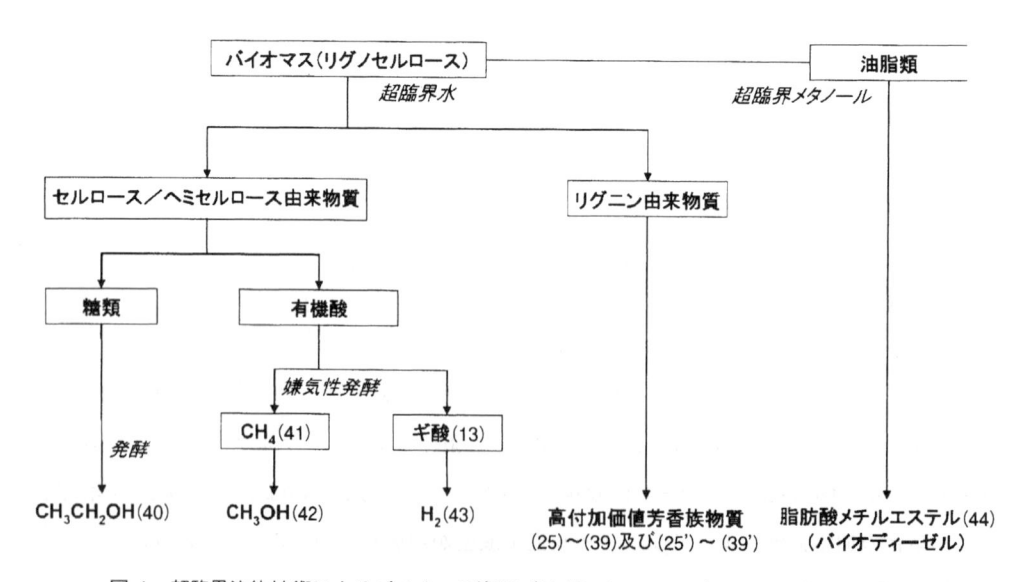

図4 超臨界流体技術によるバイオマス資源（リグノセルロース）からのバイオ燃料生産

第3章 熱的変換技術の最前線

菌群による単糖類や有機酸等への低分子化が最初に起こり，その後，メタン生成細菌群によりバイオメタン(41)が生成される[94]。しかしながら，リグノセルロースは下水汚泥や厨芥よりも安定なため，嫌気性発酵の良基質となる有機酸などへの変換に長時間を要する[95]。そこで，リグノセルロースの酸処理によりセルロース及びヘミセルロースと酸生成菌との接触性を高め，メタン発酵性を向上させる試みが続けられてきた[96,97]。これに対し，超臨界水処理によりセルロースとヘミセルロースが短時間で有機酸へ変換されることも見出されており[49]，超臨界水処理がメタン生成の前処理として検討されている。さらに，得られたメタンは酵素メタンモノオキシゲナーゼによりバイオメタノール(42)へと変換が可能である[98]。また，有機酸の中でも蟻酸(13)は遺伝子組み換え大腸菌により高効率でバイオ水素(43)に変換できることから[99]，リグノセルロースを超臨界水処理することによる水素製造も検討されている。

リグノセルロースの超臨界水処理によるリグニン由来物質は高付加価値芳香族物質であり，すでに述べたリグニン起源の物質(25)～(39)及び(25')～(39')などが注目される。さらに，樹木の果実や油脂植物からの油脂類（トリグリセリド）を無触媒系の超臨界メタノールやアルカリ触媒法で処理することで脂肪酸メチルエステル(44)が得られ，バイオディーゼル燃料として注目されている。詳しくは3.5.2で述べる。

3.4.4 バイオマスからのバイオガス

通常，木質バイオマスのガス化は，試料を乾燥させた後700～1000℃の温度域で検討されているが[27]，石炭と比較してタールが生成しやすく，それによって触媒能を低下させるなど種々の問題を引き起こしている。一方，超臨界水処理では試料を乾燥させることなく，より低温（400～650℃程度）でのガス化が可能である[100]。さらに，超臨界水が持つ高い溶解能と分解能によりタールの生成を抑えることが可能である。しかしながら，超臨界水処理のみで木質バイオマスを効率的にガス化した成功例は少なく，ニッケル[101～103]，水酸化カリウム[104～106]，ジルコニア[107]等の触媒を添加した系での検討が多い。

市販のセルロース（cellulose powder MN100, Machery Na-gel），キシラン（Sigma社）及びリグニン（関東化学社）のニッケル触媒下での超臨界水ガス化では，リグニンの存在がガスの生成（特に水素）を抑制するとの結果が報告されている[108,109]。また，リグニンの分解により生成するホルムアルデヒドは，リグニン同士を架橋させ縮合体を生成すると推察されている[110]。一方，ルテニウム触媒ではホルムアルデヒドが効率的に分解され，ガス化に効果的であることも報告されていることから[110～112]，今後，より効率的な超臨界水ガス化のプロセス開発が進展することが期待される。

しかしながら，これらの検討で用いられているリグニンのほとんどが，クラフトリグニンやオルガノソルブリグニンなどの市販単離リグニンであるため，その構造は天然リグニンに比べ大き

く異なる。したがって，リグノセルロースのリグニンを適切に代表する摩砕リグニン（MWL）や酵素単離リグニンでの検討が望まれる。

　木質バイオマスのガス化では，クリーンエネルギーとしての水素を主として水から生産できる。適切な組成のガス調製により，既存のFischer-Tropsch合成を用いた炭化水素生産も可能であるため，今後多くの研究者により精力的に検討が進められるものと予想される。

3.5　亜臨界及び超臨界アルコール技術によるバイオマスの化学変換

　水と並んで代表的なプロトン性溶媒であるアルコール類についても亜臨界及び超臨界状態で水と類似の加溶媒分解が期待できる。そこでその成果を以下に紹介する。

3.5.1　リグノセルロースの液化

　超臨界アルコール中でのリグノセルロースの化学変換は，主に木材試料を用いて検討されており，下記の通り250～280℃付近では主としてリグニン及びヘミセルロースが，350℃付近ではセルロースの分解・可溶化が進行する[113～118]。

　Köllらは脱リグニンを目的として，250℃/10MPaの条件でカバの超臨界アルコール分解（原著では抽出という表現を用いているが適切ではない）を検討し，メタノールでは全リグニンの約47％が分解・抽出されたと報告している[113]。一方，McDonaldらは350℃/28MPaの超臨界メタノール中でベイスギを処理した結果，固体残渣は僅か4％となり，70％（いずれも木材重量ベース）の抽出物を得ている[114]。Labrecqueら[115]及びPoirierら[116]も，それぞれヤマナラシ（*Populus tremuloides*）の超臨界メタノール処理において同様の結果を得ている。

　さらに筆者の研究グループでは，スギ（*Cryptomeria japonica*）及びブナ（*Fugus crenata*）の超臨界メタノール処理で得られた固体残渣を分析した結果，270℃/27MPaでは主にリグニンとヘミセルロースが，350℃/43MPaではセルロースの分解・可溶化が進行することを証明した。後者の条件では30分の処理で90％以上の木材がメタノールに可溶化している[117]。

　一方，アルコールの種類によりリグノセルロースの分解・可溶化の挙動が異なることも報告されている。350℃の条件で直鎖アルコールを用いた場合，アルコール炭素鎖数の増加に伴い木材（特にセルロース）の可溶化が促進され，メタノールでは95％の木材を可溶化するのに約30分を要したのに対し，1-オクタノールでは僅か3分であった[118]。

　アルコールは水と同様，プロトン性溶媒であるが，そのpK_a値はⅰ）多価アルコール，ⅱ）フェノール類及びⅲ）高級アルコールで高い一方，ⅳ）アルキル鎖の長いアルコールほど低いことが一般に知られている。このpK_a値が高いアルコールほど，加溶媒分解能が優れている傾向にあると思われる。実際，Rezzoug及びCapartは0.25％の硫酸を含む各種アルコールを用い，160～300℃でアカマツ（学名記載なし）を処理しているが，エチレングリコール（多価アルコール）

第3章 熱的変換技術の最前線

及びフェノールでは，250℃でほぼ100%の木材が可溶化されることを示している[119]。なお，長鎖の直鎖アルコールにおける効率的な木材の可溶化はpK_aの値のみでは説明できないが，筆者らは炭素鎖数の大きいアルコールほどより高分子物質を可溶化し得ることを見出している。すなわち，1-オクタノール等における前述の効率的な木材の可溶化は，加溶媒分解物とその溶媒との溶解性により決まり，より高分子量の分解生成物が可溶化したことに起因していると思われる[118]。

一方，微結晶セルロースを用いた検討などにより，超臨界アルコール中でのセルロースは図5の分解挙動を示すことが明らかになっている[120]。すなわち，セルロースは超臨界アルコール中でのアルコリシスにより低分子化し，還元性末端がアルキル化したセロオリゴ糖(45)となる。

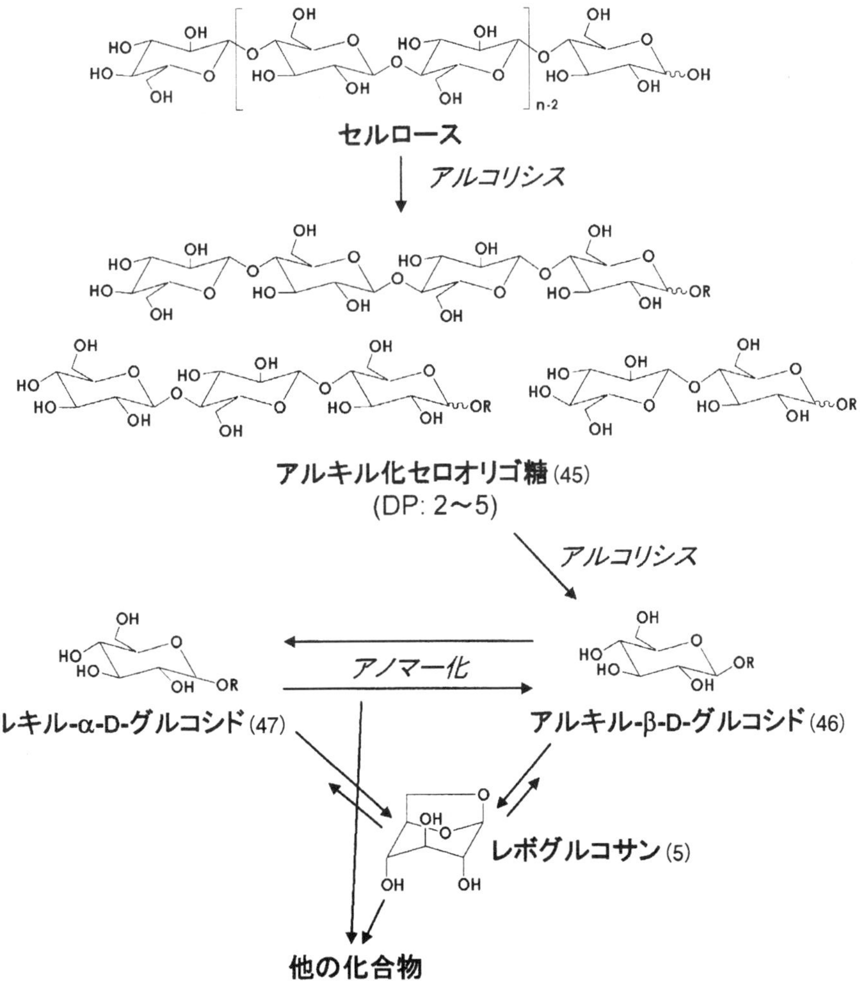

図5 超臨界アルコールによるセルロースの分解挙動
(R：アルコールのアルキル基)

これらはさらにアルキル-β-D-グルコシド(46)まで低分子化し，その一部はアノマー化によりアルキル-α-D-グルコシド(47)に変化して相互に安定化している[120]。

また，リグニンの分解については Yokoyama らのオルガノソルブリグニンを用いた検討の他[121]，筆者らもリグニン特有の官能基や結合様式を有する各種二量体リグニンモデル化合物を用いた検討を行っている。その結果，ビフェニル型(19)及びβ-1型化合物中の縮合型C-C結合は，350℃/43MPaの超臨界メタノール中でも開裂しない一方，エーテル型結合構造を有するβ-O-4型化合物(20)やα-O-4型化合物は，270℃/27MPa程度の条件下で速やかに開裂し，単量体を生成することが示された[122,123]。すなわち，超臨界アルコール中では主にエーテル型結合構造がリグニンの低分子化に寄与していると考えられる。

以上の知見などにより，リグニンの分解経路は図6のように整理されている[124,125]。すなわち，リグニンは超臨界アルコール中でのエーテル型結合の開裂により低分子化し，アルコールに可溶化する。可溶化したリグニンはさらに低分子化して，針葉樹の場合，グアイアシルリグニンからはコニフェリルアルコール(25)が生成され，さらにアルコリシスによりγ-アルキルエーテル(48)へと変換される[117,118,124,125]。これらの生成物は超臨界アルコール中で比較的安定であるが，処理時間が増加するとイソオイゲノール(26)等へと分解される。以上は広葉樹のシリンギルリグニンでも同様で，それぞれシナピルアルコール(25')，そのγ-アルキルエーテル(48')さらに，プロペニルシリンゴール(26')へと分解される。ただし，グアヤコール(39)，バニリン(37)等のプロピル側鎖が開裂した生成物はごく微量であり，超臨界水の場合とは異なり，超臨界メタノール条件下ではリグニンのフェニルプロパン構造は比較的安定と考えられる[117]。

以上のように，リグノセルロースは350℃程度の超臨界アルコール中でほぼ分解され，その

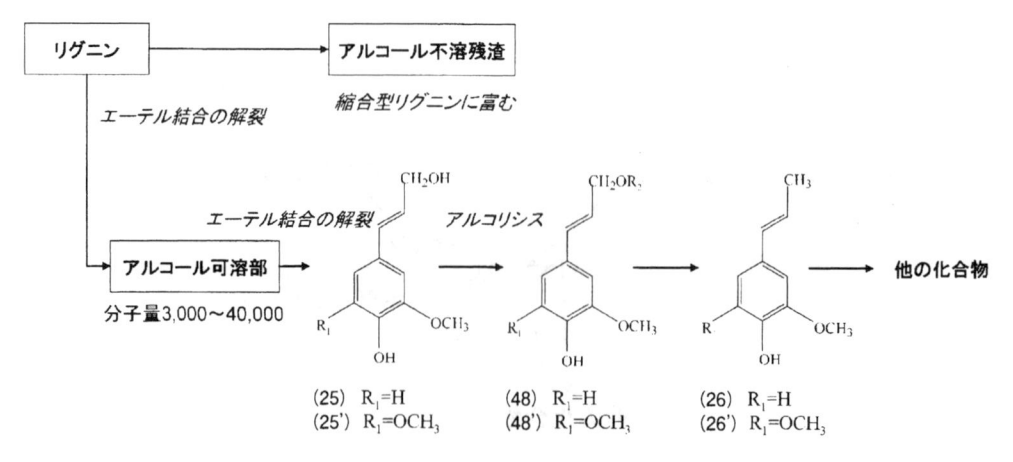

図6 超臨界アルコールによるリグニンの分解挙動
(R_1=H：グアイアシル核，R_1=OCH_3：シリンギル核，R_2：アルコールのアルキル基)

第3章 熱的変換技術の最前線

90％以上がアルコールに可溶化した液化物となる。この液化物は前述のような様々な木材由来物質を含む他，アルコール自身が液体燃料であるためそのまま液体燃料としての利用も期待できる。実際，筆者らは定容燃焼装置を用いてメタノール液化物の着火特性を検討したが，その着火遅れは純粋メタノールよりも短縮されており[126]，液体燃料としての可能性が示されている。さらに，処理に用いるアルコールを変えることで可溶化物の分子量分布や導入されるアルキル基の種類を制御できるため，その高分子フラクションから生分解性かつ高機能性材料を成形できる可能性も秘めており，今後の研究が期待される。

3.5.2 油脂類からのバイオディーゼル燃料

大豆油やナタネ油のような植物油や動物脂などは，併せて"油脂"と呼ばれるが，これらは主成分がトリグリセリドで脂肪酸メチルエステル（バイオディーゼル）としての利用が注目されている。したがって，樹木の総体利用を考える上で，樹木由来の油脂類にも目を向ける必要がある。特に，アブラヤシ（*Elaeis guineens*）からのパーム油は大豆油に次ぐ生産量を誇り，近年マレーシアやインドネシアでそのプランテーションが拡大している。また，ナンヨウアブラギリ（*Jatropha curcas*），カタワ（*Hura crepitans*），ミフクラギ（*Cerbera manghas*）等の種子にも油脂が豊富に含まれている。

油脂類の利活用の可能性としては，図4に示すように，バイオディーゼル（脂肪酸メチルエステル）(44)への変換が挙げられ，商業的にはアルカリ触媒法が適用されている。しかしながら，この方法では反応後に触媒やアルカリセッケンを除去する必要がある。

そこで著者らは超臨界メタノール法（Saka法）を開発した[127～132]。この方法では，油脂とメタノールのエステル交換反応が無触媒で進行し，アルカリセッケンも生成しない。一方，亜臨界水中での油脂の加水分解と，それに続く超臨界メタノール中での脂肪酸のエステル化反応による新規な製造プロセス（二段階超臨界メタノール法：Saka-Dadan法）も開発されている[133,134]。これらの詳細については原著論文を参照されたい。二段階法についてはNEDOプロジェクトによる産学連携のもとで実用化研究が行われ，近い将来，実用化が期待される。

3.6 非プロトン性溶媒によるバイオマスの超臨界分解

非プロトン性溶媒の超臨界流体中では，溶媒自身からプロトンが供給されないため，バイオマスは主に熱分解的に分解・可溶化される。ただし，分解生成物が溶媒中に速やかに溶解・拡散されるため，その重合・炭化反応を抑制する効果が期待される。

Köllらは，ⅰ）300℃/大気圧/窒素気流下，ⅱ）300℃/減圧下，及びⅲ）250～340℃/25MPa/超臨界アセトン中の3つの異なる条件下で微結晶セルロースの処理を行っている。その結果，それぞれ固体残渣（チャー）の回収量は34.2％，17.8％及び2.1％と，超臨界アセトンの場合で最も

少なかった。これに伴いタール収率も向上し、その中に含まれるレボグルコサン(5)は38.3%（セルロース重量ベース）に達した[135]。

同様に、Kawamotoらは大気圧下のスルホラン中でセルロース粉末（東洋濾紙㈱）の熱分解を検討したところ、330℃では約3分でチャーがほぼ消失し、タール収量ベースでのレボグルコサン収率は最大で約60%となった[136]。スルホランのような極性溶媒中では、熱分解における一次生成物である無水糖が速やかに溶解・拡散できるため、その重合・炭化反応が抑制され、チャーが生成されなくなると推察される。

さらに、Calimli及びOlcayはアセトン、テトラヒドロフラン、ジオキサン及びトルエンを用いたトウヒ（学名記載なし）の超臨界流体処理を検討している[137,138]。それぞれ臨界温度よりも約20℃高い温度及び圧力8～9 MPaで処理した結果、15～24%（木材重量ベース）程度の抽出物を得ている。

結局、上述の研究では反応条件等が異なるため直接の比較は難しいものの、誘電率の高い溶媒ほど固体残渣量が少なく、レボグルコサン収率も高い傾向が伺える。すなわち、スルホラン（誘電率43）、次いでアセトン（誘電率21）のセルロースに対する分解・可溶化ポテンシャルが概ね優れていると考えられる。このように、非プロトン性溶媒を用いた超臨界（または亜臨界）処理では、木材由来生成物の選択性及び収率を制御できる可能性を秘めており、特に有用物質の製造技術として期待される。

3.7 超臨界流体技術によるバイオケミカルスの将来

地球の温暖化と連動して、化石資源の利用が益々制約される時代が近づきつつある。そのような中でペトロケミカルスに替わるバイオケミカルスが再生可能な資源"バイオマス"から誘導されようとしている。特に、21世紀の科学を切り拓く上で極めて重要であると考えられている超臨界流体技術が、バイオマス資源からの有用ケミカルスへの変換に利用されようとしている。特に、水は地球上に存在する自然界での唯一の溶媒であり、超臨界水を用いたバイオマスの化学変換は地球の環境保全上極めて意義深く、今後の研究の発展に期待が寄せられる。本稿が超臨界流体技術を扱うバイオマス研究者、技術者にとって参考になり、この分野の発展に今後役立てれば幸いである。

第3章 熱的変換技術の最前線

文　　献

1) H. Danner, R. Braun, *Chem. Soc. Rev.*, **28**, 395-405 (1999)
2) I. S. Goldstein, *C & EN*, Apr. 21, p.13 (1975)
3) 榊原 彰, 木材の化学, 文永堂出版, p.262 (1985)
4) 南 英治, 坂 志朗, バイオマス・エネルギー・環境, アイピーシー, pp.61-103 (2001)
5) 南 英治, 坂 志朗, エネルギー・資源, **23**, 219-223 (2002)
6) E. Minami and S. Saka, *Biomass and Bioenergy*, **29**, 310-320 (2005)
7) A. V. Bridgwater and G. V. C. Peacocke, *Renewable and Sustainable Energy Rev.*, **4**, 1-73 (2000)
8) C. E. Wyman, *Bioresource Technol.*, **50**, 3-16 (1994)
9) C. E. Wyman, *Annu. Rev. Energ. Env.*, **24**, 189-226 (1999)
10) F. Parisi, *Adv. Biochem. Eng./Biotechnol.*, **38**, 53-87 (1989)
11) 江原克信, 坂 志朗, バイオマス・エネルギー・環境, アイピーシー, pp.251-260 (2001)
12) 齋藤正三郎, 超臨界流体の科学技術, 三共出版, pp.1-2 (1996)
13) 坂 志朗, バイオマス・エネルギー・環境, アイピーシー, pp.291-313 (2001)
14) 溶剤ハンドブック, 講談社 (1998)
15) D. Frenandez *et al.*, *J. Phys. Chem. Ref. Data*, **26**, 1125-1169 (1997)
16) Ion product of water substance, Int. Asso. for the Properties of Steam ed, 1980, http://www.iawps.org
17) E. U. Franck and R. Deul, *Faraday Disc. of the Chem. Soc.*, **66**, 191-198 (1978)
18) E. U. Franck, *Pure Appl. Chem.*, **24**, 13-29 (1970)
19) S. Saka and T. Ueno, *Cellulose*, **6**, 177-191 (1999)
20) K. Kawabe *et al.*, Proc. 2nd Int. Symp. on Sustainable Energy System, p.202 (2004)
21) T. Adschiri *et al.*, *J. Chem. Eng. Jpn.*, **26**, 676-680 (1993)
22) T. Sakaki *et al.*, *Ind. Eng. Chem. Res.*, **41**, 661-665 (2002)
23) M. J. Antal *et al.*, *Carbohyd. Res.*, **199**, 111-115 (1990)
24) M. Sasaki *et al.*, *Ind. Eng. Chem. Res.*, **39**, 2883-2890 (2000)
25) K. Ehara and S. Saka, *Cellulose*, **9**, 301-311 (2002)
26) K. Ehara and S. Saka, *J. Wood Sci.*, **51**, 148-153 (2005)
27) M. Sasaki *et al.*, *AICHE J.*, **50**, 192-202 (2004)
28) M. Sasaki *et al.*, *J. Supercritical Fluid*, **13**, 261-268 (1998)
29) M. Sasaki *et al.*, *J. Agr. Food Chem.*, **51**, 5376-5381 (2003)
30) M. Shibata, *Cellulose Commun.*, **8**, 76-79 (2001)
31) T. Sumi *et al.*, *Rapid Commun. Mass Spec.*, **14**, 1823-1827 (2000)
32) B. M. Kabyemela *et al.*, *Ind. Eng. Chem. Res.*, **36**, 2025-2030 (1997)
33) B. M. Kabyemela *et al.*, *Ind. Eng. Chem. Res.*, **36**, 1552-1558 (1997)
34) B. M. Kabyemela *et al.*, *Ind. Eng. Chem. Res.*, **37**, 357-361 (1998)
35) B. M. Kabyemela *et al.*, *Ind. Eng. Chem. Res.*, **38**, 2888-2895 (1999)
36) 後藤浩太朗ほか, 高分子論文集, **58**, 685-691 (2001)

37) M. Sasaki et al., *Ind. Eng. Chem. Res.*, **41**, 6642-6649 (2002)
38) M. Sasaki et al., *Green Chem.*, **4**, 285-287 (2002)
39) Z. Srokol et al., *Carbohyd. Res.*, **339**, 1717-1726 (2004)
40) S. H. Khajavi et al., *Biosci. Biotech. Biochem.*, **68**, 91-95 (2004)
41) T. Oomori et al., *Biochem. Eng. J.*, **18**, 143-147 (2004)
42) A. Kruse and A. Gawlik, *Ind. Eng. Chem. Res.*, **42**, 267-279 (2003)
43) W. T. Lindsay, The ASEME Handbook on Water Technology of Thermal Power System, p.371 (1981)
44) 坂 志朗, Cellulose Commun., **5**, 129-135 (1998)
45) 坂 志朗, APAST, **35**, 5-10 (2000)
46) 坂 志朗, 木材工業, **56**, 105-110 (2001)
47) S. Saka and R. Konishi, Progress in Thermochem. Biomass Conv., Blackwell Sci., pp.1338-1348 (2001)
48) 坂 志朗, 江原克信, Cellulose Commun., **9**, 137-143 (2002)
49) K. Yoshida et al., *Appl. Biochem. Biotechnol.*, **123**, 795-806 (2005)
50) K. Seri et al., *Bioresource Technol.*, **81**, 257-260 (2002)
51) A. Sinag et al., *Ind. Eng. Chem. Res.*, **42**, 3516-3521 (2003)
52) A. T. Quitain et al., *J. Hazardous Materials*, **B93**, 209-220 (2002)
53) F. M. Jin et al., *Chem. Lett.*, 504-505 (2002)
54) F. Jin et al., *Environ. Sci. Technol.*, **39**, 1893-1902 (2005)
55) L. Calvo and D. Vallejo, *Ind. Eng. Chem. Res.*, **41**, 6503-6509 (2002)
56) W. Mok and M. Antal, *Ind. Eng. Chem. Res.*, **31**, 1157-1161 (1992)
57) H. Ando et al., *Ind. Eng. Chem. Res.*, **39**, 3688-3693 (2000)
58) 安藤浩毅ほか, 木材学会誌, **49**, 293-300 (2003)
59) S. G. Allen et al., *Ind. Eng. Chem. Res.*, **40**, 2934-2941 (2001)
60) S. E. Jacobsen and C. E. Wyman, *Ind. Eng. Chem. Res.*, **41**, 1454-1461 (2002)
61) C. G. Liu and C. E. Wyman, *Ind. Eng. Chem. Res.*, **43**, 2781-2788 (2004)
62) B. Yang and C. E. Wyman, *Biotechnol. Bioeng.*, **86**, 88-95 (2004)
63) 松永正弘, 松井宏昭, 木材学会誌, **50**, 325-332 (2004)
64) 草木順子ほか, 第55回日本木材学会大会研究発表要旨集, p.147 (2005)
65) K. Ehara et al., *J. Wood Sci.*, **48**, 320-325 (2002)
66) D. Takada et al., *J. Wood Sci.*, **50**, 253-259 (2004)
67) K. Ehara et al., *J. Wood Sci.*, **51**, 256-261 (2005)
68) O. Bobleter and R. Concin, *Cellulose Chem. Technol.*, **13**, 583-593 (1979)
69) R. Concin et al., *Holzforsch.*, **35**, 279-282 (1981)
70) R. Concin et al., *Int. J. Mass Spec. Ion Phys.*, **48**, 63-66 (1983)
71) R. Kallury et al., *J. Wood Chem. Technol.*, **7**, 353-371 (1987)
72) F. A. Agblevor and D. G. B. Boocock, *J. Wood Chem. Technol.*, **9**, 167-188 (1989)
73) T. Sato et al., *Ind. Eng. Chem. Res.*, **41**, 3124-3130 (2002)
74) T. Sato et al., *J. Anal. Appl. Pyrolysis*, **70**, 735-746 (2003)

75) T. Sato et al., *Chem. Eng. Sci.*, **59**, 1247-1253 (2004)
76) T. Sato et al., *AICHE J.*, **50**, 665-672 (2004)
77) T. Funazukuri et al., *Fuel*, **69**, 349-353 (1990)
78) C. Yokoyama et al., *Sekiyu Gakkaishi*, **41**, 243-250 (1998)
79) M. Saisu et al., *Energy & Fuel*, **17**, 922-928 (2003)
80) T. D. Thornton and P. E. Savage, *J. Supercritical Fluids*, **3**, 240-248 (1990)
81) M. Drews et al., *Ind. Eng. Chem. Res.*, **39**, 4784-4793 (2000)
82) O. Bobleter, *Prog. Polym. Sci.*, **19**, 797-841 (1994)
83) F. Carvalheiro et al., *Bioresource Technol.*, **91**, 93-100 (2004)
84) A. T. Quitain et al., *J. Agr. Food Chem.*, **51**, 7926-7929 (2003)
85) K. Arai, *Macromol. Symp.*, **135**, 205-214 (1998)
86) K. Ehara and S. Saka, ACS Symp. Ser. 889, ACS, pp.69-83 (2004)
87) T. Sakaki et al., *Energy & Fuel*, **10**, 684-688 (1996)
88) 佐々木満ほか, 高分子論文集, **58**, 527-532 (2001)
89) H. Miyafuji et al., Proc. Kyoto Univ. 21COE Program, The 2nd Int. Symp. on Bioenergy System, pp.69-77 (2003)
90) H. Miyafuji et al., *Appl. Biochem. Biotechnol.*, **124**, 963-972 (2005)
91) M. Laser et al., *Bioresource Technol.*, **81**, 33-44 (2002)
92) A. Mohagheghi et al., *Appl. Biochem. Biotechnol.*, **33**, 67-81 (1992)
93) G. P. Philippidis et al., *Biotechnol. Bioeng.*, **41**, 846-853 (1993)
94) 木田建次, バイオマス・エネルギー・環境, アイピーシー, pp.356-368 (2001)
95) X. Tong et al., *Biomass*, **21**, 239-255 (1989)
96) K. Baugh et al., *Biotechnol. Bioeng.*, **31**, 62-70 (1988)
97) W. Xiao and W. Clarkson, *Biodegradation*, **8**, 61-66 (1997)
98) Y. Tanabe et al., Proc. of JGSEE and Kyoto University Joint Int'l Conf. on Sustainable and Environment, pp.409-412 (2004)
99) "Rite World" 2, p.21 (2003)
100) M. J. Antal et al., *Ind. Eng. Chem. Res.*, **39**, 4040-4053 (2000)
101) O. Harado et al., *J. Jpn. Soc. Food Sci.*, **51**, 149-154 (2004)
102) T. Minowa et al., *J. Supercritical Fluid*, **13**, 253-259 (1998)
103) H. Nakagawa et al., *Fuel*, **83**, 719-725 (2004)
104) X. H. Hao et al., *Int. J. Hydrogen Energy*, **28**, 55-64 (2003)
105) M. Watanabe et al., *Fuel*, **82**, 545-552 (2003)
106) H. Schmieder et al., *J. Supercritical Fluid*, **17**, 145-153 (2000)
107) M. Watanabe et al., *Biomass Bioenergy*, **22**, 405-410 (2002)
108) T. Yoshida and Y. Matsumura, *Ind. Eng. Chem. Res.*, **40**, 5469-5474 (2001)
109) T. Yoshida et al., *Biomass Bioenergy*, **26**, 71-78 (2004)
110) M. Osada et al., *Energy & Fuel*, **18**, 327-333 (2004)
111) K. C. Park and H. Tomiyasu, *Chem Commun.*, 694-695 (2003)
112) T. Sato et al., *Ind. Eng. Chem. Res.*, **42**, 4277-4282 (2003)

113) V. P. Köll *et al.*, *Holzforsch.*, **33**, 112-116 (1979)
114) E. C. McDonald *et al.*, *Fluid Phase Equilib.*, **10**, 337-344 (1983)
115) R. Labrecque *et al.*, *Ind. Eng. Chem. Prod. Res. Dev.*, **23**, 177-182 (1984)
116) M. G. Poirier *et al.*, *Ind. Eng. Chem. Res.*, **26**, 1738-1743 (1987)
117) E. Minami and S. Saka, *J. Wood Sci.*, **49**, 73-78 (2003)
118) J. Yamazaki *et al.*, Proc. Science in Thermal and Chemical Biomass Conversion, pp.1038-1045 (2004)
119) S. A. Rezzoug and R. Capart, *Biomass and Bioenergy*, **11**, 343-352 (1996)
120) Y. Ishikawa and S. Saka, *Cellulose*, **8**, 189-195 (2001)
121) C. Yokoyama *et al.*, *J. Jpn. Petroleum Inst.*, **37**, 34-44 (1994)
122) J. Tsujino *et al.*, *Wood Sci. Technol.*, **37**, 299-307 (2003)
123) E. Minami *et al.*, *J. Wood Sci.*, **49**, 158-165 (2003)
124) 坂 志朗, 南 英治, ブレインテクノニュース, **93**, 9-12 (2002)
125) 坂 志朗, 南 英治, ECO INDUSTRY, **7**, 5-13 (2002)
126) M. Shioji *et al.*, Proc. Kyoto Univ. Int. Symp. on Post-Petrofuels in the 21st Century, pp.321-324 (2002)
127) 坂 志朗, Jasco Report 超臨界最新技術特集第3号, 28-31 (1999)
128) S. Saka and D. Kusdiana, *Fuel*, **80**, 225-231 (2001)
129) D. Kusdiana and S. Saka, *J. Chem. Eng. Jpn.*, **34**, 383-387 (2001)
130) D. Kusdiana and S. Saka, *Fuel*, **80**, 693-698 (2001)
131) D. Kusdiana and S. Saka, *Bioresource Technol.*, **91**, 289-295 (2003)
132) D. Kusdiana and S. Saka, *JAOCS*, **81**, 103-104 (2004)
133) D. Kusdiana and S. Saka, *Appl. Biochem. Biotechnol.*, Vol.115, Humana Press, pp.781-791 (2004)
134) 坂 志朗, *J. Jpn. Inst. Energy*, **84**, 413-419 (2005)
135) P. Köll *et al.*, *J. Anal. Appl. Pyro.*, **19**, 119-129 (1991)
136) H. Kawamoto *et al.*, *J. Anal. Appl. Pyro.*, **70**, 303-313 (2003)
137) A. Calimli and A. Olcay, *Holzforsch.*, **32**, 7-10 (1978)
138) A. Calimli and A. Olcay, *Separation Sci. Technol.*, **17**, 183-197 (1982)

第4章 加溶媒分解法の最前線

1 はじめに

山田竜彦*

　近年，木材等の植物系バイオマスの有効利用技術が求められており，特に「加溶媒分解」という化学反応を利用した手法のバイオマス総合利用法としての高いポテンシャルが注目されている。「加溶媒分解」とは，物質を有機溶媒中で分解する際の化学反応を指す言葉で，物質が分解されると同時に，使用した溶媒と分解された物質が化学的に結合しながら（溶媒分子が分解物に加わる）分解反応が進んでゆくため，加溶媒分解と呼ばれている。バイオマス処理法としては，特にパルプ化の技術としての検討例が多く，用語的には「ソルボリシス法」「オルガノソルブ法」「ソルベント法」として知られた。かつて，木材化学の世界的権威であり，多くの高名な門弟を輩出したワシントン大学のK. V. Sarkanen 教授は，「加溶媒分解による脱リグニンは，リグノセルロースの適正な利用のための有効な分離法としてのバイオマス総合利用に向けた最も約束されたアプローチであろう」という見解を示した[1]。これはパルプ化を目標とした加溶媒分解も，その本質はバイオマス総合利用にあることを表している。この章では，これまでにも多くの加溶媒分解を利用したバイオマス処理法が存在したがそれを概説し，加えて著者らが検討している最新の加溶媒分解技術について紹介する。

2 成分利用のための加溶媒分解

2.1 パルプ化のための加溶媒分解

　木材等の植物系バイオマスは，化学的組成として，約40～50％のセルロース，15～20％のヘミセルロース，20～30％のリグニンから構成される。その成分利用を考えた場合，かつてより最も重要視されたのは，セルロースの利用，すなわち，優れた製紙用パルプを製造することであった。加溶媒分解の歴史もその目的より開始されたと考えられている。

　様々な有機溶媒を用いたパルプ化は20世紀初頭より多くの報告がある。しかしながら，酸やアルカリを含め，水を媒体として用いた処理，それには常法のアルカリ蒸解やクラフト蒸解等の

---

　*　Tatsuhiko Yamada　㈱森林総合研究所　バイオマス化学研究領域　主任研究員

化学パルプ化も含まれるが，それ以外のもの，つまり水以外の有機溶媒を媒体として使用した処理は，すべて加溶媒分解と定義することができる。つまり，近代化学の創世記から，バイオマスを分解するために水以外の媒体を用いた例は，すべてこの範囲に入るわけで，サルファイト蒸解やクラフト蒸解等の有効な化学パルプ化が開発される以前，古くはリグニンの構造が一般的になる以前にも，膨大な量の加溶媒分解の検討が行われてきたこととなる。パルプ化を行うための脱リグニンの手法としては，現存する様々な有機溶媒が使用されてきたので，その分類は容易ではない。しかしながら，実用に近いものを大胆に分類すると「アルコール系」「フェノール系」「有機酸系」に分けることができる（図1a）。

アルコール系の加溶媒分解として，メタノール[2,3]やエタノール[4]等のモノアルコールを用いたものは古くからある。リグニン化学の創世記に大いなる実績を残したヒバートらは，リグニンの基本構造が確証される以前にエタノリシスによりリグニンを分解し，その構造解析を行っている[5]。その他，パルプ化を目的としたアルコリシスの検討は現在に至るまで後を絶たない。使用されたアルコールは，モノアルコール類に留まらず，エチレングリコール[6]等の多価アルコール類も検討され，特にプロピレングリコール等高沸点アルコール（HBS）[7]を用いたHBS法は，北大を中心として精力的に行われている。

フェノール類を用いたパルプ化も古くからの多くの試みがみられる。「似たものは似たものを溶かす」という古典化学のセオリーに回帰すると，フェノールがフェノール系物質であるリグニンを溶出するのに適していることは明確であり，実際，フェノールはリグニンを良く溶解し，質

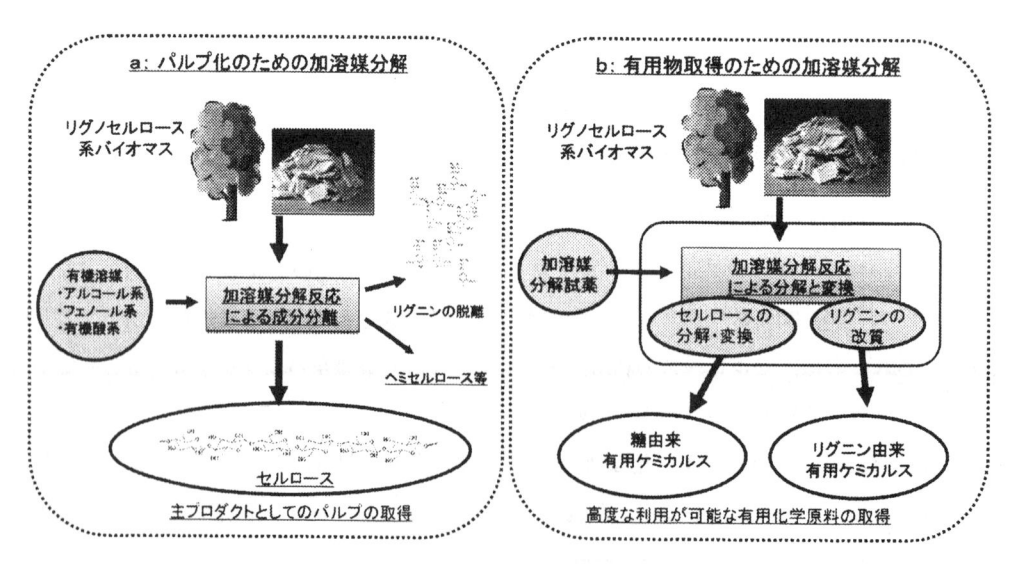

図1　加溶媒分解の模式図
a：パルプ化のための加溶媒分解，b：有用物取得のための加溶媒分解

第4章 加溶媒分解法の最前線

の良いパルプを与える[8]。フェノールだけでなくクレゾール等の様々なフェノール類が検討されている[9]。近年,バイオマス変換法として注目されている「相分離システム」においても,リグニンはフェノール相に溶解することを利用したもので,フェノール類で改質された「リグノフェノール誘導体」なる機能性リグニンが調製可能となっている[10]。

酢酸等の有機酸を用いたパルプ化も,特に酢酸は有機溶媒として汎用されていることもあり,加溶媒分解法とされている。北海道大学のグループは,酢酸パルプ化の研究を精力的に行い,質の良いパルプを生産するだけでなく,木質バイオマスの総合利用につなげた様々な研究を発表している[11]。特に,酢酸パルプ蒸解で得られたリグニンの樹脂原料としての高度な利用法が検討され,注目された[12]。

2.2 有用ケミカルス創成のための加溶媒分解
2.2.1 セルロースの積極的な分解

パルプ化は木材から上質なセルロースを取り出す技術であり,技術のポイントは,セルロース繊維をいかに損なうことなく,選択的にリグニンを効果的に分解し,溶出するかの点にあった。一方,近年,化石資源に依存した社会システムから,バイオマス等の再生産可能な資源への転換がもとめられ,多くの石油由来の化学原料をバイオマス由来に転換するための様々な新技術が検討されてきた。その流れの中で,加溶媒分解においても,有用化学原料が生産されるなら,セルロースも積極的に分解することも考慮された(図1b)。一般に汎用の有機溶媒で木材を処理した場合,有機溶媒に溶けやすい成分であるリグニンの溶出が先行するので,セルロースを効率よく有機溶媒中で分解するには工夫が必要となっている。リグノセルロース中のセルロースをも分解し,全体を溶解させる試みは,木材の変換法として知られ,90年代に「木材の液化法」と称して広く検討された[13,14]。

高沸点のアルコール系溶媒であるエチレングリコール(EG),その重合体であるポリエチレングリコール(PEG)存在下で,少量の酸触媒を用い,セルロースを酸加溶媒分解した検討がある[15]。面白いことにセルロースの分解速度はエチレングリコール存在下で最も遅く,PEGの分子量が増加するに従って早まっていった。しかしながら,分解速度はPEGの平均分子量400を用いた時に最速で,以後PEGの分子量の増加に従い失速した(図2)。この現象はセルロースとPEGとの相互作用を考慮にした際,とても興味深い。この要因として,一つには,PEG系溶媒においては,各々,セルロースへのアクセシビリティーが異なるという見解がある。近藤らは,PEGと類似物であるポリエチレンオキサイド(PEO)とセルロースとのブレンドについて検討し,セルロース中の水酸基のうち6位の水酸基のみがPEOのエーテル酸素と容易に水素結合を形成することを示した[16]。これは,非晶領域での検討であるが,6位の水酸基はセルロース鎖中

で強い分子間水素結合を形成し，最も結晶構造に寄与していると考えられるので，エーテル酸素を持つPEGの方がEGよりセルロース鎖をより膨潤し，その結晶領域をより速く分解すると推察される。

溶媒とセルロースとのアクセシビリティーがセルロースの分解速度を左右するのは明白であるが，酸加溶媒分解の場合，これと共に酸の解離（酸のポテンシャル）にも注意をはらう必要がある。有機溶媒中での酸・塩基反応を評価するのに，溶媒の「比誘電率」が指標となる。一般に，高い比誘電率を持つ溶媒系は酸分解に有利である。バイオマスの酸加溶媒分解反応を用いた技術として，前述の「木材液化法」がある。この技術では，分解物（液化物）をそのまま樹脂原料と

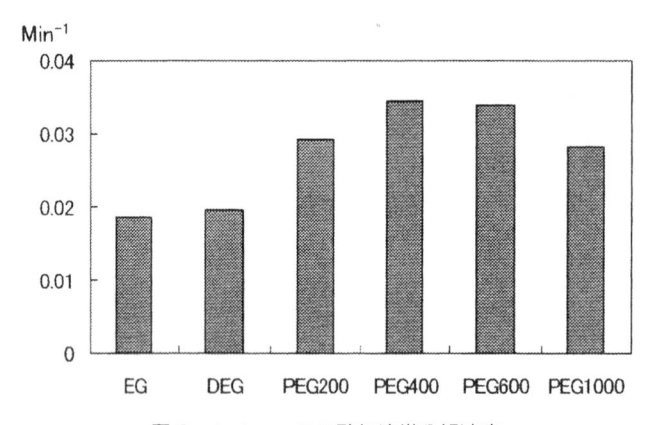

図2 セルロースの酸加溶媒分解速度

縦軸はセルロースに対する各種溶媒を液比5で用い，溶媒に対して硫酸触媒を3wt％添加し，140℃のオイルバス中で所定時間反応させて得た生成物の，ジオキサンへの不溶解残渣率をグラスフィルターで測定し，得られた分解曲線の初速度を示したものである。

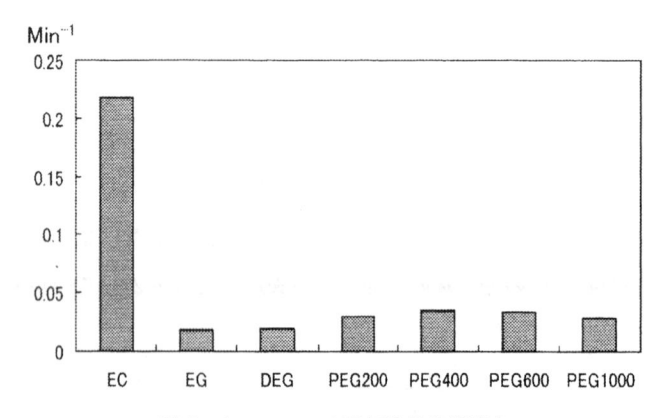

図3 セルロースの酸加溶媒分解速度

縦軸はセルロースに対する各種溶媒を液比5で用い，溶媒に対して硫酸触媒を3wt％添加し，140℃のオイルバス中で所定時間反応させて得た生成物の，ジオキサンへの不溶解残渣率をグラスフィルターで測定し，得られた分解曲線の初速度を示したものである。

第4章 加溶媒分解法の最前線

して利用するものであったが，この技術の場合，反応溶媒として選択する試薬について，以下のような考察が発表されている[17]。

① 反応後，試薬を分離することなく，全体を樹脂原料化できること。
② 試薬がリグノセルロースの分解物と結合して樹脂化反応に寄与できること。（試薬の結合は，生成物の縮合を抑制すると思われる。）
③ リグノセルロースへのアクセシビリティーが高いこと。（特に反応の律速であるセルロースの膨潤性が重要と考えられる。）
④ 試薬が高沸点溶媒であること。（常圧下の処理のため，試薬の沸点は少なくとも120℃以上必要と考えられる。）
⑤ 試薬中での酸の解離度が高いこと。（非水溶液中の反応であり，酸の強さは液化試薬により大きく異なると考えられる。）
⑥ 酸性下で加熱しても揮発性の有害ガス等を生じないこと。（実用化の際には，取り扱い上の安全な反応であることが望ましい。）

以上の要件をよく満たす物質として環状カーボネート類による木材の加溶媒分解がみいだされている[18,19]。環状カーボネート中でのセルロースの迅速な加溶媒分解が検討された。

2.2.2 環状カーボネート中でのセルロースの迅速な分解

バイオマス分解のための有効な溶媒として用いられる環状カーボネートには，エチレンカーボネート（EC：炭酸エチレン）やプロピレンカーボネート（PC：炭酸プロピレン）がある。ECは，融点が36.4℃で，常温では無色無臭の固体である。加熱し融解したECは非プロトン性極性溶媒として，極性の有機化合物および無機塩類をよく溶解するすぐれた溶剤となる。PCは，無色無臭の保存には安定な液体であり，溶剤としての性質はECに類似しているが低温でも液体であることに特徴がある。これらECやPCは高い比誘電率を持ち，電気化学の分野で汎用されてきた。近年我々が腕時計，カメラ，電卓等の電池として日常広く使用しているボタン型のリチウム電池の電解液にもPCが使用されている。実際，ECの比誘電率は89.8と高く，酸塩基反応の有用な媒体である水の78.4よりも高い[20]。これに着眼した筆者らは，これら環状カーボネートを分解試薬として用いることにより驚くほどの反応速度でセルロースが酸加溶媒分解されることを発見した[19]。図3に示すように，EC中でのセルロースの分解初速度は，他のPEG系試薬と比較して，格段に早い。反応条件にもよるが，反応温度が150℃の場合はECを使用した際の反応初速度は，エチレングリコールを用いた場合と比較して約28倍，アルコール系で最速であったPEG400/エチレングリコール（8/2, w/w）混合系と比較しても約10倍速かった。同様にPC液化の反応速度も，エチレングリコールを用いた場合より12.9倍も速かった[19]。前述のようにECやPCは極めて高い誘電率を持った物質である。一般に，非水溶液中の酸塩基反応における酸の強さは，溶

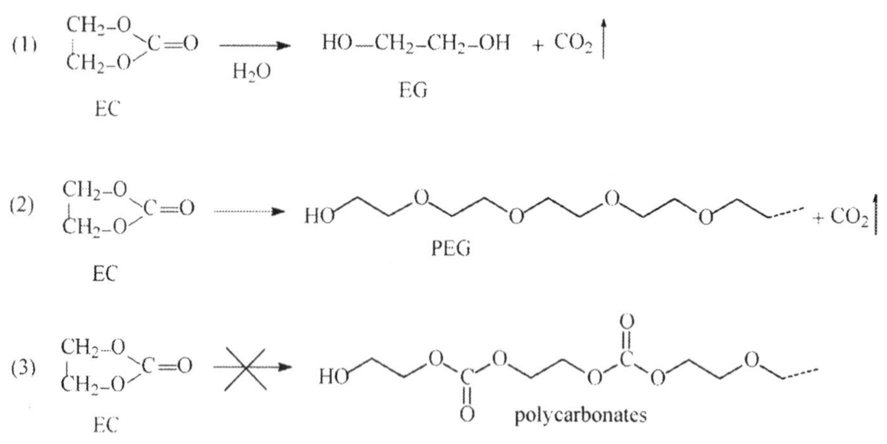

図4 エチレンカーボネートの分解と高分子化

媒の誘電率に影響を受けることが知られている。酸の解離に必要なエネルギーは，誘電率の低い溶媒中では大きいが，誘電率の高い溶媒中では小さくなり，それだけ酸の解離が起こりやすくなる。よって，誘電率の極めて高い溶媒であるECやPCによる分解では，セルロースの酸分解が極めて促進され，結果として液化反応が高速に進行したと考えられる。加えて，ECはその反応中に開環し，ポリエチレングリコール（PEG）系のポリマーとなった（図4）。このことは，分解物をプラスチック原料として利用する際に有利に働いた。酸加溶媒分解の場合，PEG系のポリマー生成が優先し，ポリカーボネートタイプのポリマー（図4(3)）は生成しないことを確認している[21]。

2.2.3 有用ケミカル原料「レブリン酸」

加溶媒分解されたセルロースはどのような物質に変換されているのであろうか。その生成物を組成分析した結果，十分な時間，酸加溶媒分解したものは，レブリン酸骨格にまで分解されていることが確認された[22]。レブリン酸（Levulinic acid：4-Oxopentanoic acid）は種々の化合物に展開可能な有用化学原料である。レブリン酸はセルロース等のヘキソース系糖類の酸加水分解により生成する有機酸で，その製造は古くから知られている。セルロースからの生成機構は，セルロースの加水分解によるグルコースまでの糖化と，グルコースから5-ヒドロキシメチルフルフラール（HMF）を中間体として経て，ギ酸を放出してレブリン酸となるものである（図5）[23]。一般のラボ実験においては，HMFの重合等の副反応を制御することが難しく，単糖であるグルコースを出発物質として用いても，その収率は理論ベースで50％程度であった。従ってレブリン酸の有用化合物としての可能性は古くから指摘されていたものの，実用化は試みられなかった。しかし，1990年代後半になり，レブリン酸をとりまく状況は一変した。

S. W. Fitzpatrick らは，2つの連続した反応釜を用いて，反応条件を精密に制御し，酸加水分

第4章 加溶媒分解法の最前線

図5 セルロースの酸加水分解反応機構の概略

解法によるレブリン酸の高収率での連続生産法を開発した[24]。その収率は，理論ベースで70～90%と高く，レブリン酸の基礎化学原料としてのポテンシャルが注目をあびることとなった。彼らは，バイオファイン社（現在のBioMetics, Inc.）というバイオベンチャー企業を立ち上げ，パイロットプラントでの実証試験を行い，その手法はバイオフィン法として知られた（図6）。彼らの試算では，1ポンド4～6ドルのレブリン酸の現状価格から，32セントにまで落とすことができ，かつ，多量に発生する農産廃棄物や都市ゴミ等のリグノセルロースを処理できることにより，巨大なレブリン酸工業が成立するとされている。この一連の研究は，米国エネルギー省（US-DOE）の補助を得て，国立再生産可能研究所（NREL）等のDOE関連の研究機関を中心に活発に行われた[25]。この一連の研究は，環境に優しい化学へ著しく貢献したとされ，当時のクリントン政権が設定した，グリーンケミストリーウィナーに選出され1999年に大統領表彰されている。

バイオファイン法という，レブリン酸が大量かつ安価に製造される前提となる技術が一つ提唱されたので，その利用法も広く検討された。図7にレブリン酸から誘導される代表的有用化合物の例を示す。

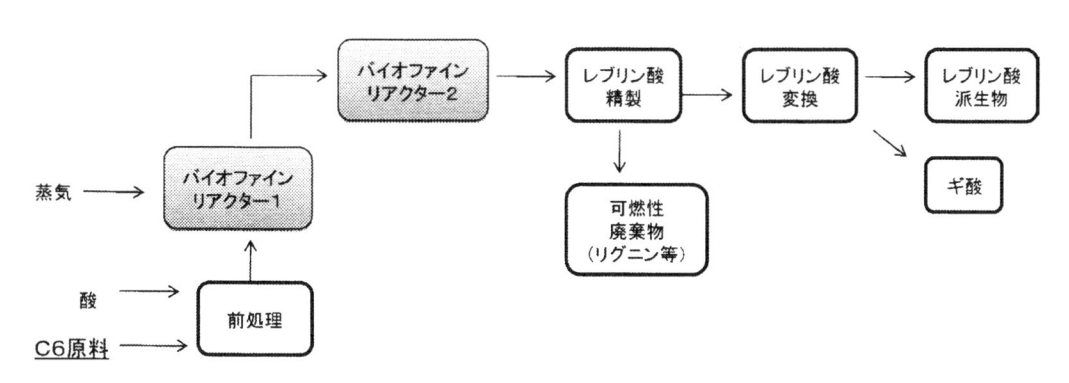

図6 バイオファイン法でのレブリン酸の製造工程の概略

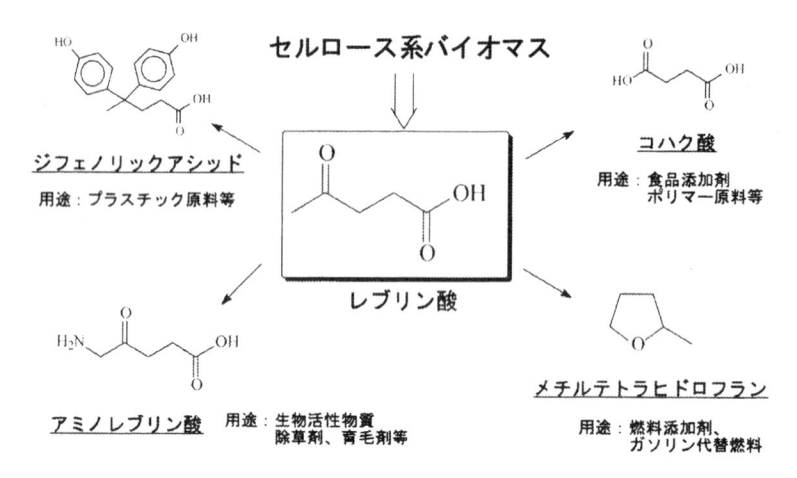

図7 レブリン酸から誘導される代表的有用物

　メチルテトラヒドロフラン（MTHF）はレブリン酸から誘導され，ガソリン等の燃料への添加剤として使用な化合物である。DOEでは，エタノールとMTHFを混合したP-Seriesなるガソリン代替バイオ燃料の検討を行った[26]。燃料添加剤は今後莫大な需要の見込まれる分野である。

　レブリン酸からアミノレブリン酸を合成し，生分解性のある環境に優しい除草剤等の原料とする試みもある。アミノレブリン酸は，生物の代謝の中で生成する物質であり，使用法により，除草剤としても，育毛剤としても応用可能な生物活性物質である。NRELのグループは，アミノレブリン酸の効率的合成法を開発している[27]。特に除草剤等は，開発されると莫大な量の需要が予測されるので，有望視されている。

　ポリマー原料としては，レブリン酸をフェノールと反応させた，ジフェノリックアシッド（ビス-ヒドロキシアリール-ペンタン酸）がポリカーボネート原料として注目されている[28]。ポリカーボネート原料として多用されているビスフェノールAは，エストロジェンと同様の作用をする環境ホルモンとして，その使用が問題視されてきたが，ジフェノリックアシッドは，それの代価物としての利用が可能であり，検討されている。

　レブリン酸からコハク酸を調製し，ポリマー原料として供する試みや，メチルエステルやエチルエステルを調製してディーゼル燃料とする試みもある。このようにレブリン酸はバイオマスから調製できる有用化合物として大きな期待が寄せられている[25]。

　2004年にUS-DOEは，各バイオマスのポテンシャルを調査するプロジェクト，バイオマスプログラムの中で，「開発すべき植物糖由来の有用ケミカルスTop12」を選定して公表した（図8）[29]。この12個の最重要化合物の選定は，150を超える候補化合物から2段階の選抜方法により厳選されたものであり，石油依存のシステムからバイオマス由来物に置き換えるにあたり，

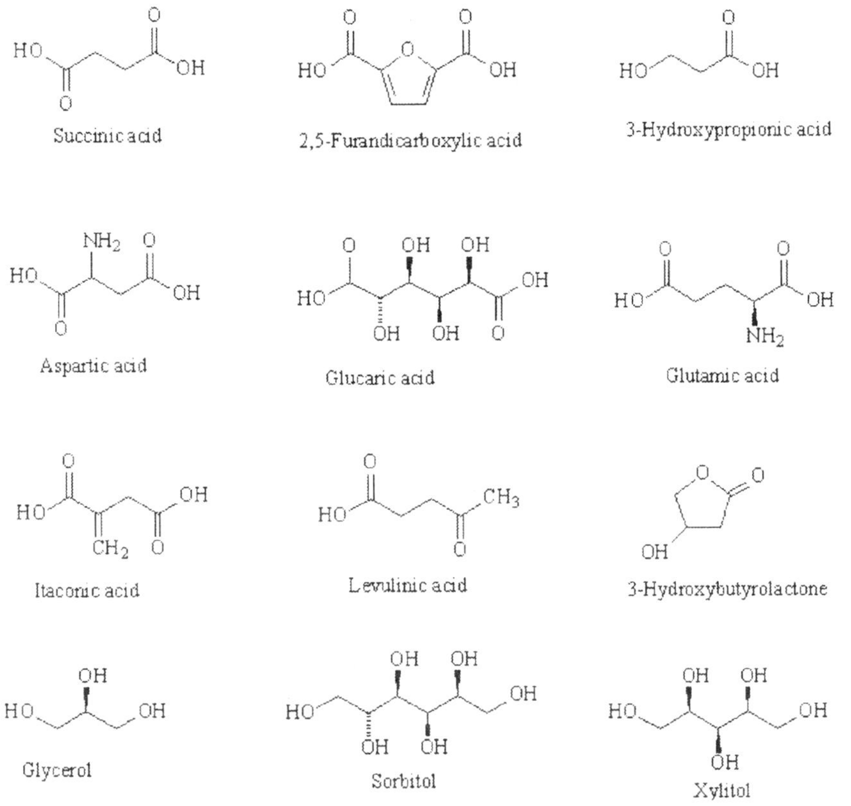

第4章 加溶媒分解法の最前線

図8 US-DOEのバイオマスプログラムが選定した開発すべき植物糖由来の有用ケミカルス Top12

化合物のポテンシャルだけでなく，現実的普及性をも考慮して選定されている。レブリン酸はこの中の一つとして登録され，その調製法，利用法は合衆国政府を挙げて奨励されている。

2.2.4 加溶媒分解システムによる有用ケミカルスの取得

前述のように，バイオファイン法という効率的レブリン酸取得法が開発されたが，酸加水分解反応を基としているため，バイオマス総合利用という点においては短所があった。酸加水分解反応では，どうしてもリグニンの酸縮合を抑制することが難しく，その高度利用が困難となる。上述のバイオファイン法においても，リグニンは，熱源としての利用法しか考えられていない。

一方，加溶媒分解反応においても，レブリン酸が生成しているということが確認されたので，リグノセルロースの加溶媒分解によるレブリン酸取得法が開発された（加溶媒分解システム）[30]。加溶媒分解反応を用いたレブリン酸の生成法はこれまでに検討例がなく，リグニンの高度利用も考慮した，バイオマス総合利用を達成する新しい試みとして注目されている。

加溶媒分解におけるセルロースの分解メカニズムであるが，ECやEGやPEGを用いてリグノセルロースを酸加溶媒分解した場合にも，セルロースの分解は酸加水分解機構に準じた反応機構

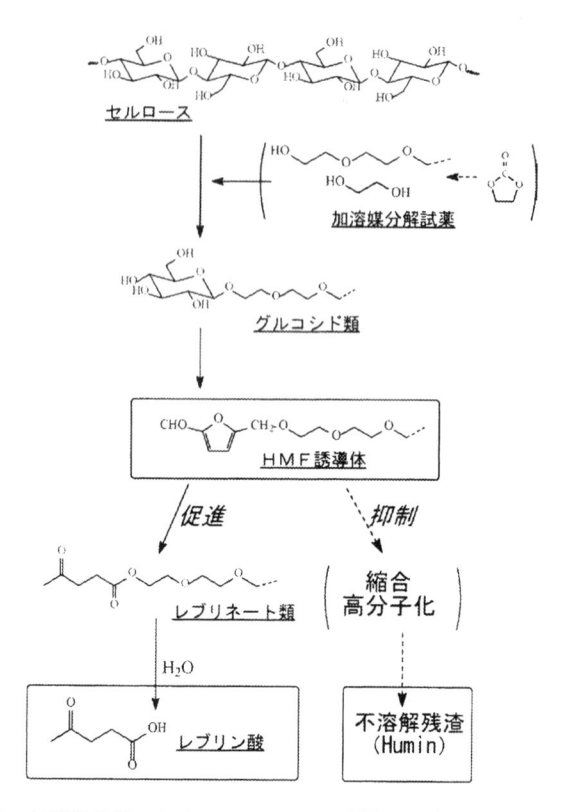

図9 加溶媒分解におけるセルロースの分解とレブリン酸生成機構

を持つことが確認されている。加溶媒分解であるので，対応する溶媒とのグルコシド，HMF誘導体を経て，レブリン酸エステル（レブリネート）の生成が確認されている（図9）[22]。

図10に加溶媒分解システムの概要図を示す[30]。レブリン酸は，レブリネートを水中で処理してレブリン酸を遊離した後に回収される。最近まで，レブリン酸の収率が低いことがこのシステムの難点であった。検討の結果，HMF誘導体の副反応が収率低下の主要因であることを見いだし，それを制御することにより，加水分解法と同程度の収率を達成している。

加溶媒分解法でレブリン酸を製造する大きな長所の一つに，バイオマスの総合利用性がある。バイオファイン法をはじめ，加水分解法では，副生成物であるリグニン画分は強度に酸縮合した構造をもち，高分子材料として有用な熱特性を示さず，高度な利用が困難であった。一方，加溶媒分解法では，リグニンの縮合をある程度抑制できるため，プラスチック原料等として活性の高い，使いやすいリグニンが取得できた。

この加溶媒分解リグニンをNMR等を用いて解析した。例えば，EG/EC系の試薬を用いた場合，反応時間60分でのEG鎖の導入量は約3.3ユニット（メトキシル基ベース）であり，結合位置は，α位へEG鎖0.3個，PEG鎖（平均重合度3）0.6個，γ位PEG鎖（平均重合度3）0.3

第 4 章　加溶媒分解法の最前線

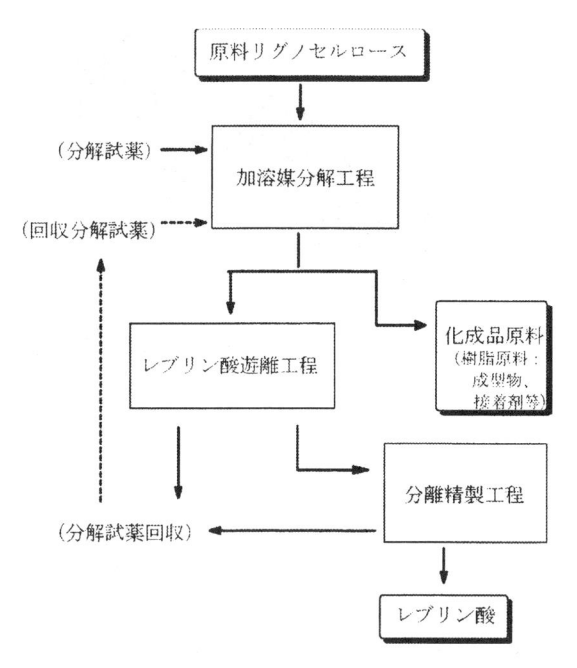

図 10　加溶媒分解システム工程図

図 11　加溶媒分解によるリグニンへの PEO 鎖の導入

個であった。また，EC/PEG400 系では 10.5 ユニット（メトキシル基ベース）であった[31]（図 11）。このリグニンは，加水分解法で生じる酸リグニン等と異なり，十分な熱流動性を持った。特に EG 鎖の十分導入された加溶媒分解リグニンはガラス転移を示し，熱成形も可能であった。写真 1 は加溶媒分解リグニンより調製した熱成形物である。さらに加溶媒分解リグニンからは，

写真1 加溶媒分解リグニンより調製された成形物

写真2 加溶媒分解リグニンより調製された炭素繊維調製用リグニンファイバー

合成ポリマーとブレンドすることなしでの炭素繊維製造用のファイバーを調製することにも成功している（写真2）。

　加溶媒分解システムはバイオマス総合利用のため，有用化学原料であるレブリン酸を，酸加水分解反応ではなく加溶媒分解反応で調製することを達成した始めての技術であり注目されている。これにより，リグニンの高度利用への道も開かれた。加溶媒分解という手法は，バイオマス利用の手段として，今後も大いに可能性のある手法であり，現在も研究が進められている。

第4章 加溶媒分解法の最前線

文　献

1) K. V. Sarkanen, "Progress in Biomass Conversion", p127, Academic Press Inc. (1980)
2) L. Paszner et al., *Tappi*, **72** (2), 135 (1989)
3) M.A. Gilarranz et al., *Holzforschung*, **54**, 373 (2000)
4) M. Oliet et al., *J. Chem. Tech. Biotech.*, **80**, 746 (2005)
5) H. Hibbert, *Can. J. Research*, **2** (6), 357 (1930)
6) L. Jimenez et al., *Holzforschung*, **58**, 122 (2004)
7) Y. Uraki Y, et al., *Holzforschung*, **53**, 411 (1999)
8) K. Krtzl, *Holzforschung*, **34**, 11 (1980)
9) 榊原彰, 紙パ技協誌, **37** (5), 35 (1983)
10) M. Funaoka et al., *Biotechnology and Bioengineering*, **46**, 545 (1995)
11) Y. Sano, *Mokuzai Gakkaishi*, **35** (9), 813 (1989)
12) S. Kubo et al., *Holzforschung*, **50**, 144 (1996)
13) 白石信夫ら, 特許第3012296号（2000）
14) 小野拡邦ら, 特許第2611166号（1997）
15) T. Yamada et al., *J Adhesion Soc. Japan*, **37**, 471 (2001)
16) T. Kondo et al., *Macromolecules*, **27**, 210 (1994)
17) 山田竜彦, 木材工業, **54** (1), 2 (1999)
18) 山田竜彦ら, 特許第3343564号（2002）
19) T. Yamada et al., *Bioresource Technology*, **70**, 61 (1999)
20) 伊豆津公佑, 非水溶液の電気化学, 培風館（1995）
21) T. Yamada et al., *Trans. Materials Research Soc. Japan*, in press (2007)
22) T. Yamada et al., *Journal of Wood Science*, **47**, 458 (2001)
23) E. F. L. I. Anet, *Adv. Carbohydr. Chem.*, **19**, 181 (1964)
24) S. W. Fitzpatrick, US Patent 5608105 (1997)
25) J. J. Bozell et al., *Resources Conservation and Recycling*, **28**, 227 (2000)
26) 米国エネルギー省公開 http://www.eere.energy.gov/afdc/altfuel/p-series.html (1998)
27) L. Moens, US Patent 5907058 (1999)
28) 磯田陽一郎ら, 特許第3337326号（2002）
29) T. Werpy et al., Top Value Added Chemicals from Biomass Vol.1 Results of Screening for Potential Candidate from Sugars and Synthesis Gas, US DOE (2004)
30) 山田竜彦ら, 特開 2004-83482 (2004)
31) S. Kubo et al., *Chemistry Letters*, **36** (4), 502 (2007)

3 樹脂原料製造のための加溶媒分解

小野拡邦*

　前述のように，木質材料の主成分であるセルロース，ヘミセルロースおよびリグニンは酸触媒下で各種反応性溶媒により加溶媒分解（ソルボリシス）される。一般に，この分解生成物中には，分解物末端に反応性溶媒が付加した物質（以下，フェノール分解物，エチレングリコール分解物などと呼ぶ）と未反応溶媒が存在する。そこで，これら生成物を樹脂原料とする場合には，生成物を直接そのまま利用する方法（丸ごと利用）と生成物から特定成分を分離して利用する方法（成分利用法）に分けられる。丸ごと利用は価格的に有利であるが，特徴ある性質を発現しにくいという欠点を持つ。一方，成分利用法は分離でのエネルギーやコスト面で不利が発生し，それなりの機能を有する製品を造り出す必要がある。

3.1 フェノール分解生成物の利用

　アルコール分解と異なり，フェノール分解では主成分と呼べる化学種は見出されていない。このため，フェノール分解物の利用には末端フェノール基の反応性を期待した方法が有効である。以下に木質材料をフェノールで加溶媒分解し，接着剤とした筆者らの例をあげる。

3.1.1 フェノール分解生成物の接着剤化[1～3]

　フェノール樹脂接着剤は，アミノ系接着剤と異なり，ホルムアルデヒド放散の少ない接着剤であり，成形材料としての利用も昔から行われている。そこで，丸ごと利用法として，フェノール分解物の末端フェノール基と未反応フェノールの反応性を活用するために，ホルムアルデヒド系物質との反応による樹脂化が考えられる。これは比較的容易な方法である。しかも，合成した接着剤は再度の加溶媒分解処理により分解して，溶解するので，ケミカルリサイクルが可能である。表1に示すように得られた接着剤用樹脂の特性は市販フェノール樹脂とほぼ同等である。また，熱硬化温度も同様である。しかも，フェノール付加分解物は単なる接着剤の増量剤ではなく，樹脂構造中に組み込まれる反応性を持つことも証明されている。図1に各種木質材料を出発原料とした硬化樹脂の接着特性を示した。どの樹脂も市販フェノール樹脂に匹敵する特性を発現している。ここでは，分解生成物を丸ごと原料としているが，未反応フェノールを除去してから樹脂原料と使用しても特性に特段の変化は見られていない。類似の応用として，未反応フェノールを除去したフェノール付加分解物とパラホルムアルデヒドから成形材料が調整できることも自明である。

---

　*　Hirokuni Ono　工学院大学　工学部　応用化学科　教授

第4章　加溶媒分解法の最前線

表1　フェノリシス生成物からの接着剤用樹脂の特性

フェノリシス原料	固形分（％）	pH	粘度（Pa・s）
シラカンバリグニン	42.7	9.9	0.69
カラマツ樹皮	44.9	9.9	0.33
シラカンバ	46.2	10.5	0.31
市販フェノール樹脂	43.2	10.1	0.62
JIS K6802 要求値	＜ 3.8	7-12	0.1-1

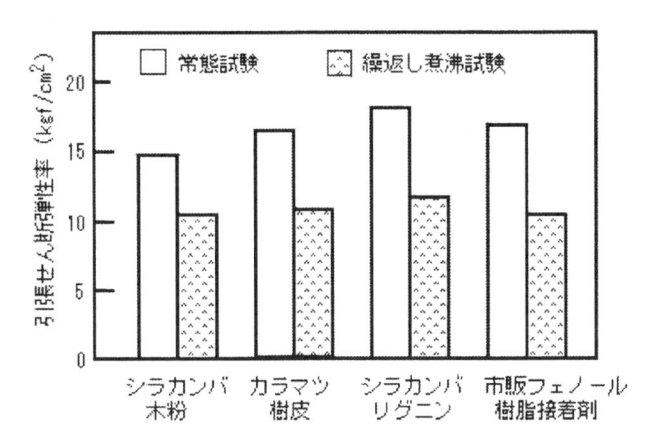

図1　木質材料フェノリシス生成物を原料とした木材接着剤の性能

3.1.2　レゾルシノール分解生成物の接着剤化[4,5]

　レゾルシノール樹脂接着剤はホルムアルデヒド類との反応性が高いため，常温硬化型接着剤として集成材などに多用されている。しかし，高価である。この価格低減のためレゾルシノール樹脂にはフェノールが混入される。この観点から溶媒をフェノールからレゾルシノールに換えた木質材料加溶媒分解生成物を原料とし，前項と同様に接着剤化することができれば比較的安価な常温硬化型接着剤の開発が可能となる。レゾルシノールとスギ木粉重量比4における丸ごと生成物とパラホルムアルデヒドとの反応における活性化エネルギーを検討した結果，市販レゾルシノール樹脂と分解生成物との間に活性化エネルギーの差はほとんど見られなかった。しかし，接着特性では図2に示すように市販樹脂に大きく劣るという結果が示された。この接着特性の差は硬化促進剤である炭酸ナトリウムの添加により大きく改良された。

3.2　ポリエチレングリコール分解生成物の利用[6,7]
3.2.1　完全加溶媒分解物のウレタン化

　ポリエチレングリコールの完全加溶媒分解においても未反応ポリエチレングリコールが残存する。これの丸ごと利用としては，末端水酸基とイソシアネートの付加反応によるポリウレタン化

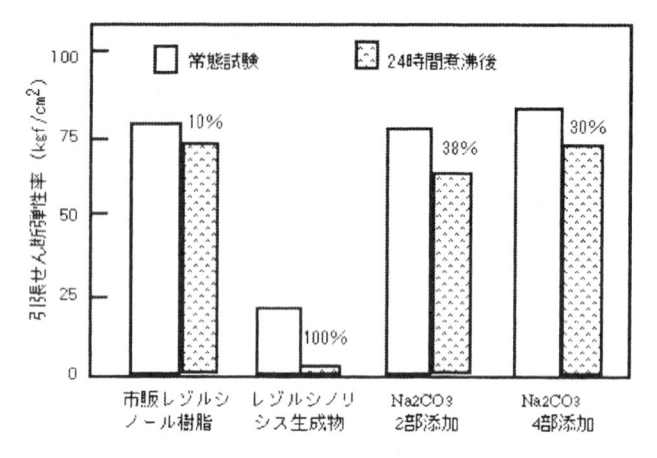

図2 木質材料のレゾルシノリシス生成物を原料とした常温接着剤の性能

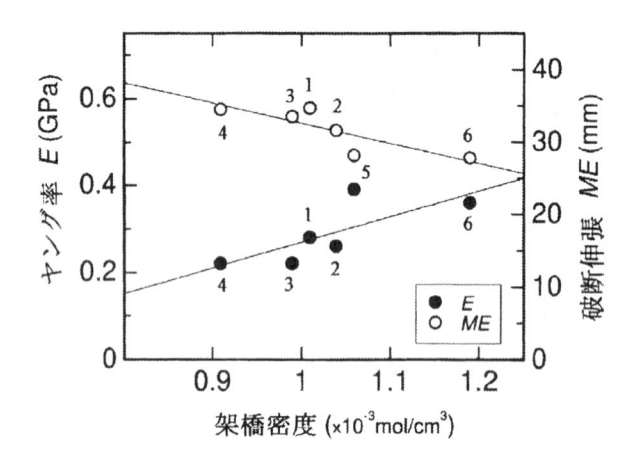

図3 ポリエチレングリコリシス生成物からのポリウレタンフィルムの架橋密度とヤング率，破断
　　伸張との関係（NCO/OH比：1/1）
　　1：カラマツ　2：アカマツ　3：ラジアータパイン　4：ウダイカンバ　5：ブナ　6：ミズナラ

が考えられる。種々の木質材料をポリエチレングリコール400で加溶媒分解し，ポリイソシアネートとの組合せでポリウレタンを調製した。図3に示すように，架橋密度を基準としてヤング率と破断伸張を整理すると反比例の関係になる。このことから，分解物の特性は樹種に依存せず，分解物の含有水酸基にのみ依存することが理解され，どのような樹種を用いてもイソシアネート添加量により特性が制御できることを示している。

3.2.2　部分加溶媒分解物の利用[8, 9]

加溶媒分解反応を未だ残渣が存在する途中段階で停止して得た部分分解物も樹脂原料となりうる。本項では，ケナフ中芯を用いてポリエチレングリコール400で部分加溶媒分解を施し，それ

第4章 加溶媒分解法の最前線

をウレタン化したものについて解説する。ケナフの靱皮は植物系繊維複合体や強度のあるシートとして用いられるが，その際に中芯は水中で分離されて捨てられるので，これの有効利用を考えたものである。部分分解物は，ポリエチレン付加分解物，分解されにくいセルロース成分，そして未反応ポリエチレングリコールの混合物である。分解生成物中のポリエチレン付加分解物と未反応ポリエチレンはイソシアネートと反応させ，残りのセルロース類は充填材として活用する意図がある。図4に未分解セルロースを約40％含有するポリウレタンと未含有のものとの物性比較を示した。各イソシアネート比で，未分解セルロースを含有のポリウレタンは未含有のものに比べてヤング率，破壊弾性率が高くなり，破断伸張が低くなる。これは充填材含有プラスチックに一般的に通じることであるが，適切な分解率設定をすれば，目的の強度と伸張率を持ち，予め生分解性充填材を組み込んだポリウレタンをワンショットで製造できることを示唆している。

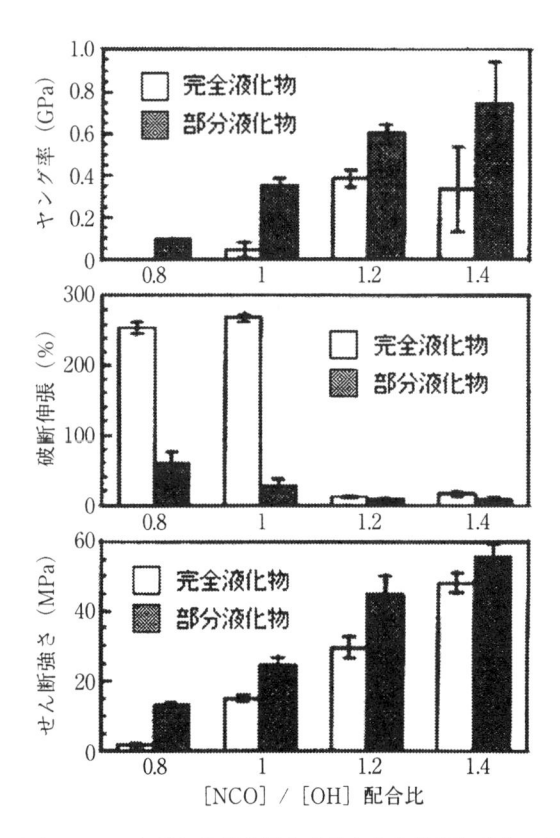

図4 ポリエチレングリコールの部分加溶媒分解生成物と完全分解生成物からのポリウレタンフィルム諸特性の相違

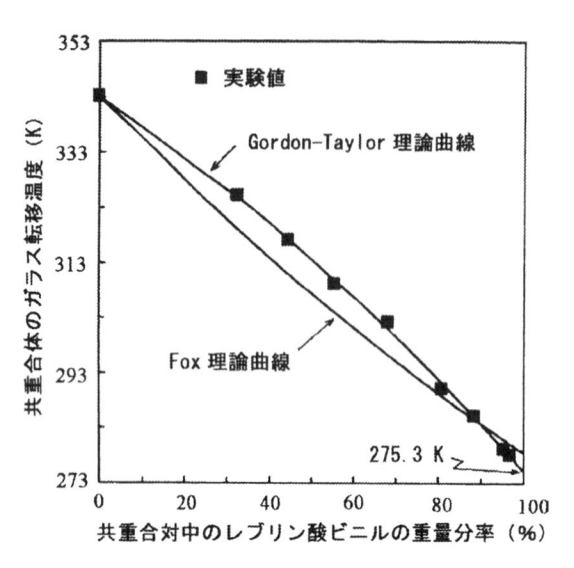

図5 (ビニルアルコール-ビニルレブリン酸) 共重合体ガラス転移温度のビニルレブリン酸重量分率依存性

3.3 アルコール分解生成物から分離したレブリン酸からのペンダント型ポリマー[10,11]

多価アルコール類を用いるセルロースの加溶媒分解では，反応終期にレブリン酸エステルが生成する。レブリン酸エステルは酸触媒下に容易に加水分解し，レブリン酸を与える。レブリン酸エステルやレブリン酸は毒性の低い化学原料として知られている。ポリビニルアルコールも生分解性樹脂として知られているが，硬くてもろい性質を持つ。一方，エステル化するとガラス転移温度が低下し，軟化する。そこで，ポリビニルアルコールとレブリン酸をエステル化させ（ビニルアルコール-ビニルレブリン酸）共重合体（以下，レブリン酸共重合体と呼ぶ）を合成した。カルボニル基を持つレブリン酸共重合体は金属吸着能などを持つと考えられる。レブリン酸とポリビニルアルコールの組合せでN,N-ジシクロヘキシルカルボジイミド触媒を用いてエステル化した。この方法でエステル化するとレブリン酸がランダムに置換した置換度0.95までのレブリン酸共重合体を合成することが可能であった。図5に示すように，各共重合体の置換度とガラス転移温度の関係はGordon-Taylor式に従い，100%置換のものはガラス転移温度がポリビニルアルコールよりも約90℃低い2.3℃となることが判明した。

4 加溶媒分解技術の展望

木質材料を対象とするフェノール分解とアルコール分解では生成物に大きな違いがある。フェノール分解では，多糖類やリグニンを問わず，それらの生成物中に必ずフェノール骨格が含まれ

第4章　加溶媒分解法の最前線

表2　各種ソルボリシス生成物の活用の可能性

［フェノリシス生成物］
セルロース由来：糖骨格を失ったフェノール化物（多分子種）
リグニン由来　：リグニン骨格を持つフェノール化物（多分子種）
用途：フェノール代替原料
（フェノール系樹脂，エポキシ樹脂，ポリイソシアネート，
ブロックイソシアネートなど）
［アルコリシス生成物］
セルロース由来：ヒドロキシエチルグルコシド
用途：糖側鎖をペンダントした高分子（経皮吸収性粘着剤主剤など）
セルロース由来：ヒドロキシエチルレブリン酸（加水分解してレブリン酸に）
用途：2-メチルテトラヒドロフラン（アルコール系燃料の燃焼助剤）
：5-アミノレブリン酸（環境適応型除草剤），コハク酸，
ジフェノール酸（エポキシ樹脂），アルキルレブリン酸（香料）
リグニン由来　：リグニン骨格と水酸基を持つ化合物（多分子種）？
用途：ウレタン樹脂（塗料，接着剤，発泡体など）

た多分子種性の化合物が生成する。このことから，フェノール分解生成物では，そのフェノール性を考慮した応用を心がけるべきであり，結論的にはフェノール系の高分子材料へと展開することが望ましい。

　これに対し，アルコール分解ではセルロースは経時的にグルコシド，レブリン酸誘導体となり，リグニンではアルコール残基がペンダントした形で付与された生成物となる[12]。糖やレブリン酸は毒性が低く生分解性であるため，アルコール種を選べば，毒性も低く生分解性を持つレブリン酸誘導体が得られ，化学原料としての価値が高い。また，リグニン由来のレブリン酸ペンダント型ポリマーは毒性が低いと考えられる。今後，反応過程を考慮して有用物質（例えば，反応中間体であるグリコシド）を分離精製する方法や収率向上などの化学工学的検討が進めば，木質材料を安価な有用ケミカルスに転換することが可能となり，それらを原料とする多種の化成品への応用が可能となろう。表2に木質材料主成分の各種加溶媒分解物による生成物とその利用法の可能性を示した。

　バイオマスの一部をエネルギー源とし，そのエネルギーでバイオマスの一部を安定的に有用ケミカルスとして人類に提供する，そのような時代が1日でも早く到来することを夢見て止まない。

文　　献

1) 例えば，H. Ono et al., *J. Adhesion*, **59**, 135 (1996)
2) H. -K. Ono et al., "LIGNIN : Properties and Materials ; ACS Symposium Series 397", W. G. Glasser and S. Sarkanen eds., p.334, Am. Chem. Soc. (1989)
3) H. -K. Ono et al., "Phenolated Bark as Plywood Adhesives. In Adhesives and Bonded Wood Products", Chung, C. -Y., Tomita, B., Branham, S. J. eds. p.330, For. Prod. Soc. (1993)
4) H. Ono et al., Prep. 2001 Beijing Bonding Technol. Symp., p.10 (2001)
5) W. Tanaka, H. Ono et al., Proceedings of 2nd World Congress on Adhesion and Related Phenomena (WCARP II), A. V. Pocius and J. G. Gillard eds., p.141 (2002)
6) Y. Kurimoto et al., *Bioresource Technology*, **77**, 33 (2001)
7) Y. Kurimoto et al., *Biomass and Bioenergy*, **21**(5), 381 (2001)
8) 堀成人ほか，日本包装学会誌, **12**(5), 343 (2003)
9) 堀成人ほか，日本包装学会誌, **15**(5), 261 (2006)
10) Y. Wang et al., *Polymer*, **46**, 9793 (2005)
11) Y. Wang et al., *Polymer*, **47**, 7827 (2006)
12) S. Kubo et al., *Chemistry Letters*, **36**(4), 502 (2007)

第5章　発酵技術の最前線

1　リグノセルロース系バイオリファイナリー

渡辺隆司*

1.1　はじめに

　バイオリファイナリーは，カーボンニュートラルな資源であるバイオマスから化学品，燃料，エネルギーを体系的に生産することによって，バイオマスのもつ付加価値を最大限にまで高める新しいシステムであり，石油リファイナリーに代わって，21世紀の化学産業の主役となると予想される[1,2]。バイオリファイナリーは，バイオマスリファイナリーとも呼ばれるが，米国でバイオリファイナリーという造語がいち早く定着したことから，現在では，欧米をはじめ日本でもバイオリファイナリーを用語として用いることが多い。バイオリファイナリーは，木材や紙パルプ産業とも密接に関連しており，これらの産業のスタイルを変換する可能性を秘めている。ここでは，リグノセルロース系バイオリファイナリーの現状と展望について述べる。

1.2　バイオリファイナリー創成の背景

　バイオリファイナリー創成の背景としては，地球温暖化の抑制と化石資源の枯渇が注目されているが，他に新産業の創出，エネルギー安全保障，地方経済の活性化，農林業の活性化，など多数の重要な因子が関係している。これらについて以下に述べる。

　植物バイオマスはカーボンニュートラルな特性を有しているが，実際には，バイオマスの育成と変換には化石資源を使用することから，トータルの収支としてバイオマスの利用が温室効果ガスの排出抑制につながるか否かについて活発な議論が行われてきた。バイオエタノールを例にとると，現在では，バイオマスの育成と変換の最新の技術水準を基にLCA解析するならば，バイオエタノールは二酸化炭素の排出抑制につながるとの結論がほぼ定着している[3]。米国アルゴン研究所のWangは，セルロースを原料とするエタノールとデンプンを原料とするエタノールの温室効果ガスの排出抑制効果を比較し，E85（エタノールを85％含むガソリン）で比較した場合，セルロース系エタノールが温室効果ガスの排出を64％抑制するのに対し，デンプン系エタノールの抑制効果は17～23％にとどまると報告している[4]。すなわち，バイオエタノールの二酸化炭素排出量は，穀物のデンプンを原料とした場合に比べ，リグノセルロースを原料とした場合は，

　＊　Takashi Watanabe　京都大学　生存圏研究所　バイオマス変換分野　教授

その排出量が大きく低下する。リグノセルロースにおいては，管理栽培されていない未利用資源や廃棄物系資源を利用すれば，植物の育成管理に必要な化石資源が必要とならなくなるため，その排出量はさらに下がる。

　新産業としてのバイオリファイナリー創成のインパクトは大きく，21世紀の産業革命とも呼ばれる。20世紀は石油化学の時代であり，エチレン，プロピレン，ベンゼンに代表される炭化水素をコア化学品とする体系的な化学産業が構築された。これに対し，バイオマスの原料である糖やリグニンは炭素，水素の他に酸素原子を多く含む。原料の構造や化学的性質が全く異なること，発酵が変換の大きなツールとなるから，バイオリファイナリーの化学品生産体系は，石油リファイナリーとは根本的に異なる。このことは，バイオリファイナリーの上流に位置する基本化学品を決め，その基本化学品の生産技術（特許）を握った企業や国家が，バイオリファイナリーという新しい産業体系を主導することを示す。すなわち，基本化学品（プラットフォーム化合物）が決まると，その先の枝葉に相当する化学品も限定されることになるため，戦略的にプラットフォーム化合物からの製品開発，特許取得を進めることが可能となる。こうした点を背景として，米国エネルギー省（DOE）では，バイオリファイナリーのプラットフォーム化合物を12種選定し，それから誘導される化学品をいち早く提示した。すでに，プラットフォーム化合物の生産には，多くの米国企業が参入しており，競争が激化している。欧州もバイオリファイナリーに積極的であり，2006年6月に，バイオリファイナリー研究の枠組みである「バイオ燃料技術プラットフォーム」が発足した[5〜7]。この報告書の中で，第一世代バイオ燃料として，砂糖やビート，穀物由来のエタノール，植物油脂，廃棄物起源バイオディーゼル，バイオガス，エチル-tert-ブチルエーテル（ETBE）を挙げ，第二世代バイオ燃料として，セルロース系エタノール，水素化処理バイオディーゼル，リグノセルロース由来の合成バイオ燃料，バイオガス，水素，が導入されるロードマップを示している。2030年までに道路運輸部門の燃料需要量の4分の1相当をクリーンでCO_2排出効率が良いバイオ燃料で賄う目標を立てている。EUでは，この他，第6次研究開発フレームワーク計画（FP6）の下，既存の石油精製や化学プロセスを利用して熱分解によりバイオマスから液体燃料を生産する研究開発プロジェクトBIOCOUPを2006年から5年間の計画で実施している[8]。米国が石油リファイナリーに替えて，バイオリファイナリーのプラットフォームを創成する動きを示しているのに対し，このEUプロジェクトでは，既存石油化学プロセスをバイオマスに適用させる方向性を示している。わが国でも，化学技術推進戦略機構がバイオマスの発酵生産物であるエタノールから石油リファイナリーの基幹物質であるエチレンやプロピレンを作り，既存石油化学プロセスを利用してバイオマスから化学品を製造するバイオマスコンビナート構想を提案している[9]。

　バイオリファイナリーでは，これまでエタノール生産の原料として利用されてきたデンプンや

第5章　発酵技術の最前線

ショ糖に代わり，リグノセルロースが主要な原料として利用される。リグノセルロースからのエタノールの商用生産が数年後に開始され，DOE では，2025 年には米国の燃料エタノールの 80% 以上をセルロース系エタノールで賄う目標を立てている。現在米国におけるバイオエタノールの主要供給源であるトウモロコシの穀物部分は，米国で消費されるガソリンの 10〜20% しか供給できない。これに対して，米国のリグノセルロースは 10 億トン/年の供給量があり，ガソリンの 50〜70% を代替できる量に匹敵する[1]。

バイオリファイナリーは，エネルギー安全保障に貢献する。原油産出国の多くは中東にあり，政情が不安定な国も多い。これらの国が非友好国である場合には，安定的に原油を輸入するために，外交や軍事力によって一定の影響力を保持することが必要となる。米国では，輸送用燃料の需要と供給のギャップは拡大しており，輸送用燃料を安定的に確保することが至上命題となっている。我が国のエネルギー自給率は，原子力発電を除くと 4% しかなく，エネルギー安全保障は日本にとっても大きな問題である。

石油リファイナリーでは，産油国，原油を運搬する海運会社，石油コンビナートをもつ大企業や臨海工業地帯に投資が集中する。これに対し，廃棄物系バイオマスを別とすると，バイオマスは一般に都市部ではなく農村部に広く分散して存在することから，農業や林業とリンクした小規模なバイオマス変換工場が農村部に建設されることになる。このため，バイオリファイナリーでは，投資が地方に分散し，地方の経済と雇用を活性化するメリットを生む。化石資源を利用する時代は，工業と農業が明確に分離されていた。しかしながら，バイオリファイナリーでは，農業や林業によって生産されたバイオマスは，食品，林業製品，化学品，燃料の原料として統合的に利用される。すなわち，食品生産のために農作物を生産する時代から，食品，化学品，エネルギーを同時に生産するために，農作物を栽培する時代となる。バイオエタノールブームによってトウモロコシの市場価格が高騰した例のように，経済システムも大きく変貌するであろう。

バイオリファイナリーによって，土地のもつ恵みを最大限利用して植物を栽培できれば，緑の恩恵が広く行き渡ることになる。このためには，栽培農家や林業家が収益を上げられる構造が必要である。適切な林業経営が行われれば，森林の環境貢献，治水，防災などへの貢献も期待できる。一方で，個人や企業の利益追求のために，土地利用が行われると，大規模な環境破壊が起きる。現実にアマゾンの熱帯雨林のサトウキビやダイズ農作地への転換が進んでおり，熱帯雨林の減少が懸念されている。バイオマスの育成と利用を長期的な視点で主導する国際的枠組みが必要である。バイオマスの育成に関しては，栄養分の土地からの収奪も重要な問題である。特に，リンと窒素の循環サイクルが破たんすることが懸念されている。リンは，リン鉱石の酸処理によって製造されるが，高品質のリン鉱石の埋蔵量は 1990 年代以降減少の一途をたどり，今世紀の中盤には枯渇が予測されている。リン鉱石の枯渇は，食糧危機にも直結する。

1.3 バイオリファイナリーに必要な技術革新

リグノセルロース系バイオリファイナリー実現のためには，様々な技術革新が必要である。微生物を用いた変換においては，1)植物細胞壁中の多糖を加水分解して単糖を生成する技術，2)生成した単糖を発酵して高効率で目的物を生産するとともに，発酵生産物から有用な化学品や材料を作る技術，3)微生物変換と熱化学変換を効率的に組合せたシステム構築，が必要である。

1.3.1 植物細胞壁多糖の酵素加水分解

植物細胞壁中の多糖を加水分解する技術には，硫酸などの強酸を用いる方法，超臨界水あるいは亜臨界水を用いる方法，酵素を用いる方法，それらの複合処理法がある。ここでは酵素分解法について述べる。

(1) バイオリファイナリーのための酵素糖化前処理

木化した植物組織の中でセルロース，ヘミセルロースは，リグニンにより被覆されているため，これらの細胞壁多糖をセルラーゼ，ヘミセルラーゼで加水分解するためには，細胞壁の密なパッキングを破壊して細胞壁多糖を露出させる前処理が必要となる[1]。蒸煮，水蒸気爆砕，アンモニア爆砕（AFEX：Ammonia fiber explosion），CO_2爆砕，蒸煮，粉砕（乾式および湿式：ボールミル，ロッドミル，ロールミル，ハンマーミル等），ソルボリシス（アルコール類，有機酸等），オゾン酸化，過酸化水素-金属錯体処理，有機過酸化物処理，酸処理，アルカリ処理，マイクロ波照射，電子線照射，γ線照射，木材腐朽菌処理，およびこれらの複合処理など様々な前処理法が検討されてきた。

爆砕，蒸煮，マイクロ波照射，ソルボリシス等熱化学的手法の多くは，一般に広葉樹材に比較して針葉樹材に対する前処理効果が低いことが知られている。針葉樹の中でも，我が国の人口林の約6割を占めるスギ材は特に前処理効果を得ることが難しい。例えば，マイクロ波照射水熱反応はリグノセルロースの酵素糖化前処理に有用であり[10]，広葉樹ブナ材に対しては93％（多糖当たりの還元糖収率）という高い酵素糖化率を与えるが，針葉樹ヒノキに対しては61％，スギ材に対しては，最大でも36％の酵素糖化率しか与えない[11]。こうした問題点を打開するため，針葉樹材の爆砕前処理では，硫酸やSO_2，有機酸，ルイス酸，アルカリ過酸化水素等を触媒として使用する方法が検討されてきた[12〜15]。しかしながら，有害な薬品を使用することは酵素糖化法のメリットを損なうことになる。また，熱化学的処理においては，糖骨格の熱分解が起こる温度と前処理効果が得られる温度域が近接しているため，前処理温度を下げて発酵阻害物質の生成を最小限に抑えることが望ましい。こうした点を背景として，リグニン分解力をもつ木材腐朽菌である白色腐朽菌による生物的前処理法の利用が検討されている。

これに対し，粉砕法は草本や広葉樹のみでなく針葉樹材の酵素糖化前処理にも高い効果を示す[16]。粉砕法による前処理効果は，微粒子化効果のみでは説明できない。筆者らは，凍結粉砕と

第5章 発酵技術の最前線

ボールミル粉砕前処理の酵素糖化率に及ぼす影響を比較し，凍結粉砕で500メッシュ以下にアカマツやブナ材を微粉化しても，ホロセルロースベースの糖化率は5％以下であるのに対し，乾式ボールミルにより細胞壁の破壊を伴う粉砕処理を行うと，平均粒子径は凍結粉砕物より大きいが，糖化率は95％以上に上昇することを示した[17]（図1）。ボールミル粉砕では，細胞壁の破壊によって生成した粒子が凝集するため平均粒子径は凍結粉砕木粉より大きいが，多糖が露出した多孔質体を形成するため，酵素と多糖の接触率が向上する。このように，粉砕による前処理効果の本質は，細胞壁の破壊により多糖を露出させて酵素との接触率を高めることにある。マイクロ波水熱反応においても，酵素が進入できる細孔体積の増大が前処理効果に直接影響することが示されている[11]。また，粉砕法において，乾式粉砕と湿式粉砕を比較すると，湿式粉砕では木材中に含まれていた水を除去するエネルギーが必要ない上，エネルギーインプットも一般に乾式法に比べ小さい。一方で，湿式法では，湿潤状態での木材の弾性挙動が細胞壁の破壊効率を低下させるため，最大糖化率が乾式粉砕より低い場合が多い。こうした粉砕法の問題点を解決するために，粉砕機の開発はもちろん，界面活性剤などの粉砕効率を高める添加物を加える方法，水熱反応と粉砕を組み合わせる方法，粉砕の前に白色腐朽菌や褐色腐朽菌処理を組み合わせる方法などが研究されている。

白色腐朽菌による前処理は，水熱反応，ソルボリシス，粉砕法との組み合わせが研究されてきた[1]。白色腐朽菌は，リグニンの分解能力が高い木材腐朽性の担子菌であり，シイタケ，ヒラタケ，エノキタケ，ナメコなどの食用キノコも白色腐朽菌に属する。白色腐朽菌処理では，セルロースを残してリグニンを高選択的に分解する選択的白色腐朽菌が高い効果を示す。中でも，選択的白色腐朽菌 *Ceriporiopsis subvermispora* は，バイオパルピング菌として選抜された菌であり，針

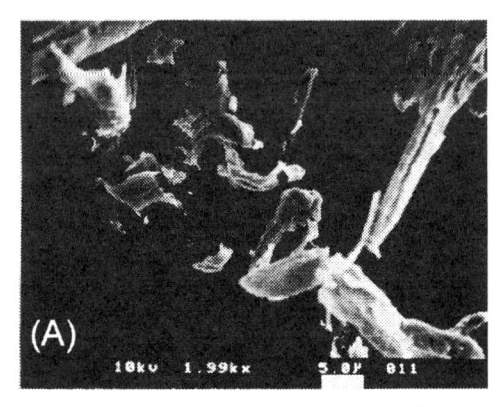

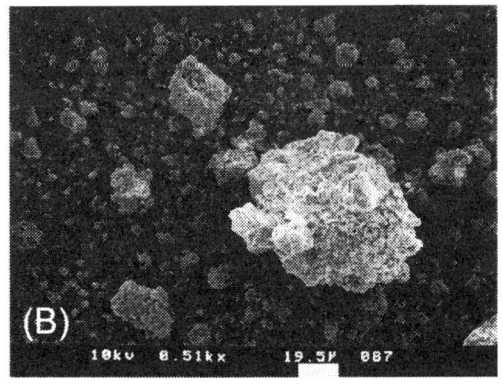

図1 アカマツ材の(A)凍結粉砕木粉と(B)ボールミル木粉の走査電子顕微鏡写真[17]
ボールミル処理は振動式ボールミル（中央加工機）を用い24h処理。凍結粉砕は，リンレックスミル（ホソカワミクロン）を用い，500メッシュ通過木粉を取得。ホロセルロースベースの酵素糖化率は，(A)の凍結粉砕木粉が3.7％，(B)ボールミル木粉が98％。

葉樹，広葉樹双方に対して高い前処理効果を示す。また，針葉樹，広葉樹の他，草本にも高い効果を示す。*C. subvermispora* は，スギ材のメタン発酵[18]や，オイルパームの空果房 (EFB)[19]，バガス[20]，スギ材[21]の酵素糖化・エタノール発酵の促進効果を示す[22,23]。白色腐朽菌でブナ材チップを 8 週間腐朽させ，腐朽材を 180℃でエタノリシスし，得られた不溶性パルプ画分をセルラーゼと酵母 *Saccharomyces cerevisiae* AM12 で併行複発酵すると，エタノール収率が 1.6 倍増加した。木材腐朽菌を木材の酵素糖化前処理に利用する試みは，この他，白色腐朽菌 *Phlebia tremellosus*[24]，*Phanerochaete chrysosporium*[25]，ヒラタケ[26]，IZU-154[27]，褐色腐朽菌オオウズラタケ[26]，などで報告されている。また，ムギワラの酵素糖化に対しては，ヒラタケ (*Pleurotus ostreatus*)[28]，*Pycnoporus cinnabarinus*[28]，*Phanerochaete sordida*[28]，コーンストーバーには，*Cyathus stercoreus* が高い前処理効果を示した[29]。また，イナワラに対してはヒラタケ，*Phanerochaete chrysosporium*，*C. subvermispora*，*Trametes versicolor* の中でヒラタケが最も高い酵素糖化前処理効果を示す[30]。

　白色腐朽菌処理を実用化するためには，減滅菌状態で大量のリグノセルロースを処理する技術の開発が必要である。また，我が国で菌処理を実用化するためには，国産の白色腐朽菌を利用することが望ましい。このため，筆者らは，前処理効果をもつ白色腐朽菌を国内より分離し，選抜した菌の減滅菌状態での屋外腐朽実証試験とマイクロ波ソルボリシスや粉砕と組み合わせた前処理法の開発を行っている。

(2) バイオリファイナリーのためのセルラーゼの開発

　バイオマス酵素糖化のためのセルラーゼの高機能化と生産性増強の研究は，日欧米でこれまで活発に行われてきたが，近年コーンストーバーからのエタノール生産のコストダウンを目的とした米国の研究が注目を集めている[1,31]。コーンストーバーの酵素糖化のためのセルラーゼのコストを下げるため，DOE は，Novozymes 社と Genencor International 社にセルラーゼの開発研究を委託し，それぞれコーンストーバー前処理用の酵素の価格を約 30 分の 1 以下に下げた。これにより，コーンストーバーの酵素糖化プロセスにおいて，セルラーゼのコストは大きなボトルネックではなくなったとしている。すなわち，DOE のコストモデルでは，セルラーゼのコスト目標を $0.10〜$0.18/gallon EtOH に設定しており，Novozymes 社では，ラボスケールで NREL の希硫酸前処理法との組み合わせにより同目標の $0.10〜$0.18/gallon EtOH を達成した。前述の通り，これは，2001 年の $5.4/gallon EtOH の約 30 分の 1 以下に相当する。

　Novozymes 社の酵素開発では，コーンストーバーの希硫酸前処理物に対して高い酵素糖化率を示す *Trichoderma reesei* のセルラーゼ，ヘミセルラーゼのコンポーネント組成を *in vitro* でスクリーニングし，その組成を再現する遺伝子組換え発現系を構築して *T. reesei* を宿主として酵素の大量生産を行った。また，個別の酵素は，進化工学を用いて安定性と比活性を増大させて

第5章　発酵技術の最前線

いる。バイオマスの種類と前処理法が異なると、最大の酵素糖化効率を与えるセルラーゼのコンポーネント構成は大きく変わるため、酵素開発とバイオマスの種類、前処理はセットで開発する必要がある。

セルラーゼのコストを下げるためには、安価な炭素源により酵素を高生産する必要がある。このため、変異や遺伝子組換えによりカタボライトリプレッションを外すとともに、セルラーゼ遺伝子の発現誘導機構を解明して転写を促進させることにより、ソホロースなどの高価な誘導剤を用いることなく、セルラーゼの生産性を高める研究が行われている。さらに、セルラーゼによる酵素糖化では、構造未知なタンパク質が酵素糖化を促進する因子として作用することがこれまで示唆されてきており、その促進因子の同定に関する研究も行われている。Novozymes社では、*T. reesei* のセルラーゼ活性を高める成分を他の糸状菌からスクリーニングし、活性を高めるタンパク質を分離している。そのタンパク質をクローン化し、*T. reesei* で発現させたところ、組換え体のセルロース分解力が向上したと報告している[32,33]。また、セルラーゼの触媒サイトをタンパク質工学的に改変する研究や、セルロースバインディングモジュール（CBM）を組み替えて、基質結合能を改変する研究も行われている。CBMをもつモジュラー型酵素の基質特異性は、触媒ドメインのみでは決まらず、触媒ドメインとCBMのコンビネーションで決まる。

嫌気性バクテリアのセルラーゼは、セルロソームと呼ばれる巨大なモジュラー型酵素であり、骨格タンパク質（スキャホールディン）に多糖を分解する触媒ドメイン、セルロースバインディングモジュール（CBM）が最適な配置で並ぶことにより、植物細胞壁多糖を効率よく分解する特徴をもっている。セルロソームの中には、細菌細胞壁と結合するSLH（Surface layer homohology）ドメインをもっているものがある。SLH、CBMを存在すると、細菌、セルロソーム、基質が一つにつなぎとめられることになる。

バイオリファイナリーが実現するとセルラーゼは、産業用酵素の主役になると予想されている。現在、カビによる異種タンパクの生産に関する基本特許は、Novozymes社やGenencor International社によって抑えられており、期限切れになる2008年以降国際競争が激化すると予想されている[31]。我が国でも、中温嫌気性細菌 *Clostridium cellulovorans* のセルロソームをコリネ型細菌で異種発現する研究が(財)地球環境産業技術研究機構（RITE）で行われている[34]。

1.3.2　バイオリファイナリーのための微生物の改変と利用

バイオリファイナリーのための発酵技術に関しては、バイオプロセスに用いる微生物細胞を遺伝子レベルで抜本的に改良して、高効率なバイオプロセスを作る技術開発が行われている。その一つが、不要な遺伝子を徹底的に除去して細胞を物質生産のための工場とするMinimum Genome Factory（MGF）の活用である。MGFとは、ゲノム情報を活用して、物質生産に不要な遺伝子を削除し、有用な遺伝子を強化・付与することによって、物質生産に特化した最小限の

ゲノムをもつ宿主細胞である。ミニマムゲノムをもつ微生物を作り，それに物質生産に必要な遺伝子を組み込んで，与えた炭素源が最大効率で目的物に変換される細胞工場（Cell Factory）を作る。この技術開発には，遺伝子導入と除去によって代謝物のフローがどう変わるかを数学的に予測して遺伝子組換えを最適化するシミュレーション技術が必要である。特に，補酵素の利用効率が物質生産の効率に強く影響するため，補酵素の生産と利用を予測することは欠かせない。また，分子モデリングに基づいて，補酵素の利用性をタンパク質工学的に改変する試みも行われている。例えば，出芽酵母 Saccharomyces cerevisae は，キシロースなどのペントースを発酵する能力がない。S. cerevisae に Pichia stipitis などのキシロースリダクターゼ（XR）とキシリトールデヒドロゲナーゼ（XDH）の遺伝子を導入するとキシロース代謝能が付与される。しかし，XR と XDH では補酵素要求性が異なるために，培養を進めると補酵素のアンバランスが生じる。すなわち，前者は $NADP^+$ も NAD^+ も利用できるのに対し後者は NAD^+ 依存性を示す。そこでこの問題を解決するために，XDH をターゲットとしてタンパク質工学的手法を用いて $NADP^+$ 依存型変異体の作成を試み，完全に $NADP^+$ 依存型となった XDH が作成された。さらにこの機能変換 XDH を S. cerevisiae に形質導入することによりキシロース-エタノール変換効率が向上することが見出されている[35]。

バイオリファイナリーのための微生物の機能改変では，この他，変換効率の高い有用遺伝子をクローニングし，それを高効率で発現させるための形質転換系の開発が必須である。高効率発現には，遺伝子の導入効率を高める技術開発，強力なプロモーターや転写因子の利用・開発技術，タンパク質の適切なフォールディングを促進するシャペロンの開発・利用技術，タンパク質の分解を抑えるためにプロテアーゼ遺伝子の発現を抑制する技術，タンパク質の不要な修飾を抑制する技術，目的物質の分泌性能を向上させるために分泌に関わるトランスポーターやシグナル遺伝子を強化する技術，糖，アミノ酸などの取り込みに関わる膜輸送系を強化する技術，疎水性環境下で物質生産するための微生物の分子育種，など様々な技術開発が含まれる。また，開発した微生物を最大効率で利用するためのバイオリアクターの開発，膜による生産物の分離技術の開発も欠かせない。このように，バイオリファイナリーには，革新的なバイオテクノロジーが必要であり，産業構造のみならず学問分野にも大きな変革をもたらすと予測されている。微生物を利用するバイオプロセス技術については，日本は伝統的に強みを有するものの，スクリーニングにより有用微生物を分離し，それを発酵プロセスに利用する研究が主体であった。バイオリファイナリーでは，システムバイオロジーをベースとした細胞工場の開発が必要であり，特許の取得競争が今後ますます激化すると思われる。

1.3.3 バイオリファイナリーのためのプラットフォーム化合物の生産と誘導体化

DOE は，バイオリファイナリー構築に向けて，300 以上の化合物から，市場性，生産コスト，

第5章 発酵技術の最前線

誘導体の用途と市場，既存石油化学品からの代替性などを基に，C3〜C6をカバーする12種のプラットフォーム化合物を選定した（表1）[1,36,37]。ここでは，その代表的なものを紹介する。

バイオリファイナリーのC4プラットフォーム化合物であるコハク酸は，現在，樹脂原料，医療原料，メッキ薬，写真現像薬，調味料などに使用されている。食品用を除いて，その大部分が石油から製造した無水マレイン酸の水素添加により生産されている。無水マレイン酸の世界の市場規模は，160万トン/年であり，そのうち10%の16万トン/年がコハク酸に変換されている[38]。バイオリファイナリーでは，発酵法によるコハク酸生産を汎用化学品まで拡大することが求められる。コハク酸は，TCAサイクルの代謝中間体であり，TCAサイクルの正回り反応でも逆回り反応でも生産が可能である。しかしながら，TCAサイクルの正回り反応を利用すると理論上1モルのグルコースから最大でも1モルのコハク酸しか生産されないのに対し，TCAサイクルの逆回り反応を利用すると1モルのグルコースから2モルのコハク酸が生産可能となる[36]。このため，微生物によるコハク酸の生産に関する研究はTCAサイクルの逆回り反応を利用する方法が中心となっている。嫌気性条件下におけるグルコースからコハク酸の生産は，(1)ホスホエノールピルビン酸カルボキシラーゼ（PEPC）やホスホエノールピルビン酸カルボキシキナーゼ（PEPCK）の作用により，解糖系で生成したホスホエノールピルビン酸（PEP）を直接オキサロ酢酸に変換し，さらにオキサロ酢酸をリンゴ酸デヒドロゲナーゼ，フマラーゼ，コハク酸デヒドロゲナーゼ複合体によりコハク酸に変換する方法，(2)ピルビン酸カルボキシラーゼ（PC）により，ピルビン酸をオキサロ酢酸に変換し，(1)と同様，TCAサイクルの逆回り反応でコハク酸を生成する方法，(3)リンゴ酸酵素によりピルビン酸を直接リンゴ酸に変換し，フマラーゼとコハク酸デヒドロゲナーゼ複合体によりコハク酸を生成する方法がある（図2）。

Leeらは，嫌気性グラム陰性細菌 *Anaerobiospirillum succiniciproducens* のPEPCKによるホスホエノールピルビン酸の炭酸固定経路を利用して，木材の加水分解物（27g/Lグルコース量に相当）から24g/Lのコハク酸を生産した[39]。Guettlerらは，PEPCによるホスホエノールピルビン酸の炭酸固定経路を導入した *Actinobacillus succinogenes* 130Z（ATCC 55618）を用いて，炭酸ガス/水素条件下で培養し，110g/Lのコハク酸を生産した[40]。一方，コリネ型細菌を好気条件下で細胞増殖させ，嫌気条件下においてホスホエノールピルビン酸カルボキシラーゼ（PEPC）の炭酸固定化能を利用して糖からコハク酸を生産する研究も進められている。嫌気条件下でのコリネ型細菌によるコハク酸の生産は，細胞増殖を伴わずに高濃度菌体を用いて糖をコハク酸に変換できるという特徴があり，ホスホエノールピルビン酸あるいはピルビン酸からのバイパス経路を遺伝子破壊により遮断したコハク酸生産菌の開発が進められている[36,41,42]。バイオリファイナリーにおけるコハク酸誘導体化の基本反応は，1,4-ブタンジオール，テトラヒドロフラン，γ-ブチロラクトンへの還元である（図3）。γ-ブチロラクトンおよびγ-ブチロラクトンから誘導

表1 DOEが提案したバイオリファイナリーのプラットフォーム化合物と誘導体[34,35]

ビルディングブロック	化学構造	主な誘導体
1,4-Diacids (Succinic, Fumaric and Malic acids)	succinic acid, fumaric acid, malic acid	(Products from succinic acid) : 1,4-butanediol, Succindiamide, 1,4-Diaminobutane, Succinonitrile, Dimethyl succinate, N-methyl-2-pyrrolidone (NMP), 2-Pyrrolidone, Tetrahydrofuran, γ-Butyrolactone, Polybutylene succinate, Polyethylene succinate, Polybutylene succinate/adipate, 4,4-Bionolle, Succinimides, Butyrate, Succinic anhydrides, Maleic anhydride
2,5-Furandicarboxylic acid		Succinic acid, 2,5-Furandicarbaldehyde, 2,5-Dihydroxymethylfuran, 2,5-Dihydroxymethyl tetrahydrofuran, 2,5-bis(aminometyl)-tetrahydrofuran
3-Hydroxypropionic acid		Acrylic acid, Methyl acrylate, Acrylamide, Acrylonitrile, Propiolactone, Ethyl 3-hydroxypropionate, Malonic acid, 1,3-propanediol
Aspartic acid		2-Amino-1,4-butanediol, Amino-2-pyrrolidone, Aspartic anhydride, Amino-γ-butyrolactone, 3-Aminotetrahydrofuran, Substituted amino-diacids, Pharma and sweetener intermediates
Glucaric acid		α-Ketoglucarates, Polyhydroxypolyamides, Glucarodiactone, Glucaro-δ-lactone, Glucaro-γ-lactone, Glucaric acid esters and salts
Glutamic acid		Glutaric acid, 1,5-Pentandiol, 5-Amino-1-butanol, Pyroglutamic acid, Prolinol, Proline, Pyroglutaminol, Norvoline, Glutaminol, Polyglutamic acid
Itaconic acid		2-Methyl-1,4-butanediamine, Itaconic diamide, 3-Methylpyrrolidine, 3- & 4-Methyl NMP, 2-Methyl-1,4-BDO, 3-Metyl THF, 3- & 4-Methyl-GBL
Levulinic acid		2-Methyl-THF, Acrylic acid, δ-Aminolevulinate, Diphenolic acid, β-Acetylacrylic acid, Levulinate esters, 1,4-Pentanediol, Angellilactones, γ-Valerolactone
3-Hydroxy butyrolactone		γ-Butenyl-lactone, Epoxy-lactone, Acrylate lactone, 2-Amino-3-hydroxytetrahydrofuran, 3-Aminotetrahydrofuran, 3-Hydroxytetrahydrofuran
Glycerol		1,3-Propanediol, Propylene glycol, Branched polyesters and nylons, Mono-, di-, or tri-glycerate, Diglyceraldehyde, Glycerol carbonate, Glyceric acid, Glycidol
Sorbitol		Propyrene glycol, Ethylene glycol, Glycerol, Lactic acid, 2,5-Anhydrosugars, 1,4-Sorbitan, Isosorbide
Xylitol/arabinitol	xylitol, L-arabinitol	Propylene glycol, Ethylene glycol, Glycerol, Lactic acid, Mixutures of hydroxyfurans, Xylaric acid

第5章 発酵技術の最前線

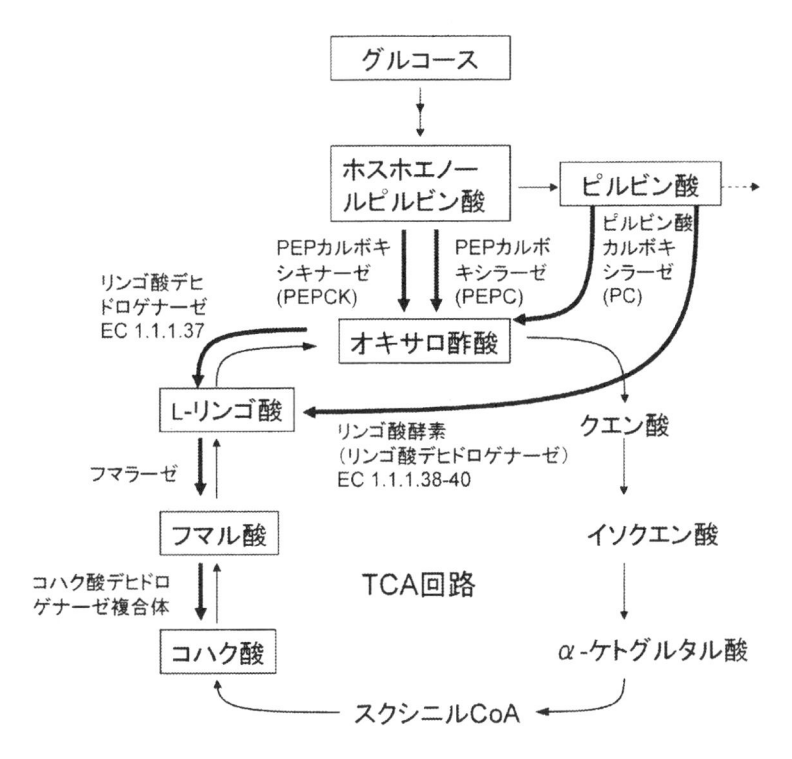

図2 TCA回路の逆反応を利用したコハク酸の生産

される2-ピロリジノン，N-メチル-2-ピロリドン（NMP）は，溶剤として利用される。コハク酸は，バイオリファイナリーにおいて，生分解性プラスチック原料としても利用される。すでに1,4-ブタンジオールとコハク酸のホモポリマー（ポリブチレン・サクシネート），エチレングリコールとコハク酸のホモポリマー（ポリエチレン・サクシネート），コハク酸，アジピン酸，1,4-ブタジオールの共重合体（ポリブチレン・サクシネート・アジペート）が製造されている。TCAサイクルのメンバーであるリンゴ酸やフマル酸もコハク酸と同様TCAサイクルの逆回り反応を利用した発酵で生産でき，メタボリックエンジニアリングを用いたこれらの有機酸生産菌の分子育種が進められている。

C6プラットフォーム化合物である2,5-フランジカルボン酸は，ヘキソースの酸化的脱水により生産される。2,5-フランジカルボン酸は，PET樹脂の類縁ポリマーの製造に使用される。2,5-フランジカルボン酸のカルボキシル基の還元は，2,5-ジヒドロキシメチルフラン，2,5-フランジカルバルデヒド，2,5-ジヒドロキシメチルテトラヒドロフラン，コハク酸を与える。また，還元的アミノ化により，2,5-ビス（アミノメチル）テトラヒドロフランを与える。これらは，ポリエステルやナイロンの原料となる。

3-ヒドロキシプロピオン酸（3-HPA）は，炭素数3のヒドロキシカルボン酸であり，バイオ

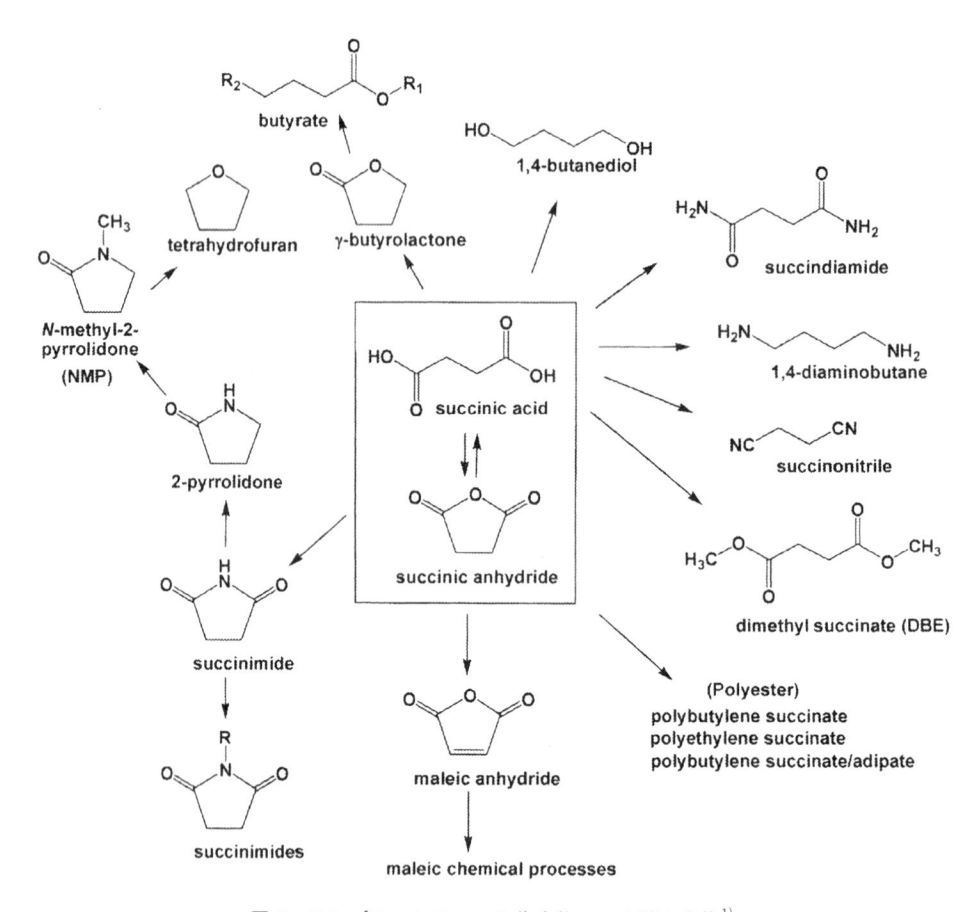

図3 C4-プラットフォーム化合物コハク酸の変換[1]

リファイナリーにおいて重要なプラットフォーム化合物になると期待されている。3-HPA は，独立栄養細菌である *Chloroflexus aurantiacus* の菌体外中間代謝産物として見出された[43]。穀物大手の Cargill 社は，米国エネルギー省の助成を受けて，医薬品開発のための微生物の分子育種を専門とする Codexis 社と提携し，3-HPA の発酵生産の研究に着手した。3-HPA からは，アクリルアミド，アクリル酸，アクリル酸メチル，アクリロニトリルなど，工業的に重要な化合物が生産される。3-ヒドロキシプロピオン酸を還元すると，1,3-プロパンジオールが生成する。1,3-プロパンジオールは，ポリエステルの原料として利用される。1,3-プロパンジオールは，3-HPA の還元の他，グリセロールから嫌気的に生産されるが，グリセロールが高価なため，遺伝子組換え大腸菌を用いたグルコースからの 1,3-プロパンジオールの発酵生産が Dupont 社と Genencor International 社により検討された。135g/L，3.5g/L/hr，対糖収率 46.1％の生産性が報告されている。Dupont 社では，2004 年に 1,3-プロパンジオールの製造を石油からトウモロコシを原料とする発酵法に切り替え，これを用いたポリエステルをソロナという商品名で販売している。

第 5 章　発酵技術の最前線

　C4 プラットフォーム化合物であるアスパラギン酸の生産には，有機合成，タンパク質抽出，発酵，酵素合成の 4 つのルートがあるが，この中で，フマル酸とアンモニアをアスパルターゼの作用で反応させる酵素合成法が副生成物が少ない点から有利とされてきた。アスパラギン酸は，グルコースの直接発酵でも生産されるが，現状では生産性は低い。TCA サイクルで生成するオキサロ酢酸がアスパラギン酸トランスアミナーゼ反応によりアミノ化されると，アスパラギン酸が生成する。この経路を利用したメタボリックエンジニアリングにより，グルコースを原料とするアスパラギン酸生産法が進展すると予想される。

　C6 プラットフォーム化合物であるグルカール酸は，グルコースの 1 位と 6 位の選択的酸化により生産される。デンプンの硝酸による一段階の酸化により製造される。グルカール酸のラクトン類は溶媒として利用される。また，アミドはナイロンの原料となる。

　グルタミン酸は，C5 プラットフォーム化合物として期待されるが，発酵生産によるコストの削減が課題である。*Corynebacterium glutamicum* を用いるグルコースからのグルタミン酸の生産が商用化されている。

　C5 プラットフォーム化合物であるイタコン酸は，ラテックス，水溶性塗料，アクリル繊維改質剤，紙力増強剤，アクリルエマルジョン，カーペットの裏打糊，印刷インキ，接着剤，樹脂原料等の用途に利用されている。イタコン酸は，クエン酸の 175℃ 以上の熱分解によって生成するが，工業的には *Aspergillus terreus* を用いた発酵により生産されている。イタコン酸は，食品添加物としても認可されており，酸味料や pH 調整剤として使用されている。樹脂原料としては，スチレン，酢酸ビニル，アクリル酸，アクリル酸エステル，ブタジエン，アクリロニトリル樹脂の性質を改変する共重合体原料として利用されている。

　レブリン酸は，セルロース，デンプンなどの多糖の酸触媒脱水反応により製造される。酸処理と還元反応を組み合わせると，キシロースやアラビノースなどのペントースからも生産できる。メチルテトラヒドロフランやレブリン酸エステル類は，ガソリンやバイオディーゼルの添加剤として利用される。δ-アミノレブリン酸は，除草剤として利用される。ジフェノール酸は，ビスフェノール A の代替品としての利用が期待される。

　C4 プラットフォーム化合物の 3-ヒドロキシブチロラクトンは，現在発酵生産法がなく，多段階の合成反応が必要である。汎用化学品よりむしろ機能性化学品としてのマーケットが期待される。これに対し，グリセロールは，油脂から安価に製造されるため，汎用の C3 プラットフォーム化合物として利用できる。

　ソルビトールは，ラネーニッケルを触媒としたグルコースの水素添加により製造される。ソルビトールの水素化分解によりプロピレングリコールが生産されるが，収率が 35% 程度と低く，製造法の改良が必要である。キシリトールは，キシロースの水素添加により製造される。現在，

抗齲蝕性糖質としての用途が拡大しているが，アラビニトールとともに，バイオリファイナリーのC5プラットフォーム化合物となる。キシリトールは，キシロースの代謝中間体であり，発酵法によるコーンコブ，バガスなどのバイオマスからのキシリトール生産も研究され，工業化に近いレベルに達している[44]。

1.4　微生物変換と熱化学変換の統合バイオリファイナリー

　DOEでは，糖の変換プラットフォームと熱変換（ガス化，液化）プラットフォームを基軸とするバイオリファイナリーを展開している（図4）。ガス化により，難分解性のバイオマスや発酵残渣のリグニンを直接合成ガス（CO/H_2）に変換し，合成ガスから混合アルコールを生産する（図5）。リグニンや酵素加水分解が難しいバイオマスは，熱分解により化学資源化するという考えである。米国の国立再生エネルギー研究所（NREL）では，コーンストーバーやその発酵残渣を高温ガス化して合成ガスに変換し，MoS_2触媒などによりエタノール，プロパノール，ブタノールなどを生産するプロセスを研究している[31]。コーンストーバーの水蒸気ガス化では，ベンゼンとフェノールがタールの主成分であり，窒素や硫黄といったヘテロ原子を含んだ化合物の挙動がタール生成に重要であるとしている。ガス精製に関しては，Ni触媒を用いたタールクラッキング試験を行っている。NRELには，ガス化物やタールを分析する装置として，非分散型赤外分析計（NDIR）（CH_4，CO_2，CO），磁気力式酸素濃度計（O_2），熱伝導度ガス分析計（H_2），マイクロガスクロマトグラフ，モレキュラービーム質量分析計（TMBMS）を備えている。中でも，モ

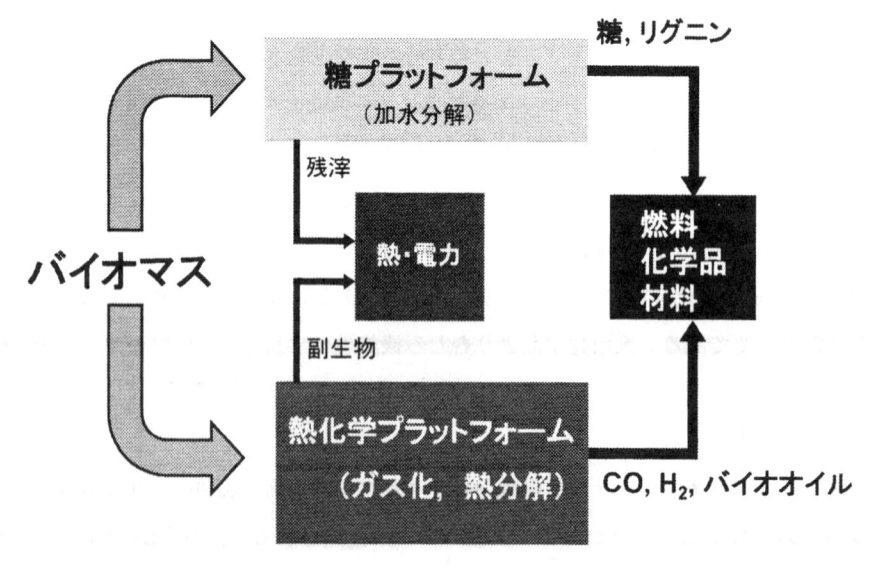

図4　発酵と熱化学変換からなる統合バイオリファイナリー[54]

第5章　発酵技術の最前線

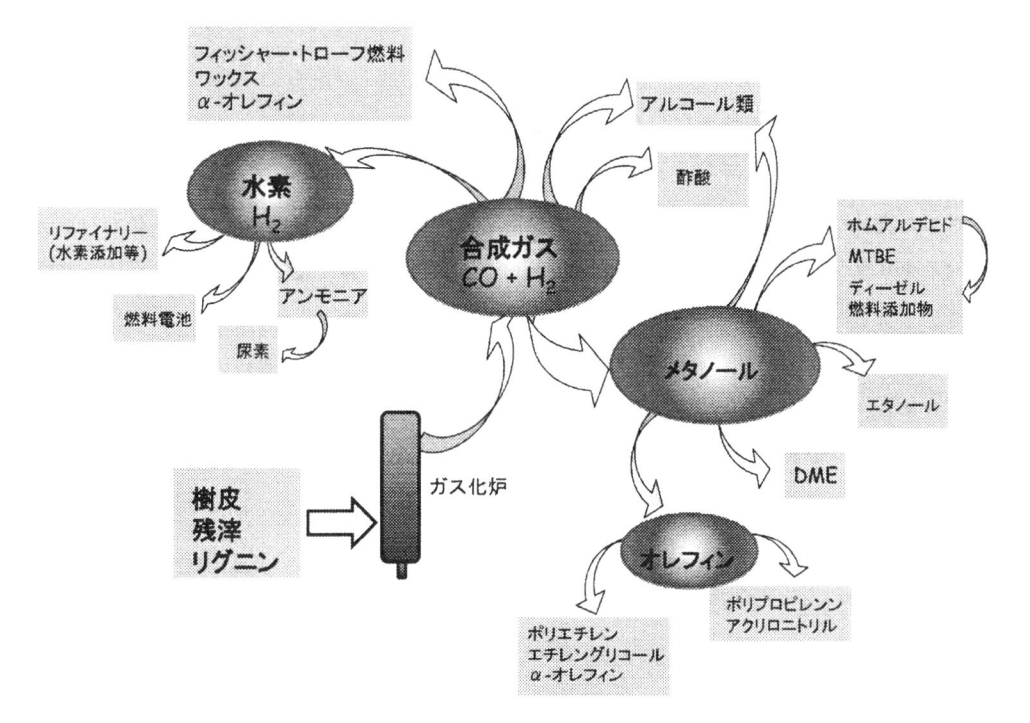

図5　ガス化による木質残渣やリグニンからの有用ケミカルスの生産[55]

レキュラービーム質量分析計は，広範な化合物をリアルタイムでモニターする装置であり，ガス化とガス精製の研究に威力を発揮している。

　生物変換と熱変換の統合バイオリファイナリーに関連して，ウィスコンシン大学のHuberらは，ニッケル，スズおよびアルミニウムからなる触媒を用いて，バイオマスを水素に変換する水相改質（APR：Aqueous phase reforming）と呼ばれるプロセスを開発した[45]。米国ベンチャーのVirent Energy Systems社は，DOEやカーギル社からの研究助成を受けて，バイオマス由来の多価アルコール，糖アルコール，単糖から，水相改質で水素やアルカンを生産するプロセスの実用化に取り組んでいる。このプロセスでは，水溶液に溶けた水酸基を多数もつ化合物からワンステップで水素やアルカンが生産される。生成したガスをガスエンジンにより発電するシステムも開発されている。APRは，バイオディーゼルの副産物であるグリセロールの変換法の一つとしても期待されている。

　DOEでは，2030年までに，2004年の米国ガソリン消費量の30％をバイオエタノールで賄う計画を立てている（30×30 シナリオ）。このバイオエタノールの一部は，バイオマスのガス化によって生産した合成ガスを触媒反応で混合アルコールにし，これからエタノールを精製して供給する。糖化発酵プロセスのエタノールも，熱変換によって生産したエタノールも販売価格で，

2012年までに1.07$/gallonまで下げる目標を立てている。

1.5 紙パルプ製造プロセスとリンクした森林バイオリファイナリー

米国では，Weyerhaeuser社，DOEを中心に，森林の育成や既存の紙パルプ製造プロセスとリンクした森林バイオリファイナリー構想を議論している。このプロセスでは，既存のパルプ工場にバイオリファイナリーのための化学工場ユニットを導入する。はじめに，パルプ化の前に容易に抽出できるヘミセルロースを抽出・分離し，これを発酵原料としてエタノールや化学品を生産する（図6）。既存のパルプ工程では，ヘミセルロースの一部は，蒸解過程でパルプから溶出し，一部はパルプに再吸着されるものの，残りは分解を伴いながら蒸解液に溶解したまま熱源として利用されているにすぎない。このため，溶出したヘミセルロースをボイラーで燃焼させるより，パルプ化の前に抽出して発酵原料とした方が，資源を有効利用できるというのがこの構想である。ジョージア工科大学のShinらは，木材からのヘミセルロースの抽出に *Neosartorya spinosa* NRRL185が産生するヘミセルラーゼを用いた酵素処理が有用であると発表している[46]。この酵素処理では，分解を伴いながら，25％以上のヘミセルロース（主としてグルコマンナン）が回収される。NRRL185株の酵素は，コーンファイバーからフェルラ酸を分離する処理にも有用である[47]。一方，黒液やパルプスラッジ，木材残滓，発酵残滓，などは，ガス化して合成ガスに変換する。合成ガスは触媒反応によりアルコール類などの有用ケミカルスに変換して利用する。また，

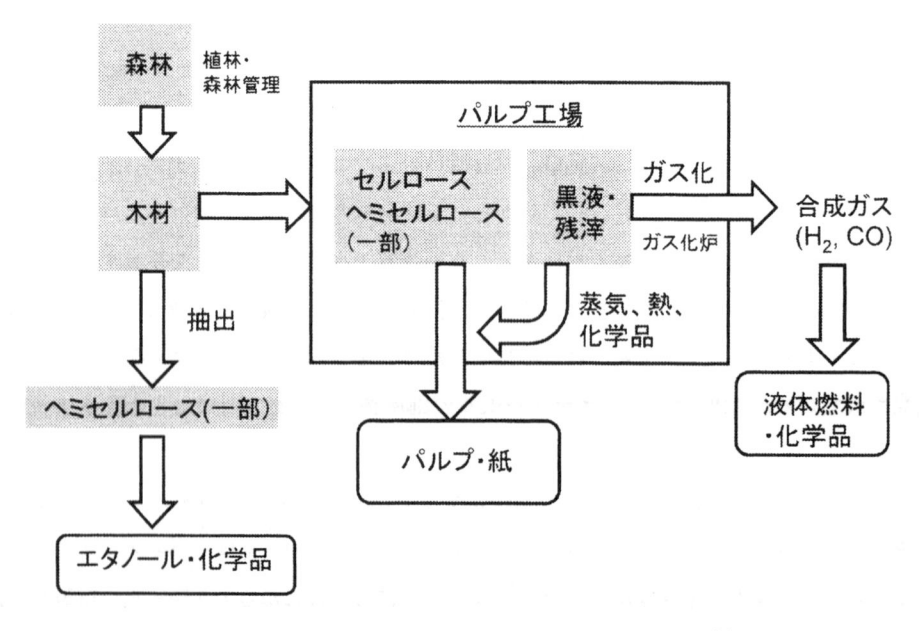

図6 パルプ生産とリンクした森林バイオリファイナリー[54]

第5章　発酵技術の最前線

生成した水素は分離して，燃料電池，水素燃料エンジン，化学反応の原料として利用する。米国のパルプ工場のボイラーは老朽化しており，これを最新鋭のガス化炉とボイラー設備に更新することによって，パルプ工場が，バイオリファイナリー工場となる。このように，バイオリファイナリーでは，パルプ製造とエタノール・化学品製造をリンクすることによって，森林バイオマスの付加価値を高め，プロセスの経済収支を向上させることを目標としている。バイオリファイナリーは，製紙会社に大きな変革をもたらすであろう。

1.6　セルロース系オリゴ糖の新展開

　セルロースはこれまで高分子体として様々な利用法が開発されてきたが，セロオリゴ糖の工業生産は小規模な試薬用途に限られてきた。セルロースは，最も蓄積量の多い天然高分子であることから，セロオリゴ糖はバイオリファイナリーの基本化学品として利用できる可能性を秘めている。筆者らは，日本化学機械製造㈱，松谷化学工業㈱，日本製紙ケミカル㈱とセルロース系オリゴ糖の機能開発とバイオリアクターによる生産に関する共同研究を実施し，セロビオースを90％以上含む"セロオリゴ90"のパイロット生産とヒトとラットに対する生理機能試験を行ってきた。これまでに，セロビオースは，ヒトやラットに対して難消化性オリゴ糖として機能し，腸内細菌による発酵では，大腸上皮細胞の新陳代謝の活性化作用のある酪酸の産生が促進されることを報告している[48,49]。日本製紙ケミカル㈱は，セロオリゴ糖の飼料用途に注目して，セロオリゴ糖を家畜飼料に給与した場合の生理作用に関する研究を実施した。畜産草地研究所，筑波大学，茨城大学などと共同で，離乳子豚に対してセロオリゴ糖を0.5％添加した市販人工乳を給与すると，飼料摂取量と体重が顕著に増加することを示した[50]。また，セロオリゴ糖を牛に給与すると乾物消化率，繊維消化率が改善されると報告している[51]。"セロオリゴ90"は溶解パルプからβ-グルコシダーゼ活性の低いセルラーゼの作用により生産される。日本製紙ケミカル㈱は，セロオリゴ糖の生産と生理作用に関するこれまでの共同研究の成果を発展させて2007年10月に同社江津工場内に年産80トンスケールのセロオリゴ糖生産プラントを建設する予定である[51]。セロビオースは，酸化，還元，アルカリ異性化，エステル化，糖転移などにより，様々な誘導体への変換が可能であり[48]，工業生産を契機として，バイオリファイナリーのプラットフォーム化合物としての用途開発が進むことを期待したい。江崎グリコ㈱は，微量のマルトテトラオースを含むセロビオース溶液に5種類の酵素（セロビオースホスホリラーゼ，グルカンホスホリラーゼ，ムタロターゼ，グルコースオキシダーゼ，ペルオキシダーゼ）をリン酸存在下に同時に作用させることにより，アミロースが生産されることを報告した[52,53]。アミロースの分子量は，マルトテトラオースの濃度を変化させることにより，42KDaから730KDaまで変化する。反応は，最初にセロビオースホスホリラーゼがセロビオースに作用してグルコース-1-リン酸を生じ，次にグ

ルコース-1-リン酸にグルカンホスホリラーゼが作用してアミロースが生産される。ムタロターゼは，アノマー位のα，βの変換，グルコースオキシダーゼは，切断の結果残るグルコースの酸化，ペルオキシダーゼは，グルコースオキシダーゼの反応によって生じる過酸化水素の消去作用をもち，これらの組み合わせにより反応効率が上昇する。この方法では，セロビオースの2つのグルコース残基のうちの一つは利用されないという問題点があるが，リグノセルロースから食糧源を作るコンセプトから注目を集めた。プレス発表では，セロビオース100gからアミロースが35gできるとしている[5,3)]。同社は，スクロースからアミロースを生産するプロセスも開発している。

文　　献

1) 渡辺隆司，木材学会誌，**53**，1 (2007)
2) 渡邊崇人ほか，生存圏研究，in press (2007)
3) Elbehri, A., http://www.farmfoundation.org/projects/documents/ElbehriCellulosic.pdf
4) Wang, M., http://www.oregon.gov/ENERGY/RENEW/Biomass/forum.shtml
5) Biofuels in the European Union -A vision for 2030 and beyond-, Biofuels Research Advisory Council, http://ec.europa.eu/research/energy/pdf/draft_vision_report_en.pdf
6) NEDO 海外レポート，No.984，1 (2006)
7) PISAP ミニレポート，2006-034，http://www.pecj.or.jp/japanese/division/division07/pdf/2006/2006-034.pdf
8) BIOCOUP web site, http://www.biocoup.eu/index.php?id=71
9) JCII News, No.76, 4 (2004)
10) Azuma, J., *et al.*, *J. Ferment. Technol.*, **62**, 377 (1984)
11) 越島哲夫ほか，木材研究・資料，**24**，1 (1988)
12) Nguyen, Q. A., *et al.*, *Appl. Biochem. Biotechnol.*, **77**, 133 (1999)
13) Clark, T. A., *et al.*, *J. Wood Chem., Technol.* **7**, 373 (1987)
14) Sudo, K., *et al.*, *Holzforshung*, **40**, 339 (1986)
15) 前川英一，木材学会誌，**38**，522 (1992)
16) 夜久富美子，機械的微粉砕，セルロース資源 ―高度利用のための技術開発とその基礎，学会出版センター，東京，79 (1991)
17) 渡辺隆司，木材研究・資料，**28**，11 (1992)
18) Amirta, R., *et al.*, *J. Biotechnol.*, **123**, 71 (2006)
19) Syafwina, *et al.*, *Proc. The Fifth Intern. Wood Sci. Symp.*, Kyoto, Japan, 2004, pp.313-316
20) Samsuri, M., *et al.*, *Proc. The Fifth Intern. Wood Sci. Symp.*, Kyoto, Japan, 2004, pp.317
21) Tanabe, T., *et al.*, *Proc. Intern. Symp. Wood Sci. Technol.*, Yokohama, Japan, 2005, 1,

第5章　発酵技術の最前線

pp.215

22) Itoh, H., *et al.*, *J. Biotechnol.*, **103**, 273 (2003)
23) 渡辺隆司，選択的白色腐朽菌による木質バイオマスの糖化・発酵前処理，「エコバイオエネルギーの最前線　ゼロエミッション型社会を目指して」，シーエムシー出版，東京，p.68 (2005)
24) Mes-Hartree, M., *et al.*, *Appl. Microbiol. Biotechnol.*, **26**, 120 (1987)
25) Sawada, T., *et al.*, *Biotechnol. Bioeng.*, **48**, 719 (1995)
26) Hiroi, T., *Mokuzai Gakkaishi*, **27**, 684 (1981)
27) Nishida, T., *Mokuzai Gakkasishi*, **35**, 649 (1989)
28) Hatakka A. I., *Eur J. Appl. Microbiol. Biotechnol.*, **18**, 350 (1983)
29) Keller, F. A., *et al.*, *Appl. Biochem. Biotechnol.*, **105**, 27 (2003)
30) Taniguchi, M., *et al.*, *J. Biosci. Bioeng.*, **100**, 637 (2005)
31) G-TeC レポート　第三世代バイオマス技術の日米欧研究開発比較，独立行政法人科学技術振興機構　研究開発戦略センター，東京，1 (2006)
32) 高木忍，第6回糸状菌分子生物学コンファレンス講演要旨集，23 (2006)
33) 栗冠和郎，セルラーゼ研究会報，**20**, 13 (2006)
34) Arai, T., *et al.*, *Proc. Natl. Acad. Sci. USA*, **104**, 1456 (2007)
35) Watanabe, S., *et al.*, *J. Biol. Chem.*, **281**, 2612 (2006)
36) "バイオリファイナリーの研究・技術動向調査" 報告書，㈶バイオインダストリー協会，東京，2005
37) http://www1.eere.energy.gov/biomass/pdfs/35523.pdf
38) S. Kleff, http://www.mbi.org/simpresnew.pdf
39) Lee, P. C., *et al.*, *Biotechnol. Lett.*, **25**, 111 (2003)
40) Guettler, M. V., *et al.*, U. S. Patent 5, 573, 931 (1996)
41) Inui, M., *et al.*, *J. Mol. Microbiol. Biotechnol.*, **7**, 182 (2004)
42) 乾将行ほか，バイオサイエンスとインダストリー，**63**, 89 (2005)
43) Holo, H., *et al.*, *Arch. Microbiol.*, **145**, 173 (1986)
44) Santos, J. C., *et al.*, *Biotechnol Prog.*, **21**, 1639 (2005)
45) Huber, G. W., *et al.*, *Science*, **300**, 2075 (2003)
46) Shin, H. -D., *et al.*, http://aiche.confex.com/aiche/2006/preliminaryprogram/abstract_61852.htm
47) Shin, H. -D., *et al.*, *Biotechnol. Bioeng.*, **95**, 1108 (2006)
48) 渡辺隆司，*Cellulose Commun.*, **5**, 91 (1998)
49) 里内美津子ほか，日本栄養・食糧学会誌，**49**, 143 (1996)
50) 大誠ほか，*Animal Sci. J.*, **75**, 225 (2004)
51) 機能性オリゴ糖セロビオース事業化，食品化学新聞，2007年6月7日
52) 大段光司ほか，2005年度農芸化学会大会講演要旨集，200 (2005)
53) http://www.ezaki-glico.com/release/20050317/index_2.html
54) Ashworth, J., http://www.greatplainsrcd.org/docs/Ashworth_OK_cellulosic_biomass_Jan_31_2006.pdf

55) Dayton, D. C., 1st International Biorefinery Workshop, Washington D. C., USA, July 20-21, 2005, http://www.biorefineryworkshop.com/presentations/Dayton.pdf

2 バイオエタノールの製造技術の現状

山田富明*

2.1 はじめに

　地球規模で多量に生産されるセルロース系バイオマスの有効利用に関する技術開発については，わが国でも1980年代の10年間は新燃料油技術開発研究組合[1]，や燃料用アルコール開発技術研究組合[2]等の国庫補助金制度を活用した開発が精力的に実施された。その後約10数年間の空白期間を経て，2000年代になって独立行政法人新エネルギー・産業技術総合開発機構（以下「NEDO技術開発機構」という）や農林水産省，環境省等の支援を得た国家開発プロジェクトが数多く実施されているが，未だ実用化一歩手前の段階である。一方，海外でのセルロース系バイオマスの有効利用に関する研究開発については，特に米国DOEをはじめ，各国でも継続的な支援体制が組まれた結果，実用化段階に近づいている例が多い。最新のトピックスとしては2007年2月末に米国エネルギー省（DOE）が表1に示した6件のバイオリファイナリー建設プロジェクトに合計385百万ドル（約460億円）の建設支援を行うことを公表したことである[3]。この中には米国のみならず，EU，カナダならびに日本で開発されたNEDOプロセスも含まれており，これによって，世界レベルでセルロース系バイオマスからのバイオエタノール生産技術の実用化開発が加速されるものと期待される。

　わが国でも2002年12月27日にバイオマス・ニッポン総合戦略が閣議決定されたのに続き，2006年3月31日には2030年を見据えた新たな総合戦略として，バイオマスからの輸送用燃料への本格導入，アジア各国のバイオマスエネルギー導入への関与と技術移転の積極的な推進などが閣議決定されている。さらに，2007年2月27日には，バイオマス・ニッポン総合戦略会議から，2030年度の国産バイオ燃料生産可能量として，表2に示すようにエタノール換算で現在のガソリン消費量6000万kLの10％に相当する約600万kLのバイオマス資源供給の見通しが農林水産省の試算結果として公表されている[4]。表2からも明らかなように，バイオエタノール製造用国産資源としては，稲わら，麦わら等の草本系植物や杉の間伐材に代表される木質系原料や資源作物が主体であり，これらはいずれも澱粉質や糖質などの可食植物ではなく，セルロース系バイオマスに多くの期待が寄せられていることが窺われる。また，エネルギーセキュリティーの観点からのバイオマスエネルギー利用を考えると，前述の国産バイオマスのみならず，多量で，且つ，安定的に利活用できる海外の未利用セルロース系バイオマス資源の利活用をも視野に入れたバイオエタノール量産技術の実証支援とその導入は極めて重要となろう。

　わが国でバイオエタノールを製造し，E3，E10またはETBEとしてガソリンに混合し自動車

---

　*　Tomiaki Yamada　㈳アルコール協会　研究開発部　部長

表1 米国DOEバイオリファイナリー建設プロジェクト採択案件

(2007.2.28)

	建設場所 補助金 建設期間	エタノール生産量（kL/年）	原材料量（トン/日）	技術タイプ	特記事項（共同研出資者他）
アベンゴア	カンサス州 76百万ドル 2008〜2011	44,175	700	Corn dry milling 施設併設／農業廃棄物主体の熱および生化学処理	Abengoa社は欧米における大手アルコール会社
アリコ	フロリダ州 33百万ドル 2008〜2010	53,865 発電 6,000kWh 水素，NH_3	770	木質系および農業廃棄物／熱化学処理によるガス化	Alico社 6年間のデモプラント実績
ブルーファイア	カリフォルニア州 40百万ドル 2008〜2010	73,625	700	建設廃材，紙等廃棄物／酵素を利用しない新技術（NEDO技術の工業化）	米Arkenol社，日揮，三菱商事（ペトロダイヤモンド）
ブロイン	南ダコタ州 80百万ドル 2007〜30ヶ月	484,375 （内セルロース系原料は25%）	842	Corn dry milling 施設併設による効率化	NREL，Du Pont デモプラント建設中
アイオジェン	アイダホ州 80百万ドル 2008〜2010	69,750	700	広範囲にわたる農業廃棄物利用	Shell, Goldmansax 小規模プラント稼働中
レンジフーエルズ	ジョージア州 76百万ドル 2007〜2011	155,000 他にメタノールを34,875	1,200	熱化学処理木質系原料／触媒利用	デモプラント稼働中／2007年に新デモプラント建設予定

出所）DOE HP Selects Six Cellulosic Ethanol Plants for Up to $385 Million in Federal Funding. 2007. 2. 28

表2 国産バイオ燃料生産可能量

(農林水産省試算)

原料	生産可能量（2030年度）エタノール換算	生産可能量（2030年度）原油換算
1 糖・澱粉質（安価な副産物，規格外農産物等）	5万kL	3万kL
2 草本系（稲わら，麦わら）	180万kL〜200万kL	110万kL〜120万kL
3 資源作物	200万kL〜220万kL	120万kL〜130万kL
4 木質系	200万kL〜220万kL	120万kL〜130万kL
5 バイオディーゼル燃料	10万kL〜20万kL	6万kL〜12万kL
合計	600万kL程度	360万kL程度

出典：バイオマス・ニッポン総合戦略推進会議，平成19年2月

第5章　発酵技術の最前線

燃料として利用するには，多種・多様なバイオマスの合理的な収集・運搬に関わる上流部分，プラント建設費が廉価でかつエネルギー的に高効率変換が要求される中流部分，さらに自動車燃料としてのインフラ整備や税制を含む法整備に関わる下流部分等，幾つかの解決すべき問題を抱えている。このうち，本稿ではバイオマスの原料事情の概説と，主として中流部分に当る国内外のセルロース系バイオマスからのバイオエタノール製造システムとコスト評価を中心に概説する。

2.2　わが国および海外のバイオマス原料事情

表3にはバイオエタノール製造用原料である木質系バイオマス構成成分の実測値を示した[5]。バイオマスの主要3大成分はセルロース，ヘミセルロースおよび加水分解反応の影響を受けないリグニンから成るが，針葉樹にはリグニン含量が，広葉樹や稲藁のような草本系原料にはヘミセルロース含量が相対的に多いのが特徴である。発酵法でバイオエタノールを製造する際の炭素源はグルコース，マンノース，ガラクトース等のC_6単糖であるが，ヘミセルロース由来のキシロースやアラビノース等のC_5単糖も発酵菌の育種研究の成果如何では有望な炭素源として期待されている。

わが国のセルロース系バイオマス原料事情については，2005年度にNEDO技術開発機構から公開された「バイオエネルギー高効率転換技術開発成果報告書」[5]によれば，バイオエタノール原料として期待されるわが国の木質系バイオマスの年間利用可能量は，乾物換算の未利用森林系間伐材で約760万トン，製材過程で発生するバークが約70万トン，さらに建築発生木材が約300万トンで，合計1,130万トンと推算されている。この値は後述するエタノール製造原単位を約3.5から4.0トン—バイオマス/kL-エタノールで換算すると，282～323万kL/年のバイオエタノールの生産量に相当する量である。現在，わが国の年間のガソリン消費量が約6,000万kLであるので，これを全量E3ガソリンまたは約7％ETBE（3wt％相当のエタノールと当モルのイソブチレンで合成）混合ガソリンにするためのバイオエタノール所要量は約180万kLになり，国産の未利用木質系バイオマスをバイオエタノール製造原料に充当できれば，十分なバイオマス賦存量であると推算される。しかしながら，原料コストの面から考察すると，森林系間伐材で

表3　バイオマスの構成成分表（乾物基準，実測値）

構成成分	杉粗細	杉チップ	杉バーク	廃木材	コジイ	稲藁
アルコール・ベンゼン可溶分	0.57	4.22	0.81	2.80	2.36	4.68
α-セルロース	42.41	43.21	41.52	41.89	43.36	37.50
β-セルロース	0.00	0.00	0.05	0.14	0.06	0.39
ヘミセルロース＆γ-セルロース	25.37	27.22	23.49	21.78	29.24	33.70
酸不溶性リグニン	31.61	25.31	34.08	33.22	23.90	23.70
酸可溶性リグニン	0.04	0.05	0.06	0.17	0.37	0.02

は伐採，集材，運搬等の諸費用の合計のコストが約 15,000～20,000 円/トン—バイオマス（乾物基準）[5]程度となり，現状では原料コストがバイオエタノール製造コストを大幅に押し上げる原因になっている。

また，前述のバイオマス総合戦略会議資料によるバイオマス賦存量および利用率（2006 年）の調査結果でも[4]，図 1 に示すように，廃棄物系バイオマスとしては，食品廃棄物の未利用率 80％に次いで廃棄紙の 30％，建築発生木材の 30％の順で，セルロース系廃棄物が圧倒的に多くなっている。さらに未利用バイオマスに関しても，農産物非食品部や林地残材などのセルロース系バイオマスの未利用率が高くなっている。

以上の最近のわが国の原料事情ならびに表 2 に示した 2030 年を見据えたバイオエタノール生産目標値 600 万 kL を達成するためには，木質系バイオマスのみならず，稲わら等の草本系植物や資源作物に期待する部分が多く，これらの主成分がいずれもセルロース，ヘミセルロースを主体としたバイオマスであることを併せ考えると，セルロース系バイオマスからのエタノール変換技術の早期の確立が期待されている所以でもある。

他方，海外の未利用バイオマス原料，特に近い将来わが国へのバイオエタノールの導入も期待されるアジア地域，とりわけ ASEAN 諸国での未利用バイオマス資源の賦存量に関しては，NEDO の調査研究の一環として，2006 年夏に現地調査が実施され，その結果が本年 1 月に開催された「アジア諸国におけるバイオマスエネルギーに関する調査」で公表されている[6]。それによると，例えば，ASEAN 地域だけでも，表 4 に示した如く 2030 年を想定した農産物系廃棄物

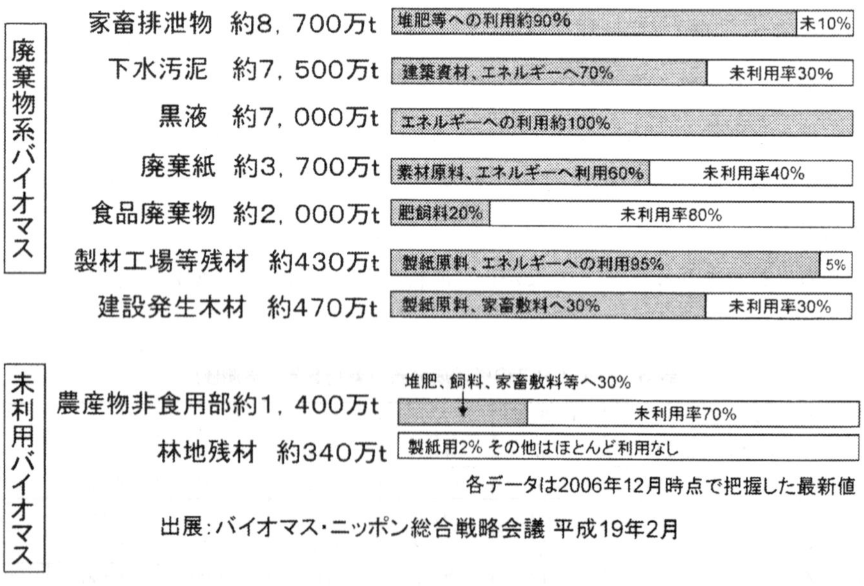

廃棄物系バイオマス
- 家畜排泄物 約 8,700 万 t ── 堆肥等への利用約 90％ ／ 未 10％
- 下水汚泥 約 7,500 万 t ── 建築資材，エネルギーへ 70％ ／ 未利用率 30％
- 黒液 約 7,000 万 t ── エネルギーへの利用約 100％
- 廃棄紙 約 3,700 万 t ── 素材原料，エネルギーへ利用 60％ ／ 未利用率 40％
- 食品廃棄物 約 2,000 万 t ── 肥飼料 20％ ／ 未利用率 80％
- 製材工場等残材 約 430 万 t ── 製材原料，エネルギーへの利用 95％ ／ 5％
- 建設発生木材 約 470 万 t ── 製紙原料，家畜敷料へ 30％ ／ 未利用率 30％

未利用バイオマス
- 農産物非食用部 約 1,400 万 t ── 堆肥，飼料，家畜敷料等へ 30％ ／ 未利用率 70％
- 林地残材 約 340 万 t ── 製紙用 2％ その他はほとんど利用なし

各データは 2006 年 12 月時点で把握した最新値
出展：バイオマス・ニッポン総合戦略会議 平成 19 年 2 月

図 1 わが国のバイオマス賦存量・利用率（2006 年）

第5章　発酵技術の最前線

表4　農産廃棄物のポテンシャル（2030年）[6]

(単位：エタノール換算千kL)

農産物の種類 対象部位	サトウキビ バガス・フィルターケーキ	キャッサバ 粗繊維・茎・葉	とうもろこし 茎・葉・穂軸・殻・粗繊維	米 稲わら	オイルパーム 果実殻・空果房	ココナッツ 果実殻・繊維	合計
タイ	4,261	342	2,241	5,595	1,158	372	13,969
マレーシア	104	6	46	356	15,414	230	16,156
インドネシア	8,257	715	15,947	7,894	25,324	5,178	63,315
フィリピン	2,451	57	6,128	2,558	33	10,390	21,617
ベトナム	1,266	118	4,296	5,184	0	274	11,138
ミャンマー	1,335	6	1,563	2,924	0	264	6,092
カンボジア	15	12	440	995	0	32	1,494
ラオス	69	4	360	617	0	0	1,050
合計	17,758	1,260	31,021	26,123	41,929	16,740	134,831

　　　枠は廃棄物発生量がエタノール換算において有望なもの。

のポテンシャルでは，エタノール換算の総計で13,000～14,000万kLの膨大な未利用資源が期待されている。その中でも主要な廃棄物としては，サトウキビからのバガスやフィルターケーキ，トウモロコシの茎，葉，穂軸，粗繊維，稲わら，オイルパームの果実殻，空果房，古木あるいはココナツの果実殻，繊維などが有望視されている。とりわけ，マレーシアやインドネシアの主力生産物であるパームオイル（CPO）生産の過程で併産する空果房（図2）やCPOの収穫最盛期が過ぎた古木のみでも，エタノール換算量でマレーシアで約1,500万kL，インドネシアで2,500万kLに相当する量の資源排出が見込まれており，現状ではこれらはほとんど活用されていないことを併せ考えると，日本国内のみでなく，海外でもセルロース系の未活用資源からの早期のエタノール変換技術の確立が望まれる事情は変わらない。

2.3　セルロース系バイオマスからのバイオエタノール製造技術

　2006年現在でサトウキビを原料とするブラジルならびにトウモロコシを原料とする米国のエタノール生産量は，それぞれ1,600万kL以上の実績を示し，世界の双璧であるが，これらの実績が示すように，糖質原料，澱粉質原料からのエタノール生産技術としては既に確立されており，今後とも技術的には若干の改良は行われるであろうが，大きな変革は期待できない。一方，セルロース系バイオマス原料からのバイオエタノール生産は前述のように，現状では開発途上で，次世代技術として大いに期待されているものである。

　図3および図4には現在国内外で開発途上のセルロース系バイオマスからのエタノール製造技術の開発状況を技術構成別に分類して示した。欧米とわが国で開発中の技術の特徴的な違いは，前者はバイオマスの前処理技術として，180～190℃前後の温度域で希硫酸やSO$_2$などを化学処

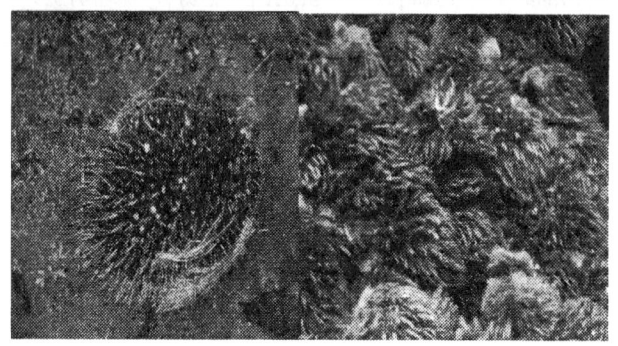

図2 パーム椰子の木：CPO（左下）と空果房（右下）

理剤として用いて，ヘミセルロース可溶化，加水分解すると共に，セルロースを非晶質化・膨潤処理した後，酵素剤（セルラーゼ）で加水分解する技術が主流であるのに対し，後者では250℃以上の高温希硫酸や100℃以下，20〜30wt％の硫酸で直接加水分解することである。これら各方式に対する優劣の評価は極めて興味深い点であるが，ここでは筆者が2005年および2006年秋に，カナダ，米国，スウェーデン，デンマーク等の欧米諸国を訪問調査した結果を含めて，比較的プロセス構成や反応成績が詳細に公表されている米国NREL，カナダIogenおよびわが国で開発されたNEDOプロセスの3つの技術を中心に概説する[7]。

2.3.1 希硫酸前処理・酵素加水分解法

(1) NRELプロセス[8]

米国のNational Renewable Energy Laboratory（DOE傘下の国立再生可能エネルギー研究所）で開発されたプロセスで，微粉砕したCorn Stover（トウモロコシの茎）や稲わら，バガスあるいはその他の各種セルロース系バイオマスを1wt％以下の希硫酸液で180〜190℃で処理することで，グルコマンナン，キシラン，アラビナンなどから成るヘミセルロースをそれぞれの単

第5章　発酵技術の最前線

```
Cellulosic biomass → Pretreatment → Fermentation → Distillation Dehydration → Ethanol
                          ↓              ↑
                    Cellulase Production → Saccharification Fermentation
```

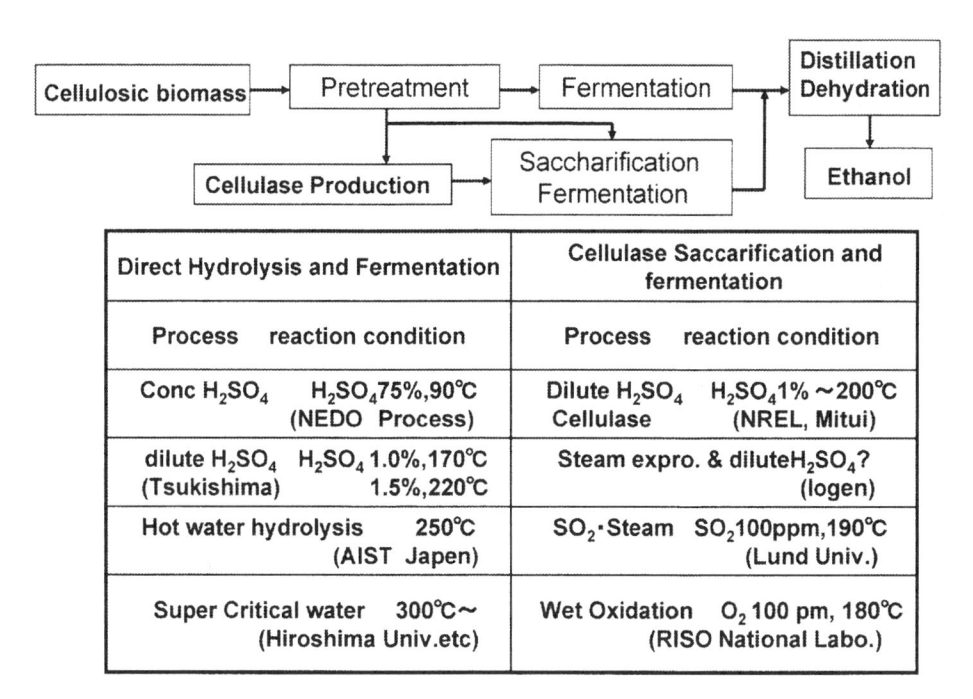

Direct Hydrolysis and Fermentation		Cellulase Saccarification and fermentation	
Process	reaction condition	Process	reaction condition
Conc H_2SO_4 (NEDO Process)	H_2SO_4 75%, 90℃	Dilute H_2SO_4 Cellulase (NREL, Mitui)	H_2SO_4 1% ～200℃
dilute H_2SO_4 (Tsukishima)	H_2SO_4 1.0%, 170℃ 1.5%, 220℃	Steam expro. & diluteH_2SO_4? (Iogen)	
Hot water hydrolysis (AIST Japen)	250℃	SO_2·Steam (Lund Univ.)	SO_2 100ppm, 190℃
Super Critical water (Hiroshima Univ.etc)	300℃～	Wet Oxidation (RISO National Labo.)	O_2 100 pm, 180℃

図3　最近の国内外の代表的なバイオマス酸糖化研究例

(1) NRELプロセス（米国）

```
Corn Stover → 微粉砕・調整 → 希硫酸前処理 → 中和・調整 → 糖化・発酵 → 蒸留・脱水
                                    ↑希硫酸           ↑セルラーゼ生産
                                                                    → リグニン　エタノール
```

(2) Iogen プロセス（カナダ）

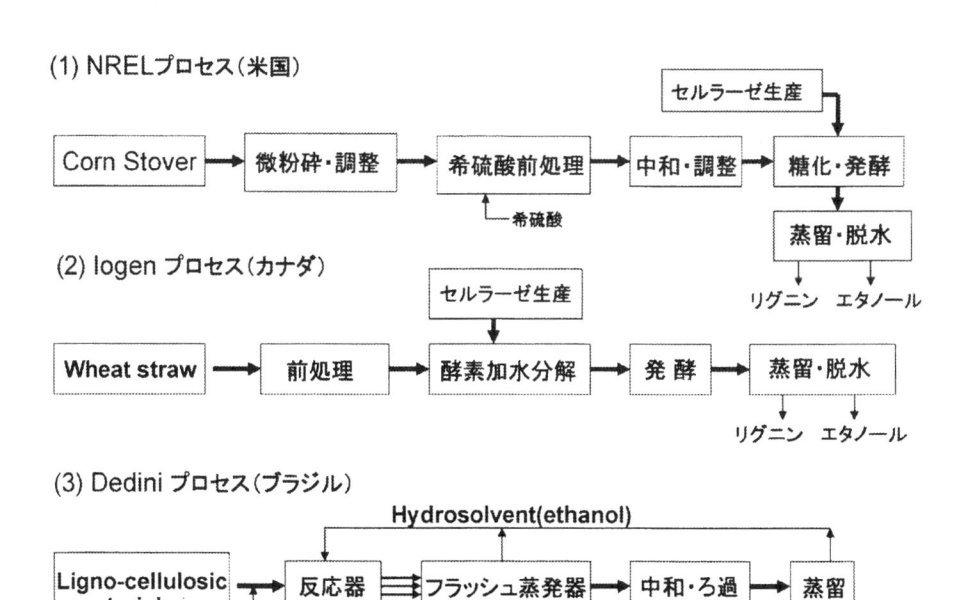

```
Wheat straw → 前処理 → 酵素加水分解 → 発酵 → 蒸留・脱水
                            ↑セルラーゼ生産
                                                    → リグニン　エタノール
```

(3) Dedini プロセス（ブラジル）

```
                    Hydrosolvent(ethanol)
Ligno-cellulosic materials → 反応器 → フラッシュ蒸発器 → 中和・ろ過 → 蒸留
                              ↑希硫酸
        エタノール ← 蒸留・脱水 ← 発酵 ← 沈降分離 → リグニン
```

図4　海外の主要バイオマス変換プロセスの例

糖に加水分解すると共にセルロースの膨潤処理を行う。この段階ではリグニンとセルロースは固体の状態で共存するため，固液分離操作で液相に溶解しているヘミセルロース由来の単糖と分離した後に，別途に生産されたセルラーゼを添加して，加水分解すると共に遺伝子組み換え Z. mobilis 菌[9]で，糖化と発酵を同時に行う並行複発酵方式（Simultinious Saccarification and Fermentation）でエタノールに変換する方式が基本的なコンセプトである。並行複発酵終了後のもろみ液は残存リグニン等の固形分共存化でエタノールを蒸留—脱水（モレキュラーシーブ方式）し，無水エタノールを製造するプロセスである。

　本法を実用化するための最大の課題は安価で高活性なセルラーゼを製造するシステムを確立することにあったが，2001年7月から約3年間にわたり DOE が Genencor 社および Novozymes 社にそれぞれ10数億円（総計33億円）の開発資金を提供し，集中的な R&D が実施された結果，両社共にセルラーゼ生産性を2000年12月比で10〜20倍に向上させることに成功し[5]，これによって，セルラーゼ製造コストの大幅なコストダウンが見込まれ，DOE の当初目標である2010年の実用化がより現実的になったと期待されている。図5には最近 DOE から報告された，バイオエタノール製造コストの年次目標を示したが[10]，本法の実用化の鍵は如何にして高活性で生産性の高い安価なセルラーゼを生産するかに期待がかけられているかが理解できよう。

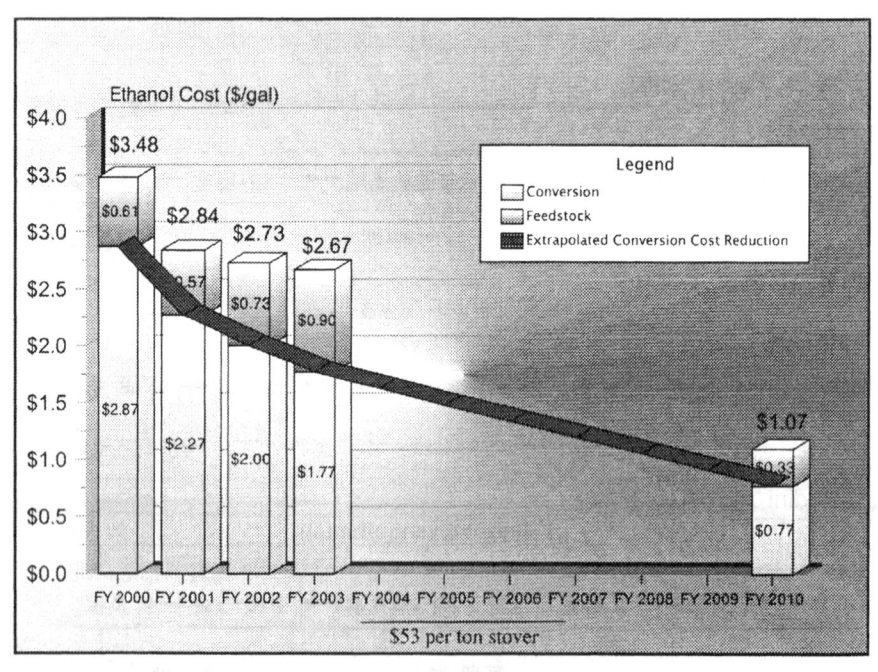

図5　米国のバイオエタノール製造 Cost down シナリオ（DOE）

第5章　発酵技術の最前線

(2) Iogen プロセス[7]

カナダ Iogen 社の開発した麦わらを原料としたバイオエタノールプロセスが早期工業化および実用化の観点では世界で一歩先んじている。

原料バイオマスはカナダで多量に生産される大麦ストロー，小麦ストロー，稲わら，牧草等の草本系バイオマスであるが，特に小麦ストローは最も容易に入手でき，コストも40ドル/トン程度と比較的安価であるとのことである。Iogen プロセスの特徴は原料の前処理に工夫が凝らされていることであるが[11]，どのような方法を採用しているかについての詳細は明らかにされていない。しかし，この処理は従来の1/100程の Cellulase 量でも，セルロースが容易に加水分解されることが特徴であり，これは，Cellulase の活性発現に前処理が如何に重要であるかを示唆するものとして注目される。また，本法では加水分解反応とエタノール発酵を別々の工程で行うことで，加水分解反応50～60℃，エタノール発酵は30～35℃と，それぞれの最適反応条件を選定しているが，これは，同社で採用している Cellulase が，生産物であるグルコースによる代謝産物阻害を受けにくい酵素剤であることを意味するものであり，前記 ERNL 法とは異なる方式の採用を可能としている。C_5，C_6 混合糖のエタノール発酵菌株は変異処理した *Saccharomyces cereviciae* に遺伝子操作で C_5 発酵能を付与した実用株と言われている。同社は既に2004年にデモンストレーションプラントでバイオエタノールを製造し，石油精製会社である Potro Canada に提供する傍ら，カナダ，米国およびドイツ向けに実プラントを設計中であることが紹介されている。

2.3.2　酸加水分解法

(1) セルロース系バイオマスの酸分解の歴史

木材からのエタノール製造を目的とした酸分解の技術開発の歴史は古く，1900年初頭にさかのぼるが，技術項目別には表5に示した4項目に大別される[12]。

① 希硫酸法[13]

セルロースは高温希硫酸溶液中ではヘミセルロース→各種単糖類→分解生成物，セルロース→グルコース→分解生成物の逐次反応であり，生成した糖類は時間とともに分解する。この対策としてドイツの SCHOLLER 社は希硫酸溶液中でヘミセルロースの加水分解で得られた糖類を直ちに反応系から取り出し，さらに残ったセルロースに次の酸を加えて加水分解する方法を繰り返すことで，反応率の低下を防ぐ方法を提案した。この方法は世界中で20以上の工場が建設され，最大規模で100トン/日の処理能力を持ち，18年間の商業化が継続された。しかし，同法は回分法であったため，連続化を主眼にした技術が米国で Saeman らによって開発された MADISON 法である。この方法は高温に保持された第1段のパーコレーターに希硫酸を連続的に流すことで，加水分解時間を短縮したものである。この方式を基本的に継承したのが改良 MADISON 法

表5 各種加水分解法[12]

＊注 （ ）は後加水分解の操作条件

	プロセス名称	前処理操作条件		加水分解操作条件＊	
		酸濃度％	反応温度℃	酸濃度％	反応温度℃
希硫酸法	ショーラー法	0.7～1.0	130～145	0.7～1.0	160～190
	マジソン法	0.5～0.6	130～135	0.5～0.6	50～190
	改良マジソン法	0.5	135	0.5	190
	ソ連法	—	—	—	—
濃硫酸法	ピオリア法	5	100	85（5～40）	43（87～130）
	ショルターニ・レオネ法	0.5～1	150	83（20）	40（110）
	北海道法	1.5	180～185	80（30）	20～25（120）
濃塩酸法	ベルギウス・ライナウ法	1.0	130	41	20～25
	新ライナウ法	30～35	20	41（3～5）	25（100）
塩酸ガス法	ブロードル法	—	—	—	—
	ダルプオーフェン法	—	—	—	—
	エラン法	20～30	20	41	—
	野口研究所法	3.5	100～130	38	—

出典1）：野口研究所木材化学研究所編，木材化学工業，誠文堂新光社（1961）

と呼ばれるTVA法である。TVA法はバイオマス，硫酸共に連続処理を行う加水分解法であり，最近では米国BCI社がこの技術をベースにバガスを原料とした4トン/日のパイロットプラントを2年間運転し，原料受け入れから発酵までの一貫した技術を実証している。

② **濃硫酸法**[13]

濃硫酸加水分解を最初に提案したのはピオリア法と呼ばれる方法であり，これは前加水分解，主加水分解，後加水分解の3段階のプロセスでバイオマスを分解する方法である。

前加水分解はヘミセルロース由来の5単糖を含む各種糖類の分離を目的として行われる点では希硫酸法の第1段のパーコレーターと同様である。主加水分解ではセルロースが解重合しグルコース重合体を生じるが，この段階では単糖（グルコース）までには分解されない。後加水分解では主加水分解で得られた可溶性グルコースポリマーを加水分解するが，硫酸濃度は酸の回収エネルギーを考慮して，20～30％程度で行われている。

その後，後加水分解を簡素化したものとしてジョルダニ・レオ法やわが国で工業化を試行した北海道法等が有名である。特に北海道法ではグルコースや各種誘導品の製造を目的に乾物処理能力100トン/日の工場建設まで行ったが1年間の運転で閉鎖されている。最近では米国Arkenol社が濃硫酸加水分解法のプロセス開発を完了している。

③ **その他の方法**

塩酸分解は基本的には硫酸と同等の効果が期待されるが，装置材料の腐食問題から次第に検討されなくなっている。一方，アルカリ法はリグニンの分解，可溶化の観点から，古くからパルプ

第 5 章　発酵技術の最前線

工業で実施されている方法である。

(2) 最近のセルロース系バイオマスからのエタノール製造システム

① 希硫酸 2 段加水分解法

紙やセルロース系バイオマスの希硫酸による加水分解は前述のショラー法やマジソン法の流れをくむ米国 BC International 社からの導入技術を用いた月島機械㈱の開発プロセスが代表例として挙げられる[14,15]。

同法のプロセス基本フローを図 6 に示したが，第一次加水分解では建築廃材等のセルロース系バイオマスを，数 mm 以下に粗粉砕し，0.5～1.0wt％の希硫酸に浸漬したスラリー液を 150～180℃，約 10kg/cm^2 に加圧された加水分解反応器に連続的に圧入し，平均滞留時間（反応時間）数分をかけて処理することで，バイオマス構成成分中のヘミセルロースを加水分解し，ヘミセルロース中のグルコマンナン，キシランなどをグルコース，マンノース，キシロース等の C_5，C_6 単糖に変換するものである。

固液分離後の残渣には第一次加水分解条件では反応しないセルロース成分ならびにリグニンが含まれるが，これらには引き続き硫酸濃度 0.5～1.0wt％の希硫酸水溶液が添加された後に反応温度 230～250℃，圧力 30～50kg/cm^2 に保持された第 2 次加水分解反応器に挿入され，ここで，セルロースは加水分解反応でグルコースに変換される。

希硫酸 2 段加水分解法の特徴は，比較的低温で加水分解するヘミセルロース分を第一段反応器で処理し，生成するグルコース，キシロース，マンノースなどの単糖を水溶液中に分離することで，250℃前後の過酷な反応条件を必要とする第 2 段反応器で，これら単糖類の二次反応による

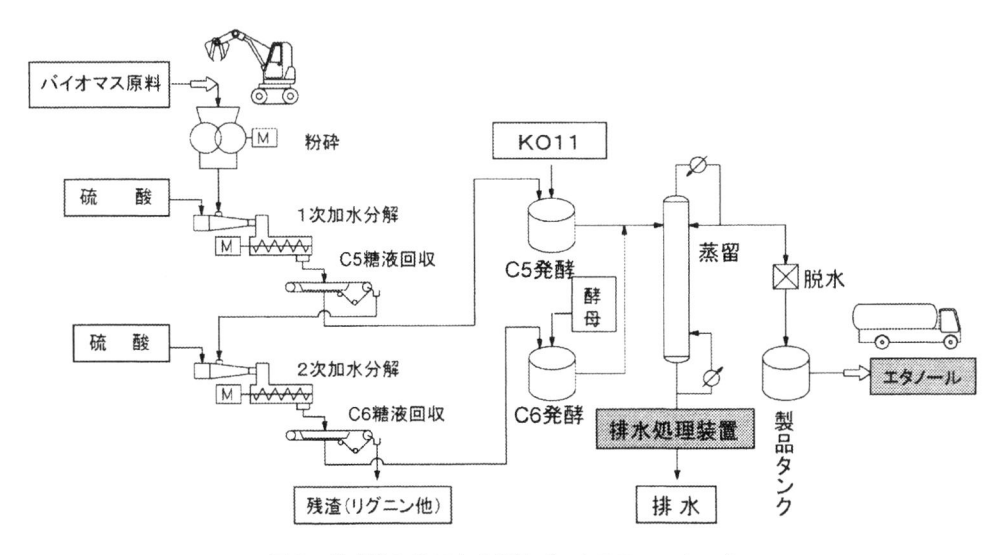

図 6　希硫酸 2 段加水分解法プロセスフローシート

メチルヒドロフラン（MHF）やフルフラールあるいは酢酸，蟻酸などの有機酸やアルデヒドへの変換を抑制しており，この方式でヘミセルロースの単糖への変換収率は90%以上を達成することができる。

しかしながら，結晶性セルロースの非晶質化ならびに加水分解反応は，第一次反応条件と比較して，希硫酸条件下ではさらに高温を必要とするため，この反応温度条件では共存するリグニン成分の一部が分解するのみならず，セルロース→グルコース→過分解生成物の反応を制御できない。目的とするグルコースを高収率で得ることは原理的に無理があることから最適反応条件を選定し得たとしても，対セルロース理論収率で，50～60%程度を得るのが限界であると言われている。

さらに，同反応条件下では前述のようにリグニン構成成分の部分分解によるフェノールやクレゾール等芳香族系化合物の生成や，原料バイオマス種，例えば，建築廃材などでは，合板中の接着剤や塗料分解成分に起因する発酵阻害物質が確認されており[16,17]，エタノール発酵用の酸糖化液生成プロセスとしては課題が多い方式と言わざるを得ない。

② **濃硫酸加水分解法（NEDOプロセス）**[4,7,18]

わが国では平成13年度を初年度とする5カ年計画で「バイオマスエネルギー高効率転換技術開発」の一環として"セルロース系バイオマスを原料とする新規なエタノール発酵技術等により燃料用エタノールを製造する技術の開発"プロジェクトが発足し，2006年3月に所期の開発目標を達成して終了した。NEDOプロセスの特徴の一つはセルロース，ヘミセルロースを選択的にグルコースその他のC_6，C_5単糖類に変換する低温濃硫酸加水分解法を前処理技術として採用していることと，セルロースおよびグルコースの低重合体であるセロオリゴ糖を含むC_5，C_6混合糖を高収率でエタノールに転化するために，遺伝子操作によって育種された酵母あるいはバクテリア（*Zymomonas mobilis*）を採用していることである。

以下に濃硫酸加水分解法の詳細について解説する。

1) 濃硫酸加水分解の最適条件の選定

図7はセルロースに注目した結晶セルロースの非晶質化・可溶化の現象を可視的に示したものである。同図より，反応温度が常温の場合には，結晶セルロースは硫酸濃度70wt%以下ではほとんど可溶化せず，白濁のままであることが確認されている。即ち常温の条件では硫酸濃度70wt%以下ではセルロースは加水分解反応を受けないことを示唆している。しかしながら，硫酸濃度73～74wt%ではセルロースは完全に可溶化し，加水分解反応が進行していることは確認される。

一方，硫酸濃75wt%以上の濃度領域，特に80wt%以上では反応液が黒色になり，明らかに生成グルコースの二次分解反応や重合反応や炭化反応が起こっていることが示唆されている。すな

第5章 発酵技術の最前線

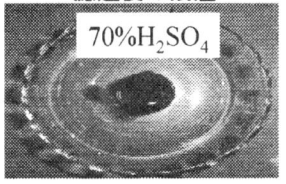

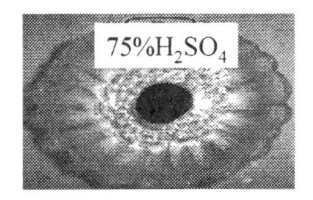

図7 濃硫酸によるセルロースの溶解

わち，濃硫酸加水分解反応は硫酸濃度に対しては極めて狭い領域に最適条件がある．この結果より，セルロース系バイオマスの加水分解はまず，常温～50℃以下，硫酸濃度70～75wt％の条件で可溶化・非晶質化を行い，その後硫酸の回収，再利用を前提とした適当な硫酸濃度で非晶質セルロースの加水分解を行うことが最適な操作条件となる．

2) 濃硫酸法連続加水分解

NEDOで開発された連続加水分解プロセスでは図9に示すように，原料バイオマスを5～10mm程度に粗粉砕した後，水分濃度15wt％前後に調湿し，連続硫酸噴霧装置にて，バイオマスに75％の濃硫酸を均等に噴霧し，その後連続混練機で約2分間程度の滞留時間で混練する．この過程で，バイオマス中のセルロースは非晶質化する．その後，スラリー中の硫酸濃度が20～30％になるように加水分解水を添加し，連続加水分解反応器で約10～15分で加水分解反応は完結し，スラリー貯槽に貯蔵された後，固液分離機で糖・酸混合液と固形分（大部分はリグニン分）に分離される．

3) バイオマス糖化液からの発酵液の分離と硫酸回収

バイオマス糖化液は通常約15％の単糖類と20～30％の硫酸水溶液であるが，この糖・酸分離に陰イオン交換樹脂を充填した，クロマト分離方式を採用しているのが，NEDOプロセスの特

各カラム内の濃度Profile

・カラム本数：8本
・樹脂容量　：33L
・使用樹脂　：陰イオン交換樹脂
・処理能力　：200L/day
・糖回収率　：99％
・酸回収率　：97％

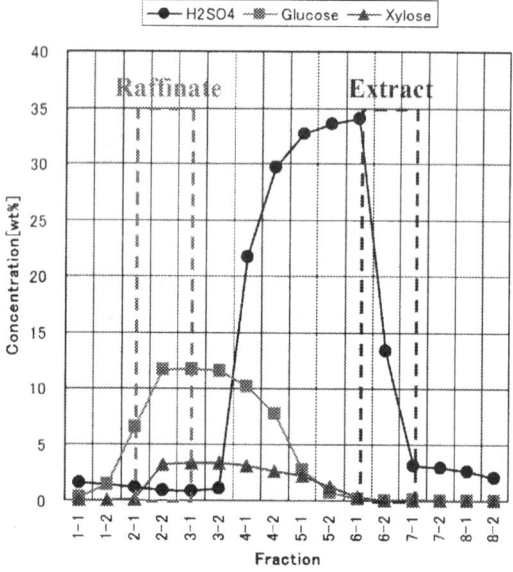

図8　バイオマス糖化液中の糖・酸分離

徴である。この方法は陰イオン樹脂と糖および硫酸の親和性の差を利用して，糖と硫酸を連続的に分離するもので，図8にその概要を示したが，通常8本のカラムに糖酸混合液，溶離水を所定の間隔で導入し，糖液（Raffinate）と硫酸（Extract）を連続的に抜き出す，いわゆる擬似移動層方式である。また，同プロセスでは省エネルギー的に硫酸の回収・濃縮再利用するかが必須の要件になっており，現在は多重効用缶方式で省エネルギー化を図っている。

4）バイオマス糖化液の発酵

図9には本プロセスの基本構成を示したが，NEDOプロセスの特徴の一つはセルロース，ヘミセルロースを選択的にグルコースその他のC_6，C_5単糖類に変換する濃硫酸加水分解法を前処理技術として採用していることと，セルロースおよびグルコースの低重合体であるセロオリゴ糖を含むC_5，C_6混合糖を高収率でエタノールに転化するために，遺伝子操作によって育種された酵母あるいはバクテリアを採用している。バイオマス糖化液のエタノール発酵については，35℃以上の高温耐性，pH4以下の酸耐性を有する凝集性酵母を親株として，細胞表層に遺伝子操作で各種セルラーゼ機能を，さらにキシロース等のC_5糖類を発酵する機能を持った実用酵母あるいはグルコース以外のマンノース等の6単糖やキシロース等C_5単糖の発酵能を付与した遺伝子組み換え *Zymomonas mobilis* の開発に目処を得た。

第5章　発酵技術の最前線

　図10にはNEDOプロジェクトで開発された，セロオリゴ糖ならびにキシロースのエタノール変換のために酵母を親株として実施した遺伝子操作の模式図を，また図11にはその成果の代表例を示した。これより，通常の酵母ではC_6糖のみしかエタノールに変換できないのに対し，細

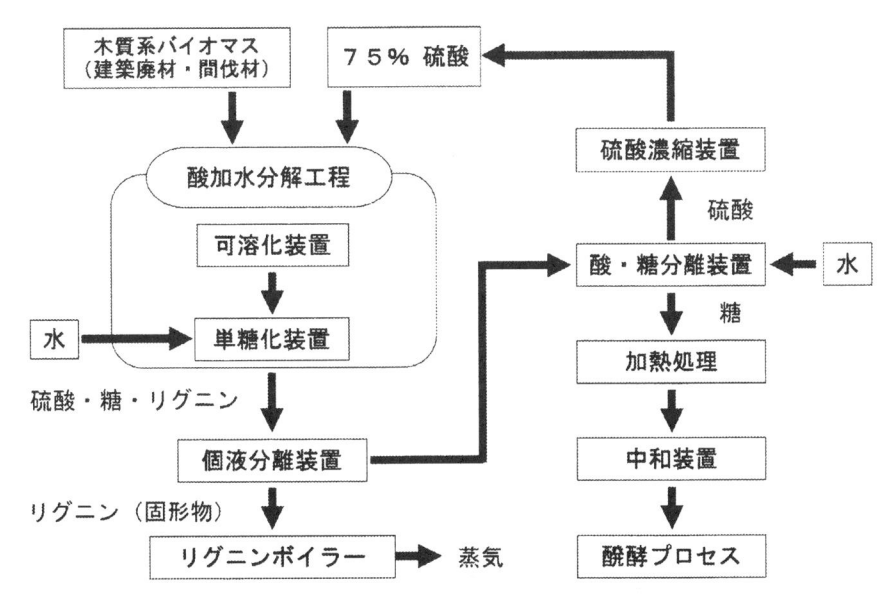

図9　濃硫酸加水分解法エタノール製造プロセスブロックフロー

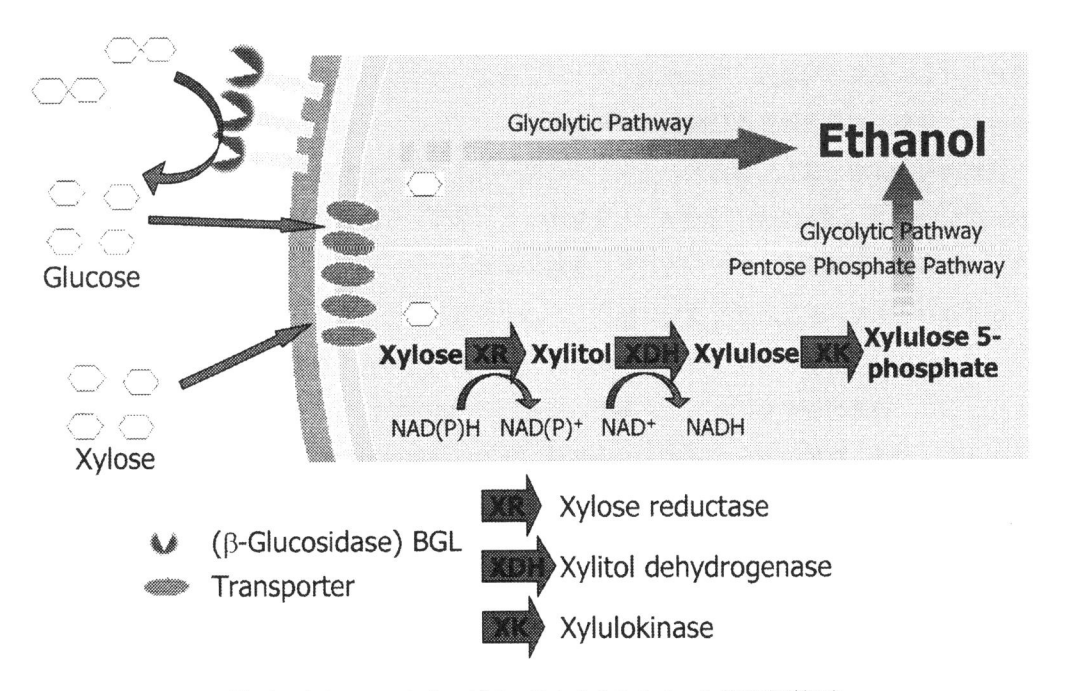

図10　キシロースとセロビオースからのエタノール発酵代謝経路

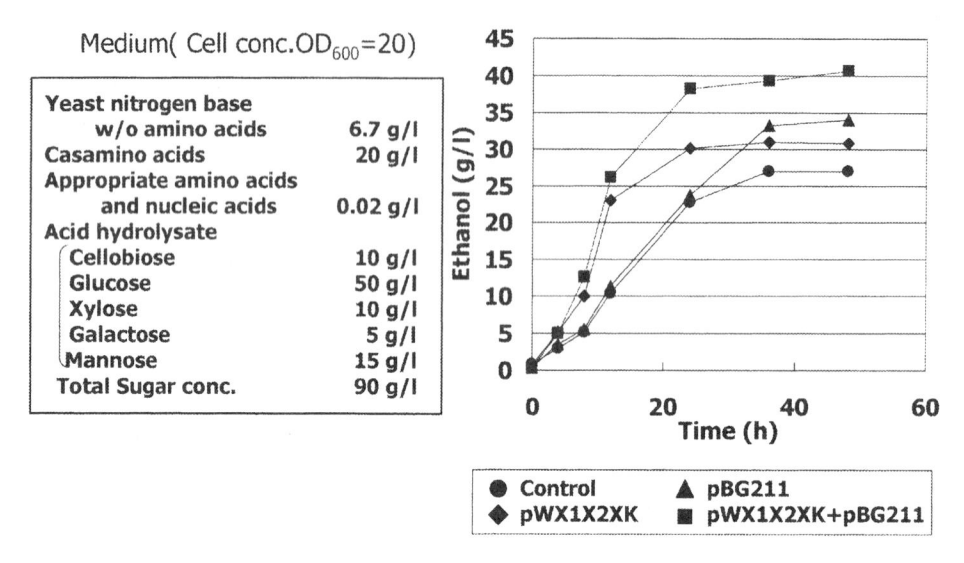

図11 酸糖化液のエタノール発酵特性

胞表層にセルラーゼを提示させた酵母，さらに細胞内にキシロース変換遺伝子を挿入した酵母では，セロオリゴ糖ならびにC_5糖の代表であるキシロースのほぼ理論量に相当するエタノールが生産されていることが確認された。

③ 希硫酸糖化法と濃硫酸糖化法の比較

バイオエタノール生産用のバイオマス前処理・糖化の方法として，現在国外で精力的に開発が進められている酸分解法は，既に概説したように酵素（セルラーゼ）加水分解のための前々処理を含む希硫酸加水分解法と濃硫酸法に大別される。

技術内容の詳細に関しては両者の公表内容に差があり必ずしも明確には比較できないが，プロセス構成は図12（濃硫酸法）と図6（希硫酸法）とに示すように濃硫酸法が糖・酸分離工程ならびに硫酸の回収工程が含まれているだけに複雑である。

両者のバイオマス糖化収率を表6に総括したが，公表されている成績では希硫酸2段法が後段のセルロース加水分解率の向上に限界がある分，反応選択性の高い濃硫酸法と比較して大幅に低下している。両者の優劣を総合的に評価するためには，糖化収率のみではなく，プラント建設費，エネルギー収支，硫酸等のケミカルスの消費量，さらには後段の発酵阻害の有無を含めた発酵収率ならびに排水処理の難易度などを含めた評価，換言すれば，エタノール製造コストにこれらの差異がどのように反映されるかの感度解析を含めた総合評価が必要である。

第5章 発酵技術の最前線

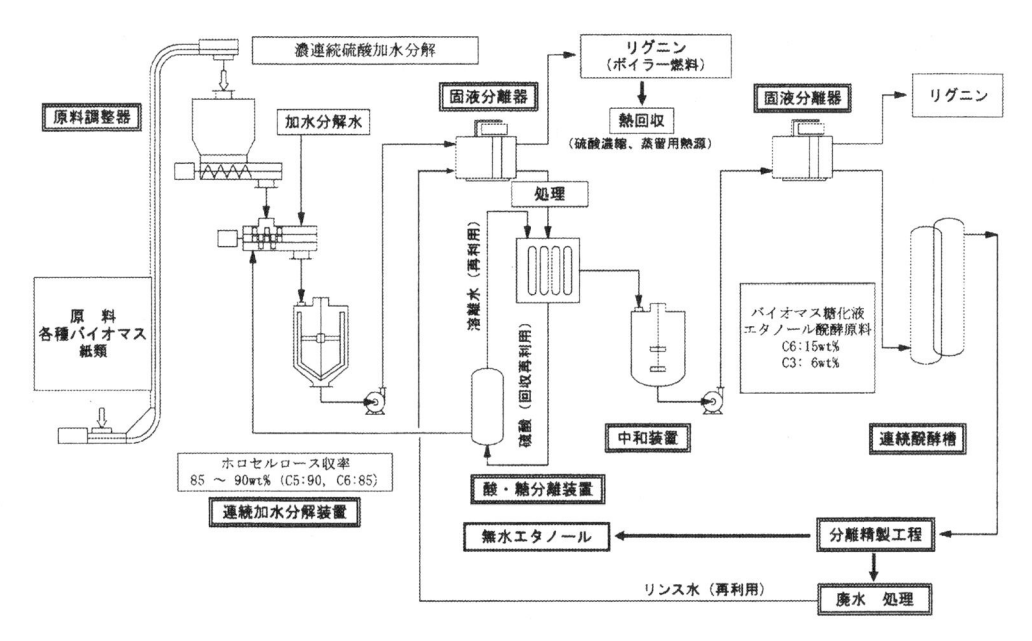

図12 濃硫酸加水分解法エタノール製造プロセスフローシート

表6 代表的な酸加水分解条件と反応収率の比較

項　目	希硫酸加水分解法	濃硫酸加水分解法
一次加水分解条件		
硫酸濃度（wt%）	0.5～1.5	70～75
反応温度（℃）	140～190	＞50
反応時間（分）	5～15	2～5
二次加水分解条件		
硫酸濃度（wt%）	1.0～2.0	20～30
反応温度（℃）	180～240	90～95
反応時間（分）	1.5～10	10～15
反応成績		
C_5 収率（%）	90	90
C_6 収率（%）	40～60	85
総括収率（%）*	60～72	87

＊総括収率はセルロース45%，ヘミセルロース30%，リグニン25%のバイオマス種の加重平均値

2.4 プロセスの経済性評価[19,20,21]

2.4.1 糖質，澱粉質原料からのエタノール製造コスト

表7には糖質，澱粉質原料からのエタノール製造技術ならびに製造コストの試算結果を総括した。サトウキビ搾汁（ケーンジュース）の場合にはプロセスは単純であるだけに建設費は相対的にはもっとも安価である。しかしながら，原料原単位は通常は1トンのサトウキビから82Lの

表7 糖質，澱粉質バイオマス種からの前処理・糖化・発酵技術ならびに製造コスト比較

対象バイオマス種			糖質		澱粉質		
			サトウキビの搾汁	糖蜜	コーン		キャッサバ
概要	技術分類(糖化発酵法)		直接発酵法	直接発酵法	糖化発酵法(湿式ミル)	糖化発酵法(乾式ミル)	糖化発酵法
	開発の現状実績の有無		コーンと二分する主力技術	世界的に普及	米国大手	米国，中国	中国，東南アジア
	適正規模，コスト(最大規模)		20万kL/年 製造コスト 25〜45円/L (原料費を含む。)	10〜20万kL/年 製造コスト 40〜50円/L (原料費を含む。)	50〜100万kL/年 製造コスト 45〜55円/L (原料費を含む。)	15万kL/年 製造コスト 50〜60円/L (原料費を含む。)	15万kL/年 製造コスト 55〜65円/L (原料費を含む。)
	将来展望		ブラジルに輸出余力(耕地の拡張が条件)	排水処理規制強化への対応に課題	食料との競合が問題		
プロセス技術の特性	前処理・糖化工程	技術分類(糖化発酵法)	直接発酵法	直接発酵法	糖化発酵法(湿式ミル)	糖化発酵法(乾式ミル)	糖化発酵法
		乾燥・粉砕・搾汁処理	搾汁	不要(製糖工程副産物)	二段粉砕・蒸煮	粉砕・蒸煮	水洗，皮むき，粉砕，蒸煮
		加水分解(糖化)反応	不要	不要	酵素(アミラーゼ)液化，糖化方式	酵素(アミラーゼ)液化，糖化方式	酵素(アミラーゼ)液化，糖化方式
		分離・精製・回収	不要 糖濃度約15%	原糖濃度45〜55%	蛋白，コーン油およびCSL副生		
		糖化収率 C_5 (%)					
		C_6 (%)	100%(搾汁は全量C_6)	90%(非発酵性糖約10%)	原料原単位：2.2〜2.4トン/kL	原料原単位は湿式法と同等。比較的小規模に向く。	約100%
		全体(%)	約100%	発酵性糖約90%	約100%	約100%	約100%
		仕込み糖濃度(%)	約15%	20〜23%	15〜16%	15〜16%	15〜16%

エタノールが生産されるとして，12.2トン/L-エタノールとなり，原料代が製造コストに大きく影響することになる。ブラジルのように原料費が平均で13ドル/トン-サトウキビと安価に入手できる場合では原料費が約19円/L-エタノール程度で済むことになるが，国際平均価格2,000円として24円/L-エタノールとなり，さらに設備償却費や運転コストならびに人件費を加味すると，将来ともに安価に入手できる保証はない。特にわが国のように原料サトウキビが15,000〜20,000円と高価な場合には原料費のみで200円/L-エタノールとなり，国際競争力は皆無である。

第5章　発酵技術の最前線

一方，糖蜜原料については相対的にはケーンジュースより製造コスト高になることは否めないが，さらに工場立地地域の環境規制値如何では，廃液中の着色物質の除去が困難なために，廃水処理費が高価となる。

澱粉系原料に関してのWet MillingとDry Millingでは，設備建設費はDry Milling方式が廉価であるのに対し，製造コストではWet Millingが安価になるのは，後者ではコーン油や高蛋白含有のグルテン等の副製品の併産によるクレジット効果である。ただし，米国の最近の中小規模の新設エタノールプラントは圧倒的にDry Milling方式になっていることが注目される傾向である。

2.4.2　セルロース系原料からのエタノール製造コスト

現在，国内外で開発途上のセルロース系バイオマスからのエタノール変換プロセスには，採用する前処理技術と発酵技術との組み合わせにはそれぞれに特徴があるものの，これらの各技術について，エタノール製造原価等の経済性を評価するのに充分な技術情報が公表されているものが少ない。そこで，本項では既に技術内容が公表されている前述のNERLプロセス[3]ならびに筆者らが評価検討を担当したNEDO技術開発機構の委託研究である燃料用エタノール製造技術の開発成果[3]を参考に概要を紹介する。

(1)　プロセス設計の前提条件

① NEDOプロセス

平成17年度までの開発成果をもとに，物質収支，熱収支に係わる反応成績を試算し，表8に総括した。この結果を基にプロセスの基本設計を行い，図12に示したプロセスフローを作成し，エタノール生産量が年産で2万kL，5万kLおよび10万kLの各ケースごとに設計，詳細設計ならびに建設費の試算を実施した。表9にはエタノール製造量10万kL/年の場合の建設費の試算結果を示した。なお，エタノール生産量が年産2万kLの場合で，1日当りの原料バイオマス

表8　システム最適化Case Studyの前提条件の総括
基本設計ベース：原料建築廃材，エタノール生産量100,000kL/年，345日稼働/年

前提条件	開発目標値達成ケース
バイオマス原料組成	ホロセルロース70wt%（乾物基準）
①糖化工程総括収率	87wt%
糖化効率	90wt%
固液分離効率	99wt%
糖・酸分離効率	96wt%
②発酵収率	90wt%
バイオエタノール変換収率①×②	78.3wt%
原料バイオマス供給量	41.67t/hr（1000t/日，345,000t/年）
エタノール生産量	12.2kL/hr（293kL/日，100,000kL/年）

表9 エタノール生産量10万kL/年基準ケースの建設費積算結果
前提条件：木質系バイオマス原料，濃硫酸法前処理，C_5，C_6連続発酵，膜脱水，プラント立地場所は日本国内

原料粉砕処理工程（別枠）		1,170,000		リグニン燃焼ボイラー（概算）	1,200,000
前処理糖化工程	原料乾燥セクション	227,000	工事費	土木，建築工事	800,000
	加水分解処理セクション	573,000		据付工事	230,000
	固・液分離セクション	734,000		配管工事	650,000
	糖・酸分離セクション	1,046,000		電気，計装工事	600,000
	デオリゴセクション	91,000		保温，塗装工事	140,000
	糖液中和セクション	90,000		安全対策工事	60,000
	硫酸回収・濃縮セクション	1,173,000		試運転調整費	43,000
	前処理工程合計	3,934,000		運送費	60,000
培養，連続発酵工程		364,000		工事費合計	2,583,000
蒸留工程		169,000		一般管理費	680,000
脱水工程		300,000		建設費総計	9,800,000
廃水処理工程		522,000	備考	金額は千円単位でまとめている。	
貯蔵タンク類		48,000		リグニン燃焼ボイラーは工事費含みの概算値。	
機器費合計		5,337,000		原料粉砕工程は積算から除外。	

が乾物基準で約200トン，5万kLで500トン，10万kLの場合には約1,000トンのバイオマス原料が必要となり，安価な原料を安定的に確保することが設置場所の選定と関連して重要な課題になろう。

② NERLプロセス

公表されている文献[8]ではエタノール生産量が69.3MMgal/year（26.23万kL/年）を基準に試算しているが，ここでは，建設費の積算については前記NEDOプロセスとの比較を容易にするために，26.23万kL/年→10.0万kL/年規模にした場合を想定し，0.7乗則を用いて試算した。

(2) 建設費の積算

表9に示したNEDOプロセスのエタノール生産量10万kL/年を例にして，NRELプロセスに関しては文献6）の試算結果をもとに，エタノール生産量10万kLに換算した結果を表10に示した。NEDOプロセスとNRELプロセスとでは両者の積算手法に差があるものの，NEDOプロセスの98億円に対し，NRELプロセスで約110億円程度と積算されたことから，両者の積算結果には大差はないものの，いずれにしてもセルロース系バイオマス原料の場合には現状では前処理工程が高価になっており，今後とも特に前処理工程のさらなる設備費削減のための開発努力を傾注する必要があろう。

(3) エタノール製造原価の試算

NEDOプロセスに関してはバイオエタノール生産量を変数として表11に総括した。これらの試算では，わが国の建築廃材を現状平均価格の2,000円/トンとし，建設費の減価償却に関しては，設備の減価償却費および補修，租税公課等の諸費用を含めて，通常採用されている設備費

第5章 発酵技術の最前線

表10 NRELプロセスのバイオエタノール製造原価
Corn Stover 原料. 2010 年運転開始エタノール生産量 10 万 kL/年（著者換算）
Dilute Acid Prehydrolysis with Saccarification and Co-Fermentation
原料原単位 2.945dry ton/kL 原料価格 3,300 円/dry ton corn stover

1. 建設費（69.3MMgal/year → 10 万 kL/年換算）

工　程	単位：千円
原料ハンドリング工程	412,000
微粉砕・希硫酸処理工程	1,450,000
中和・pH 調整工程	429,000
糖化・発酵工程	517,000
蒸留・残渣回収工程	1,199,000
廃水処理工程	185,000
貯槽タンク	110,000
ボイラー・発電設備	2,106,000
ユーティリティ	258,000
工事費，一般管理費他	4,603,000
総合計	11,269,000

2. 製造原価試算

項　目	（円/L-エタノール）
原料費	11.5
ボイラー用バイオマス	0.0
CSL	1.0
Cellulase（酵素）	3.5
その他副原料	1.9
消耗品類	1.0
小　計	18.9
減価償却費（建設費×0.2）	22.5
総製造原価	41.4

備考：減価償却費には金利，租税公課，プラント補修費その他費用を含む

表11 開発プロセスの経済性の評価・検討
装置規模：エタノール製造量 2 万 kL/年，5 万 kL/年，10 万 kL/年の 3 ケース
プラント設置場所：日本国内，原料価格：2 円/kg（建築廃材の平均価格）
全開発目標 & 発酵収率 90% 達成ケース

エタノール生産量（kL/年）		2 万 kL	5 万 kL	10 万 kL
総建設費（億円）		33.41	61.73	98.00
製造原価構成	設備償却費（円/L）換算	33.4	24.7	19.6
	硫酸等ケミカルス費	5.0	5.0	5.0
	発酵副原料費	2.0	2.0	2.0
	蒸気・電力費	2.2	2.2	2.2
	人件費	4.5	2.3	1.9
	原料費	10.2	10.2	10.2
総生産原価（円/L-エタノール）		57.3	46.3	40.9

総額の約 20%/年を採用した。また，同様に表 10 の右欄には NREL プロセスの試算結果を参考までに示したが，同プロセスでは 2010 年以降の稼働開始を前提に，セルラーゼ製造コストを現状の 1/10 に仮定し，かつ原料価格は実勢価格を基準に米国 Corn Stover で 3,300 円/トンとした場合，製造規模 10 万 kL/年でのバイオエタノール製造コストは 40.6 円/L-エタノールと試算された。ただし，前述のように NREL プロセスでは，酵素（セルラーゼ）費用を安価に設定していること，NEDO プロセスでは，1 部に開発目標値が完全にクリアーされた場合の期待値も含まれているため，いずれのケースでも実際には若干のコストアップの要因が内在していることを了解願いたい。

2.5 プロセスのエネルギー収支の検討

バイオマス原料、とりわけ未利用セルロース原料からのバイオエタノールの開発導入の目的の一つとして、地球温暖化対策の観点から注目されている側面が大きい。

表12には既に公表されているトウモロコシ（コーン）原料ならびにサトウキビ（ケーン）原料との比較を含めて、セルロース系原料の例として、NEDOプロセスのエネルギー収支の試算結果を示した。これによると、セルロース系未利用資源の場合にはサトウキビには及ばないものの、トウモロコシ原料よりもエネルギー収支的に優位性が確保されていることが理解される。同様に表13にはこれら各種バイオマス別のCO_2削減効果を試算した結果を示したが、例えば、建築廃材を原料とした場合には、現状の変換技術でもCO_2削減効果は、1.9～2.0kgCO_2/L-エタノール程度は期待できることが示唆され、セルロース系資源からのバイオエタノールへの変換は未利用資源の活用のみならず、地球温暖化対策としても極めて有望であることが示唆された。

2.6 おわりに

現状ではセルロース系バイオマスからの実用規模での燃料用エタノール生産には、実証試験研究の期間を考慮すると、今後さらに3～4年は要するものと推測される。

一方、平成17年2月23日の総合資源エネルギー調査会需給部会では、「2030年のエネルギー需給展望」の中で、2010年度の追加対策ケースにおいて、バイオマス熱利用分のうちバイオマス由来液体燃料が50万kL（原油換算）期待されている。この目標値にはバイオディーゼルも含

表12 バイオエタノール転換エネルギー収支比較表

（単位：kcal/L-エタノール）

原料		コーン	ケーン	セルロース	
出典		Shapouri, '02, USDA	Macedo '97, Brazil	Lynd et al, '91, USA 間伐材	NEDO PJ '06 報告書 建築廃材
投入エネルギー①	原料生産・輸送	1,694	532	770	407
	エタノール転換	3,447	129	5,066 (1923)	1,923
	合計	5,141	661	5,836 (2693)	2,330
発生エネルギー②	エタノール燃焼熱	5,589	5,589	5,589	5,589
	副生品	957	490	5,784 (0)	0
	合計	6,546	6,079	11,373 (5589)	5,589
エネルギー取得量 ②-①		1,405	5,418	5,537 (2896)	3,289
発生/投入 比 ②/①		1.27	9.20	1.95 (2.08)	2.40
備考		所要変換エネルギー燃料を購入	1トンのCaneからエタノール75L生産と仮定	副生リグニンの全量を熱として評価	副生リグニン全量を電力、熱に変換利用

第5章　発酵技術の最前線

表13　バイオエタノール転換 CO_2 削減効果比較表

(単位：$kg\text{-}CO_2$/L-エタノール)

原　　料		コーン	ケーン	セルロース	
出　　典		Shapouri,'02, USDA を基に換算	Macedo '97, Brazil を基に換算	Lynd 他，'91, USA&NEDO '06 から換算（間伐材）	NEDO PJ '06 報告書から換算（建築廃材）
投入エネルギー，肥料，薬類の CO_2 発生量　①	原料生産・輸送	0.61	0.19	0.29	0.16
	エタノール転換	1.27	0.05	0.70	0.70
	合計	1.88	0.24	0.99	0.86
エタノール使用等による CO_2 削減量　②	エタノール燃焼[1]	2.89	2.89	2.89	2.89
	副生品燃焼	0.34	0.18	0	0
	合計	3.23	3.07	2.89	2.89
CO_2 削減効果　②－①		1.35	2.83	1.90	2.03
ガソリン発熱量 7,500kcal/L ガソリン排出 CO_2 = 2.78kg/L ガソリン		エタノール変換エネルギー（電力，蒸気）を全量購入	バガス全量をエタノール変換および他のエネルギーとして使用	副生リグニンの全量を熱および一部電力として使用	副生リグニンの全量を熱および一部電力として使用
備　　考		エタノール1Lブレンドでガソリン1.04L代替	エタノール1Lブレンドでガソリン1.04L代替	エタノール1Lブレンドでガソリン1.04L代替	エタノール1Lブレンドでガソリン1.04L代替

まれてはいるが，いずれにしても国産のバイオマス利用を前提とする場合には，ブラジル等からの輸入エタノールと比較してコスト的には遺憾ながら現状では厳しい状況にあると言わざるを得ない。

国産バイオエタノールの実用化のためには，税制上の優遇処置をはじめ，国内バイオマス資源の伐採・収集・運搬を含めたさらなるコスト削減のための検討が急務であるが，近い将来にはバイオマス資源に恵まれた近隣諸国での立地もエネルギーセキュリティーの観点からは一考が必要であろう。いずれにしても，国内外を問わずセルロース系バイオマスからのバイオエタノール製造技術の開発は昨今急速な進展を見せており，世界レベルで開発・導入のターゲットになっている。2010～2012年を目標にさらなる開発努力が傾注されることを期待したい。

謝辞

本稿ではNEDO技術開発機構の委託事業として実施された内容の一部が含まれているが，執筆を許可されたNEDO技術開発機構に深謝する。

また，本稿ではかなりの部分をNEDOプロセスの紹介に紙面を割いたが，この研究開発を担当された日揮㈱，関西ペイント㈱，㈱物産ナノテク研究所，㈳アルコール協会，㈳産業技術総合研究所，長岡技術科学

大学,大阪府立大学,京都大学,神戸大学,鳥取大学,熊本大学ならびに静岡大学の関係各位に深謝する次第である。

文　献

1) 安戸　曉,セルロース系バイオマスからのアルコール生産,木材学会誌,1067-1072 (1989)
2) アルコール新生産技術開発動向,アルコールハンドブック,8版,142-163 (1986)
3) DOE HP Selects Six Cellulosic Ethanol Plants for Up to $385 Million in Federal Funding. 2007. 2. 28
4) バイオマス・ニッポン総合戦略会議,2007年2月
5) バイオエネルギー高効率転換技術開発／セルロース系バイオマスを原料とする新規な発酵技術等による燃料用エタノールを製造する技術の開発,平成15年度成果報告書,NED HP (2004. 8月)
6) アジア諸国におけるバイオマスエネルギーに関する調査報告会,P28, 2007. 1. 12, KDDIホール,東京,㈱新エネルギー・産業技術総合開発機構
7) バイオエネルギー高効率転換技術開発／セルロース系バイオマスを原料とする新規な発酵技術等による燃料用エタノールを製造する技術の開発,平成16年度成果報告書
8) Andy Aden et al., Lignocellulosic Biomass to Ethanol Process Design and Economics Utilizing Co-Current Dilute Acid Prehydrolysis and Enzymatic Hydrolysis For Corn Stover. Biotechnology Center for fuels and Chemicals, NREL May 30. 2002
9) Zhang, M., C. Eddy, K. Deanda, M. Finkelstein, and S. Picataggio, "MetabolicEngineering of a Pentose Metabolism Pathway in *Zymomonas mobilis*", *Science*, **267**, 240-243 (1995)
10) Dr. John Ashworth, NREL (2006) よりの入手資料
11) USP 5, 916, 780
12) 野口研究所木材化学研究会編,木材化学工業,成文堂 (1961)
13) 右田伸彦他編,「木材化学」,共立出版 (1968)
14) 三輪浩司,OHM, vol.90 (3), 66-69 (2003)
15) 小野裕一,産業機械,5, 49-51 (2004)
16) 奥田直之,バイオサイエンスとバイオインダストリー,vol.63, No.9 (2005)
17) 早川智基,ECO INDUSTRY, vol.9, No.2, シーエムシー出版 (2004)
18) バイオエネルギー高効率転換技術開発／セルロース系バイオマスを原料とする新規な発酵技術等による燃料用エタノールを製造する技術の開発,平成17年度成果報告書
19) 山田富明,Petrotech, **29**, 805-811 (2006)
20) 山田富明,バイオマス原料事情とエタノール生産プロセスの経済性評価,エコバイオエネルギーの最前線,104-119,シーエムシー出版 (2005)
21) 山田富明,BIO INDUSTRY, Apr. 33-43,シーエムシー出版 (2007)

第6章 セルロースの改質とその利用

1 セルロース改質技術の現状

磯貝　明*

1.1 はじめに

　セルロースは地球上で最も多量に生産される生物資源（バイオマス）である。世界のバイオマス蓄積量が1兆〜2兆トンと報告されており、その99％は陸上にあり、さらにその90％は森林と言われている[1,2]。森林バイオマス、すなわち木質系バイオマスの主成分はセルロース、ヘミセルロース、リグニンであり、セルロースは全体重量の約40％を占めている。従って、バイオマス蓄積量のうち4,000億トン〜8,000億トンがセルロースとなる。また、バイオマスの年間純成長量は蓄積量の4〜15％と報告されており[1]、セルロースの年間純成長量は160億トン〜1,200億トンにもなる。ちなみに、主成分がデンプンの穀物類の年間生産量が世界で約30億トンである[3]。人類にとってセルロースは非可食性の多糖類であり、食料との棲み分けが可能であるため、バイオマスを材料・部材として利用する上では、セルロースは最も適当なターゲットとなる素材である。

　植物由来の天然セルロース繊維は重合度が1,000〜3,000、結晶化度が65〜95％でセルロースⅠ型の結晶形を有している。1本のセルロース分子自身は直鎖状の多糖であるが、植物細胞壁中ではセルロース分子鎖が30〜50本束ねられた結晶性のミクロフィブリルを構成要素として存在しており、さらにフィブリルの集合体で細胞壁が形成され、繊維、繊維集合体、組織という階層構造によって植物体を支えている。また、セルロースミクロフィブリルはヘミセルロースおよびリグニンと一部複合化され、強度と安定性を発現して植物の生命維持に寄与している。従って、綿や麻、靱皮繊維などの一部の植物を除けば、セルロース、ヘミセルロース、リグニンからなる植物バイオマスから、セルロースのみを取り出すことは容易ではない。漂白した製紙用パルプあるいは溶解パルプとしてセルロースを木材から単離精製するためには、クラフトパルプ化‐多段漂白処理、あるいは酸性亜硫酸パルプ化‐多段漂白処理が必要である。特に前者のクラフトパルプ化プロセスでは薬品回収システムおよび排液である黒液からのエネルギー回収システムが確立しているため、製紙用パルプの工業的な製造方法のほとんど全てはクラフトパルプ化法が採用されている。

---

*　Akira Isogai　東京大学　大学院農学生命科学研究科　生物材料科学専攻　教授

このように，木質系バイオマスとしてのセルロースの蓄積量・成長量自身は膨大であるが，ある程度の純度まで精製されたセルロースを新たな機能材料として用いる場合には，薬品とエネルギーを投入して植物バイオマスからパルプ化－漂白プロセスを経てセルロース原料を取り出さなければならない。元々純度の比較的高いセルロース原料として，綿，麻（ラミー），バクテリアセルロースなどが挙げられる。生物が生産するセルロースを産業レベルで改質して高度利用，高機能化を進める上で，出発原料であるセルロースの起源による結晶化度，結晶構造，ミクロフィブリルサイズ，繊維形状，繊維幅，繊維長の差異を考慮しなければならない。また，パルプ化－漂白処理のような単離－精製プロセスによるセルロース純度，分子量・分子量分布，カルボキシル基やアルデヒド基含有量，形状などの変化にも留意する必要がある。

1.2 セルロースの改質

セルロースは植物の細胞壁内では，結晶性の構造多糖として植物体を物理的に支える機能を有している。植物から取り出したセルロースに様々な化学的，生物化学的あるいは成形－形状変化させる処理等を行うことにより，本来のセルロースの特性を向上させる「改質」，あるいは元のセルロースにはない新しい特性や機能を付与する「改質」が可能である。これまでもセルロースに対する無数の改質手法や技術が研究され，知見や情報として蓄積され，一部は実用化されて我々の身近な汎用材料あるいは特殊な高機能材料として利用されている。

成形－形状改質では，有限の長さと幅で，それらの分布もある天然セルロース繊維を何らかの方法で成形することにより，紙のようなシート化，溶解－再生させることによるフィルム化あるいは繊維化することで新たな機能を付与する。また，叩解処理，粉砕処理，フィブリル化処理などによる形状改質も含まれる。溶解－再生プロセスでは，結果的に天然セルロースから同じ化学構造のセルロースからなる再生成形物を製造するが，中間段階で不安定なセルロース誘導体あるいはセルロース錯体を形成することがあり，一部化学改質プロセスを含む場合がある。また，シート化や成形した再生セルロース材料の表面に後加工として化学改質を行って機能を付与することもある。本章の6節，7節でそれぞれ微粉砕セルロース，フィブリル化セルロースについて詳細な記載がある。

化学改質では文字通り，化学的な手法によってセルロースを改質して新たな特性を付与する方法である。図1にセルロースの化学構造の模式図を示すとともに，化学改質のターゲット部位と方法を示す[4]。セルロースはブドウ糖がβ-1,4グリコシド結合したホモ多糖であり，水酸基を豊富に有する。セルロース水酸基への反応による改質方法としては，エステル化，エーテル化による誘導体化が代表的であり，既に多くのセルロース誘導体が産業レベルで製造され利用されている。また，改質の程度については，セルロース分子全体を改質する誘導体化の場合には，本来の

第6章　セルロースの改質とその利用

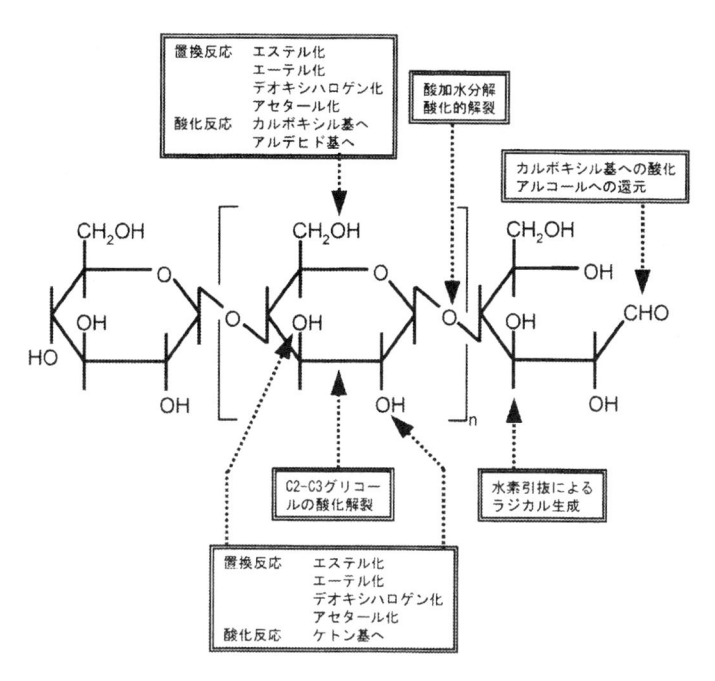

図1　セルロース分子に対する化学改質の種類とその部位[4]

セルロースにはなかった有機溶剤への溶解性や水可溶性が付与される。一方，繊維状の天然セルロース形状を維持したままその繊維表面，繊維内部表面，ミクロフィブリル表面のみ化学改質する方法も検討されている。

生物化学的改質では，主に酵素反応を用いることにより，その常温常圧で基質特異的に反応する優位性を利用し，場合によっては化学改質プロセスや機械的な粉砕などのプロセスと組み合わせて，低エネルギーでの加水分解によるブドウ糖への変換などが検討されている。第5章で，セルロースの生物化学的改質によるバイオリファイナリー技術，バイオマスエタノール生産について詳細な記載があるので，本稿では省略する。

1.3　セルロースの形状改質

前述したように，天然セルロースは結晶性のミクロフィブリルというセルロース分子数十本からなる束を構成要素としており，その結晶性により化学的には比較的安定な構造を有している。植物体中ではミクロフィブリル間にはヘミセルロースやリグニンがバインダーのように存在しており，また，それらのバインダー成分がパルプ化-漂白処理で一部あるいはほとんど除去された精製セルロースでも，セルロースミクロフィブリル間には無数の水素結合（おそらく疎水結合も）が形成される。従って，機械的なプロセスのみでは結晶性ミクロフィブリル内のセルロース分子間の結合を全て切断してセルロース分子を1本1本に分離することはもとより，セルロースミク

ロフィブリル間の結合を全て切断して完全に1本1本のセルロースシングルミクロフィブリルに分離することすらも不可能である。

　天然セルロースの乾燥状態での微粉砕化によって非晶化を伴って表面積が増加し，他の高分子との複合化が可能になる（本章6節参照）。また，天然セルロース，製紙用パルプを水存在下で高叩解処理や高圧ホモジナイザー処理を繰り返すことにより，天然セルロースの結晶性を維持しながら高度にフィブリル化し，水中で著しく膨潤したセルロースゲル（例えばミクロフィブリル化セルロース：MFC）を調製することができる（本章7節参照）。一般的にこれらの機械処理による形状改質では多量のエネルギーを必要とする場合が多い。

　一方，天然セルロースを溶解‐再生し，同じセルロースの化学構造を有しながら成形することによって新しい機能を付与する改質方法が従来から行われてきた。ビスコースレーヨン，銅アンモニアレーヨンによる再生繊維や，人工透析用の中空糸，セルローススポンジなどがそれらにあたる。ビスコースレーヨン製造の際には，セルロース水酸基に二硫化炭素と水酸化ナトリウムが反応し，セルロース分子全てが置換度1程度のセルロースザンテートという不安定な誘導体を形成しながら天然セルロースの結晶構造を破壊する。結果的にセルロース分子同士の再凝集を妨げ，水系媒体に分子レベルで分散し，溶解に至る。このビスコース溶液を硫酸存在下の濃厚硫酸ナトリウム水溶液中に紡糸することで，ザンテート基がセルロース水酸基から外れてセルロースが繊維状に再生する。本ビスコースレーヨン製造プロセスでは，排液回収の過程で硫化水素が発生するため，それによる環境対応が必要となる。銅アンモニア溶液中では，天然セルロースのC2位およびC3位の水酸基と水酸化銅アンモニア（$Cu(NH_3)_4(OH)_2$）が錯体を形成して結晶構造を破壊し，セルロース分子どうしの再凝集を妨げて分子レベルでの溶解に至る。

　これらの水系セルロース溶剤を用いた溶解‐再生，成形の課題を克服するために，新しい成形用のセルロース溶剤の検討が進められている。N-メチルモルフォリン-N-オキシド（NMMO）の含水塩にセルロースを加え，加熱溶融することでセルロースを溶解させることができる。NMMO溶液から再生したセルロース（リヨセル，テンセルなど）は，ビスコースレーヨンよりも結晶化度が高く，結果的に強度も高くなる。NMMOは140℃程度で爆発するために注意が必要である。いずれにしても，結晶構造を有して安定な天然セルロースを分子レベルにまでバラバラにして溶解あるいは不安定な誘導体化，錯体を形成させるには，これまでのところ特殊な薬品を多量に要するのが現状であり，その過程での溶解‐紡糸‐洗浄‐精製プロセスは環境に負荷の少ないプロセスとは言いがたい。

1.4　セルロースの誘導体化による改質

　図1に示したセルロースの化学改質の中でも，セルロース水酸基に対するエステル化，エーテ

第6章 セルロースの改質とその利用

ル化は最も一般的な誘導体化反応であり，これらの誘導体化反応により元のセルロースが有している安定性，生体適合性，光学活性などに加えて新たに有機溶剤可溶性あるいは水可溶性などの新しい機能が付与される。有機溶剤に可溶な酢酸セルロースのようなセルロースエステル類，水に可溶なメチルセルロースあるいはカルボキシメチルセルロースのようなセルロースエーテル類については工業的に生産されており，広い分野で利用されている。これらのセルロース誘導体の特性を支配する因子としては，置換基の種類，化学構造，全置換度，置換基分布，分子量および分子量分布，純度等がある。

特に最近の高機能材料分野では，これまで以上に詳細なスペックが求められる場合がある。従って，置換度制御，置換基の分布制御，置換基分布の測定方法に関する研究が進められている。現在の工業的なセルロース誘導体類の調製方法では，酢酸セルロース（セルロースアセテート）のように任意の置換度の生成物を1段階の反応で調製できない。また，セルロース原料からのエステル化あるいはエーテル化反応が固体セルロースと液状試薬間での不均一反応であるため，置換度の制御あるいは置換基分布の制御が一般に困難である。セルロース誘導体の置換基分布としては，グルコースユニットのC2, C3, C6位の水酸基間での平均的な置換基の導入分布，セルロース分子鎖内における置換基の導入分布，セルロース分子鎖間での置換基の導入分布などレベルの異なった置換基分布がある。各水酸基間での平均置換基分布に関しては，NMRを用いた方法が確立されているが，1本のセルロース分子鎖に沿った置換基分布を正確に評価する方法については検討されているものの未だ確立されてはいない。セルロースのグラフト化による誘導体化の最新技術については，本章の3節で詳細に記載されている。また，セルロースのエステル化およびエーテル化による改質方法と最新技術，課題などの詳細については既に報告している[4]。

1.5 セルロースの酸化による改質

従来から知られているセルロースの位置選択的な酸化として，過ヨウ素酸酸化によるグリコール型のC2-C3結合の開裂とそれによるジアルデヒドセルロースの調製がある。C2-C3位の90%以上の酸化を達成するには，通常，光を遮断して室温で数日間の処理が必要となるため，副反応の制御が必要になる。乾燥して得られたジアルデヒドセルロースは分子内，分子間でヘミアセタールを形成するため，たとえ完全に酸化された場合でも化学構造は不均一となり，水に不溶となる。このジアルデヒドセルロースを亜塩素酸で酸化すれば，水可溶性で均一な化学構造を有するジカルボキシセルロースナトリウム塩が得られ，水素化ホウ素ナトリウムで還元すれば，水可溶性のジアルコールセルロースとなる[4]。

セルロースをクロロホルム中に分散させ，N_2O_4（猛毒）を作用させると，セルロースの1級水酸基であるC6位の一部がカルボキシル基に酸化されることはよく知られている。未だに西欧

の複数の国々では，ガーゼ用の綿布にこの N_2O_4 酸化を行い，一部 C6 位にカルボキシル基を導入して銅塩型などに変換することで抗菌性を付与している。一般的に N_2O_4 酸化では副反応は避けられないため，均一な化学構造を有する酸化セルロースは得られない。セルロースの 2,2,6,6-テトラメチルピペリジン-1-オキシラジカル（TEMPO）触媒酸化については次項で扱う。

1.6 セルロースの TEMPO 触媒酸化による改質

当研究室では，水溶性の安定ラジカルである 2,2,6,6-テトラメチルピペリジン-1-オキシラジカル（TEMPO）を触媒量用いる各種セルロース試料の水系媒体での酸化反応の検討を進めてきた。多糖に対する化学反応のうち，1990 年代半ばに報告された TEMPO 触媒酸化は糖化学分野に新しい展開をもたらした。図 2 にセルロースの TEMPO 触媒酸化機構を示す。TEMPO 触媒酸化の特徴は，① pH10～11 の水媒体中の反応であり，有機溶剤を用いないこと，② 安価な次亜塩素酸ナトリウムが消費されるのみで，触媒量の TEMPO と臭化ナトリウムはリサイクル利用されること，③ 多糖の C6 位の 1 級水酸基を位置選択的に酸化し，アルデヒド基を経てカルボキシル基に変換できること，④ 常温・常圧の温和な条件下，短時間で反応が完了することなどであり，酸化生成物の構造特異性および反応プロセスの環境適応性等に優位性があるため，これまで重点的に基礎および応用研究を進めてきた。

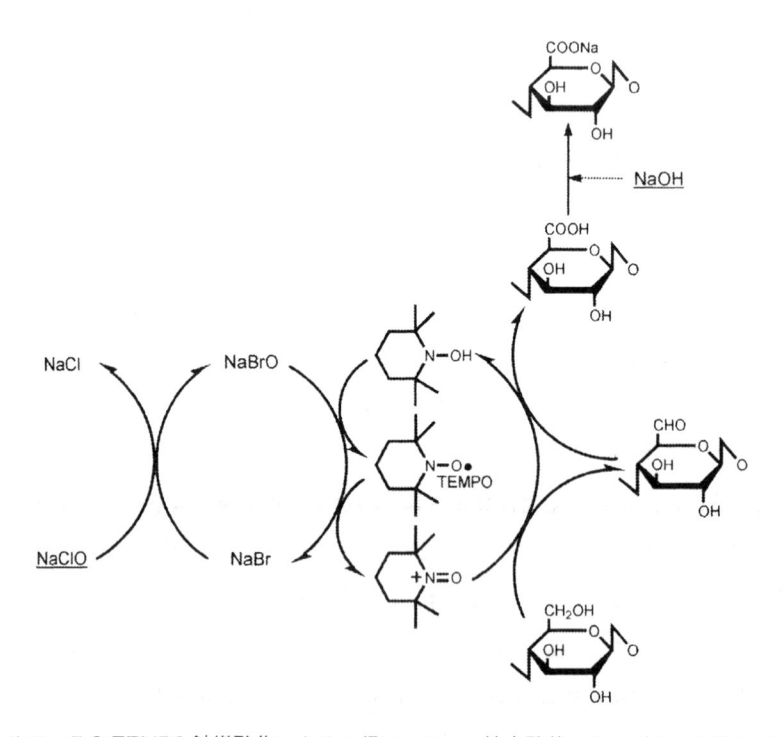

図 2 セルロースの TEMPO 触媒酸化による 1 級アルコール性水酸基のカルボキシル基への変換機構

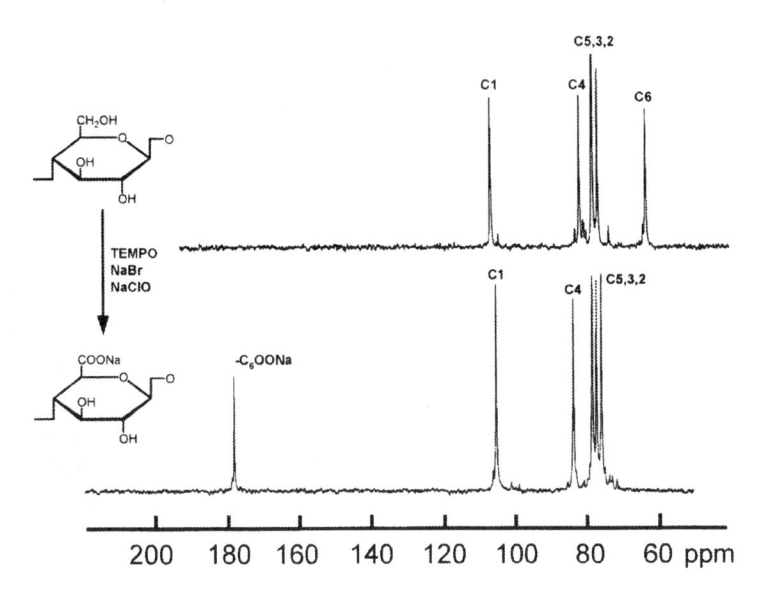

第6章　セルロースの改質とその利用

図3　セルロースオリゴマーのDMSO溶液および再生セルロースのTEMPO触媒酸化によって得られるセロウロン酸水溶液の^{13}C-NMRスペクトル[5]

　セルロースのTEMPO触媒酸化では，再生セルロースを用いた場合にはセルロース中全てのC6位の1級水酸基のみが選択的にカルボキシル基に酸化変換し，均一な化学構造を有する水溶性の新規β-1,4 ポリグルクロン酸（セロウロン酸と命名）が定量的に得られる（図3）[5]。セロウロン酸はセルロースのTEMPO触媒酸化反応によって人工的に得られた新規ポリウロン酸であるにも関わらず，土中埋め込み試験で二酸化炭素と水にまで代謝され，生物分解性と生物代謝性を有することが判明している（図4）[6]。

　クラフトパルプ，綿リンター等の天然セルロースをTEMPO触媒酸化した場合には水溶性のセロウロン酸は得られず，反応後も用いたセルロースの繊維状あるいは固体形状を維持している（図5）[7]。しかし，TEMPO酸化反応によってかなりの量のカルボキシル基，アルデヒド基がセルロース繊維，パルプに導入される（図6）[7]。一方，TEMPO酸化前後で元の天然セルロースの結晶化度および結晶サイズは変化しない（図7）[7]。すなわち，天然セルロースのTEMPO触媒酸化は，結晶性のセルロースミク

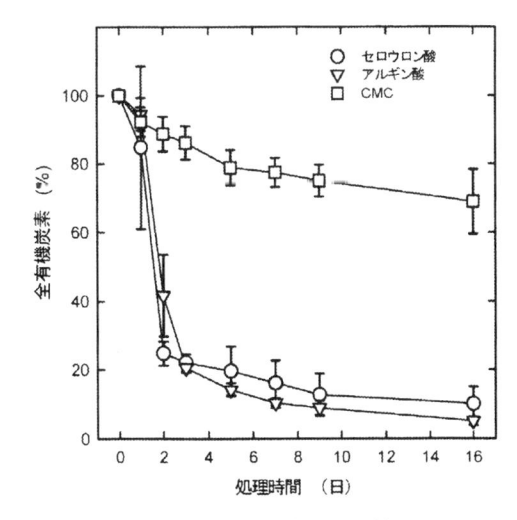

図4　セロウロン酸と代表的な水溶性セルロース誘導体のカルボキシメチルセルロース，アルギン酸の土中埋め込み試験による生物分解性の差異[6]

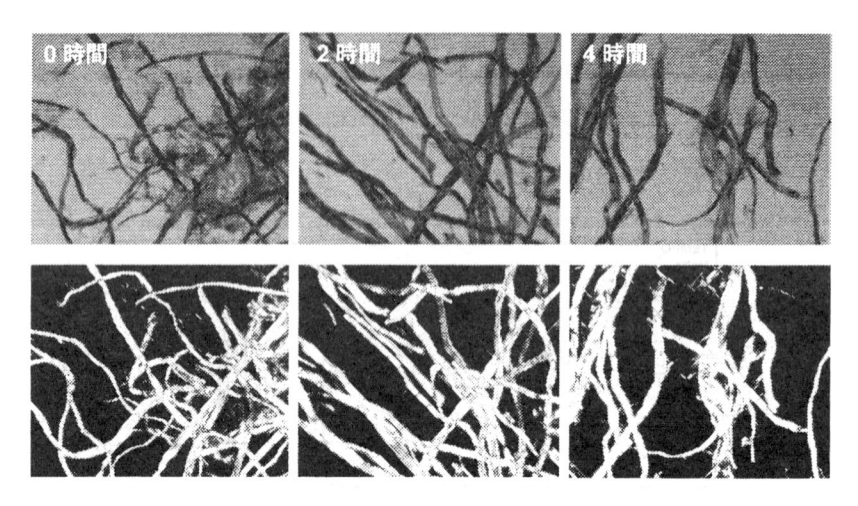

図5 リンターセルロースの TEMPO 酸化反応時間による繊維形状の変化[7]

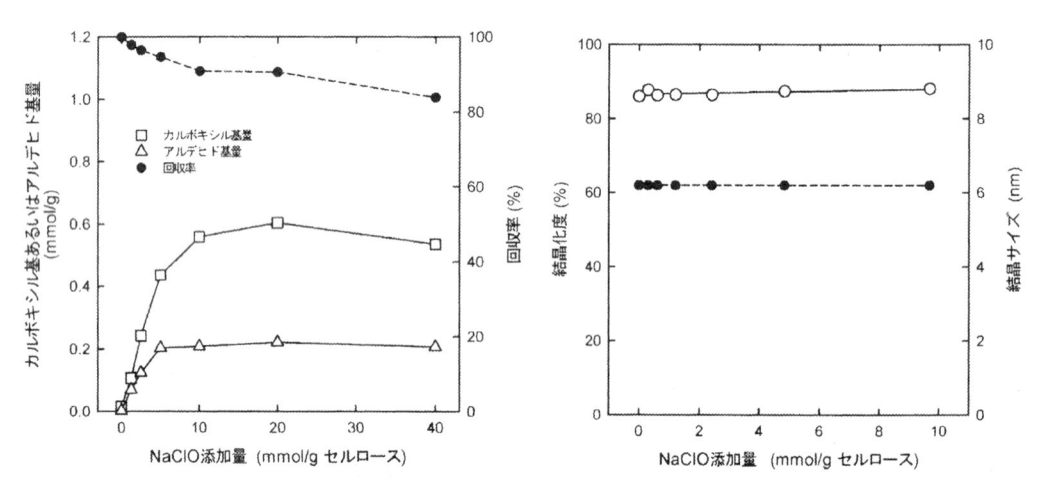

図6 リンターセルロースの TEMPO 触媒酸化における次亜塩素酸ナトリウムの添加量と導入されたカルボキシル基量,アルデヒド基量,繊維分回収率の変化[7]

図7 リンターセルロースの TEMPO 触媒酸化における次亜塩素酸ナトリウムの添加量とセルロースⅠ型の結晶化度および結晶サイズ変化[7,8]

ロフィブリル表面のみに高密度でカルボキシル基,アルデヒド基を導入する極めて特異的なセルロースの表面化学改質である[8]。

　TEMPO 触媒酸化によってカルボキシル基を導入した繊維状天然セルロースは,特有の金属イオン捕捉挙動を示し(図8),捕捉する金属イオンの種類を選択することによって水膨潤性・親水性を著しく変化させることができる(図9)[9]。

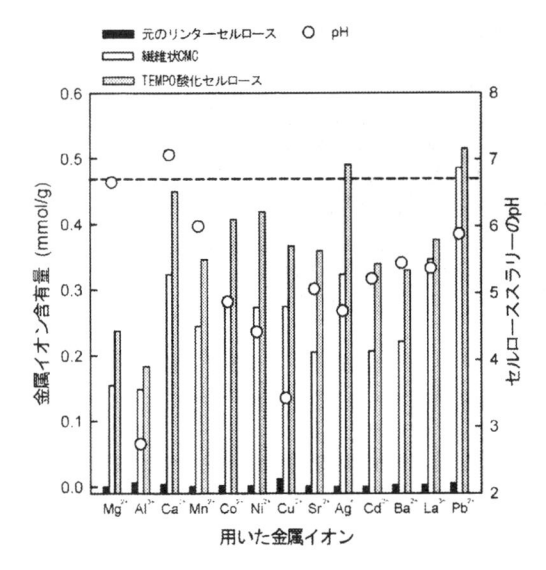

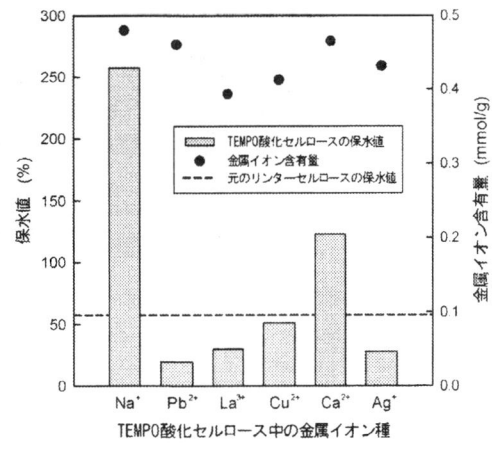

第6章 セルロースの改質とその利用

図8 ほぼ等量のカルボキシル基を有する TEMPO 酸化リンターセルロースと繊維状カルボキシメチルセルロースおよび元のリンターセルロースの金属イオン吸着能[9]

図9 TEMPO 酸化リンターセルロースのカルボキシル基の金属イオンの種類による水膨潤性を保水値で評価[9]

1.7 天然セルロースの TEMPO 触媒酸化によるセルロースナノファイバーの調製

天然セルロースが,その起源によって 3～50nm 幅の結晶性ミクロフィブリルを構成単位としている点を利用して,これまでも様々な方法で結晶性セルロースウィスカー,ミクロフィブリル化セルロース(MFC)などのセルロースミクロフィブリルの水分散液が調製されてきた。しかし,多くの場合に得られた分散液はセルロースミクロフィブリルの集合体(バンドル)を含んでいるか,あるいは調製時の酸処理あるいは高エネルギーを要する機械的な解繊処理によりミクロフィブリルは長さ方向に切断されてしまう。したがって,天然セルロースのミクロフィブリル状態(特に長さ方向)を維持したままで,完全に1本1本の孤立したミクロフィブリルへ変換することは不可能であった。

一方,TEMPO 触媒酸化処理した天然セルロースを水中で家庭用ミキサーなどの簡単な機械処理を行ったところ,酸化条件を選択してカルボキシル基の導入量を増加させることにより,高粘度で透明な分散液が得られた(図10)[10]。図11には,透明分散液となった TEMPO 酸化セルロースの透過型電子顕微鏡画像を示す。ほぼ全てが幅約4nmで孤立したしなやかなセルロースシングルミクロフィブリルにまで分散している。ミキサー処理では5分以内に透明化するが,超音波処理では1分以内で透明分散化できる[11]。高アスペクト比のミクロフィブリルが孤立して分散しているため,低固形分濃度でも高粘度となる。この軽微な解繊処理によるセルロースシングルミクロフィブリルの調製は,TEMPO 触媒酸化処理でも結晶性のセルロースミクロフィブリル内部

図10 木材セルロースのTEMPO触媒酸化処理後,水中での解繊処理による透明分散液調製
aは元のセルロース,b→eに従って酸化による導入カルボキシル基量が増加[10]

には酸化が起こらず,ミクロフィブリル表面のC6位の水酸基が選択的にカルボキシル基のナトリウム塩に酸化されることにより,ミクロフィブリル同士の荷電反発と浸透圧効果によって水中での分散状態が維持されている。すなわち,カルボキシル基というイオン性基をセルロースミクロフィブリル表面に選択的に導入して初めて,軽微な解繊処理で1本1本のフィブリル化が可能となり,また水中でその分散状態を維持することができる。

ミクロフィブリルサイズからその表面に露

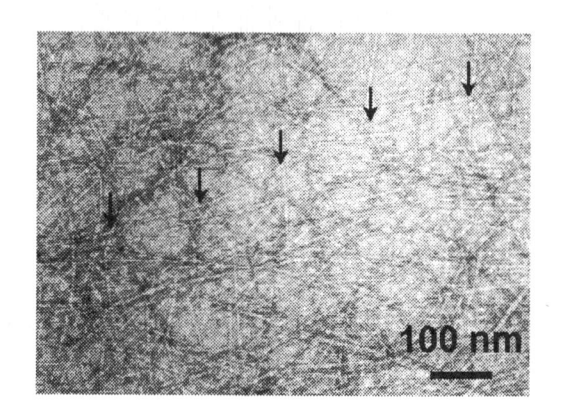

図11 木材セルロースのTEMPO触媒酸化物を水中で解繊処理して得られた透明分散液の透過型電子顕微鏡画像

出しているC6位の1級水酸基量の計算値と,透明水分散液を与えるのに必要なカルボキシル基量の実測値はほぼ一致していた。すなわち,ミクロフィブリル表面のほぼ全てのC6位の1級水酸基がカルボキシル基のナトリウム塩にまで酸化されることにより,安定な透明水分散液が得られる[11]。得られたセルロースシングルミクロフィブリル／水分散液をキャスト-乾燥して得られるフィルム表面の走査型電子顕微鏡画像および走査プローブ顕微鏡画像から,このフィルムは確かにミクロフィブリルの集合体からなることが示された。すなわち,分子レベルでもなく繊維レベルでもなく,ナノレベル幅で高アスペクト比を有する孤立したセルロースミクロフィブリルを構成要素とする新たな材料である。現在,このTEMPO触媒酸化によって得られる新規セルロースシングルミクロフィブリル透明分散液の粘弾性挙動解析,光散乱挙動解析,フィルムの光学特性および各種物性解析,複合化などを進めている。

第6章 セルロースの改質とその利用

1.8 おわりに

本稿の後半では，特にTEMPO触媒酸化という手法によって，植物の階層構造を形成する幅約4nmで高結晶性，高アスペクト比のセルロースシングルミクロフィブリルを軽微な解繊処理により水分散液として調製する方法を紹介した。水媒体でのTEMPO触媒酸化プロセスは環境適合性のあるセルロース改質システムである。また，この手法で得られる新規セルロースシングルミクロフィブリルの表面には無数のカルボキシル基が露出している。したがって，そのカルボキシル基の改質，水分散液からの成形，他の材料との複合化を更に詳細に検討することにより，元の天然セルロースの構造・機能を超える新しい高機能材料へと変換することが可能である。将来の環境調和型で循環型社会基盤の構築につながる新しい文化・産業の創成に展開できる素材と考えており，現在学内，他大学および企業との共同研究などで検討を進めている。

文　　献

1) 横山伸也，バイオエネルギー最前線，森北出版（2001）
2) 種田英孝，資源としてのセルロース，「セルロースの科学」所収，朝倉書店，p.12（2003）
3) FAO資料（2006）
4) 磯貝 明，機能性セルロース誘導体，「ウッドケミカルスの最新技術」所収，シーエムシー，p.85（2000）
5) Isogai, A., Kato, Y., *Cellulose*, **5**, 153 (1998)
6) Kato, Y., *et al., Cellulose*, **9**, 75 (2002)
7) Saito, T., Isogai, A., *Biomacromolecules*, **5**, 256 (2004)
8) Saito, T., *et al., Carbohydr. Polym.*, **61**, 414 (2005)
9) Saito, T., Isogai, A., *Carbohydr. Polym.*, **61**, 183 (2005)
10) Saito, T., Nishiyama, Y., Putaux, J. L., Vignon, M., Isogai, A., *Biomacromolecules*, **7**, 1687 (2006)
11) Saito, T., Kimura, S., Nishiyama, Y. and Isogai, A., *Biomacromolecules*, **8**, in press (2007)

2 セルロース系の医薬用製剤のコーティング剤

恩田吉朗[*1], 早川和久[*2]

2.1 はじめに

　セルロースは，木材，綿，天然の野菜，果物等にも多く含まれ，通常摂取されているものであることや，一般に体内で消化されず栄養源とならない特徴を有している。これらの特徴を有するセルロースから得られるセルロース誘導体についても同様に体内で吸収されないことの報告がある[1〜4]。また医薬材料としての生体安全性についても報告があり[5]，その多くが医薬用錠剤や顆粒剤等の製剤のコーティング剤として古くから利用されている。医薬用錠剤や顆粒剤は，苦みの隠蔽や吸湿防止による有効性の維持の他，主薬の副作用の防止や吸収される体内の部位によって溶解性を調節したり，有効性をそのままの部位まで保持するためのコーティングが行われる。このコーティングには大きくわけて2種類があり，一つは胃での薬効をはかる胃溶性のコーティングであり，もう一つは胃では溶解性せずに腸で溶ける腸溶性のコーティングである。以下これらのコーティングを中心に使用されているいくつかのセルロース誘導体を紹介する。

2.2 胃溶性のコーティング用セルロース誘導体

2.2.1 メチルセルロース（MC）及びヒドロキシプロピルメチルセルロース（HPMC）

　MCはセルロースをメトキシル基のみ，ヒドロキシプロピルメチルセルロースはメトキシル基及びヒドロキシプロピル基でエーテル置換した水溶性の高分子である。いずれも溶液にして基質にスプレーすることでコーティングができる。

　MC及びHPMCは，アメリカにおいてFDA（Food and Drug Administration）に登録されFood Chemical Codexに記載されており，国内においてはいずれも日本薬局方に記載されている。またMCについては，国内の食品添加物公定書において，他の合成糊料とあわせて2％までの添加が許されている。HPMCについては，2003年6月より食品添加物に指定され，保健機能食品の錠剤のコーティング剤，カプセル基剤に限定された形での使用が認可されていたが，2007年2月27日の官報第4531号において，使用限定が廃止され，一般食品にも目的とする添加量を超えない範囲での使用が認められた。

　HPMCについては，医薬用としては，初期には有機溶媒に溶解するコーティング剤が選定され，特定の有機溶剤系で使われていたとの報告もあるが，最近では水系でのHPMCのコーティングが主流となっている。コーティングでは20℃での2％水溶液の粘度が3〜15mPa・s程度の

[*1] Yoshirou Onda　信越化学工業㈱　有機合成事業部　セルロース部　顧問
[*2] Kazuhisa Hayakawa　信越化学工業㈱　合成技術研究所　研究部　開発室長

第6章 セルロースの改質とその利用

ものが好んで使われる。粘度値がこれを下回るとフィルム強度が十分でなく，また，これを上回ると溶液の粘度のために適度の濃度を確保したコーティングが困難となる。この限界のフィルム強度が発現する粘度付近で高分子のからみあいによる粘度発現効果が生じることが，HPMCの分子量測定報告からわかっている[6]。多くの場合錠剤のコーティングに用いられる。

錠剤のコーティングは，図1に示すようなコーティングパンの中に錠剤を入れ，コーティングパンの中に乾燥温風を導入しながら，コーティング剤であるHPMCなどの水溶液を連続スプレーして錠剤に到達した水溶液が乾燥しつつフィルムが形成される。最近では図1のような排気ダクトを使用するのではなく，パンの壁が網状やパンチ孔になった通気式のコーティングパンが普及し，安定的にコーティングができるようになっている。このようなコーティングパンが使用されているフロイント産業㈱社製のハイコーターを利用した代表的なスプレー処方と操作条件を表1及び表2に示した。

顆粒剤のコーティングでは図2に示すような流動層中で予め顆粒化された製剤にHPMCなどの水溶液をコーティングするのが一般的である。散剤や顆粒のコーティングでは通常，流動層コーティング機が使用されるが，操作中に粒子同士が結合して団粒を発生する問題がある。最近，

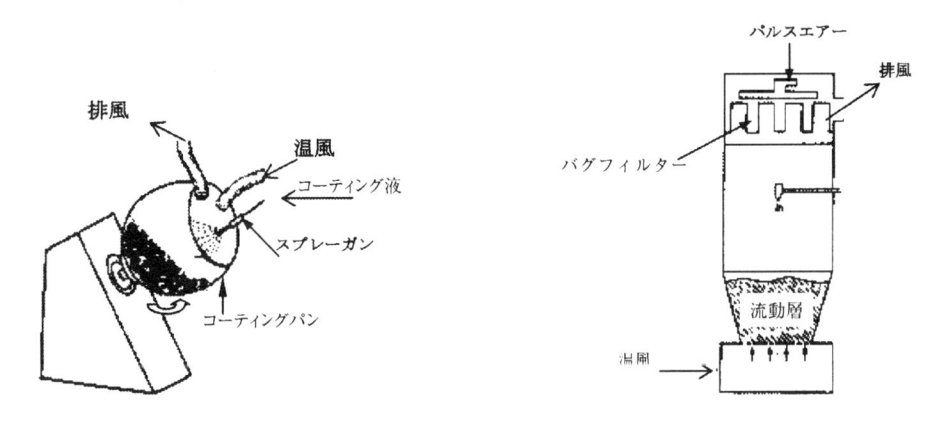

図1 錠剤コーティング装置の例　　図2 流動層コーティング装置の例

この団粒が少ないコーティング剤として低粘度のメチルセルロースが開発されている[7]。

表1 代表的コーティング液組成

組成	配合割合	
	黄色仕上げ	白色仕上げ
HPMC（Metolose 60SH-06）	7.0%	7.0%
グリセリン	1.0%	1.0%
酸化チタン	—	2.0%
食用黄色4号	0.2%	—
精製水	91.8%	90.0%
合計	100.0%	100.0%

表2 代表的コーティング操作条件

項目	実験機	生産機
装置（ハイコーター）	HCT-48N	HC-130N
パンサイズ	48cm	130cm
薬剤仕込み量	5.0kg	120kg
スプレーガン	ATF　1基	AT　3基
スプレー条件	150L/min　200kPa	250L/min*　200kPa
パン回転数	16rpm	8rpm
給気温度	70℃	80℃
給気量	2.5m^3/min	15m^3/min
錠剤温度	40℃	46℃
スプレー速度	30g/min	70g/min×3

＊ノズルエアー＋パターンエアー

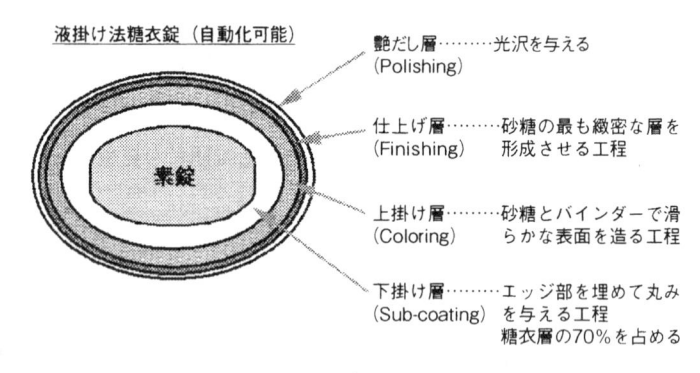

図3　糖衣錠の構造

液掛け法糖衣錠（自動化可能）
- 艶だし層（Polishing）………光沢を与える
- 仕上げ層（Finishing）………砂糖の最も緻密な層を形成させる工程
- 上掛け層（Coloring）………砂糖とバインダーで滑らかな表面を造る工程
- 下掛け層（Sub-coating）………エッジ部を埋めて丸みを与える工程　糖衣層の70％を占める

　胃溶性コーティングの中に糖衣コーティングがあり，薬物の保護のみならず，味や臭いの遮蔽ができることに加えて仕上がりが美しいことから採用されるケースがある。図3に示すごとく，糖を含む組成物を製剤にコートし，厚く巻いていく作業のため，基本的なコーティングを施すサブコーティング工程が繰り返し実施された後に色づけや表面調整のためのスムージング（カラーリングとも呼ぶ）が行われ，砂糖と精製水でのフィニッシングに続いてWAXによるポリッシングが行われて完成となる。従来このサブコーティングにおいては，ゼラチンとアラビアガムがバインダーとして用いられてきたが，ゼラチンは蛋白質であることから蛋白の変成による崩壊遅延や変色の問題から，HPMCとアラビアガムでのコーティングによる改善の工夫がなされてきており健康食品などのコーティングへの展開が期待できる。

2.2.2　ヒドロキシプロピルセルロース（HPC）

　水溶性のHPCについては，HPMCと同様アメリカではFDAに登録されており，Food Chemical Codexに記載されている。国内では日本薬局方に記載があり，食品添加物としても

第 6 章　セルロースの改質とその利用

2005年8月19日官報第4160号にて認可された。HPCもHPMCと同様に胃溶性コーティング剤として高濃度でも低粘度を示すものが使用される。コーティングは図1，図2に示す装置でエタノール等の有機溶剤系ないしは水系に溶解して実施される。

2.2.3　低置換度ヒドロキシプロピルセルロース

低置換度ヒドロキシプロピルセルロース (L-HPC) は水に溶けず膨潤する性質のあるセルロース誘導体である。国内では日本薬局方に記載がある。L-HPC は水には溶けないが，最近この L-HPC の水分散液を高圧分散して微細化し，スプレーコーティングした錠剤は人工胃液中で一定時間後に崩壊する製剤となることが見いだされている[8]。

2.2.4　エチルセルロース

市販されているエチルセルロースは水に溶解しないが，製剤からの薬剤の放出を遅延する目的で溶剤に溶解し，主に図1，図2に記載した装置でコーティングに使用される。国内では医薬品添加物規格に記載がある。

2.3　腸溶性のコーティング用セルロース誘導体

腸溶性のコーティング剤は胃の中で崩壊することなく通過し，6前後である腸内のpHで溶解する特性をもつ。いずれも分子内のカルボキシル基の解離特性に基づいたpH依存溶解性を示すものが用いられている。セルロース誘導体ではセルロースアセテートフタレート (CAP)，ヒドロキシプロピルメチルセルロースフタレート (HPMCP)，ヒドロキシプロピルメチルセルロースアセテートサクシネート (HPMCAS)，カルボキシメチルエチルセルロース (CMEC) がある。HPMCASのpHに依存した溶解速度及び溶解性を支配する因子は，カルボキシル基の解離の静電自由エネルギーであることが高橋らによって報告されている[9]。図4と図5にHPMCPとHPMCASの溶解時間のpH依存性を示す。

HPMCPのカルボキシル基であるフタリル基の置換度をPth.(DS)とし，HPMCASのカルボキシル基であるサクシニル基の置換度をSuc.(DS)として図4及び図5中に示した。HPMCPではPth.(DS)の増加によって溶解pHが高くなる傾向を示すのに対して，HPMCASではSuc.(DS)の増加によって溶解pHは低下する傾向を示している。セルロース誘導体の骨格として既に存在している置換基の種類及び導入するカルボキシル基の種類と量によって溶解のpHの傾向が異なり，溶解するpH領域を制御しうることが可能であることが示唆されている。HPMCにトリメリチル基を導入することによって小腸上部のpH領域となるpH3.5～4.5で溶解するヒドロキシプロピルメチルセルローストリメリテートが得られることが報告されている[10]。

これら腸溶剤のコーティングの手法としては，溶剤に溶解して図1や図2のような装置での錠剤や顆粒への溶解が行われていたが，最近では水分散させてコーティングする手法や，粉体

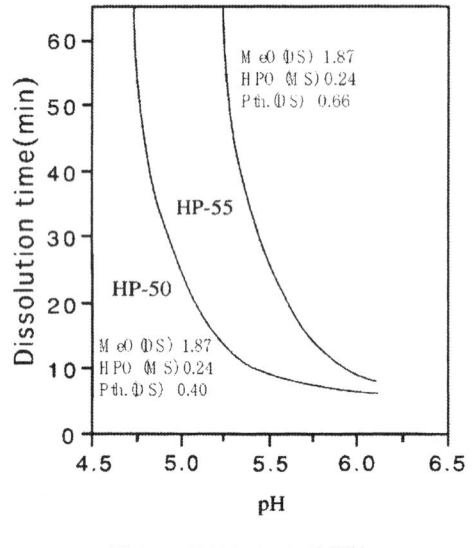

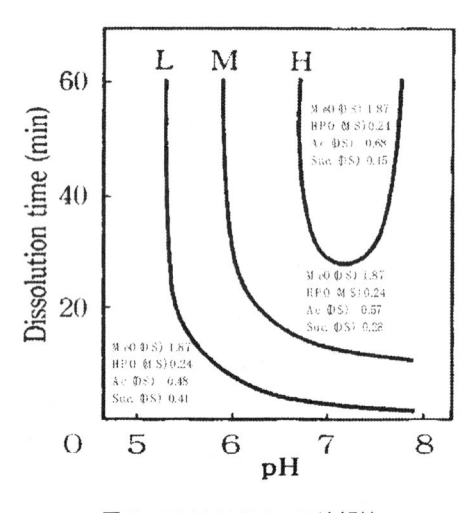

図4 HPMCPのpH溶解性

図5 HPMCASのpH溶解性

と可塑剤を同時にコーティングパンに導入してコーティングする溶剤の回収の必用のない乾式コーティングも開発されてきている[11]。

2.4 おわりに

セルロース誘導体は天然のセルロースを原料とし，その安全性については高く評価されており，前述のごとく置換基の種類や量によって性能を発現したり制御できる点ですぐれたコーティング剤として今後の展開が期待できる。

文　　　献

1) McCollister et al., *J. Pharm. Sci.*, **50**, 615 (1961)
2) McCollister et al., *Toxicol.*, **11**, 943 (1973)
3) Braun W. H. et al., *Fd. Cosmet. Toxicol.*, **12**, 373 (1974)
4) McCollister et al., *J. Am. Pharm. Assoc.*, **43**, 664 (1954)
5) S. Obara et al., *J. Toxicol. Sci.*, **24**, No.133, 43 (1999)
6) 加藤忠哉，徳谷直志，高橋彰，高分子論文集，**39**, No.4, p.293-298 (1982)
7) H. Kokubo, S. Obara and Y. Nishiyama, *Chem. Pharm. Bull.*, **46** (11), p.1803-1806 (1998)
8) 星野貴史，丸山直亮，早川和久，伊藤有一，第23回粒子設計シンポジウム講演要旨集，p.156-159 (2006)

9) 高橋彰, 加藤忠哉, 神谷文明, 高分子論文集, **42**, No.11, p.803-808 (1983)
10) H. Kokubo, S. Obara, K. Minemurs and T. Tanaka, *Chem. Pharm. Bull.*, **45** (8), 1350-1353 (1997)
11) 丸山直亮, 医薬品製剤化方略と新技術, p.205-209, シーエムシー出版 (2007)

3 溶融紡糸法によるセルロースの繊維化

荒西義高[*1], 西尾嘉之[*2]

3.1 はじめに

世界全体の繊維需要量は人口の増加に伴って年々増大しており，年間7000万トンを超える莫大な量の繊維が生産されている[1]。このうち，ポリエステルやナイロンなどの合繊は，機械的特性が良好で安価に供給されることから，約54％にあたる3800万トンを占めている。合繊の占める割合は今も増加傾向にあるが，原料が石油由来の枯渇性資源であるため，将来的にはいずれ供給不能の状態に直面することが予想される。

一方，セルロース系繊維の現在の生産量は，天然セルロースそのものである綿（コットン）が2400万トン，レーヨンやアセテートなどの化繊が300万トンであり，セルロース系繊維の繊維生産量全体に占める割合は40％程度である。セルロースは光合成によって毎年1000億トン以上も産生するバイオマスであり，計画的な利用によって半永久的に活用が可能な材料である。セルロースそのものが持つ数々の優れた特徴に加え，原料供給の観点からも，繊維材料としてのセルロースは近年高く評価されるようになってきている。

3.2 既存のセルロース系繊維

セルロースは古くから用いられてきた代表的な繊維材料である。特にコットンは，優れた吸湿性・吸水性を示す快適素材であり，比較的安価に供給されるため，世界中で広く用いられている。ただし，純天然系のセルロース繊維は，そのままでは繊維長が短いために一旦紡績加工を行う必要があり，繊維形態としては長繊維であるフィラメントが得られないという限定がある。また，繊維断面形状などについても任意に制御することはできない。

セルロースを原料としつつ何らかの手を加えた繊維（化繊）として，レーヨンやアセテートなどのセルロース系繊維が製造されている。「人造絹糸」と呼ばれたレーヨンは，その名の通り絹にも似た優れた光沢を有している。フィラメントとして用いられることの多いアセテートも，優れた発色性と適度な吸放湿性を有する高級フィラメントである。また，最近ではテンセル（リヨセル）が新しいセルロース繊維として生産量を伸ばしている。

しかし，これらのセルロース系再生繊維は，一旦ポリマーを溶媒に溶解させ，その後溶媒を除去する「湿式紡糸法」あるいは「乾式紡糸法」（総じて溶液紡糸法）を採用せざるを得ないものである。セルロースは汎用の溶媒に溶解しがたいため，現状では，これらの方法で用いられる溶

[*1] Yoshitaka Aranishi 東レ㈱ 繊維研究所 主任研究員
[*2] Yoshiyuki Nishio 京都大学 大学院農学研究科 森林科学専攻 教授

第6章 セルロースの改質とその利用

表1 既存の代表的繊維とその問題点

繊維	原料	製糸に必要な薬剤
ポリエステル	△石油系 (エチレングリコール＋テレフタル酸)	○なし (溶融紡糸)
ナイロン	△石油系 (ε-カプロラクタム等)	○なし (溶融紡糸)
アクリル	△石油系 (アクリロニトリル)	△ジメチルアセトアミド等 (湿式紡糸)
レーヨン	○セルロース	×二硫化炭素 (湿式紡糸)
テンセル	○セルロース	△NMMO/水 (湿・乾式紡糸)
アセテート	○セルロース＋酢酸	×塩化メチレン，アセトン (乾式紡糸)

媒は人体に直接悪影響をもたらす有害なものであったり，取り扱いを間違えると爆発などの危険性を伴う特殊なものを選択せざるを得ない。そのため，セルロースという再生産可能なバイオマスを原料として用いてはいるものの，繊維としては必ずしも環境にやさしいとは言えないのではないかという指摘がなされるようになってきている（表1）。

3.3 セルロースの熱可塑化に関する研究

地球上に大量に存在するバイオマスであり，しかも毎年光合成によって再生産されるセルロースを繊維原料として用いることは，今後の持続的な経済発展のためにも重要な要件である。とりわけ，セルロースを原料として用いながらも，紡糸工程においては環境リスクを極小化できる「溶融紡糸法」を採用することが非常に重要な課題になるといえる。

しかし，分子鎖間，分子鎖内の極めて強固な水素結合のネットワークにより，セルロースは熱可塑性を有さない材料である。そのため，溶融紡糸法を採用するにはセルロースの熱可塑化を達成することが必須の要件となる。

溶融紡糸を行うためには，かなり良好な熱流動性が必要とされる。溶融粘度もさることながら伸長粘度が高くては製糸は困難である。したがって，セルロース系組成物の溶融紡糸を行うためには，セルロースに関する精密な改質設計の検討が必要である。セルロース系ポリマーに熱流動性を付与する具体的な方法について，以下に紹介する。

3.3.1 水酸基の反応性を利用したセルロースの誘導体化

セルロースの水酸基を封鎖して水素結合を抑制することは熱可塑化に対して良好な効果をもたらす。水酸基は反応性に富む官能基であり，種々の化学修飾法が知られている。セルロースへの置換基の導入方法として最も簡単なものの一つがエステル化であり，硝酸や硫酸などの無機酸を

用いたエステル化,酢酸などの有機酸を用いたエステル化が可能である。また,セルロースはエーテル化,カーバメート化などの化学修飾も可能であり,熱可塑性付与が検討されている報告もある。

セルロースアセテート（酢酸セルロース）やセルロースナイトレート（硝酸セルロース）などのセルロース誘導体は,可塑剤の添加によってある程度の熱可塑性を示すようになり,メガネフレームや歯ブラシ,ドライバーの柄などに活用されている。しかしながら,溶融紡糸による繊維（フィラメント）化を考える場合には,ポリマー組成物について非常に高度の熱可塑性を有していることが必要になるため,残念ながらこれら従来の組成物では満足に対応できない。ただし不織布製造プロセスの一環として溶融紡糸を採用した従来の検討例には,セルロースアセテートに大量のグリセリンを添加した組成物[2]やその他の可塑剤を配合した組成物[3]などを用いた幾つかの例が散見される。また,二次元・三次元材料へのセルロースの熱可塑化を目的とした検討に関しては,例えば,リグノセルロース（木粉）に対してベンジル化やラウロイル化などの反応によって嵩高い置換基を導入すると,組成物全体が効果的に熱可塑化され,透明な熱圧フィルムやトレイなどの成型品が得られることが報告されている[4]。

その他の分子修飾セルロースに対して溶融紡糸を試みた例としては,ヒドロキシプロピルセルロースを用いた溶融紡糸の検討[5],水酸基をトリメチルシリル化したセルロース誘導体を用いる検討[6,7],などが知られている。これらの例では紡糸速度が極めて遅く生産性が低いので事業化は困難であると考えられるが,少なくとも"実験室系での溶融紡糸"に成功した試行例といえる。

3.3.2 セルロース誘導体へのグラフト重合

セルロースアセテートは側鎖として導入されたアセチル基の寄与によってある程度の熱可塑性を示すが,可塑剤をかなり多量に添加した場合でも,汎用の合成高分子に比較すると熱流動性は十分ではない。しかし,グラフト重合の技術によってアセチル基に加えて新たに枝鎖を導入すると,組成物の熱流動性を格段に向上させうることが知られている[8]。

導入されるグラフト側鎖も生分解性を有することが好ましいので,例えば ε-カプロラクトンやラクチドなどの脂肪族オキシ酸の環状エステルをモノマーとして用いることができる。セルロースアセテートは残存水酸基を有しているので,この水酸基を基点としてモノマーを開環重合させ,位置選択的に枝鎖を導入することができる。初期の水酸基置換度と用いるモノマー種の設定によって枝鎖の密度や柔軟さと結晶性の調節ができるので,セルロースグラフト物全体としての物性や生分解速度の精密制御が可能となる[9]。特殊繊維を含めた機能性高分子材料としての広範な応用展開が期待される。

第6章 セルロースの改質とその利用

3.4 熱可塑性セルロース繊維"フォレッセ"

前項までに述べた状況のもとで,東レ㈱では溶融系から得られるセルロース由来の新規繊維の研究開発が進められてきた。当該研究の目的は,セルロースの熱可塑化を達成して,環境に有害な有機溶媒を使用する必要のない溶融紡糸法によって繊維化しようとするものである。

開発名称を"フォレッセ"としたこの熱可塑性セルロース繊維に関しては,熱可塑性を発揮させるために最適側鎖設計によるセルロースの化学修飾を行い,ベースポリマーはいわゆるセルロースエステル誘導体となっている。また,溶融紡糸を可能とする高度の熱流動性ならびに伸長流動性を与えるために,少量の生分解性可塑剤を併用する処方を採用している。この処方によって,既存のセルロース系ポリマーでは達成できなかった,溶融紡糸による安定的なフィラメント生産が可能になった。

溶融紡糸では供給されるポリマー組成物はそのまま紡糸機の溶融部へ送られる。配管中に一定の重量を計量するギヤポンプによって設置された口金を通じて紡出される。紡出された糸条は,溶液紡糸と異なりポリマー組成物以外には有機溶媒などを一切含んでいないので,溶媒回収などのプロセスは不要である。積極的に冷却するためにチムニーとよばれる装置から冷却風を送り,集束させるために油剤を付与した後,一定速度で回転するゴデットローラーによって引き取られ,所望のパッケージに巻き取られることとなる(図1)。口金から紡出された糸条は溶融状態

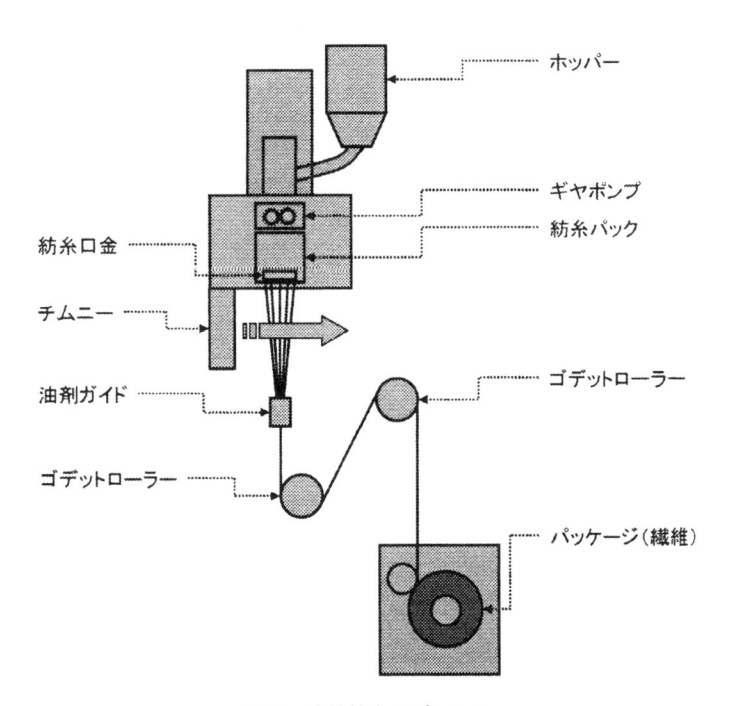

図1 溶融紡糸のプロセス

であるため、固化が完了するまでは伸長変形が可能であり、ドラフトをかけて分子配向を高くすることができる。既存のセルロース系繊維の製造方法である溶液紡糸と比較して紡糸速度が高速なので繊維の生産性が高いこと、有機溶媒の回収工程を必要としないことなど、"フォレッセ"は溶融紡糸法の採用に起因する製造工程上の大きな利点を有している。

また、次項に具体例を示すように、紡糸口金の各種設計によって繊維断面形状のバリエーションが豊富に存在しうることも、溶融紡糸法ならではの利点となる。

3.5 "フォレッセ"の特徴

レーヨンやアセテートが既存のセルロース系のフィラメント素材であるが、溶融紡糸により得られる素材"フォレッセ"がこれら従来素材と最も大きく異なる点は、前述した工程上の利点から明らかなように、有害な有機溶媒の散逸リスクがなく本質的に環境にやさしい繊維素材であることである。さらに、環境面での好転のみならず、溶融系の相構造や口金の設計に応じて芯鞘複合断面、海島複合断面などの複合繊維や、各種異形断面繊維が任意に製造可能となる。たとえば海島複合紡糸を行うことによって、セルロースフィラメントとしてはこれまで存在したことのない、単糸直径が3μmの超極細連続フィラメントを得ることができる（図2）。また、いわゆる中空糸（hollowファイバー）に紡糸することも容易であり、空隙率が40％の中空糸では見かけ比重が0.8となるため、水に浮くセルロース系繊維を得ることができる（図3）。その他、絹様の三葉断面はもちろん、複数の中空部を有する田型断面や吸水性の向上を目的とした手裏剣型断面など[10]も容易に設計可能である。

繊維を構成するポリマーとしての性質を見た場合、本素材は、セルロース誘導体となっているためにセルロースそのものよりは吸湿性能がやや劣るものの、残存水酸基の寄与によってポリエ

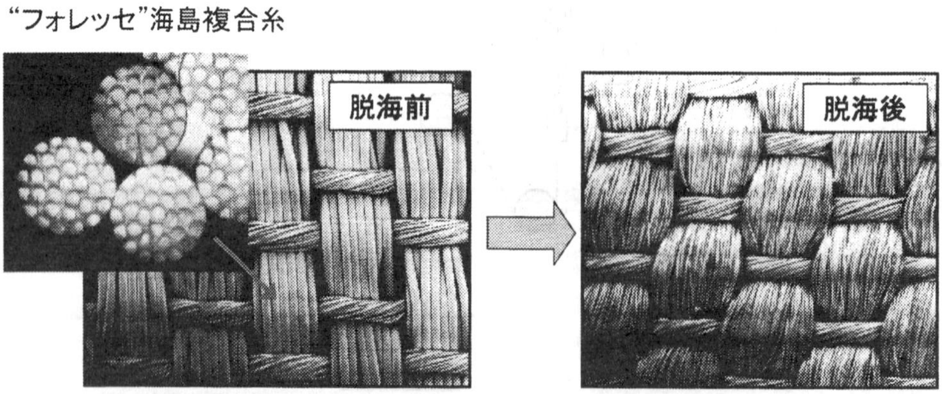

"フォレッセ"海島複合糸

図2　海島複合紡糸繊維からの"フォレッセ"超極細繊維

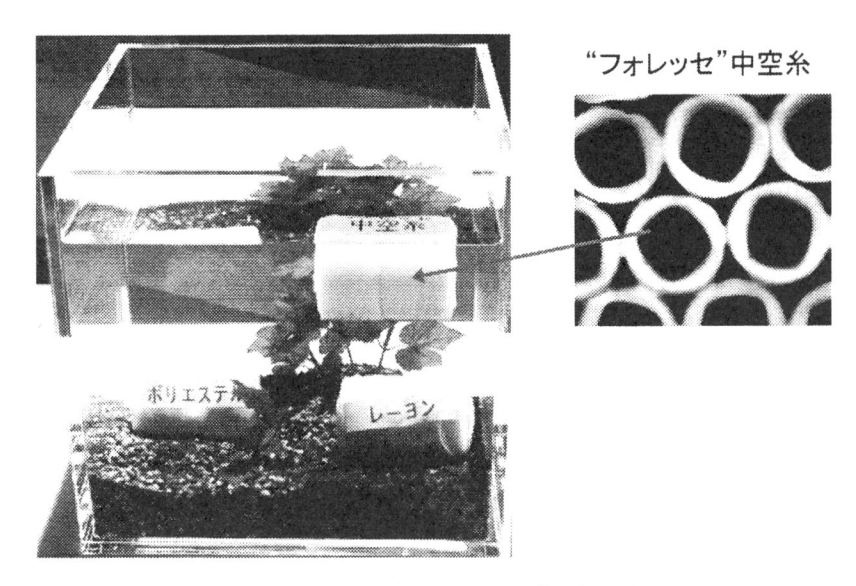

第6章 セルロースの改質とその利用

図3 中空繊維による"フォレッセ"超軽量布帛

ステル繊維などに比べて格段に優れた吸湿性能を示し，その結果として制電性能も良好である。また，ポリマー屈折率が低いために繊維内部まで光が透過できる割合が高く，その結果として，染色された布帛の場合には良好な発色性を呈することになる（図4）。

以上のように，セルロースを熱可塑化し溶融紡糸によって繊維化を行う"フォレッセ"は，合繊の持つ製造のしやすさと，化繊の持つ良好な繊維特性を併せ持つ，従来にない新しい繊維素材であると言える。

図4 "フォレッセ"布帛の発色性を例示する各種染色サンプル

3.6 おわりに

セルロースは，木材の実質成分の中では含有率が最も高く，その単離についても工業的に確立されている。パピルスの昔から人類にとってきわめて馴染みの深い天然系材料であるが，繊維材料としてのセルロースは今後ますます重要性を増していくものと考えられ，より環境負荷の小さ

い製造方法,有効なリサイクルシステム,改質性能・機能の向上など,さらなる検討が望まれる。

　最後に,本稿に記した研究成果の一部はNEDO（新エネルギー・産業技術総合開発機構）基盤技術研究促進事業の委託研究として行ったものであり,ここに謝意を表する。

文　　献

1) 日本化学繊維協会,「繊維ハンドブック2007」,日本化学繊維協会資料頒布会,p.179 (2006)
2) ローディア アセトウ アーゲー,特許第3251018号
3) 王子製紙㈱,特開平9-291414号
4) 白石信夫他,「ウッドケミカルスの最新技術」,㈱シーエムシー,pp.227-256 (2000)
5) K. Shimamura *et al.*, *J. Appl. Polym. Sci.*, **26**, 2165-2180 (1981)
6) G. K. Cooper *et al.*, *J. Appl. Polym. Sci.*, **26**, 3827-3836 (1981)
7) R. D. Gilbert *et al.*, *J. Appl. Polym. Sci.*, **77**, 418-423 (2000)
8) 西尾嘉之,繊維学会誌（繊維と工業）,**62** (8),232-236 (2006)
9) Y. Teramoto, Y. Nishio, *Biomacromolecules*, **5**, 407-414 (2004)
10) 西尾嘉之,荒西義高,「"ファイバー" スーパーバイオミメティックス～近未来の新技術創成～」,㈱エヌ・ティー・エス,pp.248-253 (2006)

4 通気性制御素材の開発

黒田　久*

4.1 はじめに

　衣服着用時の快適性については多くの研究がなされ，さまざまなジャンルで快適性を追求した原糸機能，後加工機能，テキスタイル機能が開発されてきた。その評価には個人差や同一人でも時と場合によって着心地感が異なるなどの問題を含むものの，よく「衣服内の環境」という表現でその機能の快適性が表現される。

　衣服内の環境変化の例として，暖かい場所で発汗し蒸し暑さを感じたり，涼しい場所では熱移動による冷えや寒さを感じたりすることなどが挙げられるが，この衣服内の環境の変化に対して人は，暑い時には薄着，寒い時には重ね着をし，或いは襟や裾といった開口部を開け閉めしたり，時として無意識的に人為的な調節を行っている。これらの行動を考察するとすなわち衣服内の「気流」の調節を行っていることになる。

　これに対して原糸・後加工・テキスタイルの機能性として挙げられるものには，保温や発熱，吸熱といった温冷感や吸汗速乾など多種多様にあるが，これらは気流を調節するものではない。

　すなわちここで報告する三菱レイヨン㈱の「ベントクール」は，この気流に着目し水分や湿度に依存して生地組織が自動的に開閉する機能を有している。この機能は，人為的な調節に代わり，素材自らが衣服内の通気性をコントロールし，着用時に快適性を与えるものである。

4.2 通気性制御素材の概要

　ベントクールによる衣服内の通気性制御機能を模式図（図1）で示し，乾燥時と発汗の多湿時を比べてみる。

　ここではベントクールはポリエステルなどの他素材と組み合わされたテキスタイルとして示し

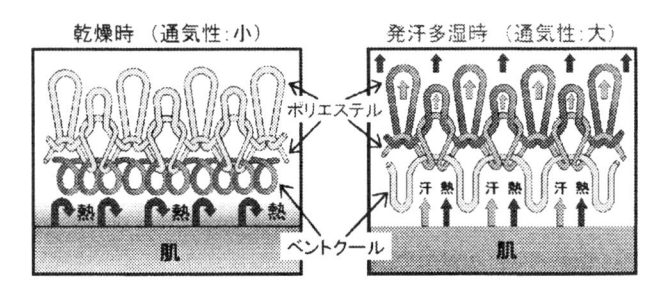

図1　通気性制御機能の模式図

---

*　Hisashi Kuroda　三菱レイヨン㈱　アセテート工場　技術開発課

ており，肌側に配置されたベントクールはこれらの気候の変化に対して可逆的に捲縮が発現する"動く繊維"の特徴を有している。すなわち乾燥時は繊維の立体的な捲縮により組織の目が閉じて，通気性が小さくなることから保温性を保持し，逆に運動による発汗など多湿時には捲縮が消失して組織の目が開き，通気性が大きくなることから涼感性に優れる。

この"動く繊維"はトリアセテートとジアセテートからなるコンジュゲート繊維を特殊な化学改質によって水膨潤度の異なる高膨潤性成分と低膨潤性成分の2成分に構成させたアセテート系の指定外繊維である。

通常のアセテート繊維に比べて親水性成分を多く有し，且つ特殊な断面形状のため吸放湿性にも優れ，乾湿状態の変化に迅速に対応する。また，捲縮の発現，消失の可逆的変化は半永久的に維持できる。

4.3 "動く繊維"の原糸設計

ここでアセテートについて簡単に説明する。アセテートは天然パルプ由来の半合成繊維と言われ，原料のパルプはセルロースであり，多くの水酸基を有している（図2）。このため親水性に優れ，綿や麻やレーヨンなどは水に濡れると大きく膨潤する特徴[1]を持っている。

一方アセテートはこの水酸基を無水酢酸と反応させることで得られ，アセチル基へと変化している。その反応率が74％以上でジアセテート，92％以上であればトリアセテートと表現される。このためこの反応率が上がるにつれて親水性の傾向は薄れ，アセテートでは水に濡れても殆ど膨潤しない。

ちなみにアセテートはアルカリによるアセチル基の加水分解，すなわち鹸化性を有しており，精錬・染色工程などではpHに注意する必要がある。あるいはこれに対し繊維表面のみを鹸化して染色特性を改質するなど特殊な加工技術[2,3]も存在する。

紡糸されたベントクールはジアセテートとトリアセテートの接合型複合紡糸繊維であり，捲縮は認められず，繊維断面は図3のようにダルマのような形をしている。

続いてこの複合繊維を水酸基の反応率差に着目して特殊な条件で鹸化処理すると，ジアセテートのみがセルロースへと変化する。結果，

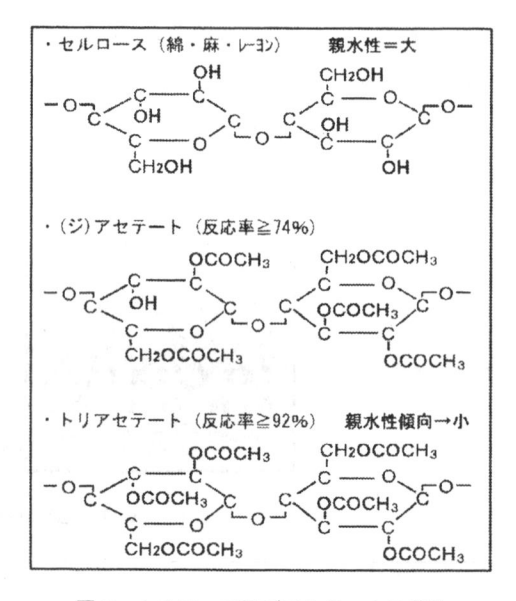

図2 セルロース及びアセテートの構造

第6章 セルロースの改質とその利用

図4に示すように、乾燥時にはセルロース成分中にたくさん含まれている水が脱水され収縮し始める。収縮力は非常に強く、セルロースの特徴である水素結合力が発生していると示唆される。当然繊維軸方向へも収縮することからトリアセテート成分との長さ変化によってらせん状の捲縮が発現することとなる（図5）。実際、ジアセテートの単独繊維をセルロース化した繊維では乾燥時に繊維長が約15%も収縮する挙動を示す。

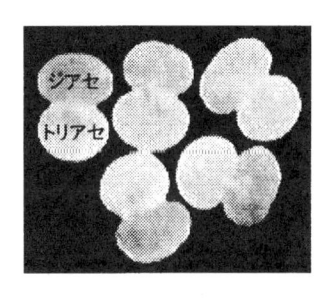

図3　接合型複合紡糸断面

対して湿潤時には、セルロース成分が吸湿・吸水し、膨潤するが、この場合も繊維軸方向に膨潤することから、捲縮は消失することとなる。

この変化は図6に示すように編地としてよく確認することができる。図中、編地の右半分は水に湿らせてあり、捲縮が消失していることから編み目の形態がはっきり確認できる。一方、左半分は乾燥している部分であり、捲縮が発現し、編地は収縮し、編み目が閉じている。

図7のグラフは、こうした捲縮特性が湿度によって変化する様子を示したものである。湿度を95%から45%まで繰り返し変化させた時、高湿度では捲縮率は小さく、低湿度では増大することが認められる。

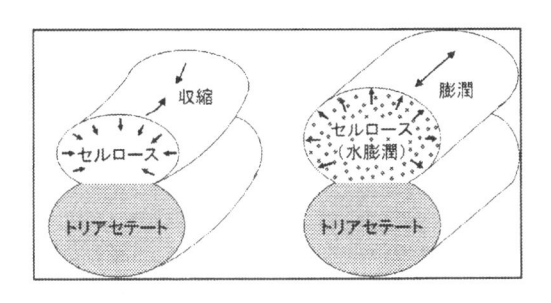

図4　捲縮の模式図
乾燥時（左）　湿潤時（右）

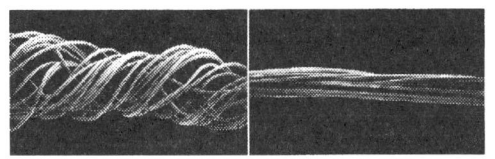

図5　糸形状
乾燥時（左）　湿潤時（右）

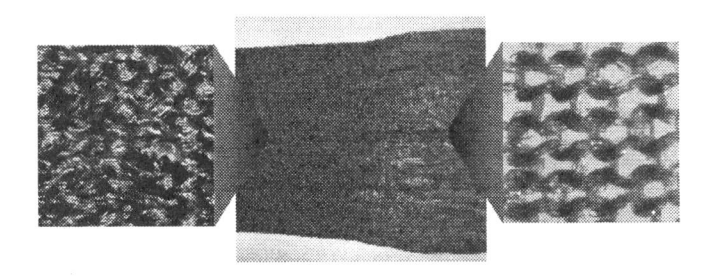

図6　乾燥部（左）と湿潤部（右）の編地

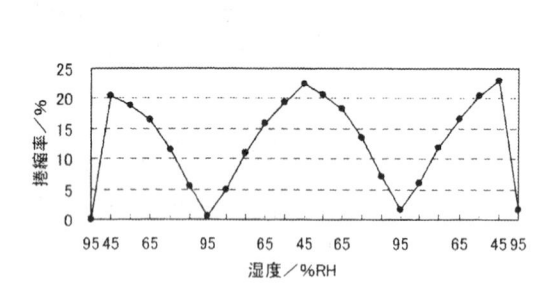

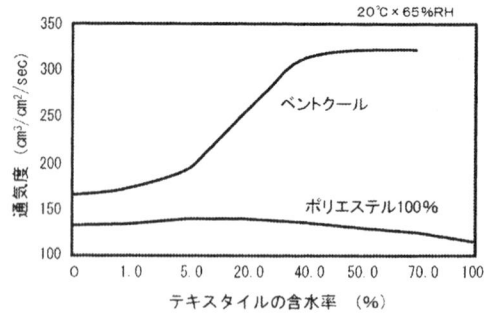

図7 ベントクール原糸の可逆的捲縮特性　　図8 ベントクール混繊テキスタイルの通気度特性

4.4 可逆捲縮特性の実用化

次に，このベントクールを用いたテキスタイルの特性について説明する。

図8のグラフは，ベントクールを用いたポリエステル混繊テキスタイルの通気度を測定した結果である。横軸にテキスタイルの含水率，縦軸にフラジール型の通気度測定器により得られた通気度を示しており，ポリエステル繊維100％からなるテキスタイルがほとんど変化しないのに対し，ベントクールからなるテキスタイルは含水率が5～35％に至る範囲で大きく通気度が変化することが認められる。

さらにこの評価を繰り返し行った結果，図9のグラフが示すように可逆的な通気度変化が確認できる。

すなわち，図1で示す通気コントロール性能を証明する結果であると言え，さらにこの機能は洗濯30回後においても全く変わらないものであり，繊維表面へ機能付与する後加工素材とは異なる，半永久的な機能となっている。

次に図10のグラフは，サンプルとしてインナー用途向けのテキスタイルについて評価した結果である。インナー用途などでは水分率よりも湿度という観点での機能が求められると考えら

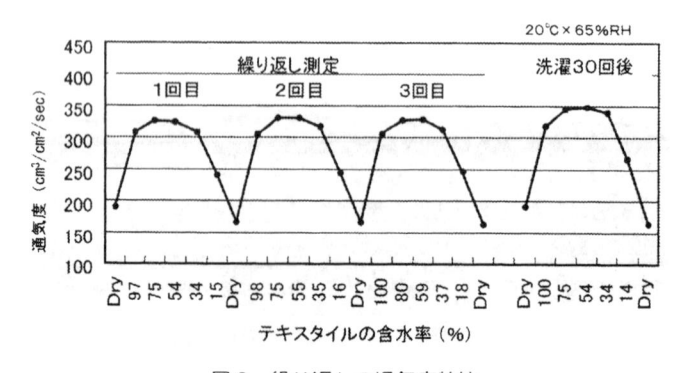

図9 繰り返しの通気度特性

第6章 セルロースの改質とその利用

れ，湿度に対する通気度変化を測定した。結果，湿度という観点からも通気度変化を示すことが認められる。

その他，親水性が向上したこのベントクールの特徴を評価した結果，水滴を落とした時の消失速度はポリエステルからなるテキスタイルに比べ早く（図11），水の広がりが大きいことから乾燥も速くなることが認められる（図12）。

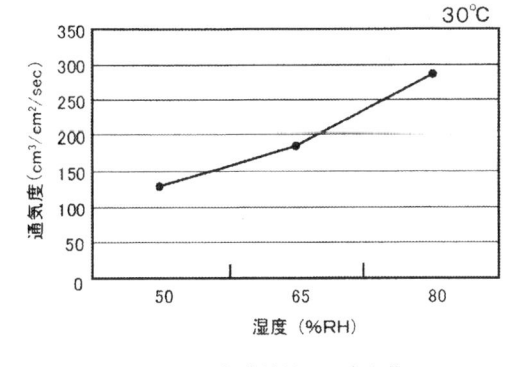

図10 通気度特性の湿度変化

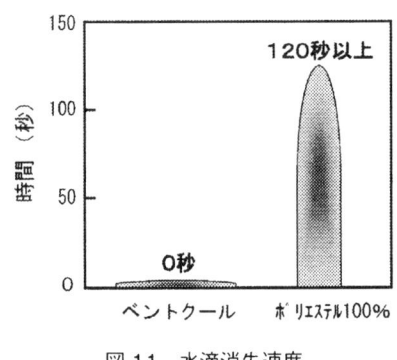

図11 水滴消失速度

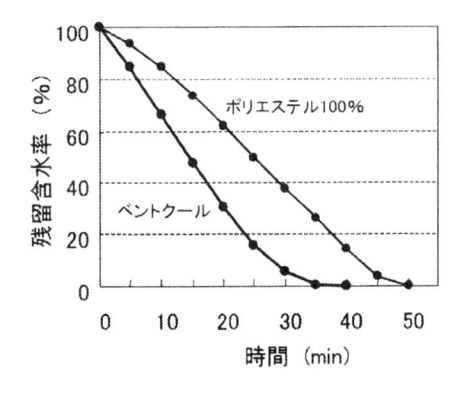

図12 乾燥速度（滴下法）

4.5 おわりに

"動く繊維"「ベントクール」は水分や湿度に依存して可逆的に繊維形態を変化させ，衣服内の通気性を制御することができる。これはセルロース系繊維の湿度に対する膨潤特性の違いを捲縮形態の変化に応用し，さらには高度なテキスタイル技術によって実用性の高い布帛へ発展させたものである。「自ら感じ，自ら適切な行動をおこす能力を素材自体が潜在的に有する」インテリジェント材料として，衣料用素材に新たな展開が示唆され，今後の繊維産業の発展に寄与させていく所存である。

文　　献

1) 和田野基　編，アセテート繊維，丸善，p12 (1957)

2) 和田野基 編, アセテート繊維, 丸善, p218 (1957)
3) 三菱レイヨン㈱, 特開平 5-272067

5 TAC の LCD 構成材料としての応用

森　裕行[*]

5.1 はじめに

　TAC（三酢酸セルロース，またはCTA：cellulose tri-acetate）フィルムは，発火の問題のあるNC（硝酸セルロース）を代替する不燃性の写真フィルム支持体として1930年代に開発され，それ以降，長年に渡って広く用いられてきた。TACフィルムは，光学的には光透過率が高い，複屈折が小さいという特長を持つ。また，巻き癖カールがつきやすい他の材料は，写真の現像処理時にトラブルを起こしやすいが，写真の現像処理時にカールを回復し，平滑となるTACフィルムでは，現像処理時のトラブルが解消されるという特長を有する。TACフィルムは，裁断，加工に適した機械強度を有する。

　これらの特性を持つTACフィルムは，延伸したPVA（ポリビニルアルコール）にヨウ素や染料を吸着させた偏光子を両側から保護する偏光板保護フィルムとしても適しており，長年，偏光板用途に用いられてきた[1,2]。近年，偏光板保護フィルムのTACフィルムに，LCD視野角拡大[3]，反射防止，防眩性，などの光学機能が付与され，高機能化が進んできた。また，TACは，セルロースを原料とするバイオマスであり，カーボンニュートラルで環境負荷の少ない材料でもある。

　ここでは，偏光板保護フィルムとしてのTACフィルムについて，LCD高性能化に寄与する最新技術を含めて技術解説を行う。

5.2 TACフィルムの製造方法

　天然材料である木材パルプや綿花のリンターに含まれるセルロースを原料とし，酢化することで，TACフレークが作られる。図1に示したTACの分子構造から分かるように，バルキーなアセチル基が存在するため，他の高分子と比較して自由体積が大きく透湿性が大きい。良好なカール回復性はここから来ている。

　また，アセチル基が主鎖方向と直交方向にあるため，固有複屈折が小さく，複屈折を生じにくい。

　TACフィルムは溶液製膜法によって製造される。図2に示したように，TACフレークを溶媒に溶解

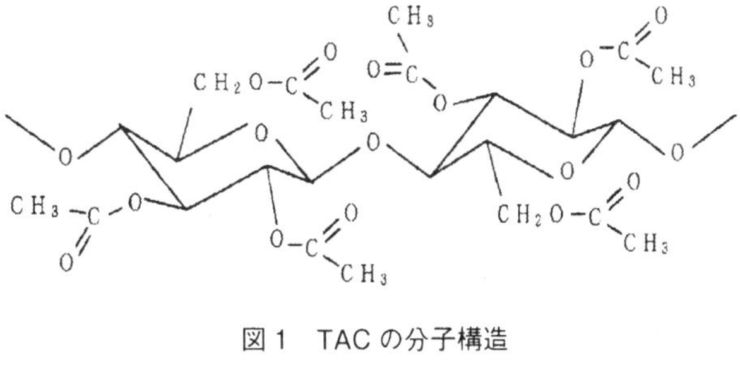

図1　TACの分子構造

---

[*] Hiroyuki Mori　富士フイルム㈱　フラットパネルディスプレイ材料研究所　研究担当部長

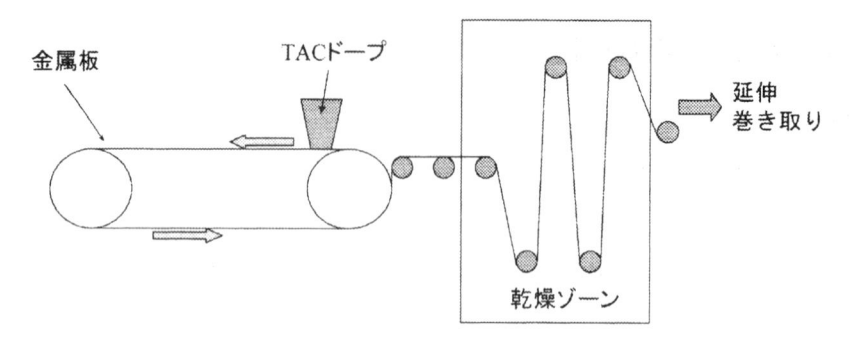

図2 TACフィルムの溶液製膜法による製造

した溶液（ドープ）を，金属板の上にキャストし，溶媒を乾燥して金属板から剥ぎ取り，更に残留溶媒を乾燥することによって，膜厚一定で平面性，均一性に優れたTACフィルムのロールが得られる。金属板上で幅が規制されたまま溶媒が乾燥する過程において，TAC分子は面配向し，わずかではあるが厚み方向（面外方向）に複屈折が発生する。

5.3 偏光板保護フィルムとしてのTAC

LCDに広く用いられているプラスチック偏光板は，図3に示したように，高度に一軸延伸したPVAに多ヨウ素イオン（または色素）を吸着させたものである。多ヨウ素イオン（I_3^-，I_5^-など）が，PVAの延伸方向に配向し，入射した自然光は，多ヨウ素イオンの配向方向（PVAの延伸方向）の偏光成分が吸収され，その方向と直交方向に振動する直線偏光が出射光となる。こ

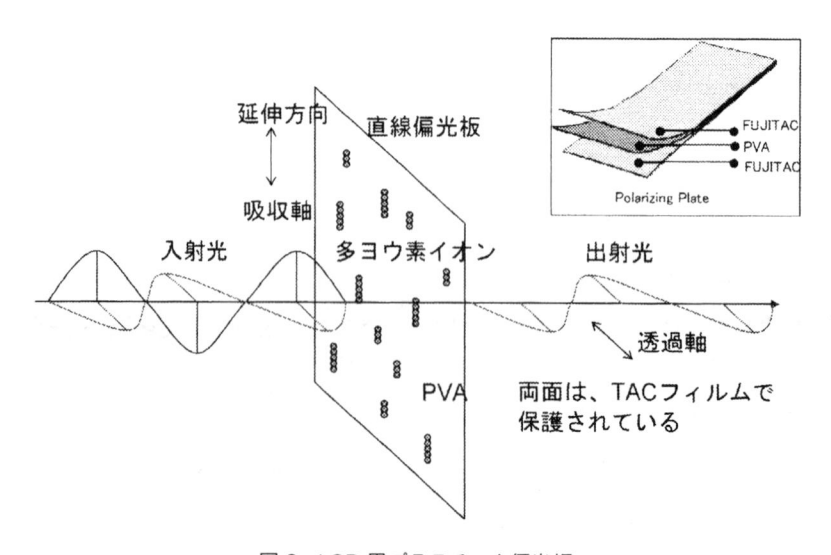

図3 LCD用プラスチック偏光板

第6章 セルロースの改質とその利用

の偏光子は,温度,湿度などの条件が変化すると,PVAが元の状態に戻ろうと収縮したり,ヨウ素が抜けるという問題が生じるので,その問題を解決するために,両面からTACフィルムを貼り合わせて保護する必要がある。偏光板のロール to ロール製造のイメージ図を図4に示す。PVAにヨウ素を吸着させる工程は水系の工程であり,保護膜から水分が抜ける(乾燥する)ことが要求される。また,得られた偏光板がカールせず,平滑性を保つことも重要である。光学的にも偏光状態に悪影響を与えないことが要求され,このような条件全てを満たす材料がTACである。

典型的な透過型LCDの断面図を図5に示す。二枚のガラス基板の間に数μmの厚みの液晶層を設けた液晶セルの両面に一対の偏光板が張り合わされる。上述したように,偏光板は,ヨウ素を吸着した延伸PVAの両側に保護TACフィルムに張り合わされた積層体である。最外面の

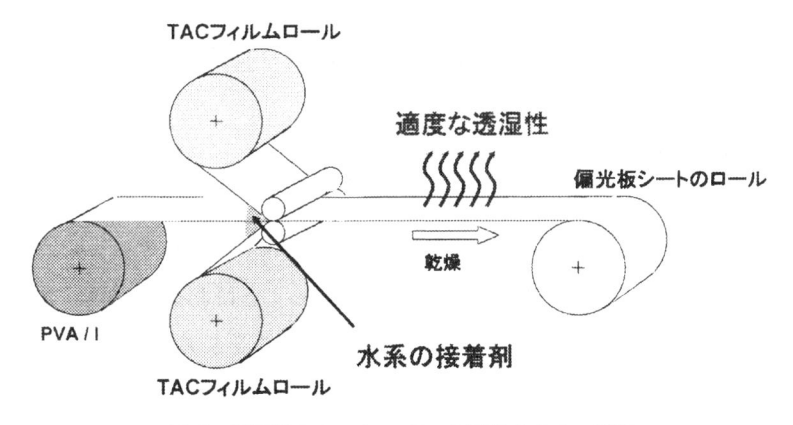

図4 偏光板のロール to ロール製造のイメージ図

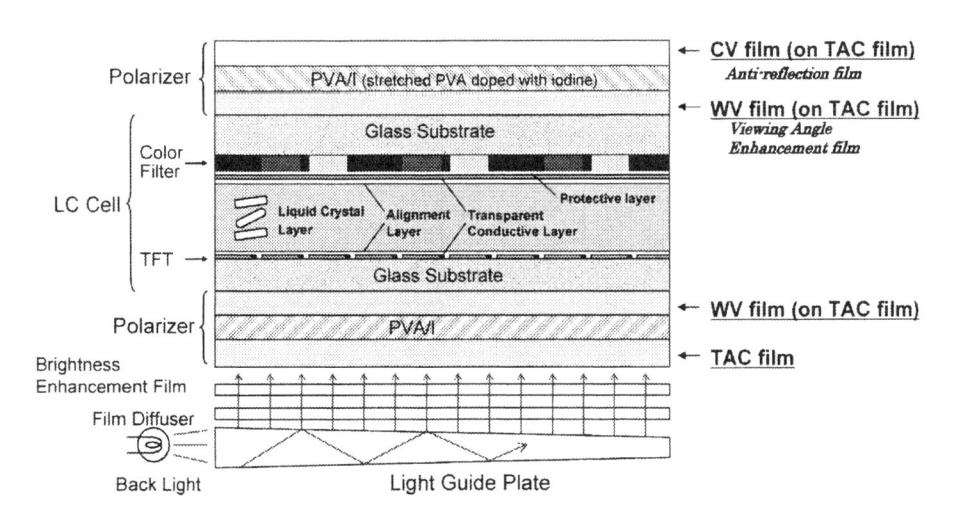

図5 典型的な透過型LCDの断面図

TACフィルムの表面は，外光の映り込みを低減させるために，防眩（AG：anti-glare）性や反射防止（AR：anti-reflection or LR：low reflection）が付与され，視認性を向上させる。液晶セル側の保護TACフィルムは，視野角拡大機能を有する。

5.4 TACフィルムを利用したLCDの視野角拡大フィルム

LCDは，携帯電話，デジタルスチルカメラ，ビデオカメラ，カーナビ，ノートPC，PCモニターなど中小型用途から，近年，大型テレビへの用途展開が急速に進んでいる。大型液晶テレビが実現した技術的背景として，それまで問題であったLCDの視野角特性が解決されたことが大きい。LCDの視野角特性を改善する技術として，視野角を拡大する新規液晶配向モードの導入など液晶セル側の工夫に加え，視野角を拡大する光学補償フィルムの高機能化が貢献するところも大きい。

次項では，保護TACフィルムに光学機能を付与したLCD視野角拡大フィルムの技術について説明する。

5.4.1 光学特性を制御したTACフィルム

前述したように，TACフィルムを溶液製膜法によって製造する過程で，TACフィルムはわずかではあるが，面外レターデーションR_{th}を発生する（図6）。レターデーションは，光学的位相差を表す量である。フィルム中に光学制御剤を添加することによって，TACフィルムのR_{th}を制御することが可能である。例えば，光学制御剤の分子構造を工夫することによって，図7に示したように，R_{th}を上昇させたり（添加剤A），逆にR_{th}を低下させたり（添加剤B）できる。

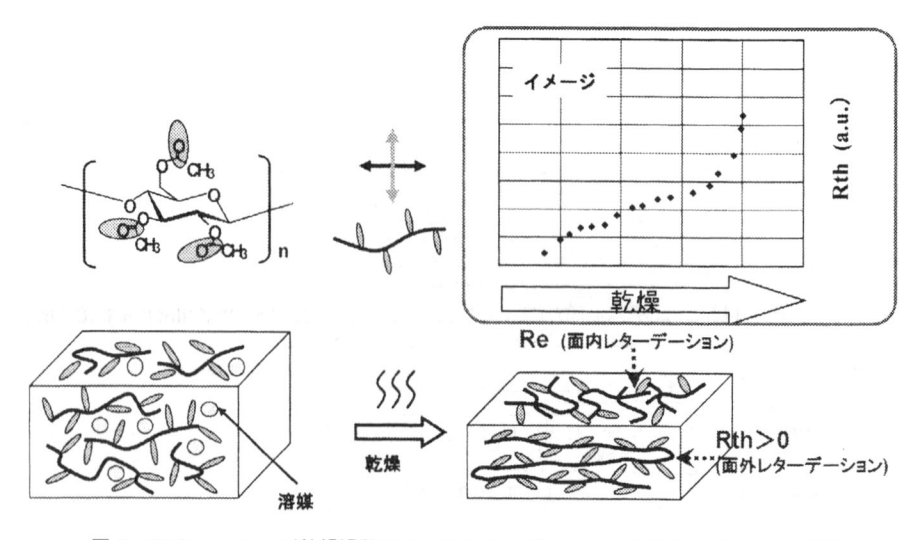

図6 TACフィルムが乾燥過程においてレターデーションを発生するイメージ図

第6章　セルロースの改質とその利用

一方，TACフィルムの面内レターデーションReは，フィルム延伸によって制御可能である。横軸を面内レターデーションRe，縦軸を面外レターデーションRthとしてレターデーション制御範囲をプロットすると，図8のようになる。

液晶TVに広く使われている，垂直配向液晶を用いたVA（vertical alignment：垂直配向）モードLCDには，Rthが大きく，延伸によってReを付与した二軸性TACフィルムによって視野角拡大が実現できる[4]。図9に示したように，二軸性TACフィルムは偏光板保護フィルムの機能も兼ね，二枚用いる方式，一枚用いる方式の2つの方式がある。図10に示したように，視野角拡大フィルムがない場合，VA-LCDの視野角は非常に狭いが，二軸性TACフィルムを用いることで，非常に広い視野角が実現される。

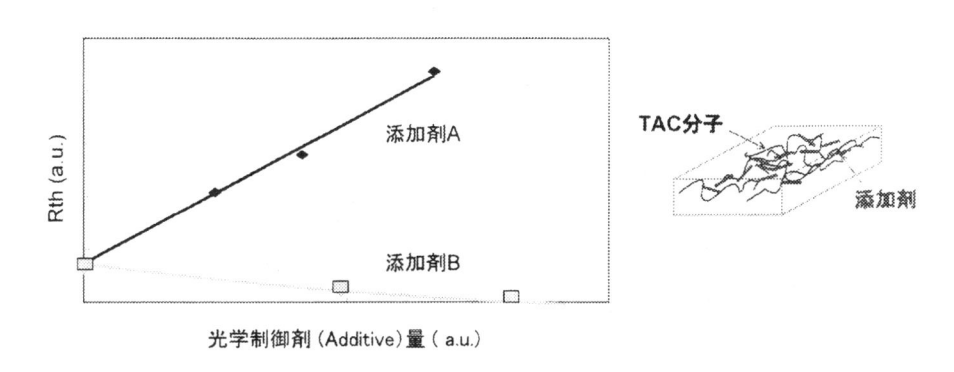

図7　光学制御剤を利用したTACフィルムの光学制御

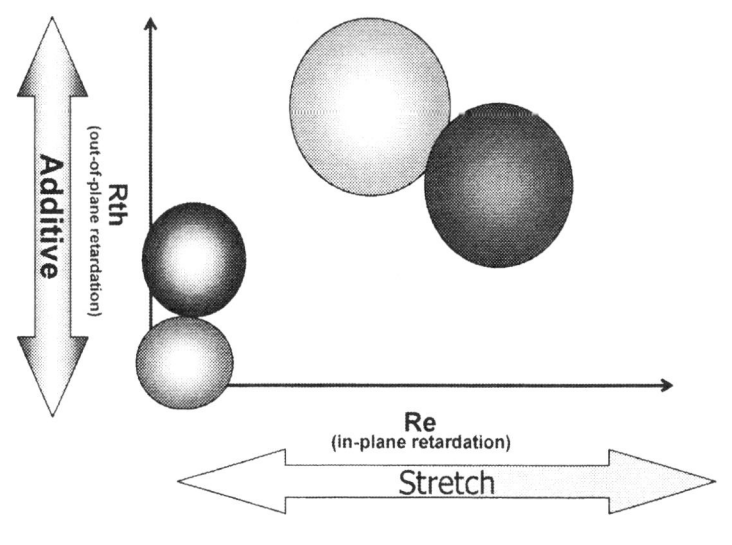

図8　TACフィルムのレターデーション制御範囲

保護TACフィルム	保護TACフィルム	保護TACフィルム
PVA/I	PVA/I	PVA/I
保護TACフィルム	二軸性TACフィルム	保護TACフィルム
粘着剤	粘着剤	粘着剤
VA液晶セル	VA液晶セル	VA液晶セル
粘着剤	粘着剤	粘着剤
保護TACフィルム	二軸性TACフィルム	二軸性TACフィルム
PVA/I	PVA/I	PVA/I
保護TACフィルム	保護TACフィルム	保護TACフィルム
(a) 光学補償フィルムなし	**(b) 二枚用いる方式**	**(c) 一枚用いる方式**

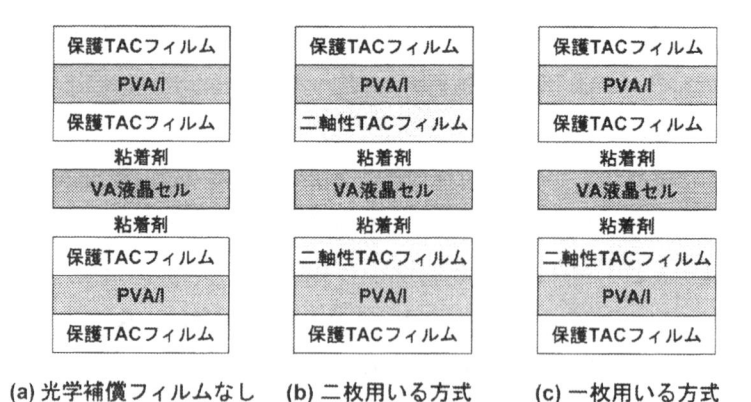

図9　VA-LCDの光学補償

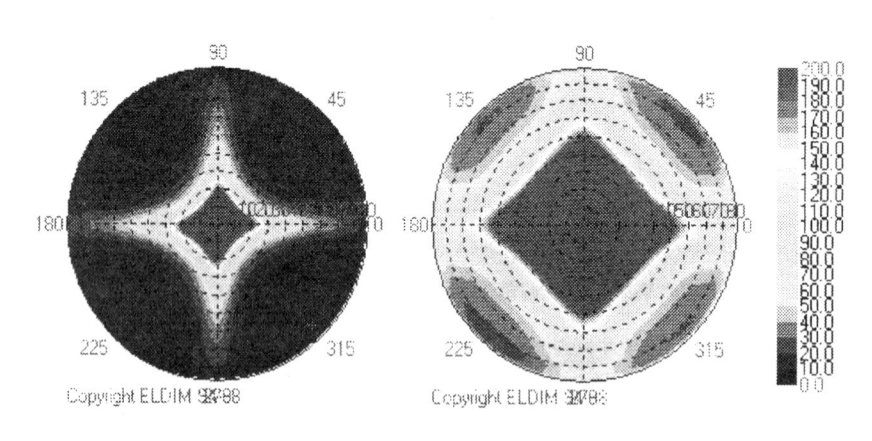

(a) 光学補償フィルムなし　　**(b) 二軸性TACフィルム**

図10　VA-LCDの視野角特性（等コントラスト曲線）

　また，水平配向した液晶を，同一ガラス基板上に互い違いに設けた櫛歯状電極に電圧を印可することでスイッチングを行う IPS（in-plane switching）モード LCD では，従来，保護 TAC フィルムのわずかなレターデーションによって，斜め視野角から観察したときに色味付きが生じるという問題があった。新規に開発した，レターデーションがゼロに近く，光学的に等方な低レターデーション TAC フィルムを用いることで，図11に示したように，斜め方向からの着色が改善される[5]。

5.4.2　視野角拡大フィルム「WVフィルム」

　90°ねじれ配向した液晶層を有する TN（twisted nematic）モード LCD は，長年用いられてきたが，視野角が狭いという問題があった。黒表示の TN-LCD は電圧を十分印加した状態であ

第6章 セルロースの改質とその利用

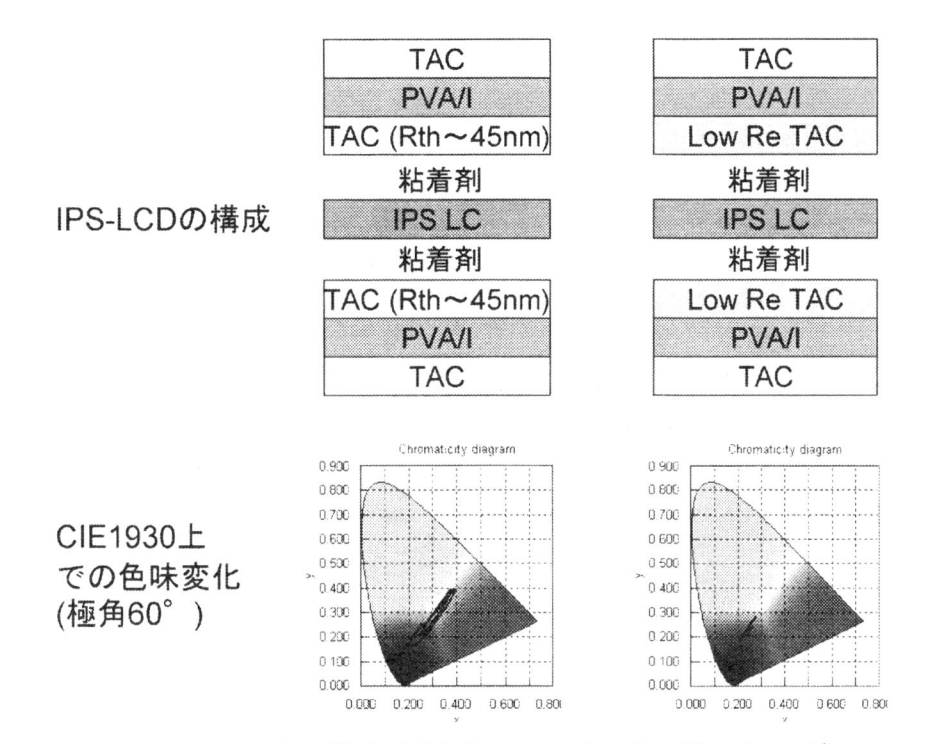

IPS-LCDの構成

| TAC |
| PVA/I |
| TAC (Rth〜45nm) |
| 粘着剤 |
| IPS LC |
| 粘着剤 |
| TAC (Rth〜45nm) |
| PVA/I |
| TAC |

| TAC |
| PVA/I |
| Low Re TAC |
| 粘着剤 |
| IPS LC |
| 粘着剤 |
| Low Re TAC |
| PVA/I |
| TAC |

CIE1930上での色味変化(極角60°)

(a) 従来のTACフィルム　(b) 低レターデーションTACフィルム

図11　TACフィルムの低レターデーション化による斜め色味変化の改善

り，液晶層中央部分の液晶は立ち上がり，一方，ガラス基板近傍は配向規制力によってほとんど配向状態は変化しない．黒表示において液晶が複雑な配向を有するため，高分子を延伸した従来の光学補償フィルムでは視野角を拡大することは不可能であった．そこで，黒表示時に複雑に配向する液晶層に対応し，高度な光学補償を行うために，保護TACフィルム上にディスコティック化合物層を塗布した視野角拡大フィルム「WVフィルム」が開発された[6]．

図12に光学補償の概念図（理想化され極めて単純化されたモデル），図13にWVフィルムの構造模式図を示す．光学特性を制御したTACフィルムの上に，ディスコティック化合物層を塗布によって設ける．ディスコティック化合物層は厚み方向にチルト角が変化したハイブリッド配向構造を有し[7]，この配向構造は重合により固定化されている．図14に示したように，WVフィルムを用いることによって，TN-LCDの視野角が顕著に拡大する[8]．WVフィルムは特にPCモニターの大型化に貢献し，最近では液晶テレビにも採用されつつある．

PDM（polymerized discotic material：重合ディスコティック材料）層を用いた光学補償は，動画表示性能に優れ，次世代LCD-TVとしての応用が期待されているOCB（optically

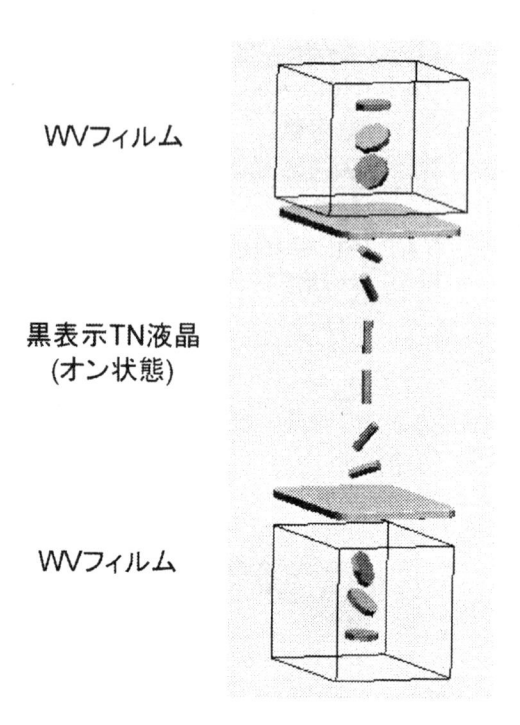

図12 黒表示 TN-LCD を WV フィルムによって光学補償した概念図（理想化され，かつ極めて単純化されたモデル）

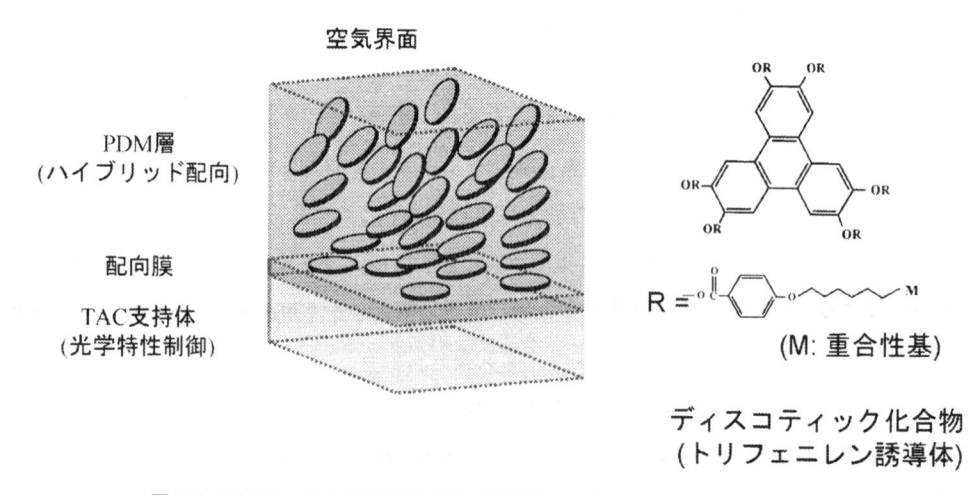

図13 WV フィルムの構造模式図（理想化され極めて単純化されたモデル）

第6章 セルロースの改質とその利用

compensated bend) モード LCD にも適用できる。OCB モードはベンド配向と呼ばれる液晶配向状態を有し，図15に示したように，ハイブリッド配向したディスコティック化合物層を二軸性 TAC フィルム上に塗布した OCB 用 WV フィルムを用いて光学補償される[9]。図16に示した

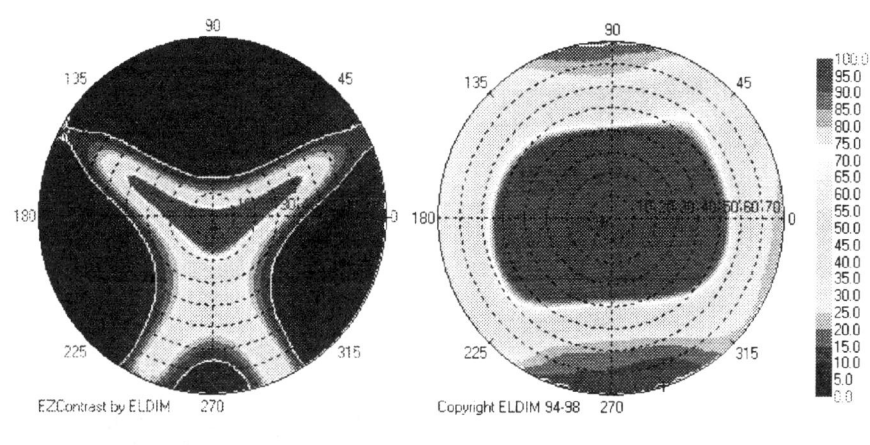

(a) 光学補償フィルムなし　**(b) WVフィルム**

図14　TN-LCD の視野角特性（等コントラスト曲線，実験結果）

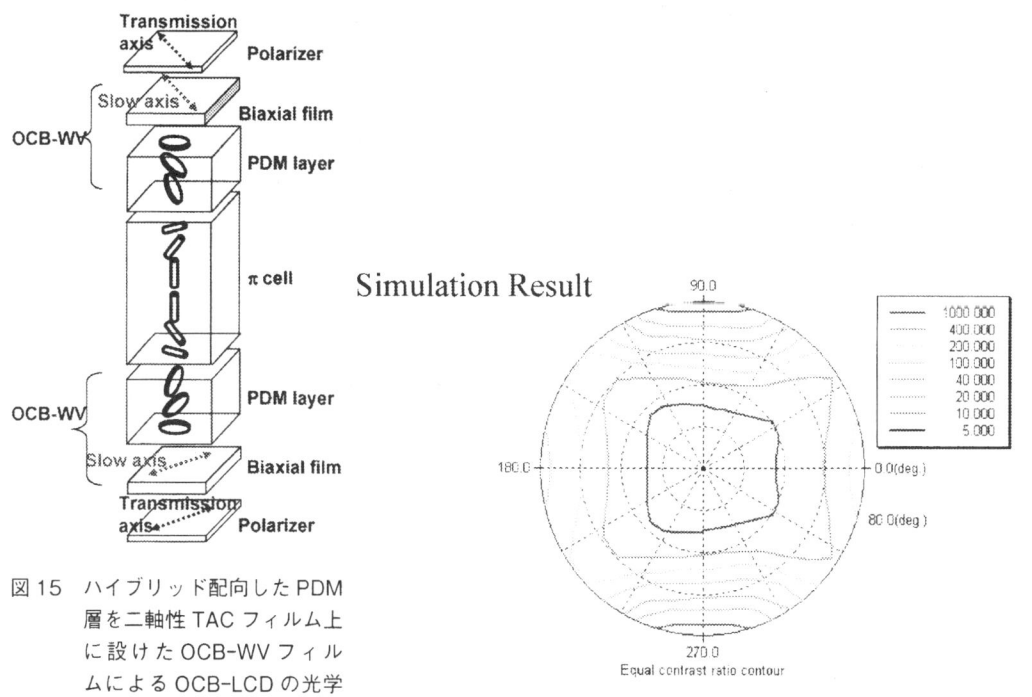

図15　ハイブリッド配向した PDM 層を二軸性 TAC フィルム上に設けた OCB-WV フィルムによる OCB-LCD の光学補償（理想化され極めて単純化されたモデル）

図16　OCB-WV によって光学補償された OCB-LCD の視野角特性（等コントラスト曲線，計算結果）

ように，非常に広い視野角が実現される。

5.5 表面フィルム

　偏光板最外層の保護 TAC フィルム表面は，明室環境下での画像品位に影響を与える。特に，防眩性や黒画像品位が重要であり，従来の AG 表面では両立が困難であった。保護 TAC フィルム表面に AG 層と AR 層を付与することで，防眩性と黒画像品位を両立させることが可能になる（図17）。我々は新規表面フィルム「CV フィルム」を開発することによって，LCD-TV の明室での視認性を著しく向上させることに成功した[10]。また，表面フィルムの内部散乱性を制御することによって，視野角拡大を実現することも可能である[11]。

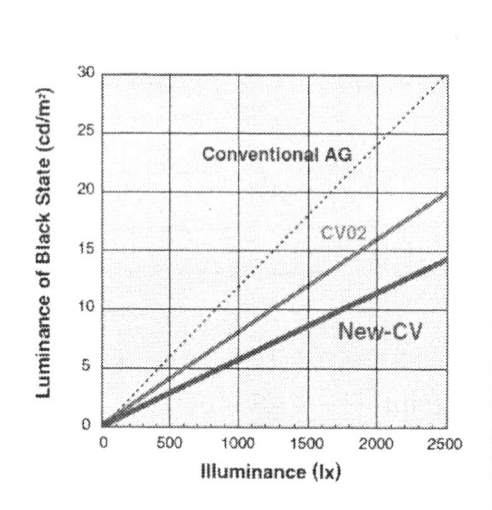

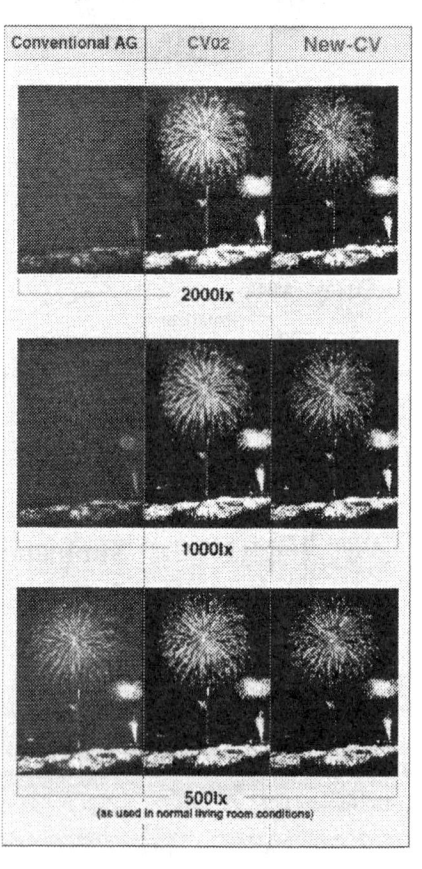

図17　環境の明るさと黒表示の視認性の関係
AG/AR により明室での視認性が向上する。

第 6 章　セルロースの改質とその利用

5.6　おわりに

　TAC フィルムは偏光板の保護フィルムとして最適な特性を有し，LCD にとって欠かせない光学部材である。TAC フィルムの光学特性制御技術，ディスコティック化合物層の光学特性制御技術により，TAC フィルムを視野角拡大フィルムとして高機能化することで，LCD の視野角特性の問題を顕著に改善し，LCD の大型化に大きく貢献した。また，最外層の保護 TAC フィルム表面に AG/AR 層を付与することにより，明室環境下での LCD 画像品位を向上させた。

文　　献

1) 永田 良，「偏光フィルムの応用」，シーエムシー出版（1986）
2) H. Sata, M. Murayama and S. Shimamoto, Macromol. Symp. 2004, 208, p.323（2004）
3) H. Mori, IMID '05 Dig., 36. 3（2005）
4) H. Mori, IDRC '06 Dig., 6-1（2006）
5) H. Nakayama, N. Fukagawa, Y. Nishiura, S. Nimura, T. Yasuda, T. Ito and K. Mihayashi, IDW/AD '05 Dig., FMC11-2（2005）
6) H. Mori, M. Nagai, H. Nakayama, Y. Itoh, K. Kamada, K. Arakawa and K. Kawata, SID '03 Dig., p.1058（2003）
7) Y. Takahashi, H. Watanabe and T. Kato, IDW '04 Dig., 651（2004）
8) K. Takeuchi, S. Yasuda, T. Oikawa, H. Mori and K. Mihayashi, SID '06 Dig., p.1531（2006）
9) Y. Ito, R. Matsubara, R. Nakamura, M. Nagai, S. Nakamura, H. Mori and K. Mihayashi, SID '05 Dig., 986（2005）
10) N. Matsunaga, S. Kato, T. Arai and T. Ito, IDW '06 Dig., FMC3-4（2006）
11) N. Matsunaga, I. Fujiwara, J. Watanabe, T. Ando, K. Miyazaki and T. Ito, SID '07 Dig., 51. 2（2007）

6 セルロースの微細化

小野博文[*]

6.1 微細化におけるセルロースの特徴

最近,ナノサイズのレベルにまで微細化されたセルロースを機能性材料の原料として活用する動きが盛んである[1~3]。ポリマー材料全般でのナノファイバーへの注目度[4]を考慮しても,その中でのセルロースの特徴を知ることは有意義である。

セルロースは天然由来の固体構造を有するいわゆる天然セルロースと,天然セルロースを一旦,溶媒へ溶解させた後に固体(繊維,フィルム)へ成形した再生セルロースの2種類に大別される。セルロースの微細化においては,その原料が,天然セルロースか再生セルロースかで状況は大きく異なる。よりセルロースらしさが現れるのは,天然セルロースを原料とした場合である。何故ならば,天然セルロースが,いずれも本質的にターミナルコンプレックスと呼ばれるセルロース合成酵素の集合体により生産されるミクロフィブリルと呼ばれるナノファイバーの集合体である[5,6]点で合成高分子と大きく異なるためである。ミクロフィブリルは表面間の水素結合やリグニン等のバインダーの存在によって実に見事な高次階層構造を形成し,主に植物系の構造材として機能している。ミクロフィブリル内部の固体構造(結晶性や断面構造等)や階層構造は種に大きく依存する[6]。

一方,再生セルロースは,天然セルロースと比べると一般の高分子により近く,天然セルロースのセルロースⅠ型結晶にはならず,セルロースⅡ型結晶と呼ばれる結晶構造となり,結晶化度も相対的に低くなる。再生セルロースでは,固体構造が形成される環境によって種々のモルホロジーをとり得る。後述するTCGのように,条件を選べば,天然セルロース様のミクロフィブリルによる高次構造も創出できる。

セルロースの微細化方法には大きく分けて,酸加水分解による微結晶セルロース(Microcrystalline Cellulose, MCC)製造技術と機械的微細化によるフィブリル化技術がある。前者により,本質的にはL/D(長軸径/短軸径)の小さな棒状粒子あるいはその凝集体である異形粒子が得られる。後者によっては種々の繊維径のフィブリルおよびフィブリルが枝分かれしした繊維となる。図1に種々のセルロース材料および微細化材料のL/D(長軸径/短軸径)とD(短軸径)の関係をプロットしたイメージ図を示す。

本稿では,この2つの微細化方法についてまず解説し,セルロースの微細化の観点からの最近のトピックスについても紹介したい。

---

[*] Hirofumi Ono 旭化成㈱ 研究開発センター 主幹研究員

第6章 セルロースの改質とその利用

6.2 微結晶セルロースの製造技術

セルロースを酸水溶液中で加温していくと重合度の低下がかなり急激に起こり,ある一定の重合度で下げ止まることが知られている[7]。この重合度はレベルオフ重合度(Leveling Off-Degree of Polymerization, L.O.D.P.)と呼ばれ,原料が天然セルロースであるか再生セルロースであるかによって大きく値が異なる。天然セルロースのL.O.D.Pは200～400程度[7],再生セルロースのL.O.D.P.は30～50程度[7,8]と報告されている。当然のことながら,L.O.D.P.の存在そのもの,およびその値は原料であるセルロースの固体構造上の特徴(結晶/非結晶ドメインの周期性で説明されることが多い[7])に由来している。

1950年代に,Battistaは木材パルプ等の天然セルロースを希薄な酸水溶液中で高温で加熱すると,高収率で白色のセルロース粉末が得られることを発見した[9,10]。この白色の粉末,すなわちMCCは,今日では医薬品用賦形剤,あるいは食品添加剤として広範囲に使用されている数$10\mu m$～数$100\mu m$の不定形状の粉末であるが,

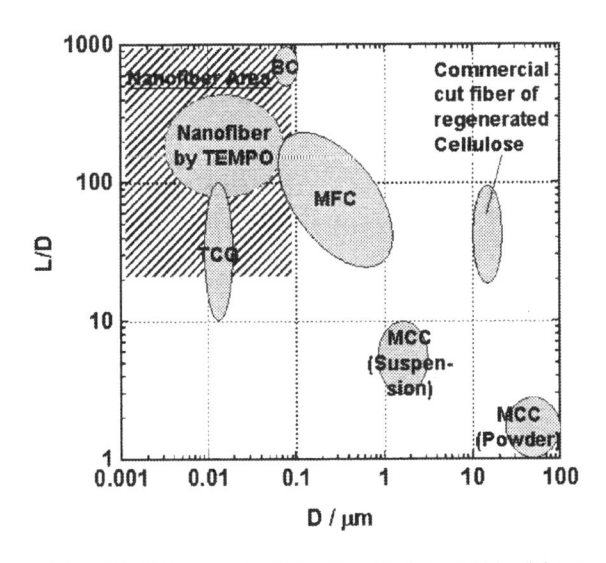

図1 種々のセルロース材料の短軸径(D)-長軸径(L)/D比のマップ

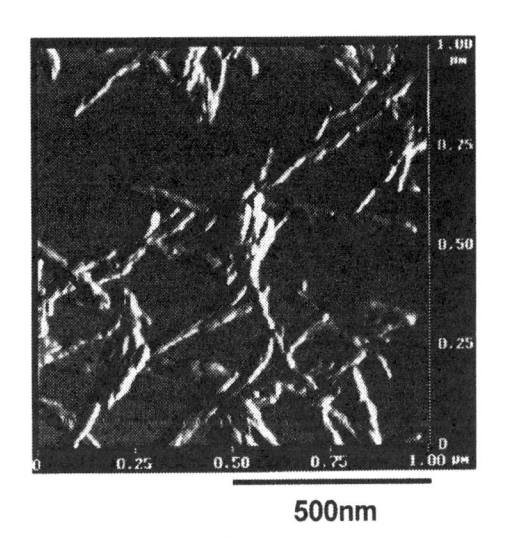

図2 MCC粉末表面から剥離させたミクロフィブリルのAFM画像

電子顕微鏡観察を行うと元々の天然セルロースを構成している繊維状のミクロフィブリルは消滅しており,代わりに棒状の粒子(これもミクロフィブリルと呼ぶことが多い)から成っている。図2には,超音波処理によりMCC表面から剥離させたミクロフィブリルの原子間力顕微鏡(AFM)画像を示した。

湿式系で使用できる機械的粉砕機を用いてMCCの水分散体を処理すると不定形粒子は図2に

示したような棒状のミクロフィブリルに近づいていき，高度な粘性を示すようになる[11]。現在，MCCは，旭化成ケミカルズのセオラス[R]，日本製紙ケミカルのKCフロック[R]などの商標で製品化されている。

一方，Marchessault[12,13]は，天然セルロースを高い濃厚の硫酸水溶液中で加温することにより，ほぼ完全な棒状ミクロフィブリル（この棒状ミクロフィブリルの応用を扱った文献1)では，ウィスカーと表現）の分散体を得ることを報告した。但し，この条件下ではミクロフィブリルの表面は硫酸エステル化されており，表面のもつ負の荷電間反発により分散体は安定化し，条件によっては液晶性を示すことが知られている[13]。精製の難しさ（実験室的には透析により精製）もあり，現時点で本技術は工業化には到っていない。

6.3 機械的微細化によるフィブリル化技術

繊維状である天然セルロースが，叩解と呼ばれる，硬い材質の間隙を高せん断場で繰り返し，叩かれながら擦り抜ける工程によって，フィブリル化して毛羽立つ現象は古くから知られており[14,15]，製紙業界では極めて標準的な原料パルプの処理工程として導入されている。高度に配向した再生セルロース繊維も一部ではフィブリル化が起こることが知られている。フィブリル化は元々ミクロフィブリルから成るセルロース繊維の表層の一部が剥がれ，枝分かれしたものであり，叩解の程度と共に幹の繊維は細くなり高度に枝分かれが進行した繊維となる（図3左図参照）。通常，叩解工程には，ビーター，あるいはリファイナーと呼ばれる装置が使用され，叩解度合いの評価方法も規格化されている[15]。

1980年代にTurbak[16,17]は高圧ホモジナイザーと呼ばれる，ホモバルブとバルブシートの間隙にスラリーを数10Mpa以上の高圧でフローさせる方式の分散装置（小さなクリアランスでの高

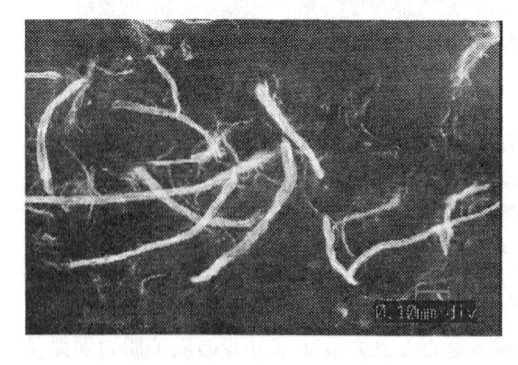

図3 精製リンターを原料として得られた叩解後のフィブリル化繊維（左）とさらに高圧ホモジナイザー処理を施して得たMFC（右）の光学顕微鏡写真
（写真中のバーは共に100μm長に相当）

第6章　セルロースの改質とその利用

圧移送と大気圧開放による圧力差に基づくキャビテーション力が微細化の原動力と説明）によって個々のミクロフィブリルないしはそれらが多束化した枝分かれの少ないサブミクロンのオーダーのフィブリル化繊維（Microfibrilated Cellulose, MFC）が得られることを見出した。MFCは，現在ダイセル化学から濾過助剤用途でセリッシュ[R]という商標で販売されている。図3には，精製リンターを原料として得られた叩解後のフィブリル化繊維（左図）を高圧ホモジナイザーで処理して得たMFCの光学顕微鏡写真（右図）を示した。ここで，高圧ホモジナイザーとして，Rannie型あるいはGaulin型の圧力式ホモジナイザー（エスエムテー社），Gaulin型あるいはNoro Soavi型のホモジナイザー（同栄商事），高圧式ホモゲナイザー（三和機械）を挙げることができる。

6.4　微細化セルロースに関する最近のトピックス

小野ら[18,19]は，セルロースを硫酸に溶解し，水中で凝固させて得られる低結晶性セルロースのスラリーを加熱処理（酸加水分解）し，水洗，精製した後，得られた半透明なセルロースの水分散体を超高圧ホモジナイザーによる機械的微細化処理を施すことにより，透明なセルロースゲル（Transparent Cellulose Hydorogel；TCG，図4左図）を得ることに成功した。

ここで，超高圧ホモジナイザーは，高圧ホモジナイザーにおける圧力をさらに増大させ，物質間の衝突力の発生機構をチャンバーと呼ばれる心臓部の構造に追加した装置であり，具体的には，microfluidizer[R]（みづほ工業），Nanomizer[R]（吉田機械興業），アルティマイザー[R]（スギノマシン）を挙げることができる。

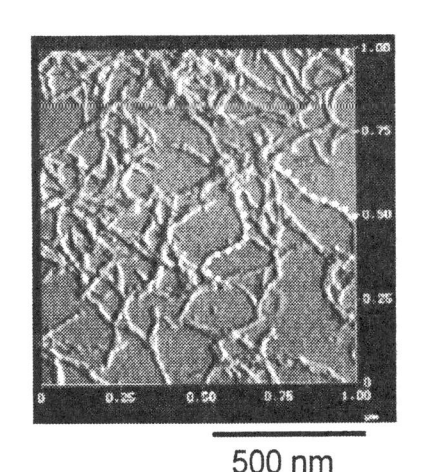

図4　TCG（セルロース濃度；2wt%）の外観（左）とTCGを構成するミクロフィブリルのAFM画像（右，白い点線が1本のミクロフィブリル）

TCGはおよそ1wt%以上のセルロース濃度でゲルとなり，ゲルを構成するのは，繊維径が10nm程度，繊維長が200～300nmの，比較的小さなL/Dのナノファイバーである（図4右図）。TCGの製法は，上述した化学的微細化と機械的微細化を組み合わせたものである。TCGは高度にチキソトロピー性を有するナノファイバー分散体であって，通常の高分子物理ゲルでは不可能な，ゲルでありながらスプレー噴霧が可能という特徴を有し，第一工業製薬によりナノウォープ[R]（化粧品用）およびセロディーヌ4M[R]（トイレタリー，農薬用）という商標で製品化されている。

超高圧ホモジナイザーを用いたセルロースナノファイバーの調製に関しては，近藤による報告[20]もなされている。

最近，磯貝ら[21]によって，木材パルプのような天然セルロース原料を水中で酸化剤としての2,2,6,6-テトラメチルピペリジン-1-オキシラジカル（TEMPO）と次亜塩素酸ナトリウムのような共酸化剤を共存させて酸化処理を行った後，水洗して得た白色の水含有物を水で希釈し，家庭用ミキサーのような簡易式分散機で分散させると透明なゲルとなることが報告されている。この透明なゲルを構成するのはほぼ完全なミクロフィブリルであるためであり，その形状は原料種に依存するが，最も細いものでは数ナノメーターの繊維径であるとされる。さらに繊維長は数μmのオーダーに達しているとされ，前述したTCG中のナノファイバーとは異なり，高L/Dのセルロースナノファイバーの調製法として注目される（図1参照）。パルプを構成する繊維の中のミクロフィブリルのレベルで表面酸化が進行し，セルロースの表面のC6位の1級水酸基のみが選択的に酸化され，負の電荷のカルボキシル基が導入されることによりナノファイバーとしての安定な分散体になると説明されている。今後，その応用が期待される材料である。

文　献

1) V. Favier *et al.*, *Macromolecules*, **28**, 6365-6367 (1995)
2) H. Yano *et al.*, *Adv. Mater.*, **17**, 153 (2005)
3) H. Ono, *Cell. Commun.*, **12** (3), 142 (2005)；小野ら，セルロース学会第12回年次大会講演要旨集，120 (2005)
4) 例えば，Z. M. Huang *et al.*, *Composites Sci. & Tech.*, **63**, 2223 (2003)；奥崎秀典，高分子，**55**, 126 (2006)
5) 杉山淳司，"木質の形成" 福島他編集，p121, 海青社 (2003)
6) 杉山淳司，"セルロースの科学" 磯貝 明編集，p27, 朝倉書店 (2003)
7) F. T. Fan *et al.*, "Cellulose Hydrolysis", p17, p128, Springer-Verlag, Berlin (1987)

8) T. Yachi, *J. Appl. Polym. Sci., Appl. Polym. Symp.*, **37**, 325 (1983)
9) O. A. Battista, *Ind. Eng. Chem.*, **42**, 502 (1950)
10) O. A. Battista, "Microcrystal Polymer Science", McGraw-Hill, New York (1975)
11) H. Ono *et al.*, *Cellulose*, **5**, 231 (1998)
12) R. H. Marchessault *et al.*, *Nature*, **184**, 632 (1959)
13) J-F Revol *et al.*, *Int. J. Biol. Macromol.*, **14**, 170 (1992)
14) 磯貝 明, "セルロースの材料科学", p68, 東京大学出版会 (2001)
15) "図解製紙百科" 倉田泰造翻訳・編集, p193, p338, 中外産業調査会 (1985)
16) A. F. Turbak *et al.*, *J. Appl. Polym. Sci., Appl. Polym. Symp.*, **37**, 797 (1983)
17) A. F. Turbak *et al.*, *J. Appl. Polym. Sci., Appl. Polym. Symp.*, **37**, 815 (1983)
18) H. Ono *et al.*, *Trans. Mater. Res. Soc. Jpn.*, **26**, 569 (2001)
19) H. Ono *et al.*, *Polym. J.*, **36**, 684 (2004)
20) K. Kondo, *Cellulose Communications*, **12** (4), 189 (2005)
21) T. Saito *et al.*, *Biomacromolecules*, **7**, 1687 (2006)

7 微細フィブリル化セルロースの製紙用添加剤としての利用

松田裕司*

7.1 はじめに

　水に膨潤させたパルプ繊維に強力な機械的せん断力を与えることによって得られる微細フィブリル化セルロース（Microfibrillated Cellulose：MFC）は，その構造的にも化学的にも特異な特性を示すことはよく知られている[1〜8]。パルプ繊維のような天然セルロース繊維は，その基本となる構成単位が，セルロース分子であり，セルロース分子が集合してミクロフィブリルを構成し，ミクロフィブリルが集合してフィブリルを形成している。MFCはセルロースの分子間水素結合を物理的に破壊し，繊維をミクロフィブリルに近い状態まで微細化したものである。

　我々は，このMFCの特異な膨潤特性を解析し，主に製紙分野への応用を検討してきた。そこで，ここではまずMFCの特性を把握していただき，さらに製紙分野を中心として各種産業へのMFCの利用について解説したい。

7.2 MFCの評価法

　MFCの特性を把握するためにはその形態を顕微鏡で観察するのが最も明確でわかりやすい方法であるが，わずかな差やすべてのサンプルを平均化して評価する方法には適さない。そこでMFCを評価する方法を各種検討した結果，平均繊維長と保水値を測定することによって微細化とフィブリル化の程度を簡単に評価できることを確認した。フィブリル化の程度を変えて調製した3種類のMFCの数平均繊維長と保水値を表1に示す。比較として市販のNBKP（針葉樹晒クラフトパルプ）及びLBKP（広葉樹晒クラフトパルプ）の数平均繊維長と保水値も表1に示した。この数平均繊維長は，繊維長分布測定機（FS-200，KAJAANI社）の測定したデータのうち，一定のパルプサスペンション中に存在する繊維の全長を積算した後，その本数で割った値を示し

表1　MFCおよび市販パルプの数平均繊維長と保水値

Sample	Arithmetic Average Fiber Length, mm	Water Retention Value (WRV), %
MFC-1	0.23	370
MFC-2	0.14	534
MFC-3	0.09	643
Commercial NBKP (Unbeaten)	1.12	96
Commercial LBKP (Unbeaten)	0.43	105

---

*　Yuji Matsuda　特種製紙㈱　営業本部　執行役員　本部長

第6章 セルロースの改質とその利用

ている。MFC-1から3は，この順で微細化処理の程度を進めたものであり，数平均繊維長が順次短くなり，保水値が著しく大きくなっていることが確認できる。このことから微細化処理によって繊維が短く切断されると同時に著しくフィブリル化が促進されていると考えられる。また，市販のNBKPやLBKPと比較しても繊維長，保水値ともに大きく異なっており，通常のパルプとその特性

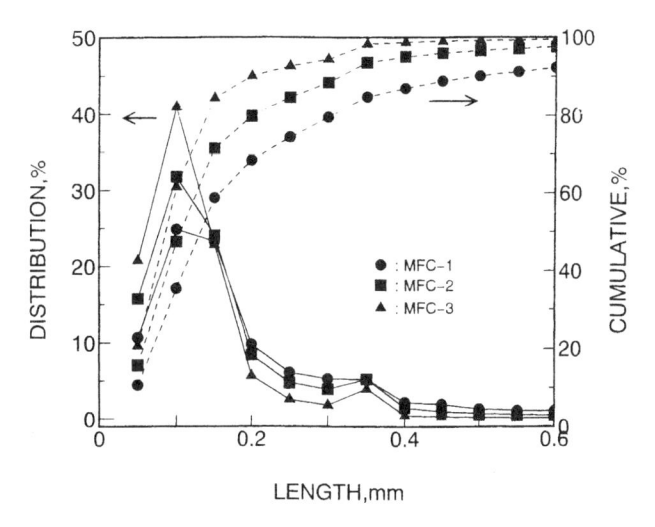

図1 MFC-1～3の繊維長分布

が大きく違っていることは明らかである。さらに，MFC-1から3の繊維長分布を図1に示した。全てのMFCにおいて繊維長0.05～0.2mmの繊維が全体の繊維の大部分を占めており，微細化処理を進めるにしたがって0.05～0.1mmの繊維の割合が増加することがわかった。

7.3　填料含有紙へのMFC添加の影響

　填料を含有した製紙用原料にMFCを添加した場合の填料歩留まりの変化を測定し，図2に示した。MFCの添加量が増加するにしたがって填料の定着率が増加する傾向が観察できるが，MFC-1に関しては，MFCを添加していないブランクに対して，MFC 3％添加までほとんど変化がなかった。MFC-2及び3に関しては，MFCの添加量が増加するにしたがって填料定着率は著しく増加し，MFCの同一添加量で比較すると，MFCのフィブリル化の程度が激しくなる順であるMFC-1から3の順で定着率が高くなることが明らかになった。定着している状態を電子顕微鏡で観察すると主体となる製紙用パルプのネットワークの空隙部でMFCがミクロなネットワークを形成し，填料を包み込むようにして紙中で保持されていることがわかった。

　次にこれら填料含有紙の引っ張り強さを測定し，図3に示した。引っ張り強さは坪量の影響を少なくするために裂断長に換算して示している。MFC-2及び3はMFCの添加量が増加するにしたがって裂断長が増加する傾向が確認できる。MFC-1に関してもMFCの添加量5％までは増加する傾向が観察され，その後は一定になっている。また，MFCの同一添加量で比較するとフィブリル化の程度の激しいMFC-1から3の順で高くなっている。填料含有紙は図2に示したようにMFCを添加していくと高くなり，MFC-1より3の方が定着率が高くなっていた。填料は繊維間の水素結合を阻害するために，填料の定着率が向上すると引っ張り強さは減少するのが

図2 MFC添加量と填料歩留まりとの関係

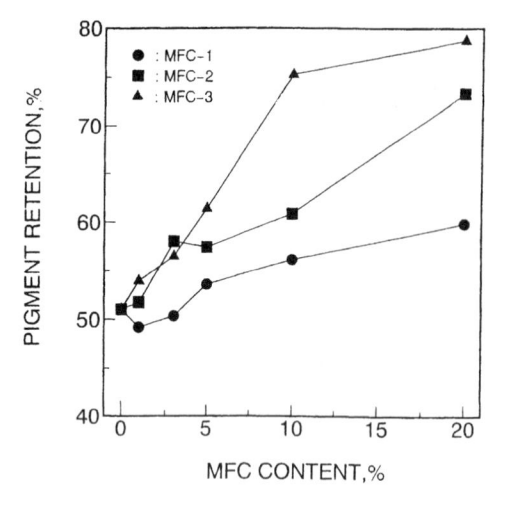

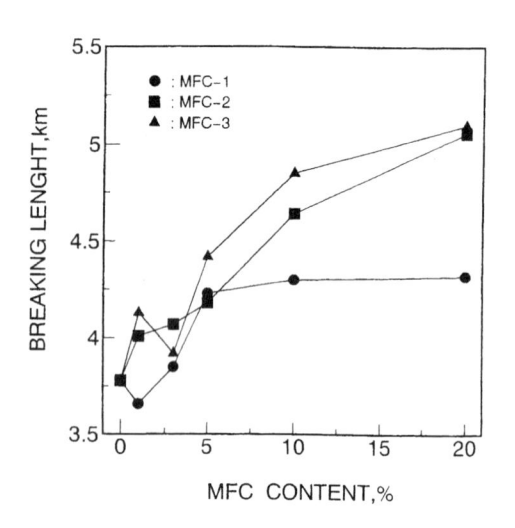

図3 填料含有紙にMFCを添加したときの裂断長の変化

一般的である。しかし，MFCを添加した場合は，填料定着率も引っ張り強さも同時に増加した。また，填料定着率が高いフィブリル化の程度の激しいMFC-3の方が1や2と比較して引っ張り強さが高くなることが確認できた。これはMFCの填料保持形態と関係していると考えられる。つまり，MFCは填料を包み込むようにネットワークを形成し，そのネットワークが主体となる製紙用パルプ繊維の繊維間結合を補強するように作用するため引っ張り強さも増加するのではないかと予測した。

7.4 MFCの染料吸着特性

MFCの染料吸着性を評価するため50℃での染料吸着等温線を作成して図4に示した。比較として未叩解のNBKPの吸着曲線も示した。染料濃度5g/ℓの時の染料吸着量で比較するとMFC-1でも未叩解のNBKPと比較して2倍程度の吸着量を示し，MFC-3では3.5倍の吸着量を示すことが確認できた。染料吸着量と水で膨潤したMFCの空隙量との関係を調べるため，溶質排除法を使用して膨潤したMFCの微細孔分布を測定した。図5の結果からも明らかなように微細化することによって10Å以下の空隙量が一気に増加し，微細化処理が進むにしたがって各空隙孔径領域の空隙量が増加している。染料分子の大きさを考慮して12Å以下の空隙量と染料濃度5g/ℓの時の染料吸着量の関係を図6に示した。図からも明らかなように高い相関が得られ，染料吸着はMFCの微細孔構造と密接な関係があると考えられる。

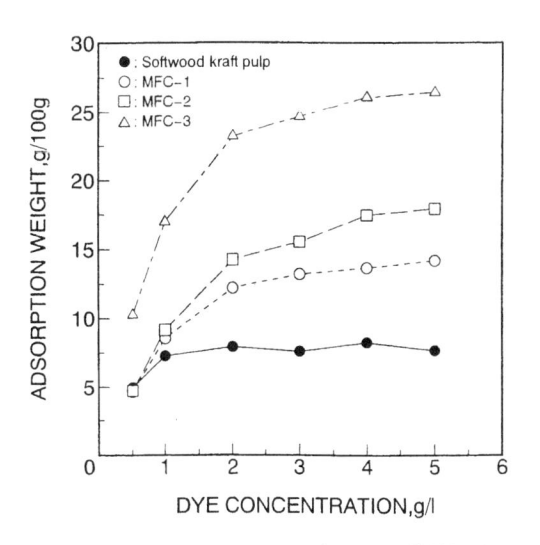

第6章 セルロースの改質とその利用

図4 MFCおよび市販パルプの染料吸着等温線

図5 溶質排除法で測定したMFCおよび市販パルプの微細孔分布

7.5 製紙用添加剤としてのMFCの利用

　MFCは，その特異な物理的及び化学的特性を利用して各種産業に利用され，その利用方法については多くの文献に紹介されている[2,3]。例えば，酒，ワイン，ビール，醤油，糖類等のろ過助剤として利用されており，このようにろ過効果が大きい理由として，安定したプレコート層の形成，ろ過寿命の長さ，助剤自身の漏れの少なさや不純物の少なさなどが挙げられている[9]。また，MFCの保水性，保形性，粘性，付着性等の特性を生かし，多くの食品の物性改善剤としても利用されている。MFCの保水力および保形性を利用し，食品の新鮮さを保つと同時に色々な外力に対する離水，例えばレトルト処理時の缶詰内のドリップ防止，真空包装時のドリップ防止に効果がある。さらに，ソース，たれ類に添加することで垂れ落ちが少なくなり，濃厚感が向上する。焼肉製品（ハンバーガー，ミートボール等）の焼いたときの肉汁保持感を向上させる効果もあると言われている。さらに，無味・無臭の食物繊維としてダイエット食品の添加剤としても利用されている。これは，MFCの製造工程でまったく化学的処理をしていないことが大きな利点となっている。

　当然のこととしてMFCは，製紙用添加剤としても各種検討されており，添加効果としては，

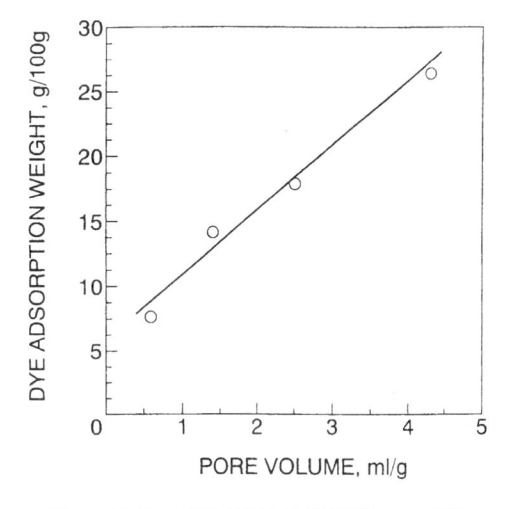

図6 MFCの細孔容量と染料吸着量との関係

紙力の増加，透気度の増加などが顕著である。また，自己接着性の無い合成繊維や無機繊維のバインダーとしても利用されており，例えばセラミックス繊維のバインダーとして利用した場合，アクリルバインダー等と比較して，添加量が1/3～1/5で済み，セラミック含有量90～95%のシートが得られることが報告されている。セラミックスの特性を十分に活かせるため，耐熱絶縁紙，不燃紙，各種複合材料の補強機材として実用化されている。この他MFCをスピーカーコーン紙へ添加すると気密性が大幅に改善され，空気漏れの少ない音響特性の優れた製品ができる。また，MFCを含浸加工紙[10]，新聞用紙[11]，印刷用紙[12]へ利用すると強度面などの必要特性が大幅に改善されることが報告されている。さらに紙の空隙構造が電解液との相互作用に大きく影響する電池用セパレーター用紙や電解コンデンサー用紙に利用されていることも報告されている[13,14]。さらに最近では光硬化材料の強化にMFCが利用できることが報告されているし[15]，高分子吸収体（SAP）とMFCの複合構造体に対する研究が行われ，実用化されている[16,17]。

このようにMFCはその特異な特性を生かし，各種産業に利用されているが，その可能性はさらに広がり，複合化フィルムの工業生産やカーボンナノチューブとの複合化材料[18]など最新技術との融合も試みられている。

文　　献

1) 松田裕司，尾鍋史彦，繊維学会誌，**53**, 79 (1997)
2) F. W. Herrick, *et al.*, *J. Appl. Polym. Sci. Appl. Polym. Symp.*, **37**, 797 (1983)
3) A. F. Turbak, *et al.*, *J. Appl. Polym. Sci. Appl. Polym. Symp.*, **37**, 815 (1983)
4) 山口章，紙パルプ技術タイムス，**28**, 5 (1985)
5) 谷口寛樹，尾道浩，西村協，Cellulose Communications, 222 (1995)
6) 尾道浩，西村協，中村邦雄，繊維学会予稿集，**1997**, 46 (1997)
7) 松田裕司，繊維学会誌，**56**, 192 (2000)
8) 矢野浩之，繊維学会誌，**62**, 356 (2006)
9) 宮川滉，繊維と工業，**48**, P-566 (1992)
10) 特公平 62-33360
11) 特開平 6-136681
12) 特開平 6-146195
13) 特開平 10-144282
14) 特開平 10-256088
15) 上甲圭悟，大窪和也，藤井透，接着，**49**, 508 (2005)
16) 鈴木磨，飯塚堯介，紙パ技協誌，**53**, 639 (1999)

第6章 セルロースの改質とその利用

17) 鈴木磨, 飯塚堯介, 紙パ技協誌, **57**, 893 (2003)
18) 藤井透, 大窪和也, 上甲圭悟, 同志社大学理工学部研究報告, **46**, 112 (2006)

第7章　機能性セルロース構造体の開発

近藤哲男*

1　はじめに－構造体設計の2方向－

　二十世紀末よりCO_2排出量の急激な増加等による環境崩壊の危機が叫ばれてきており，もはや森林のCO_2固定だけでは解決できない。その元凶は，つまるところ人間が地球上に存在し，かつてないほどの物質文明を享受していることにある。人間の存在を否定できないことから，物質文明，すなわち化石資源だけに依存し，大量の二酸化炭素を排出する材料生産プロセスを変革させることが急務である。さらに，最近の原油価格の高騰により，将来を見据えた経済性の面からも，この傾向に拍車がかかっている。消費エネルギーを考えて最近は，二酸化炭素をトータルでは増加させないという「カーボンニュートラル」の観点から，植物由来のバイオエネルギーが関心を集めている。二酸化炭素の削減という観点からは，むしろ植物が生産した素材を有効に長く使用することが効果的である。その理由は，二酸化炭素の固定に大きく寄与するためばかりでなく，それを新たな用途に使うことで，刈り取られたあるいは伐採されたところに芽生え始める若い植物体が，成長にさらに二酸化炭素の吸収が必要となるからである。すなわち，経済性と環境適応の両方の観点から，天然素材由来の機能材料の創製は，ますます重要になってきている。

　天然では，すばらしいバイオマス生産システムを我々に教授してくれており，それを模範として，化石資源からの物質生産プロセスとは全く異なる，いかに物質ならびに生産プロセスを環境と調和させるかを求める材料構築，すなわち環境調和型生物材料の生産プロセスの構築が必要である。また，このようなプロセスの探索は，二酸化炭素固定した機能材料が創製されて真価が見出されるものである。まず，バイオマス由来の機能性構造体の開発が重要なのである。

　自然界では，形，色彩，動きなどのさまざまなパターンと，生物の営みにおける機能とが密接に関連している。それらのパターンに学びつつ，新たなパターンをデザインすることで，自然に見られる以上の優れた材料の創製が可能となる。自然に学ぶアプローチの仕方は，パターンを模式化して理解し，その元で構造体構築をデザインすることになる。ただし，材料の設計目標には，2通りの方向があると考えられる。一つは，化石資源からの物質生産プロセスに代表される，人

---

*　Tetsuo Kondo　九州大学　バイオアーキテクチャーセンター；大学院生物資源環境科学府　バイオマテリアルデザイン分野　教授

第7章 機能性セルロース構造体の開発

間の欲望に要求される機能を目指して既往の知見を基に行う方向である。他方は，前述のように身近な教師である自然に学び，その集積した知見に人間の英知を結集して，さらに機能を発展させ，改めて人間社会に適用させる方向である。本章では，以上のことに主眼をおいて，一定のパターンを有するセルロース構造体について最近の知見を紹介する。

2 機能性セルロース一次元構造体－繊維－

2.1 天然セルロース繊維

セルロースは，天然では繊維形態で産生される。この天然繊維高分子は，自然が与えた最大の恵みの一つである。最大というのは，量的にも，また人類と共存し続けてきたという点をも考慮した上でのことである。セルロースの利用の歴史を遡ると，約5000年前からインドで木綿繊維が用いられ始めたとされる。人造繊維としても，1884年フランスのChardonnetの硝酸セルロースからの人造絹糸の工業化が創始とみなされており，すでに100年以上の利用の歴史がある。

木材パルプ繊維は，そのままでは衣料には適さない。そこで，ヒドロキシ基の一部を酢酸化させて半合成繊維のアセテート繊維にしたり，セルロースをシュバイツァー試薬（$[Cu(NH_3)_4]^{2+}$を含む水溶液）に溶解させて，希硫酸に押し出した銅アンモニアレーヨンにしたり，水酸化ナトリウムと二硫化炭素を反応させてビスコースとさせたのち，希硫酸に押し出したビスコースレーヨンとしたり，またN-メチルモルホリンオキサイド系溶液から再生繊維にする。

しかし，誘導体としても用いられているものを合わせても，未だ最大の利用は，紙パルプであり，木質材料であり，木綿繊維であって，元来の高次構造に由来した性能のままで用いられている。もちろん，セルロース分子，すなわち（1→4）-β-グルカン一本鎖は単独では存在できず，高次構造を形成して特性を発現しているわけであるから，セルロースの繊維高分子としての利用は，天然セルロース結晶構造（セルロースⅠと呼ばれる）に依存していることになる。

樹木セルロース繊維の産生は，図1(A)に示すように，細胞膜中に貫通して存在するセルロース合成顆粒（ターミナルコンプレックス：TC）と呼ばれる酵素の集合体により合成される。1つのTCは，ロゼット型に配列した6個のサブユニットからなっている。TCから押し出されたセルロースサブフィブリル同士が，配向結晶化を起こし，最終的に3.5～4.0 nm程度のミクロフィブリルを形成する。セルロース分子鎖一本を生合成する酵素はCesAと呼ばれ，それがノズルの役割も果たし，配列する（TC化）ことにより，分子の生合成直後のナノ繊維化を促す。このように，CesAが階層構造をとるため，セルロース分子鎖の合成直後に繊維形成が可能となる。この原理をポリエチレンの紡糸に応用した例が報告されている（図1(B)）[1]。この例からも推定できるように，合成酵素CesAの配列様式を制御することで，結果として種々の繊維形状も得られる

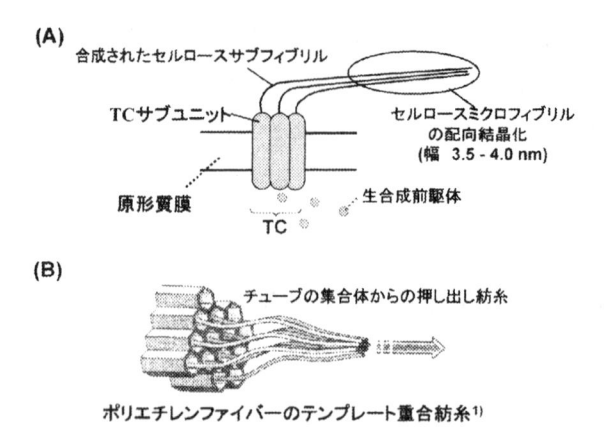

図1 セルロースミクロフィブリルの産生とその原理に基づくポリエチレンファイバーの創出法の模式図

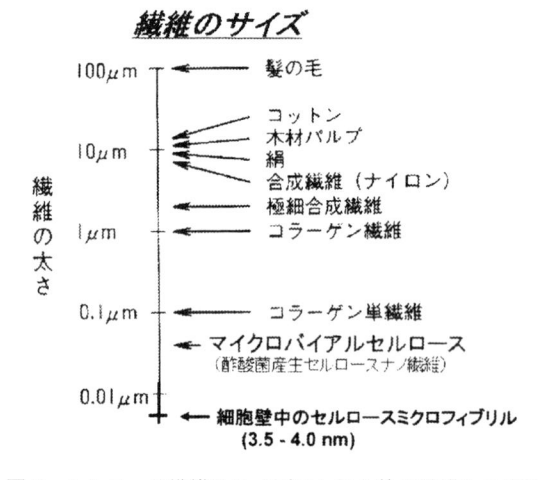

図2 セルロース繊維のサイズにおける他の繊維との比較

ものと考えられる。また，3.5～4.0 nm程度という樹木のミクロフィブリルのサイズは，他の起源のセルロースミクロフィブリルと比べても，極めて小さい（図2)[2]。このことは，樹木のTCのサイズが極めて小さいことを示唆する。

天然セルロース繊維の結晶構造には，セルロースIαおよびIβと呼ばれる二種類の結晶形がある[3]。両者は，結晶の単位格子の構造が異なる。セルロースIαは，一本鎖の三斜晶（Triclinic）で，格子の内角は全て90度ではなく準安定であり，高温などの処理によりIβに変化することが知られている[4,5]。一方，セルロースIβは，2本鎖の単斜晶（Monoclinic）の結晶格子からなり，比較的安定といわれている。樹木から産生されたセルロースミクロフィブリルは，大部分が後者のセルロースIβを含む構造であるが，以下で述べるように細胞壁形成段階に依存して結晶構造

第7章　機能性セルロース構造体の開発

も変化するという報告もある[6,7]。なお，セルロースIαおよびIβの結晶構造の詳細に関しては，成書[2]を参考されたい。

2.2　酢酸菌産生ナノ繊維

　酢酸菌（*Acetobacter xylinum* あるいは *Gluconacetobacter xylinus*）は，酢酸菌属の細菌であり，細胞壁の構造からグラム陰性菌に分類される。酢酸菌は，名前のとおり「酢」をつくる菌として知られ，嫌気的環境下では，アルコールから酢化反応により酢酸をつくる。しかし，酸素のある好気的環境下でグルコースが存在すると，「セルロースナノファイバー」を体外へ産生するようになる[8]。このナノファイバーは，酢酸菌の表面に存在するTCから生合成される。TCを構成するTCサブユニットは，セルロース分子鎖を合成するCesA酵素6個の集合体から成り，さらにTCは菌体表面にそれらが一列に並んだ階層構造をなす。そのため，TCサブユニットより生合成されたセルロースサブエレメンタリーフィブリルが自己凝集して1本の繊維を形成し，幅約40～60 nm，厚み10 nmのリボン状セルロースナノファイバー（セルロースリボン）が出来上がる。また，酢酸菌は，菌体の長軸の周りを右回りに自己回転しながら，菌体外へファイバーを噴出する[9]ため，産生されるセルロースナノファイバーは，ねじれる（図3）。この噴出の反作用から，菌は噴出方向と逆方向に25℃で約 2μm/min の速度で走行する[10]。このように生合成されたファイバーが，ネットワークを形成したゲル状物をペリクルと呼び，我々はナタデココとして食している。

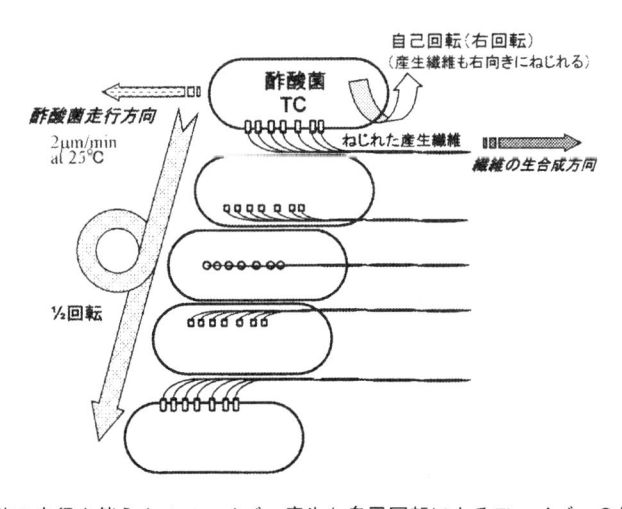

図3　酢酸菌の走行を伴うナノファイバー産生と自己回転によるファイバーのねじれの形成

3 機能性セルロース二次元構造体-平面-

3.1 樹木細胞壁

二次元構造体としては、平面で機能を発揮する素材が基本である。セルロースは天然で繊維として産生されるため、その繊維から構築される機能性二次元構造体の代表としては、植物の細胞壁が挙げられる。ここでは、樹木細胞壁形成について説明する。まず原形質膜上のセルロース合成酵素集合体（TC）から、およそ幅3.5～4.0 nmセルロースミクロフィブリルが合成され、その直後自己組織化を経て壁が構築される。樹木細胞壁は形成過程の違いにより一次壁と二次壁に分けられる。樹木細胞壁の構成成分であるセルロースのミクロフィブリル（ナノファイバー）は、一次壁と二次壁で異なった堆積をする（図4）。細胞壁は、細胞側（細胞膜）から新しい層が形成されるため、細胞膜表面に、まず一次壁が、次いで細胞膜と一次壁の間に二次壁が形成される。したがって、内側から外側へ向かって二次壁、一次壁の順でファイバーが堆積している。細胞膜を貫通するロゼット型TCから生合成されたセルロース分子鎖は直ちに配向し、結晶構造を形成して、セルロースミクロフィブリルとなり、それが束になり、さらに堆積して細胞壁を構築する。

セルロース繊維の結晶構造は、一次壁では主としてIαであるが、二次壁ではIβである[6,7]。その構造相違の要因としては、一次壁の形成時期は細胞の拡大成長期であるため、細胞膜に延伸応力が負荷され、膜貫通タンパクであるセルロース合成酵素群の集合形態や生合成されたセルロース分子鎖の結晶化に影響を与えていると考えられる。すなわち、応力（あるいはストレス）がかかった状態で形成されたセルロースの結晶構造は、準安定といわれるセルロースIαになるのではないかと推定される。一方、細胞壁の肥厚期である二次壁形成期では、セルロースナノファイバーの形成・結晶化と堆積は、比較的応力を受けずに進行すると考えられるため、安定な

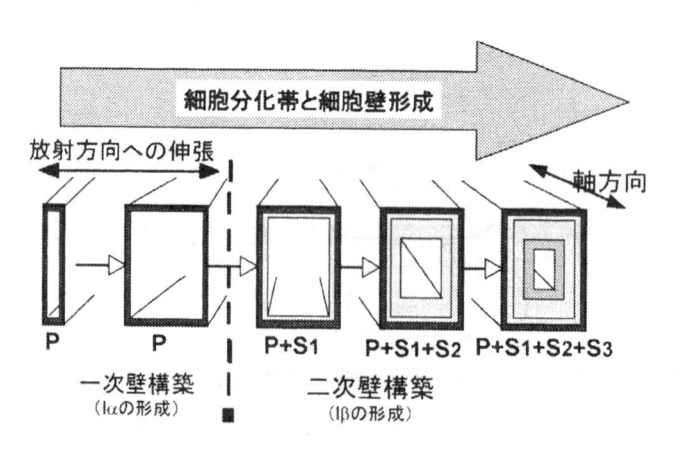

図4 針葉樹仮導管の細胞壁の形成の模式図

第7章 機能性セルロース構造体の開発

構造であるセルロースIβが形成される。このように，樹木の細胞壁形成において，ストレス環境の有無によりセルロース分子鎖の配向結晶化形態や堆積構造が異なってくる。また，一次壁は，細胞が伸長や拡大成長している間にミクロフィブリルが堆積するため，網目構造を有するとされている。二次壁は，成長が停止した後に，一次壁と原形質膜にはさまれた場で形成されることから，一次壁を足場にして，内側にらせん方向に堆積していると考えられており，この階層構造が樹木を軽くて強固にしている。

3.2 汎用人工フィルム

　人工的に構築される機能性二次元構造体の代表として，フィルムが挙げられる。再生フィルムは，再生繊維と同様の溶液をスリットノズルからフィルム状に成形される。汎用用途として，セロファン，ソーセージケーシング用のチューブなどに使われている。しかし，世界的に見てメーカーは2～3社に集約され，生産は横ばいか漸減傾向にある。一方，逆浸透膜，透析膜，水道用膜などの分離膜は，古くから用いられ，現在も引き続き医療，水処理，および各種工業分野などとその適用範囲はきわめて広い。これらの用途には，再生セルロース膜に加えて，酢酸セルロース膜が用いられている。これは，酢酸セルロースの ⅰ)多孔化が比較的容易であること，ⅱ)合成高分子に比べ親水性であること，ⅲ)酢酸基の極性によって，膜の表面電位が負に帯電しているため，静電反発を起こしやすい，などの特徴に起因する。酢酸セルロースフィルムへの成形では，トリアセテートが融解よりも先に熱分解を始めるため，塩化メチレンを主成分とする溶媒にフレーク状のトリアセテートを溶解させ，そのドープを流延する溶液製膜法により製造されている。50年以上前から感光用材料支持体として使われてきたが，現在PET（ポリエチレンテレフタレート）に押され，写真用フィルム用途に限られてきた。それとは逆に，最近トリアセテートの新たな用途が出現した。アセチル基が分子鎖方向に直交した方向にあるため，主鎖が配向しても複屈折がほとんど生じないというトリアセテートの分子構造上の特性（偏光にたいする光学的不活性，光学的等方性）を活かした偏光板の保護フィルムとして，液晶ディスプレイに現在使われている[11]。

3.3 ネマティックオーダーセルロース（NOC）

　著者らは，従来のセルロース利用からの脱却を目指し，誘導体化せず，セルロースそのままで高次構造のみを積極的に変化させる試みを続けてきた。その結果，セルロース溶液を飽和水蒸気下に放置することにより，分子間水素結合形成を極めて低く抑え，それを水と溶媒交換して得られる高水膨潤セルロースを開発した。これは透明な不可逆ゲル状シートとなって生成されるため，さらに延伸し，乾燥固定することにより，分子鎖が極めて一軸配向した，非結晶性の新たな

セルロース高次構造を有するフィルム,「ネマティックオーダーセルロース（Nematic Ordered Cellulose：NOC）」が形成されることを発見した[12〜14]。また，この構造は一旦乾燥後，常温付近では比較的安定である一方で，化学処理によって容易に変化する，いわゆる"準安定"な構造体であることが判明した。そのため，通常のセルロース結晶転移処理に比べて容易に，NOC フィルムをセルロースの結晶多形を有する配向フィルムに変換することができる[15]。また，NOC 表面において，配向しているグルコース環が表面に対してほぼ垂直に立っており，そのためグルコース環にエクアトリアル結合している水酸基もまた垂直に立ち上がりレールのようになり，さらに，グルコース環の疎水部分も表面に現れる。その結果，表面に水酸基の親水性レールと，グルコース環由来の疎水レールが交互に並んで形成されることになる（図5）。この特殊な両親媒性レール構造は，他の高分子やナノサイズの繊維物質を，レールに沿って配向吸着させる能力を示した。しかも，酢酸菌をこの上で培養すると，菌の物質生産に起因する自由運動が，このネマティックオーダーセルロース（NOC）[16]を持つ高分子レールで制御されることが可能であった。すなわち，分泌ナノファイバーがレールに配向吸着して，アンカー（錨）の役割を果たし，菌体の走行方向を制御できるようになった。

3.4　セルロースハニカムフィルム

最近，自己組織化を利用して，ハニカムパターン細孔を有するセルロースハニカム薄膜を作製することが可能となり（図6）[17]，さらに，この薄膜がユニークな性質を示すことが明らかになった。この薄膜の調製は，まず三酢酸セルロースを 0.5mg/ml の濃度になるようクロロホルムに溶解させ，この溶液 5 ml に，500 μl の超純水を加え，超音波処理により W/O エマルションを調

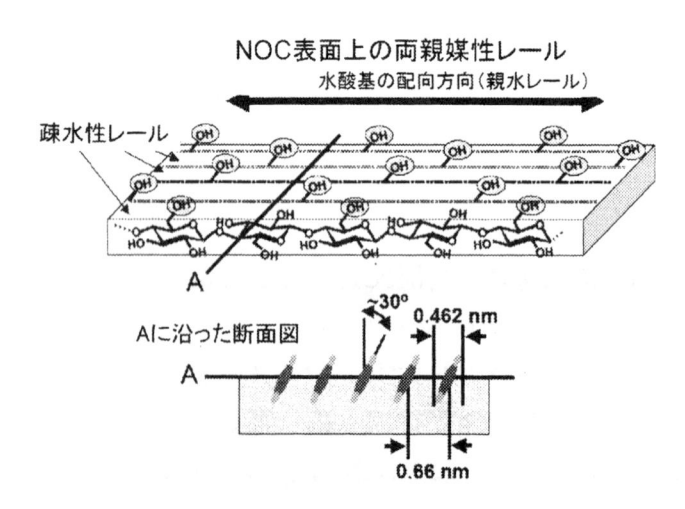

図5　NOC 表面のセルロース分子の配向状態

第7章　機能性セルロース構造体の開発

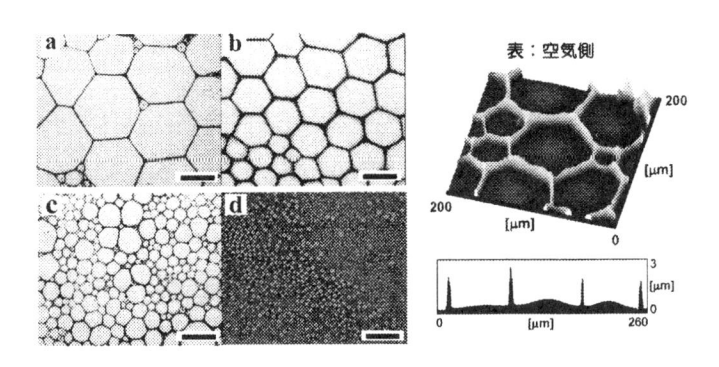

図6　調製法により制御された種々のハニカム孔サイズの膜，およびその三次元像：Bar＝50μm

製する。このW/Oエマルション200μlをスライドガラス上に展開し，室温，飽和水蒸気下で放置することで，ハニカム型三酢酸セルロース薄膜が得られる。このW/Oエマルションは，超音波処理・振とうによって，クロロホルム中に水の粒子を分散させて調製する。これをガラス基板上に展開すると，水の粒子が鋳型となってハニカム構造が作られる。また，アルカリでケン化すると酢酸基が除去され，ハニカム骨格を変えないままセルロース膜になる。この表面は，NOCと同様にハニカム骨格に沿って分子鎖が配向しており，しかもグルコース環が表面に対してほぼ垂直に立っていることが判明している。

4　機能性セルロース三次元構造体

4.1　酢酸菌産生セルロースペリクル（ナタデココ）

2.2で述べたように酢酸菌は，幅40～60 nmで厚さが10 nmのリボン状ナノファイバーを産生する。このように菌によって生合成されたセルロースナノ繊維を「マイクロバイアルセルロース」あるいは「バクテリアセルロース」と呼ぶ。この菌は，同時に菌体外への繊維分泌の際の噴出エネルギーを駆動力として分泌方向と逆方向に走行する。それぞれの菌が任意の方向に走行するため，結果として，分泌ナノファイバーからなるネットワークが形成され，ペリクルと呼ばれるゲル状の膜ができあがる。これが，食品の分野でナタデココとして一般に知られる。

4.2　酢酸菌を用いる機能性セルロース三次元構造体の構築

4.2.1　マイクロバイアルセルロースを用いるティッシュ・エンジニアリング

高分子と生物体とのナノスケール界面での相互作用の利用は，新たな構造体を生み出す可能性を秘めている。最近，足場（Scaffold）を用いて種々の細胞を培養し，医療材料として用いようとする再生医療材料形成法が注目されている。この足場は，主として強度の補強材的役割を期待

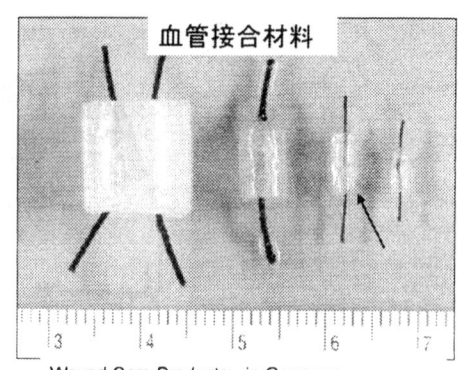

ウッドケミカルスの新展開

図7 生体材料分野での研究例：血管接合材料

して用いられている。ドイツのKlemmとSchumannらの研究で、手術時の動脈、神経などの保護に、種々のサイズに成型可能なBASYC©マイクロバイアルセルロースチューブの使用が可能となっている（図7）[18]。また、スウェーデンのGatenholmらは、独特の培養法により、人工血管への応用を検討している[19]。これらの試みは、培養器の枠中で酸素および培地を酢酸菌に与えれば、その枠空間の中で菌体がナノファイバーを産生し続け、空間を分泌ファイバー充填することにより枠の鋳型に習った三次元構造体が自動的に構築されるという原理に基づいている。

コットンセルロースからなる脱脂綿やガーゼで血栓ができるからなどの理由で、セルロース材料が長く遠ざけられてきたが、同じセルロースでも、酢酸菌から産生される結晶構造やその表面構造が異なるナノファイバー・ネットワークからの材料の医療用途への拡大が期待できるようになってきた。これらの新規なセルロース材料の性質は、従来の植物由来のセルロース材料との表面構造の違いに起因するものと推定される。

4.2.2 酢酸菌をナノビルダーとして用いる自動三次元構造構築

著者らは、3.3で述べたように、構造構築の方向を制御させる「テンプレート（レール）」という機能をセルロース構造体NOCに見出した[13]。図8で模式的に示すように、そのレール上で酢酸菌の培養を行うと、分泌セルロースナノ繊維の堆積方向が菌体の走行方向とともに制御され、足場パターンのままで、その三次元構造体が自動的に構築されていくという低エネルギーで構造形成までをおこなうプロセスが出来上がる。しかも、この三次元構造体は、高結晶性のセルロースナノ繊維から成っているため、十分な強度をもち、生分解性があるのはもちろんのこと、生体適合性もあり、ナノからボトムアップ的に構築される機能材料として期待される。

この材料構築法のコンセプトは、酢酸菌の物質生産に起因する自由運動を、セルロース分子からなる種々の二次元足場パターン（配向レール：NOC[13]、ハニカム[17]、その他）を持つ高分子

第7章　機能性セルロース構造体の開発

レールを用いて制御することにある。土台の高分子レールからなるテンプレート上に，酢酸菌が分泌する繊維を建材として，大工さんの菌体（ナノビルダー）が家を建てていく。このようにして最終的にパターン表面上にセルロースナノ繊維からなる三次元構造が構築される[16]。この方法が，酢酸菌をナノビルダーとして用いた三次元構造体構築法となる。図9に，このコンセプトを示すハニカム三次元構造体構築の模式図を示す。

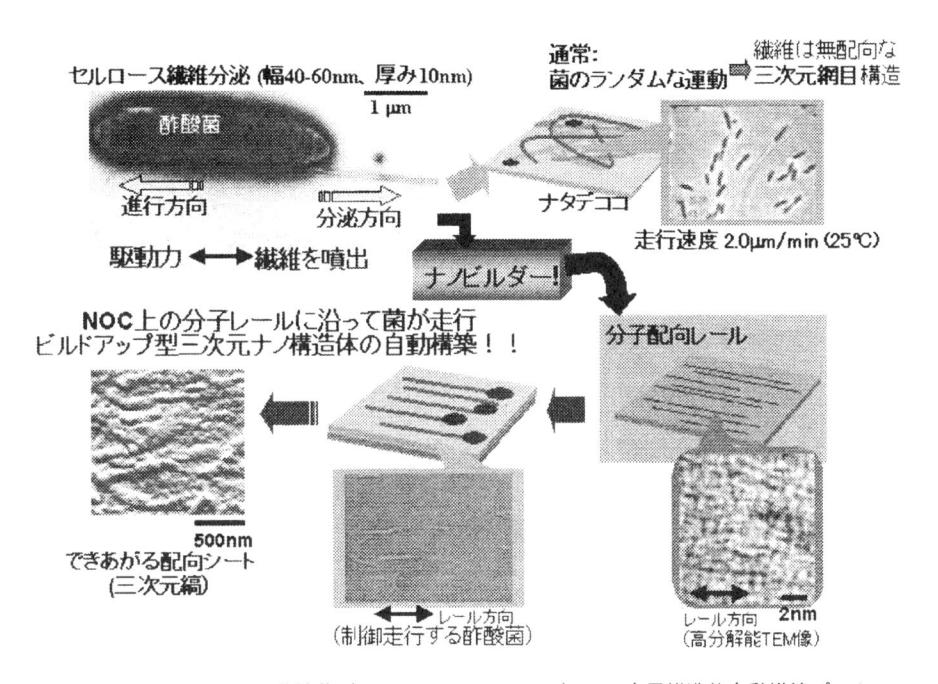

図8　ナノビルダー・酢酸菌（*Acetobacter xylinum*）の三次元構造体自動構築プロセ

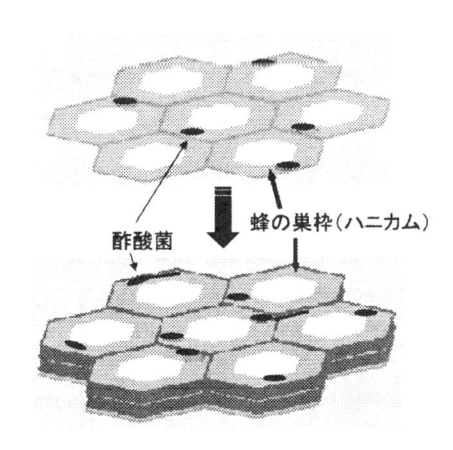

図9　蜂の巣枠の上をセルロースナノ繊維を分泌・堆積させながら制御走行する酢酸菌
　　　この繊維の堆積により三次元ハニカム構造体が自動的に出来上がる。

4.3 セルロースファイバーネットワーク構造を用いた複合材料

矢野らは，フェノール樹脂中にマイクロバイアルセルロースペリクルを圧縮したシートを含浸させ，積層熱圧縮して，木材セルロース繊維を用いた場合より，1.5倍のヤング率（約30Gpa）を示す高強度複合材料を作製している[20]。これは，ペリクルのナノからミクロまで均一に形成されているネットワーク構造に由来すると考えられる。また，彼らは熱機械的特性，光学特性においてユニークな特性を発現する透明繊維強化材料を，セルロースペリクルを同様にエポキシ樹脂に含浸させて作製した[21]。これらは，ペリクルがナノ繊維からなることから，繊維による強度補強のみならず，その透明性に着目している点で，マイクロバイアルセルロースのネットワーク構造の利用に新たな方向性を提案している。

5 おわりに

通常のコットンや紙などを構成する天然セルロース繊維と，マイクロバイアルセルロースとの大きな違いは，繊維の結晶構造，ミクロかナノかの大きさ（幅）の違い，そして結晶体がどのように存在するかの階層構造の違いである。最近，従来のセルロース材料とマイクロバイアルセルロースとでは極めて性質が異なり，特に，その表面特性が著しく異なることがわかってきた。

また，自己組織化など種々の方法で，繊維のみならず新規フィルムの創製，酢酸菌を用いた三次元構造の構築法も提案されるようになってきた。今後，実用化への方向をさらに進めるためには，二次元あるいは三次元構造材料のパターン構造と機能の相関について，基礎的知見を得ることである。それを基盤にすることができれば，応用の道も遠くはない。しかし現在，その途についたばかりであり，今後更なる検討が必要であることは言うまでもない。

文　献

1) K. Kageyama, J. Tamazawa, T. Aida, *Science*, **285**, 2113 (1999)
2) 杉山淳司ほか，木質の形成，p.91, p103, 海青社 (2003)
3) R. H. Atalla, D. L. VanderHart, *Science*, **223**, 283 (1984)
4) F. Horii *et al.*, *Macromolecules*, **20**, 2946 (1987)
5) E. M. Debzi, H. Chanzy, J. Sugiyama, P. Tekely, G. Excoffier, *Macromolecules*, **24**, 6816 (1991)
6) Y. Kataoka, T. Kondo, *Macromolecules*, **29**, 6356 (1996)

7) Y. Kataoka, T. Kondo, *Macromolecules*, **31**, 760 (1998)
8) A. J. Brown, *J. Chem. Sci. (London) Transactions*, **49**, 432 (1886)
9) C. Heigler, R. M. Brown, Jr., *Science*, **210**, 4472 (1980)
10) R. M. Brown, Jr., J. H. Willison, C. L. Richardson, *Proc. Natl. Acad. Sci. USA*, **73**, 4565 (1976)
11) 近藤哲男ら, セルロースの科学, 磯貝 明編, p86, p108, 朝倉書店 (2003)
12) E. Togawa, T. Kondo, *J. Polym. Sci., B : Polym. Phys.*, **37**, 451 (1999)
13) T. Kondo, E. Togawa, R. M. Brown Jr., *Biomacromolecules*, **2**, 1324 (2001)
14) T. Kondo, *Cellulose : Molecular and Structural Biology*, R. M. Brown, Jr. and Inder M. Saxena ed., p285, Springer (2007)
15) E. Togawa, T. Kondo, *J. Polym. Sci., B : Polym. Phys.*, 印刷中
16) T. Kondo, *et al.*, *Proc. Natl. Acad. Sci. USA*, **99**, 14008 (2002) ; Kondo, T. ; Nature Scienceupdate : Bugs trained to build circuit, October 8 (2002), http://www.nature.com/nsu/021007/021007-1.html
17) W. Kasai and T. Kondo, *Macromol. Biosci.*, **4**, 17 (2004)
18) D. Klemm *et al.*, *Prog. Polym. Sci.*, **26**, 1561 (2001)
19) H. Backdahl, *et al. Biomaterials*, **27**, 2141 (2006)
20) A. N. Nakagaito, Iwamoto, S. Yano, H. *Appl. Phys.*, **A80**, 93 (2005)
21) H. Yano, *et al.*, *Adv. Mater.*, **17**, 153 (2005)

第8章　機能性リグニン-多糖複合体の開発

浦木康光[*]

1　はじめに

　木質バイオマスの主たる構成物質は細胞壁由来である。細胞壁は約45%のセルロースと，針葉樹では約20%のヘミセルロース及び約30%のリグニン，広葉樹では約30%のヘミセルロースと約20%のリグニン，加えて，若干量の抽出成分と呼ばれる有機物や無機物から構成されている。リグニンはフェニルプロパンを骨格とするケイ皮アルコール類が重合して生合成されるもので，樹木中では，① セルロースとヘミセルロースの接着及び細胞同士を接着させ，植物体に物理的強度を付与すること，② 多糖類に疎水性を付与して湿潤状態での強度維持，及び細胞壁への水分透過性を減少させて通導木部組織での水分通導の効率化を図ること，③ 微生物・昆虫に対する抵抗性を付与すること，などの機能が提示されている。この機能から分かる通り，リグニンは多糖類成分に比べ，疎水性であることが特性である。では，リグニンはどのように細胞壁中に存在するのだろうか。リグニン濃度は細胞と細胞の間（細胞間隙）が最も高いが，量的には二次壁に最も多い。二次壁中では，リグニンはヘミセルロースの一部と共有結合で結びついている。これは，リグニン-炭水化物複合体（Lignin-Carbohydrate Complex：LCC）と呼ばれる。磯貝らは，リグニンとセルロースの共有結合の可能性も提案し[1]，Jinらは針葉樹のセルロースの半分以上がリグニンと共有結合していると報告している[2]。LCCはパルプ化によっても形成されるが[3]，多種の天然物に存在することが確認されている。

　LCCの樹木における機能は不明であるが，樹木から単離したLCCはミセル形成能があると報告されている[4]。これは石鹸などの界面活性剤のように，親水性の多糖類と疎水性のリグニンからなるLCC分子は，水中では疎水性のリグニンが会合してコアを形成し，その周りを親水性の多糖類が覆いコロナとなり，ミクロパーティクルを形成することを意味する。

　このような自己会合性，さらには，自己組織化材料はナノテクノロジーの分野で注目されている。本章では，これまで報告されている多糖類に疎水性官能基を導入して発現する機能の紹介と共に，リグニンと多糖類が共存する木質バイオマスを原料として用いて調製できる機能性材料，さらにはインテリジェント材料について紹介する。

　＊　Yasumitsu Uraki　北海道大学　大学院農学院　応用生命科学部門　准教授

第8章 機能性リグニン-多糖複合体の開発

2 LCCの溶液物性

木材中のLCCの単離方法はBjörkmanの方法が定法で，夜久らは，それを若干修飾した方法で単離している。その過程を図1に示す。LCCの単離には，先ず，対象とする木材の粉末（木粉）を準備し，これをトルエン中でボールミルを使って，さらに磨砕する。この木粉から含水ジオキサンで抽出されるのが磨砕リグニン（Milled wood lignin）で，その抽出残渣からジメチルスルホキシド（DMSO）で抽出されるのがLCCである。抽出溶媒には，ジメチルホルムアミドが用いられるときもある。ここで示す溶液物性の実験には，単離したLCCを50％の酢酸水溶液に溶解し，不溶部を除去後，アセトンに沈殿させて精製した試料を用いている。

精製したLCCは表1に示すような化学組成である。MWLの抽出残渣（MWLR）の糖含有量は71.9％であり，リグニンは19.9％であった。この残渣からLCCを単離したが，その収率は20.7％で，糖及びリグニン含有量は殆ど変らなった。しかし，キシロース含有量が増加しており，キシランを主成分とするLCCが単離されたことが分かる。このLCCは水溶性であるが，有機溶媒に不溶で，50％のテトラヒドロフラン（THF）水溶液には可溶であった。この溶解性を元に，種々の溶液物性を筆者らは調べた。

2.1 LCCの分子量と分子会合性

図2に水中で測定したサイズ排除クロマトグラムを示す。検出器には，全ての物質（この研究では主に糖の存在）を検出する示差屈折計と，リグニンに起因する280 nmの吸光を測定する

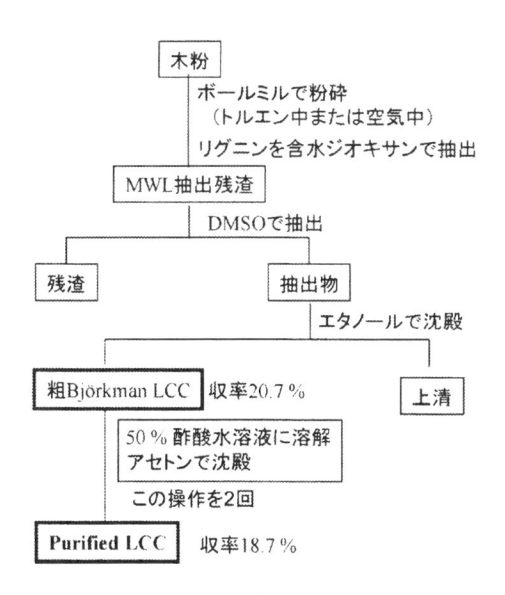

図1 リグニン—炭水化物複合体（LCC）の単離方法

表1 磨砕リグニン抽出残渣とLCCの化学組成

	MWL 抽出残渣	LCC
炭水化物（%）	71.9	72.5
炭水化物の構成糖組成（%）[a]		
D-ラムノース	0.4	1.1
L-アラビノース	1.1	2.5
D-キシロース	32.3	75.9
D-マンノース	2.1	3.4
D-ガラクトース	1.7	2.3
D-グルコース	62.4	14.8
リグニン含有量（%）	19.9	22.2

LCCの収率は18.7%（MWL抽出残渣に対し）
[a] 全ての構成糖を100%としたときの各単糖類の組成

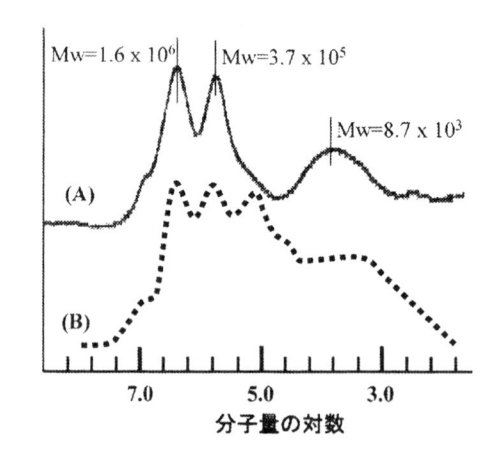

図2 LCCの水系サイズ排除クロマトグラム
(A) 示差屈折計，(B) 280 nmの紫外線吸収

UV検出器を用いた。いずれの検出器でも，ほぼ同じ分子量にピークが観測され，リグニンと糖が結合していることを示唆した。標品のプルランを基準に作成した検量線から，最初のピークは分子量160万Daに相当した。通常，ヘミセルロースの重合度は高くても200（分子量で約3万Da）と推定されているので，この分子量は異常に高い。この結果より，LCCは水中で強固な会合体を形成することが予想された。

この仮定を検証するために，静的光散乱を用いて，分子量及び分子の大きさを調べた。表2にその結果を示すが，この測定では水中の重量平均分子量は920万Daと，更に大きな値を示した。サイズ排除クロマトグラフィー（SEC）との差異は，SECがプルランに対する相対分子量であるのに対し，光散乱では絶対分子量を示すことと，リグニンが自家蛍光を持つために分子量が大きめに表れたことに起因する。このため，リグニンの光散乱測定には，蛍光をカットする

第8章　機能性リグニン-多糖複合体の開発

表2　静的光散乱法で測定したLCCの諸性質

測定溶媒	分子量 ($\times 10^6$ g/mol)	回転半径 (nm)	第2ビリアル定数 ($\times 10^{-4}$ mol ml/g^2)
水	9.16	72.1	−1.37
50%THF水溶液	0.90	78.3	−6.54

フィルターの使用が不可欠となっているが[5]、この研究では装置の都合で用いなかった。しかし、明らかに分子量は異常に大きい。これがリグニンの疎水性に起因する会合現象であれば、有機溶媒中では、分子量が低下することが予想される。そこで、50%THF水溶液で分子量を測定した。その結果、約90万Daという分子量が示された。この値は水中の結果より小さいが、依然として異常に高い。溶液中の分子の会合性は、溶質同士の相互作用と、溶質と溶媒との相互作用が重要な因子となる。高分子溶液の場合、この相互作用を第二ビリアル定数として、数値化できる。第二ビリアル定数が負となる場合、溶質同士の相互作用が溶質—溶媒間の相互作用より強いことを定性的に示す。50%THF水溶液では、この第二ビリアル定数が負となり、溶質同士に強い相互作用が働いていることが分かり、有機溶媒中でも水が存在するとLCCの会合が生じていることが示唆された。

LCCの会合体を可視化するために、透過型電子顕微鏡（TEM）観察を行った。ここでは、銅グリッド上に被覆したコロジオン膜にLCCの水溶液を滴下して、乾燥後に観察するという方法を採っているために、厳密には水溶液中の会合体ではないが、直径数十nmのネガティブ染色されたパーティクルが観測された。LCC溶液を超音波処理するとパーティクルの径が均一になり、よく分散したLCCの会合体が見られるようになった[6]。そこで、実際の水溶液中でのパーティクルサイズを測定するために、動的光散乱測定を行った。図3に数平均粒径分布を示す。この図から、水溶液中の平均粒径が75.4 nmに対し、超音波処理すると43.7 nmと小粒径になり、また、粒径分布も狭くなることが分かる。この超音波処理液を3日間放置しても粒径は殆ど変化しなかった。この結果より、LCCは水中でナノパーティクルを形成することが明らかとなった。

21世紀はナノの時代とも呼ばれ、ナノテクノロジーに関する研究及び企業化は日本の重点課題であり、飛躍的な材料開発と応用化が進んでいる。ナノパーティクルも研究から応用の段階に入り、医薬・化粧品分野での利用が進んでいる。このような21世紀の機能性材料として、LCCは潜在的機能を有していることが示された。このナノパーティクルに、更なる機能が見出せれば、用途も拡大する。そこで、次項にLCCの両親媒的特徴を記す。

2.2　両親媒性物質としてのLCC

界面活性剤は、ミセルに疎水性物質を取り込む。したがって、ナノパーティクルを形成する

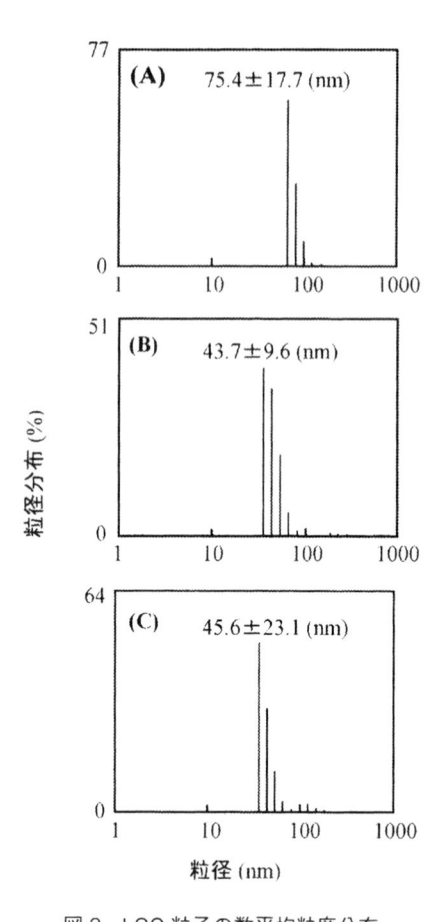

図3 LCC粒子の数平均粒度分布
(A) 超音波処理前，(B) 超音波処理後，(C) 超音波処理して3日間放置後

LCCも同様な機能が期待される。そこで，蛍光物質の取り込みからこの機能を検証した。この研究に用いたANSは，溶液の疎水性を評価する試薬として用いられる[7]。この水溶液とLCCを混合して蛍光を測定すると，図4に示すように，蛍光最大波長は0.5 mg/mL以上で急激に短波長側にシフトし，蛍光強度も増大した。このことは，溶液の環境が疎水性になったことを意味し，波長シフトが著しい濃度は，界面活性剤の臨界ミセル濃度に相当する分子会合が顕著に起きる濃度と考えられる。この結果より，LCCが形成するナノパーティクルは疎水性ドメインを有し，有機化合物を取り込む能力があることが明らかとなった。

また，界面活性剤は臨界ミセル濃度以下では，水面に単分子膜を形成する。LCCに対しても，この性質を表面圧計で調べた。水面上の分子は，その占有面積で分子の配列が異なる。少ない分子が大面積に存在すると気体のように分子が乱雑に存在し，面積が減少するに従い，液体→固体のように分子間が密となり，分子が規則的に配列するようになる。この分子密度の上昇により，

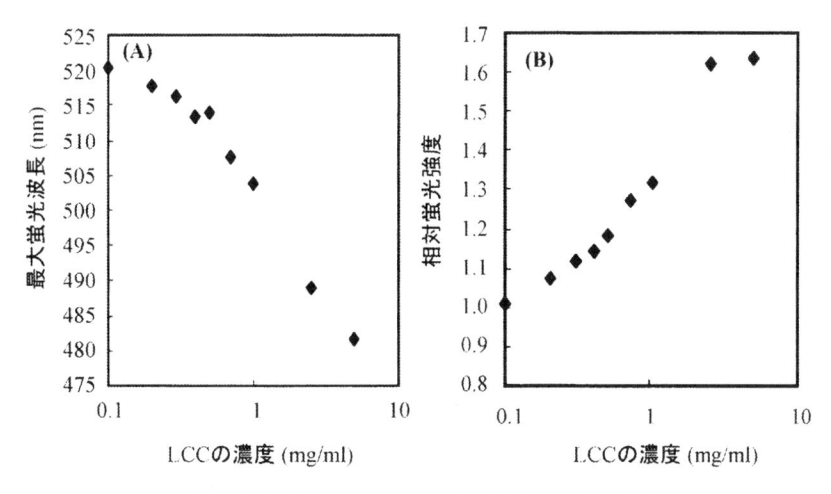

第8章 機能性リグニン-多糖複合体の開発

図4 蛍光試薬 ANS の LCC 水溶液中での蛍光挙動
(A) 最大蛍光波長, (B) 蛍光相対強度

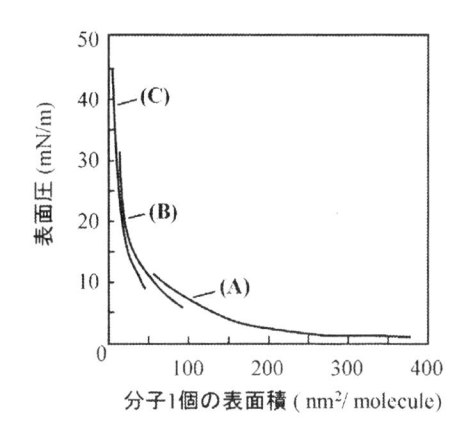

図5 LCC の表面圧(π)-表面積(A)等温曲線

表面圧が上昇する。最終的にこの様子を，分子の占有面積（π）に対し，表面圧をプロットしたのが，図5の π-A 曲線である。通常は低圧から高圧域まで一度の測定で行うが，この実験では，機器の問題で3濃度に分けて測定を行った。図より，分子1個の占有面積が減少すると表面圧が上昇したので，LCC は基本的には親水性の多糖類で水と接し，疎水性のリグニン部分は空気に接する単分子膜を形成することが示された。

この単分子膜を固体の基板上に転写したものが，Langmuir-Blodgett（LB）膜であり，転写を繰り返すことで LB の積層膜が調製できる。LB 膜はセンサーなどの応用が提案されている[8]。最近では，セルロース誘導体の LB 積層膜が，光エネルギーを電気に変換する，所謂，太陽電池として使用できることも報告されており[9]，重要なナノ材料である。

3 未漂白パルプを原料とする機能性材料

3.1 両親媒性パルプ誘導体とその分子会合性

LCC はその単離工程と収率を考慮すると，工業用原料として使用するのは無理である。そこで，木質バイオマス由来の原料を用いた，LCC と同様な機能を持つ材料の創製について，ここで概説する。

木材からリグニンまたは多糖類のみを抽出するには，過酷な条件での処理が必要である。このことは，両成分が共有結合していなくても，強固に結合していることの証である。それゆえ，木材そのものでも LCC と同様な機能を持っていると予想されるが，木材は一般的な水や有機溶媒には溶解せず，両親媒性とは言えない。そこで，木材を水溶性誘導体に変換することで，両親媒的な性質が発現すると期待されるが，両親媒性物質には，親水基と疎水基の割合が重要である。この点を考慮して，未漂白パルプを原料として，材料開発を筆者らは行った。

未漂白パルプの製造には，常圧酢酸パルプ化を採用した。この方法では，パルプ化試薬として用いる鉱酸の濃度を調節することで，パルプ中に残存するリグニン量が制御できる。この残存リグニンは表3に示すように，一般的なリグニン用の溶媒や水素結合を切断する尿素などでは抽出できず，強固に多糖類と結合している。この酢酸パルプをアルカリ中でプロピレンオキシドと反応させ，ヒドロキシプロピル (HP) 化酢酸パルプ (HP-AP) を調製した。広葉樹を原料とした時，リグニン含有量が 8～10％酢酸パルプ (HAP) から，リグニン含有量約 1.5％の HP-HAP が調製できた。一方，リグニン含有量の多い針葉樹を原料としたときは，11％の残存リグニンを含有する酢酸パルプ (SAP) から 4.8％のリグニンを含有する HP-SAP，22％の SAP からは 9.4％のリグニンを含む HP-SAP が調製された。誘導体化によりリグニン含有量が低下したのは，反応をアルカリ条件下で行ったことに因る。この誘導体の構造を決定するのに糖組成も重要であるが，

表3 種々の溶媒抽出後の HP-パルプ誘導体中の残存リグニン量

溶媒	条件1	条件2
抽出前	10.92	
純水	9.27	9.02
ジメチルホルムアミド	8.77	7.78
ジメチルアセトアミド	9.02	7.49
6 M 尿素水溶液	8.42	
クロロホルム	9.08	

リグニン量は Klason lignin として定量
条件1：撹拌下，室温で1週間，条件2：撹拌下，80℃ 2時間

第8章　機能性リグニン-多糖複合体の開発

表4　HP化パルプ誘導体の化学的性状

	リグニン含有量（%）		モル置換度	重量平均分子量（x10⁵Da）		
	原料	誘導体		水系/光散乱	THF/光散乱	THF/屈折計
HP-HAP	10.92	1.54	6.1	14.6	2.33	6.29
HP-SAP	11.12	4.76	5.8	12.0	3.13	5.08

光散乱検出には，低角度レーザー光散乱検出器を用いた

誘導体化された単糖類を分析する有効な方法が見出されていないので，現段階では不明である。

　これらの誘導体の基本的な溶液物性を明らかにするために，先ず，分子量をサイズ排除クロマトグラフィーで測定した。この測定では，検出器に光散乱と示差屈折計を用いている。表4に示すように，水中での分子量がTHF中での分子量の5倍程度を示し，水中での分子会合が示唆された。そこで，TEMで会合体の形態を観察した。ネガティブ染色された楕円状の粒体がいくつも連なった物体が観測され，その粒体数はリグニン量に依存していた[10]。また，HP-APの水溶液を超音波処理すると，連なった粒体が分散するようになった。LCCの会合体とは形状が異なるが，観測された現象は類似している。

3.2　両親媒性パルプ誘導体の特性とその利活用
3.2.1　粘度と増粘剤

　分子会合により数個の分子が，見かけ上一つの巨大な分子のように振舞うようになる。高分子におけるこの現象は，還元粘度（η_{sp}/c）の測定から定性的に追跡できる。図6にHP-APの濃度に対する還元粘度を表している。通常の高分子は，この図では右上がりの直線を示すが，HP-APでは放物線的な上昇を示す。このことは，分子の占有体積（正確には流体力学半径）が大き

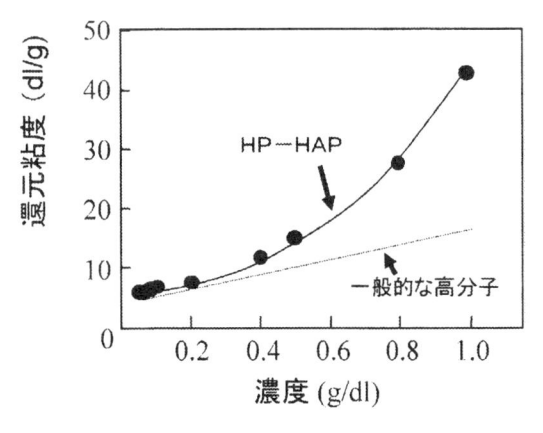

図6　HP-HAPの水中での還元粘度

くなったことを意味し，巨大な分子が形成されていることが示唆される。

　この研究に近い材料を用いて，類似の溶液物性を示す高分子の例として，ヒドロキシエチルセルロース（HEC）の誘導体がある。この誘導体は，セルロースをエチレンオキシドと反応させ，さらに，アルキル基を導入する2段階の反応で得られる。溶液物性の発現はアルキル基同士の疎水性相互作用に起因しており，非常に高い粘度からインクや塗料分野での増粘剤としての利用が期待される[11]。この誘導体の製造過程を原料から考えると，木材を用いる場合，先ず，パルプ化でセルロース成分を抽出し，さらに，脱リグニンを行うために漂白工程を経て原料となるセルロースが得られる。これを前述した2段階の反応で目的物とする。筆者らが調製したパルプ誘導体では，パルプ化工程は一緒だが，その後の漂白は必要なく，また，最終工程の疎水性官能基の導入も不要である。このように，製紙産業では紙の品質を落とす邪魔者として扱われるリグニンを活用することで，多工程を経るセルロース誘導体に匹敵する物性を示す材料が，リグノセルロースとも呼ばれる木質バイオマスから少ない工程で製造可能なことが明らかとなった。

3.2.2　疎水性環境の形成と物質包接能

　このパルプ誘導体の分子会合性はリグニンの疎水性相互作用に起因するために，会合領域はかなりの疎水性環境と想像される。これを検証するために，LCCのときと同様に蛍光測定により，疎水性を評価した。用いた試薬は水溶性のANSの他に，水に難溶性のN-phenyl-1-naphtylamine（PNA）である。ANSはパルプ誘導体の水溶液と混合するだけであるが，PNAの場合は，バイアルなどのガラス容器の底に一度PNAの薄膜を形成させた後，パルプ誘導体に水溶液を加えて，蛍光を測定している。図7，8にパルプ濃度に対する蛍光強度及び最大蛍光波長を示す。界面活性剤であるSodium dodecylsulfate（SDS）は，低濃度では蛍光強度と最大蛍

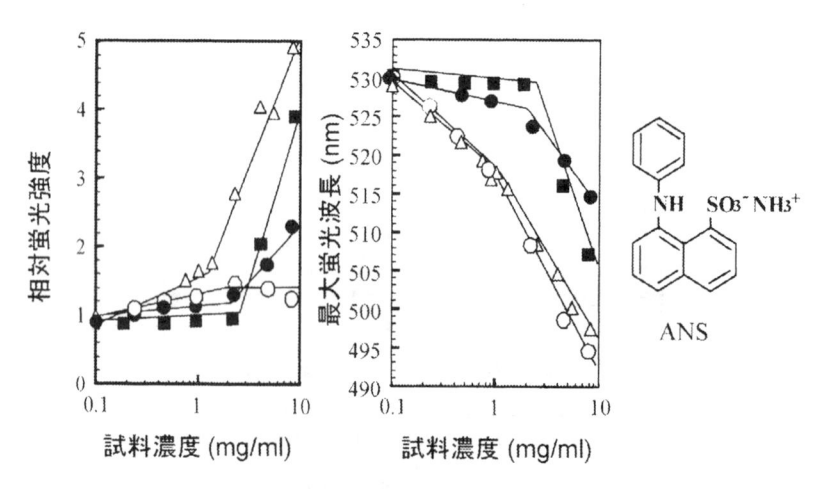

図7　HP化誘導体及びSDSの濃度に対するANSの蛍光挙動
△：HP-HAP，○：HP-SAP，●：HPC，■：SDS

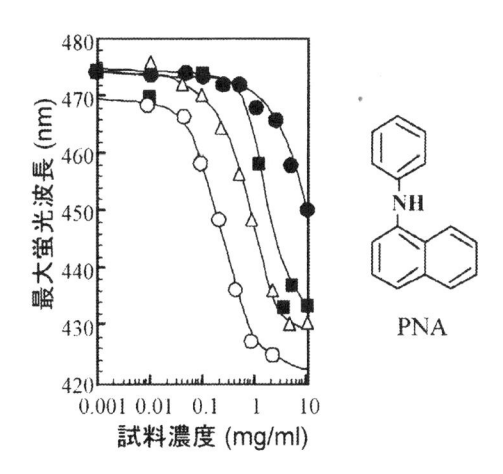

第8章　機能性リグニン-多糖複合体の開発

図8　HP化誘導体及びSDSの濃度に対するPNAの蛍光挙動
△：HP-HAP，○：HP-SAP，●：HPC，■：SDS

光波長とも殆ど変わらないが，約2 mg/mlでいずれも顕著に変化する。これは，臨界ミセル濃度とほぼ等しく，前述したように分子が水中で会合を始める濃度といえる。しかし，SDSではLCCで見られたような会合体をTEMで観測できなかった。これより，TEMで観測できる会合体は，かなり巨大な物質であったことが分かる。

パルプ誘導体は，低濃度からでも蛍光強度は徐々に増加し，波長は減少（ブルーシフト）している。しかし，1 mg/mlで顕著な変化を示し，明確な分子会合が生じていることが理解できる。波長シフトが顕著なのは，残存リグニン量が多いHP-SAPであった。この最大蛍光波長はSDSより低波長であり，80％エタノール水溶液と同等であった。リグニンを含まない精製されたセルロースから製造されているHPCもSDSと同様に，明確な臨界点をもつ蛍光変化を示したが，ブルーシフトはパルプ誘導体より小さかった。以上より，リグニン量が会合体形成能や疎水環境の形成に重要な役割を果たしていることが理解できる。

この研究では，広葉樹の木粉を用いてHP化を行い，HP-Woodも調製した。HP-Woodはリグニンを4.3％含んでいるために，ANSに対しては，HP-SAPとHP-HAPとの中間のレスポンス，PNAに対しては低濃度から著しいブルーシフトを示した。しかし，TEMでは会合体を観測できなかった。一方，機械パルプのGP（Ground pulp）やTMP（Thermomechanical pulp）のヒドロキシプロピル誘導体が，未漂白酢酸パルプの誘導体と同様に会合体を形成することが確認された（データ未発表）。樹木中でリグニンは，二次壁に最も多量に存在するが，濃度は細胞間層やセルコーナーの方が高い。したがって，繊維（細胞と同等の意味）がバラバラとなったパルプと，細胞壁の配列が維持されている木粉とでは，リグニンの表面露出は異なると考えられ，誘導体の溶液物性にも影響を与えると予想される。このような，繊維構造の違いが，リグノセル

ロース誘導体の分子会合性に影響を与えたと考えられる。しかし，微視的な疎水性環境は，リグノセルロースであれば，ほぼ同様に形成されると結論付けられる。

会合して形成された疎水性領域（ドメイン）は，界面活性剤のミセルのように疎水性物質を取り込むことが想定され，所謂，包接化合物のようなホスト-ゲスト化学が成り立つと思われる。そこで，前出の蛍光物質をゲスト分子として用い，それらの吸着量を測定した。まず，水溶性ANSの吸着量を，限外ろ過により未吸着ANSを分離して求めた。

表5に示すように，ANSは酸性でパルプ誘導体によく吸着した。特に，HP-HAPは投与量の90％を吸着した。一方，HPCは21％しか吸着しなかった。HPCも疎水性環境を形成することは前述したが，その包接能は低いことが分かる。酸性で高い吸着能を持つ物質は，経口投与用薬物の錠剤成型材として有用である。これは，胃での分解・崩壊を妨げ，腸での薬物吸収を優先させるドラッグデリバリーが実用的な用途として挙げられる。実際，この目的のために，hydroxypropyl-methyl cellulose phthalateが開発された[12]。HPCは高い生体適合性を示すために，錠剤成型に用いられているセルロース誘導体であり，さらに官能基を付与することで，pHに反応する薬剤が開発できた。パルプ誘導体もHP化を行っているので，セルロース由来成分は高い生体適合性を保持していると推定される。リグニンのHP化誘導体も生体適合性を持っているならば，HP-APも錠剤成型剤として期待できる。しかし，リグニンの生体適合性については，未だ不明である。

PNSの吸着量は，先ほどの蛍光測定でバイアルの底に残存したまま水に可溶化しなかった量から求めた（表6）。したがって，この吸着量は水に難溶な物質を可溶化する能力でもある。界

表5　HP化パルプ誘導体のANS吸着量

試料	pH 1		Neutral		pH13	
	μ mol/g	(％)	μ mol/g	(％)	μ mol/g	(％)
HP-HAP	16.6	93	10.7	65	10.8	63
HA-SAP	12.6	71	6.4	41	8.3	49
HPC	3.9	22	1.8	11	1.5	9

試料濃度50 mgに対し，0.1 mMのANS水溶液10 ml

表6　HP化パルプ誘導体のPNA吸着量

Sample	吸着量 (μ mol/g)	可溶化量 (％)
HP-HAP	8.48	90
HP-SAP	4.60	49
HPC	0	0
SDS	7.22	77

可溶化量はPNAが純水に溶解する量を補正して，不溶量に対する可溶化された量を表す。

第8章 機能性リグニン-多糖複合体の開発

面活性剤のSDSは投与量の77%を可溶化した。しかし，HPCは全く可溶化しなかった。このことからも，HPCの界面活性能が非常に低いことが理解できる。一方HP-APでは，HP-HAPがSDS以上の可溶化能を示している。残存リグニンが多いHP-SAPは，SDSより低いが明確な可溶化能を示した。

以上の結果から，低分子有機化合物との結合は，単にリグニン量のみに依存しないことが明らかとなったが，リグニンを含有するパルプ誘導体はセルロース誘導体とは異なる機能が発現することが明示された。

3.2.3 タンパク質との相互作用

高分子に対するHP-APの包接能を調べるために，生体高分子であるタンパク質との相互作用を調べた。使用したタンパク質はパパインというタンパク質分解酵素で，酵素活性の測定から相互作用を推測できる。HP-APのリン酸緩衝液をパパインの溶液と混合すると，酵素活性は低下した（図9）。HPCを混合しても酵素活性の低下は観測されなかった。このことは，HP-APはパパインと結合して，その酵素活性を消失させるが，HPCは何も相互作用しないことを意味している。この現象からも，HP-APとHPCとの機能の差が明確である。

パパインは，互いに加水分解を行い酵素活性が徐々に低下していく。これは自己分解とも呼ばれ，溶液で保存できない原因となっている。この実験では，24時間で活性が完全に消失した。しかし，HP-APが共存する系では異なる挙動を示した。HP-HAPを混合した系では，24時間後から活性の復活が見られ，最初の活性の30%強まで上昇した。図9には復活後3日分しか示していないが，この活性は5日後でも維持されることを確認している。一方，HP-SAPも若干の復活を示したが，HP-HAPほど明確ではない。この違いがパパインとの結合形態に起因することが，酵素の活性阻害を調べることで明らかとなった。HP-HAPはパパインの活性を競争阻害により低下させており，このことは，HP-HAPは直接パパインの活性部位と結合することを示唆している。一方，HP-SAPは非競争型の阻害を示し，非活性部位と結合してタンパク質の

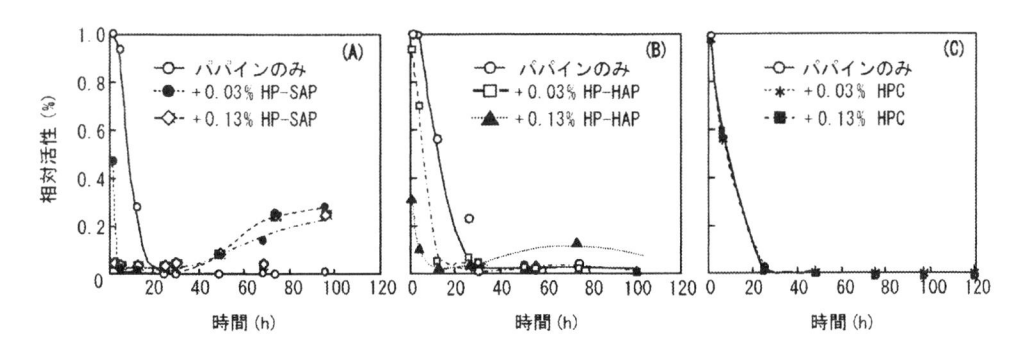

図9 HPパルプ誘導体及びHPCがパパインの活性に及ぼす影響

構造を変化させていると推測された。また，阻害定数は HP-HAP の方が 1 桁小さく，$Ki=5.3\mu M$，$Ki'=2.9\mu M$ を与え，HP-SAP より強固に結合することが明らかとなった。これらの結果から，以下の機構による活性の復活が考えられる。混合当初，HP-HAP は会合体内部に酵素を取り込む。時間の経過と共に，その複合体の構造が安定化し，酵素の親水性のドメインが水と接するようになる。最終的には基質と反応が回復し活性が復活した。また，HP-HAP とパパインは強固に結合するために，酵素同士の自己分解が抑制され，回復した活性が長時間維持された[13]。

このように酵素の安定化を行う分子会合性多糖類誘導体として，水溶性多糖類のプルランにコレステロールを結合させた疎水化多糖（hydrophobized polysaccharide）が秋吉らによって報告されている。糖 100 残基当たり数個のコレステロールを結合させるだけで，コレステロールの疎水的相互作用により分子会合体を形成する。この会合体を超音波処理することで，粒径の揃ったナノパーティクル（ナノヒドロゲルがより適切に形態を表す）となる。このプルラン会合体も HP-AP と同様に，疎水性領域を形成し，会合体内部に高分子を取り込む。秋吉らはキモトリプシンというタンパク質分解酵素を用いて，酵素の安定について検討している。円二色性（Circular dichroism）の測定から，会合体に取り込まれることにより，酵素の二次構造が変化することが示されたが，酵素活性は殆ど低下しない。さらに，この複合体を 70℃ に加熱しても，酵素活性は維持されていた[14]。この結果は，プルラン会合体が酵素の安定化に寄与したという現象ばかりでなく，酵素の高温での使用を可能にするという工業的な利点まで示唆している。さらに，秋吉らは，この会合体がタンパク質の分子シャペロンとして機能するなどの現象を見出し[15]，医薬分野での多様な利用法を示している。

また，この会合体はシクロデキストリンの添加で崩壊する。したがって，会合体形成の on-off 制御が可能である。これは，薬物徐放担体や包接化合物として利用するとき，ゲスト分子の放出を任意に制御できる利点に繋がっている。よって，HP-AP にも会合体を on-off する試薬が見つかれば，用途が飛躍的に拡大すると予想できる。

4 未漂白パルプ誘導体ゲル

4.1 下限臨界共溶温度とゲル化

一般に低分子化合物は，溶媒の温度の上昇と共に，その溶解度は上昇する。高分子化合物においては，温度上昇により溶解度は上がるが，さらに，高温になると白濁し沈殿を生じる。これは溶媒和していた高分子から溶媒分子が離れ，高分子同士の会合が生じて起きる。沈殿物は溶媒を含んだ状態であり，ゲルとの見方もできる。したがって，ゾル-ゲル転移と見做せる現象である。

第8章 機能性リグニン-多糖複合体の開発

この相転移を起こす臨界温度は下限臨界共溶温度（Lower Critical Solution Temperature：LCST）と呼ばれるが、白濁現象から曇点とも呼ばれる温度と殆ど同義である。これらの現象を示す高分子は多数報告されており、水溶性高分子ではセルロース誘導体やN-isopropyl acrylamide（NIPAM））の重合体であるPNIPAMが良く知られている。

LCSTは分子量や化学構造に依存して、特に、親・疎水性の構造に敏感である。LCSTを32℃に示すPNIPAMでは、共重合などでLCSTを制御することが試みられている[16]。アルキル基をもたないacrylamideと共重合すると、得られたポリマーはPNIPAMより親水性となりLCSTは上昇する。一方、イソプロピル基をより疎水性の官能基を持つacrylamide誘導体と共重合すると、LCSTは低下する。

LCSTを示し熱相転移する高分子材料は、温度応答性のインテリジェント材料として注目されている。その例は、ゲスト分子を温度変化により保持-放出する機能材料である。このような高分子から化学ゲルを作成すると、ゲルの膨潤と収縮を可逆的に温度で制御することが可能になる。化学ゲルとは、架橋剤を用いて主なる高分子鎖間を共有結合などの強固な結合で橋渡しして得られる三次元網目構造体で、ゾル-ゲル転移をする物理ゲルとは異なるものである。NIPAMなどのビニル系高分子は、ビスアクリルアミドのような二重結合を2つ持つモノマーと共重合させると、化学ゲルとなる。水溶液中でこの反応を行うと、水を含んだゲル、所謂ヒドロゲルが得られる。このゲルは、LCST以上の温度ではPNIPAM鎖が会合して収縮し体積が減少する。また、収縮したゲルは低温の水に浸漬すると、PNIPAM鎖の会合がほぐれ膨潤する。この可逆性を利用したドラッグデリバリーシステム（DDS）が提案されている[17]。この利用では、病態時の体温上昇、または、外部から局所への加熱によりゲルを収縮させて薬物の放出を促すもので、体温付近にLCSTを示す高分子が用いられる。LCSTが体温より低いPNIPAMでは、より親水性のモノマー及び二官能性架橋剤との共重合により、目的とする化学ゲルが調製されている。

4.2 HP化未漂白パルプ誘導体のLCSTと化学ゲル化

HPCの水溶液中でのLCSTは、濃度、置換度、分子量などに依存する。しかし、これまで報告されているHPCのLCSTは最低でも40℃である[18]。一方、HP化未漂白パルプ誘導体は、35〜38℃にLCSTを示した。この低いLCSTは残存リグニンの疎水性に起因すると考えられる。また、この温度域は人体の温度であり、HP化パルプ誘導体は体温応答型の材料ということができる。したがって、HP化パルプ誘導体のLCSTを維持した化学ゲルが調製できれば、上述のDDSへの応用が期待できる。

そこで、筆者らは、2種類の架橋剤を用いて、HP-APを化学ゲルに変換する方法を検討した[19]。その第1は、hexamethylene diisocyanateを架橋剤とするウレタン型ゲルである。このゲ

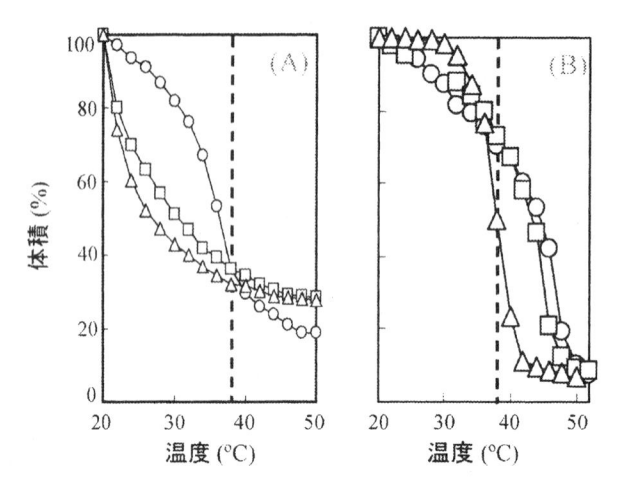

図10 ウレタン型(A)及びエポキシ型(B)HP化パルプ誘導体ゲルの温度応答性
●：HPCゲル，■：HP-HAPゲル，▲：HP-SAPゲル

ルは，実験を始めた20℃から既に収縮を始め，体温付近では収縮が完了し，最初の体積の20％まで減少した（図10-(A)）。この研究で使用したHP-APのLCSTは38℃であったが，それよりかなり低温からゲルの収縮が起きたのは，架橋剤の影響と考えられた。この点を考慮して，より親水性の架橋剤を用いることとした。これが第2の方法である。

HP基に近い極性を持つ架橋剤としてpolyethylene glycol diglycidylether（PEGDE）を選んだ。この理由はpolyethylene glycol（PEG）鎖長の異なるPEGDEが化成品として市販されているので，架橋間距離の制御が可能なためである。PEGDEの反応は，その両端にあるエポキシ基とHP-APの水酸基との反応なので，エポキシ型ゲルと呼ぶことにする。PEG鎖長の長いPEGDEを用いると，ゲルの収縮はHP-APのLCSTより高い温度で生じた。これは，架橋剤の親水性が高かった結果と思われる。HP-APのLCSTを反映したゲルはPEGの繰り返しが1，即ち，ethylene glycol diglycidylether（EGDE）を架橋剤としたときに調製できた。図10-(B)に示す最も鋭敏な収縮を行うゲルは，2.5％HP-SAPのdioxane溶液に，HP-SAPに対し50％のEGDEを加え，触媒にSnCl$_4$·5H$_2$Oを使用して調製できた。また図11に示すように，このゲルは低温水と高温水に交互に浸漬することで，可逆的な膨潤-収縮を行った。

4.3 HP化未漂白パルプ誘導体の環境応答性とゲスト分子の吸放出挙動

図12に，HP-APの化学ゲルをエタノール水溶液に浸漬したときの体積変化を示す。ウレタン型ゲルは50％以上のエタノールで膨潤することが分かる。特に，リグニンを含むゲルがその膨潤度は大きい。一方，エポキシ型ゲルは殆ど体積変化を示さない。これより，ウレタン型ゲルがエポキシ型ゲルより疎水性のために疎水環境に応答したことが理解でき，リグニンが存在する

第8章 機能性リグニン-多糖複合体の開発

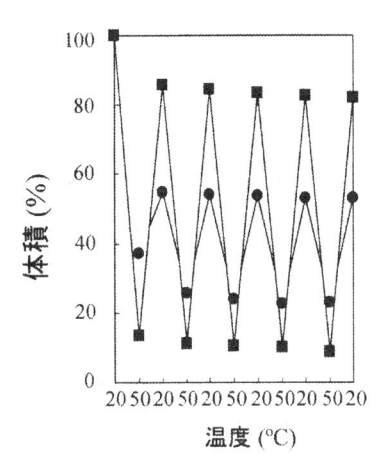

図11 ウレタン型(●)及びエポキシ型(■)HP-SAPゲルの温度に対する可逆的膨潤―収縮挙動

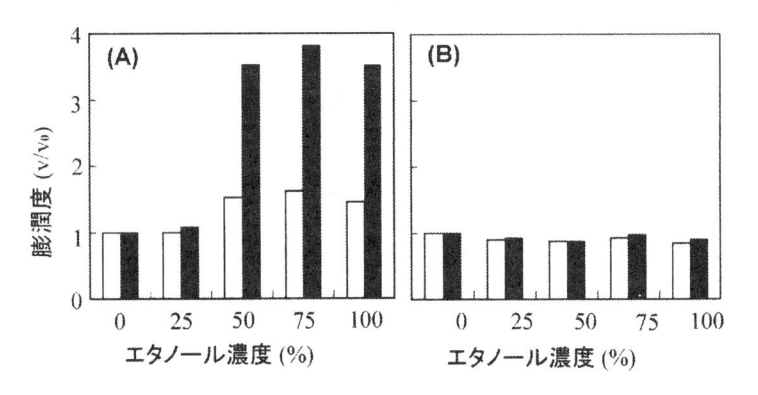

図12 ウレタン型(A)及びエポキシ型(B)HPCゲル(□)とHP-SAPゲル(■)のエタノール水溶液中での膨潤性
膨潤度は浸漬前後の体積から算出。

とその応答性が向上したことが分かる。

図13には，アニオン系面活性剤水溶液にエポキシ型ゲルを浸漬したときの膨潤挙動を示す。界面活性剤の臨界ミセル濃度（Critical Micelle Concentration：cmc）以上で，ゲルが膨潤することが分かる。リグニンが存在する方がその度合いは大きいが，HPCのエポキシゲルの膨潤も顕著である。この膨潤現象は，カチオン系の界面活性剤水溶液でも観測でき，界面活性剤の吸着に起因することが示唆された。しかし，非イオン性の界面活性剤水溶液では，吸着は見られたが膨潤は観測されなかった[20]。この現象は，図14のように説明できる。cmc以上に界面活性剤の濃度が上がると，ゲルへの界面活性剤の吸着が起きる。このとき，イオン性界面活性剤では，ゲルの構成高分子鎖表面に吸着した界面活性剤同士の静電的反発により，高分子鎖が直鎖構造のように伸び，ゲルが膨潤する。非イオン系界面活性剤では，静電的反発が生じないために，ゲルの

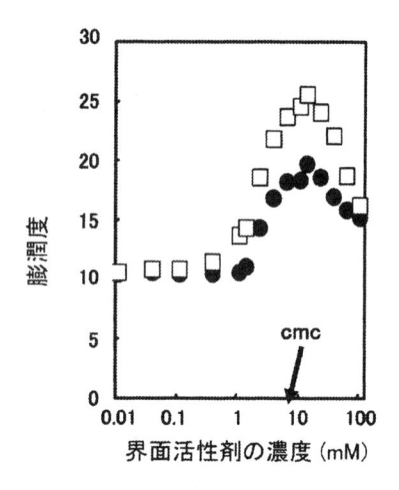

図13 SDS水溶液にエポキシ型HPC(●)及びHP-SAP(□)ゲルを浸漬したときの膨潤度
膨潤度は浸漬前後の重量比から求めた。

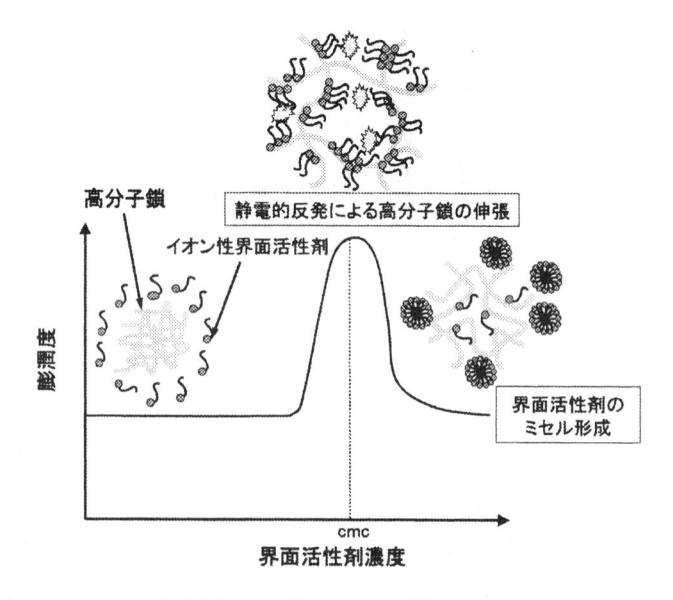

図14 イオン性界面活性剤水溶液中での両親媒性高分子ゲルの膨潤モデル

膨潤は観測されない。さらに，イオン系界面活性剤濃度が上昇すると，界面活性剤同士が会合してミセルを形成するようになりゲルから遊離する。その結果，膨潤したゲルが収縮する。

以上のように，HPCのゲルは外部環境の変化に応答する性質，所謂，刺激応答性ゲルであり，疎水環境への応答はリグニンの存在によって，より顕著になることが明らかとなった。

第 8 章　機能性リグニン-多糖複合体の開発

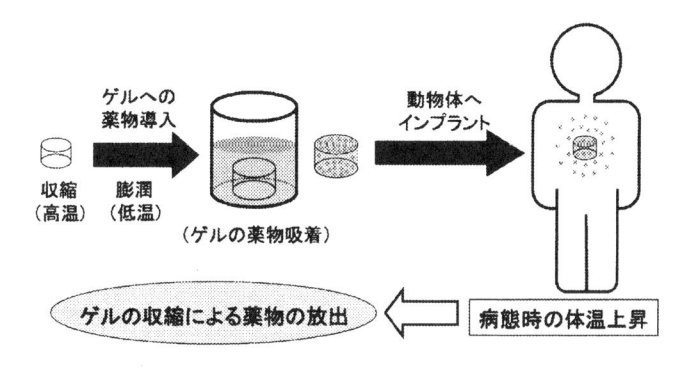

図 15　体温応答型ゲルの薬物放出モデル

4.4　HP 化未漂白パルプ誘導体ゲルのゲスト分子吸放出挙動

体温応答性ゲルの DDS への利用は，図 15 のようなシステムが考えられる。高温で収縮させたゲルを低温の薬物溶液中で膨潤させ，ゲルに薬物を吸着させる。このゲルを外科的手法により患部に挿入する。患部で炎症が起き体温が上昇するとゲルが収縮して，ゲル内部に取り込まれていた薬物を放出する。

このシステムへのエポキシ型 HP-SAP ゲルの利用可能性を探るために，メチレンブルー（MB）やメチルオレンジ（MO）の色素を薬物のモデルとなるゲスト分子として用いて，その吸放出挙動を調べた。カチオン性の MB の方が，アニオン性の MO より吸着性が高く，リグニンを含有する HP-SAP ゲルが HPC ゲルより多量吸着した。また，MB 吸着量は吸放出を繰り返すことで上昇した。色素の放出挙動について検討するために，色素吸着ゲルを 20，35，38℃のリン酸緩衝液（pH7.2）中に放置して，放出された色素量を測定した。HPC ゲルは 20℃と 38℃で有意な放出量の差が見られるが，HP-SAP ゲルでは温度による影響は殆ど見られなかった。このことは，MB をゲスト分子とするとき，体温応答による放出が観測されなかったことを意味する。そこで，この原因を解明するために，示差走査熱量計（DSC）DSC によりゲルの相転移現象を解析した。その結果，HPC 及び HP-SAP ゲルともイオン性の MB が吸着すると，ゲルの相転移による収縮温度が高温側にシフトすることが分かった。しかし，HP-SAP のゲルは HPC ゲルに比べ 4℃低い相転移温度は維持しており，41.8℃であった。この測定より，MB のゲルからの放出はゲルの収縮によって生じたものでなく，浸透圧の差による熱力学的な支配によって起きていることが示唆された。したがって，DDS にこのゲルを用いるには，ゲスト分子の吸着による収縮温度の変化に注意を払う必要がある。

5 単離リグニンに親水性高分子を結合させたリグニン-多糖複合体モデルの特性

最後に，木材から単離したリグニンに親水性の高分子を修飾して，LCCのモデル高分子を調製したので，その特性について解説する。このモデル物質は，常圧酢酸パルプ化法によって得られたリグニン（AL）に，前出のPEGDEをアルカリ条件で反応させることで得られた。ALの濃度が薄いときは両親媒性誘導体となり，高いときはゲルを生成した（図16）。二官能のPEGDEはリグニンに親水性を付与すると共に，リグニン分子同士を架橋する役割を果たしている。したがって，高濃度におけるゲルの生成は，AL分子が3個以上の水酸基をもち架橋点となっていることを示している。実際，このALは1分子に19個の水酸基を有していた。

このリグニンゲルの機能として，含水有機溶媒で膨潤するという挙動が特記される[21]。これまでの高分子ゲルは，水や有機溶媒中では膨潤するが，含水系では収縮するという特性を示していたが，このゲルは逆の性質を示した（図16）。この性質は，低濃度で調製したリグニン両親媒性誘導体の溶液物性を反映していた。リグニン両親媒性誘導体は含水メタノール，エタノール THFの順で膨潤（広がった分子形態）しており，リグニンゲルも同様な膨潤性であった。

リグニン両親媒性誘導体の特徴は，前出のHP化パルプ誘導体のようにタンパク質と複合体を形成する能力を持つことであり，この特性の活用した応用例としてセルラーゼの水溶性固定化酵素担体が挙げられる。セルラーゼはセルロースを加水分解する酵素で，木質バイオマスの糖化に用いられる。酵素反応生成物を容易に回収し，酵素を連続的に使用する方法として固定化酵素と

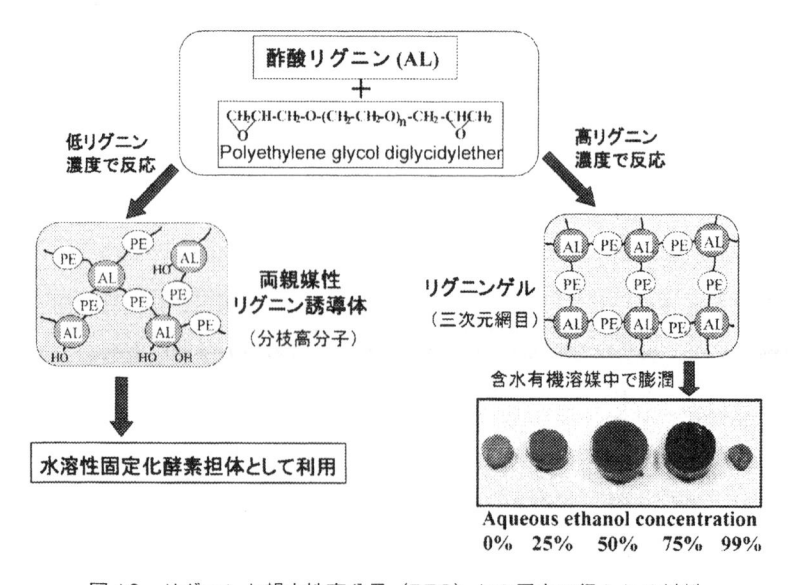

図16 リグニンと親水性高分子（PEG）との反応で得られる材料

第8章　機能性リグニン-多糖複合体の開発

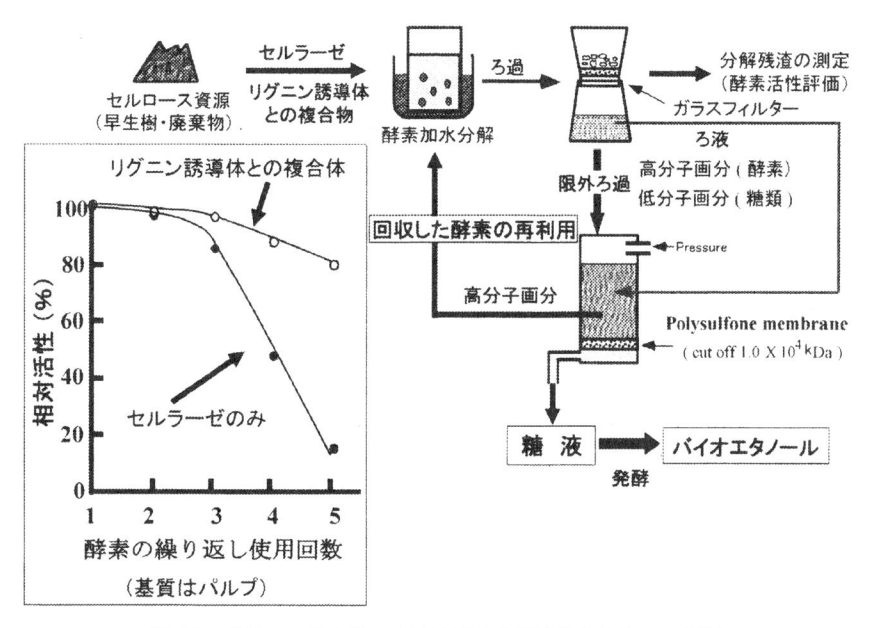

図17　リグニン複合体の水溶性固定化酵素担体としての利用

いう概念があるが，これをセルラーゼに適用すると，基質が水に不溶なために，固相-固相の反応となり反応効率が悪くなる。そこで，水溶性固定化酵素という概念が提案された。図17に示すように，一度使用した酵素を限外ろ過で回収して，再度使用するという実験を行った結果，セルラーゼのみでは4回目以降急激な活性低下が見られたが，リグニン両親媒性誘導体の存在下では，酵素活性が殆ど低下しないことが見出された[22]。化石代替液体燃料としてバイオエタノールが注目され，極く最近，セルラーゼ糖化が見直されるようになってきた。セルラーゼを長期に連続して使用するには，その安定化剤が重要であり，LCC様のリグニン-親水性高分子複合体が次世代燃料生産の重要な役割を果たすことが期待される。

6　おわりに

　LCCは収量が少ないために，工業用原料とは考えにくい。しかし，未漂白パルプやリグニンは木質バイオマスの成分分離により著量得られるので，現在でも工業原料として利用されている。これらは簡単な化学修飾によりLCCの模倣材料に変換することで，本章で紹介したような新規の機能性材料や，環境に応答するインテリジェント材料となる。これらの新規材料を工業化するには，まだ，解明しなければならない課題は残されているが，樹木の利点を見習い模倣することで，木質バイオマスから新たな機能性物質を創製できることを例示できたと思う。

文　　献

1) A. Isogai, A. Ishizu, J. Nakano, *Holzforschung*, **43**, 333 (1989)
2) Z. Jin ZF, K. S. Katsumata, T. B. T. Lam, K. Iiyama, *Biopolym.*, **83**, 103
3) E. A. Capanema, M. Y. Balakshin, C. L. Chen, *Holzforschung*, **58**, 464 (2004)
4) F. Yaku, S. Tsuji, T. Koshijima, *Holzforschung*, **33**, 54-59 (1979)
5) D. Dong, A. L. Fricke, *J. Appl. Polym. Sci.*, **50**, 1131-1140 (1993)
6) Y. Uraki, Y. Usukura, T. Kishimoto, M. Ubukata, *Holzforschung*, **60**, 659 (2006)
7) W. Li, J. E. Churchich, *Eur. J. Biochem. FEBS*, **246**, 127 (1997)
8) Y. Acikbas, M. Evyapan, T. Ceyhan, R. Capan, O. Bekaroglu, *Sensors and Actuators, B: Chemical*, B123, 1017 (2007)
9) K. Sakakibara, Y. Ogawa, F. Nakatsubo, *Macromol. Rapid Commu.*, **28**, 1270 (2007)
10) Y. Uraki, K. Hashida, Y. Sano, *Holzforschung*, **51**, 91-97 (1997)
11) R. Tanaka, J. Meadows, G. O. Phillips, P. A. Williams, *Carbohydr. Polym.*, **12**, 443 (1990) ; R. Tanaka, T. Hatakeyama and H. Hatakeyama, *Macromol. Chem. Phys.*, **198**, 883 (1997)
12) D. Torres, G. Garcia-Encina, B. Seijo, J. L. Vila Jato, *Int. J. Pharm.*, **121**, 239 (1995) ; A. M. Cerderia, P. Goucha, A. J. Almeida, *Int. J. Pharm.*, **164**, 147 (1998)
13) Y. Uraki, A. Hanzaki, K. Hashida, Y. Sano, *Holzforschung*, **54**, 535 (2000)
14) T. Nishikawa, K. Akiyoshi, J. Sunamoto, *Macromolecules*, **27**, 7654 (1994) ; T. Nishikawa, K. Akiyoshi, J. Sunamoto, *J. Am. Chem. Soc.*, **118**, 6110 (1996)
15) Y. Nomura, Y. Sasaki, M. Takagi, T. Narita, Y. Aoyama, K. Akiyoshi, *Biomacromolecules*, **6**, 447 (2005)
16) Pei. Yong, Chen. Jei, Yang. Liming, Shi. Lili, Tao. Qiong, Hui. Baojun, Li. Jian, *J. Biomat. Sci., Polym. Ed.*, **15**, 585 (2004)
17) L. Liang, X. Feng, P. F. C. Martin, L. M. Peurrung, *J. Appl. Polym. Sci.*, **75**, 1735 (2000)
18) E. D. Klug, *J. Polym. Sci., Polym. Sympo.*, **36**, 491 (1971)
19) Y. Uraki, T. Imura, T. Kishimoto, M. Ubukata, *Crbohydr. Polym.*, **58**, 123 (2004)
20) Y. Uraki, T. Imura, T. Kishimoto, M. Ubukata, *Cellulose*, **13**, 225-234 (2006)
21) M. Nishida, Y. Uraki, Y. Sano, *Bioresource Tech.*, **88**, 81 (2003)
22) Y. Uraki, N. Ishikawa, M. Nishida, Y. Sano, *J. Wood. Sci.*, **47**, 301 (2001)

第9章　樹皮の利用

大原誠資[*]

1　樹皮の排出量と利用・処理状況の実態

　平成12年度の日本の木材工業における残廃材発生量は17,460千m^3と推定されている[1]。これは，木材工業における原材料投入量の約43％に相当している。木材工業の業種としては製材業からの発生量が圧倒的に多く，次いで合板工業，プレカット工業，集成材工業の順となっている。発生する残廃材の内訳は，樹皮3,740千m^3，背板5,498千m^3，端材1,178千m^3，ベラ板240千m^3，鋸屑5,452千m^3，プレナー屑1,131千m^3，チップ屑221千m^3であり，樹皮は背板，鋸屑に次いで三番目に発生量の多い残廃材である。発生する樹皮のうち，国産材から排出されるものは全体の57％であり，そのうちの95％以上がスギ，ヒノキ，カラマツ等の針葉樹から発生している。外材では大部分が北米材，北洋材から排出されている（図1）。

　樹皮の都道府県別発生量を比較すると，北海道，岩手県，秋田県等の11の道県で1,000m^3以上に上っているが，その他はいずれもかなり少量であり，全国に散らばって様々な所から樹皮が発生しているのが現状である。

　平成12年の木質系残廃材の利用・処理状況の実態を表1に示す[2]。発生量の多い樹皮，背板，鋸屑のうち背板は主にチップ原料として，鋸屑は主に家畜敷料としてほぼ全量が利用されている。一方，樹皮は主に家畜敷料，堆肥として利用されているが，背板や鋸屑に比べて未利用率がかなり高く，516千m^3が焼・棄却されていた。平成14年12月からはダイオキシン類対策のために焼却施設の規制が強化されたこともあり，製材工場の多くでは，樹皮の有効利用法の開発が重要な問題となっている。東南アジアでもアカシアマンギウムが大量に植林され，集成材やパルプ用チップとして利用されているが，樹皮は大半が未利用の

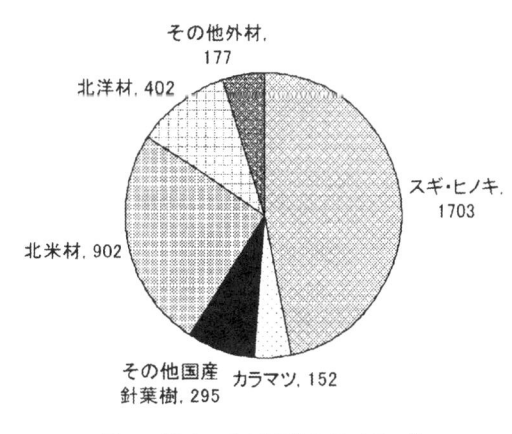

図1　樹皮の素材別発生量（千m^3）

---

[*]　Seiji Ohara　㈱森林総合研究所　バイオマス化学研究領域　領域長

表 1 木質残廃材の利用・処理方法別数量（平成 12 年）

処理方法	樹皮	背板	端材	ベラ板	のこ屑	プレナー屑	チップ屑
チップ	4	5,185	480	36			
小物製材		220	14	4			
オガライト		14			331		
燃料	551	9	231	26	49	486	8
家畜敷料	1,002	36	205	9	4,125	546	123
堆肥	1,667		75		41	13	1
キノコ培地		11	32	9	547		
その他		14	36		354	38	38
焼棄却	516	9	105	156	5	48	51
合計	3,740	5,498	1,178	240	5,452	1,131	221

状況にある。

2 樹皮の物理的・化学的特徴

樹皮には柔組織，繊維組織，コルク組織があり，各々の発達の程度が樹種によって異なるため，樹皮は材部に比べて肉眼的な樹種差が大きい。樹皮は死んだ組織である外樹皮と一部が生きた組織である内樹皮から成る。外樹皮と内樹皮の違いは材部の心材と辺材の違いよりも大きく，例えばシラカンバでは外樹皮は白色，内樹皮は茶褐色の外観を呈する。

樹皮の化学的特徴としては，以下の点が挙げられる。① 材部に比べてセルロース，ヘミセルロースの含有量が低く，リグニン含有量が高い。② 材部に比べて多量の抽出成分を含む。③ 灰分（カルシウム，シリカ等）を多量に含む。抽出成分の中でもタンニン類は多くの樹木の樹皮に広く分布しており，含有量も高く，アカシア属樹木のように含有量が 50％近くに上るものも存在する。樹皮を燃料として利用する場合には灰分が多いことは欠点であるが，土壌改良剤として使う場合には逆に長所になる。外樹皮と内樹皮間でも化学組成は異なり，外樹皮はリグニンやフェノール性抽出成分が多く，内樹皮には抽出成分や炭水化物が多く含まれる。

3 樹皮の利用技術

3.1 エネルギー利用

2003 年 4 月に「電気事業者による新エネルギー等の利用に関する特別措置法（RPS 法）」が制定され，経済産業省が電気事業者に対し，新エネルギー等を電気として利用することを義務付けた。2010 年度の目標値として 122 億 kWh が設定されている。

第9章 樹皮の利用

岡山県勝山市にある銘建工業㈱では，スギ，ヒノキ樹皮200t/月，端材150m^3/月，プレナー屑3000m^3/月を原料として燃焼発電を行い，発電出力1950kWの電気を自工場や発電所に供給している[3]。秋田県能代市の能代バイオ発電所は，能代森林資源利用協同組合が2001年5月に総事業費14億で設立したもので，スギ樹皮と端材を原料として燃焼発電を行い，3000kWの発電，24t/hの蒸気を製造している。得られた蒸気は森林資源利用協同組合の一員である㈱アキモクボードでボード製造の熱圧に使われている。最近では，原料のスギ樹皮の調達が充分でないという問題点を抱えており，マツクイムシ被害材を使用するなどで対応している[4]。

岩手県の葛巻林業㈱では，1980年代から樹皮ペレット燃料の開発に着手している。ブナ，ナラ等の広葉樹樹皮が原料として用いられ，平成11年には900t/年の樹皮ペレットが生産された。ペレット専用の温水ボイラー用燃料として使用され，地元の公共施設やスイミングスクールのプール等の燃料に供給されている。葛巻林業の取り組みは，政府がバイオマスエネルギーの方針を打ち出す以前からのものであり，先駆的な樹皮利用の取り組みとして注目されている[5]。岩手県では2001年に岩手・木質バイオマス研究会が民間企業経営者を中心に設立され，「脱化石燃料」を目指すスウェーデン・ヴェクショー市と交流し続けるとともに，木質バイオマスを地域振興策の重点施策に据えてきた。2001年に国産初の量産ペレットストーブを発売し，その後チップボイラーも開発・実用化している。2006年度末にはペレットストーブ1050台，ペレットボイラー34基，チップボイラー14基，発電施設3基，ペレット生産も2006年度末には2800tへと急増している[6]。

北海道下川町にある五味温泉では，従来63万kcalの重油ボイラーで温泉の加温等を行っていたが，二酸化炭素等の温室効果ガス削減のため，上記重油ボイラーを撤去し，15.5万kcalの木質ボイラーを設置した。化石燃料の一部を木材加工工場から排出される樹皮等の木質燃料に変え，町自ら二酸化炭素削減を推進している[7]。

最近では，木材乾燥へのスギ樹皮の燃料利用が検討されている。樹皮は採取季節によって含水率が変動するため，燃料としての評価も変動することになる。その低位発熱量は含水率16.0％で3490kcal/kg，含水率83.2％で1220kcal/kgである。㈱トーセンでは，木材乾燥に必要なエネルギーの約90％をバイオマスエネルギーで供給し，その内の34％（約2億kcal/月）を原料原木から発生する樹皮から得ることを試算している[8]。

3.2 園芸用資材

スギ及びヒノキ樹皮を園芸用資材として利用するための研究が行われている。石井らは，伊予柑の2年生の木を植えた直後に幹を中心にスギ樹皮をマルチ処理することにより，伊予柑苗木の成長や樹冠面積，幹の太さが良好になることを明らかにしている（表2）[9]。原因としては土壌の

表2　樹皮でマルチ処理した伊予柑苗木の生長

処理[a]	樹高[b] (m)	樹冠面積[b] (m^2)	幹の直径[b] (cm)
コントロール	1.10 ± 0.05	0.89 ± 0.07	3.74 ± 0.22
スギ樹皮	1.26 ± 0.04	1.10 ± 0.12	3.96 ± 0.20
ヒノキ樹皮	0.93 ± 0.06	0.49 ± 0.06	3.14 ± 0.14

a) 10a当たり樹皮4t(絶乾重量)をマルチング処理した
b) 処理3年後の成長結果

表3　スギ樹皮の樹病菌に対する抗菌活性[a]

| 病原菌 | 阻害率(%)[b] | |
	樹皮粉	抽出済樹皮粉
リンゴ斑点落葉病菌	49	0
イネいもち病菌	78	42
芝ブラウンパッチ病菌	83	0
キューリつる割り病菌	57	0

a) 寒天ディスク法で検定
b) 100－対照培地との比較による相対菌体重量(%)

乾燥防止，夏における地温の上昇抑制が確認されている。一方，ヒノキ樹皮をマルチ処理した場合には，逆に生育阻害が認められる（表2）。ヒノキ樹皮をマルチ処理する直前に，沸騰水中に2時間程度浸漬すれば生育阻害が回復することから，ヒノキ樹皮中の水溶性ポリフェノール類（タンニン）が生育阻害の原因と考えられる[10]。

スギ樹皮を園芸用資材として用いると，様々な植物の病原菌を殺したり，害虫の発生が減少したりすることが経験的に観察されている。小藤田らは，スギ樹皮粉の抗菌性を寒天ディスク法で検定した結果，4種の樹病菌（リンゴ斑点落葉病菌，イネいもち病菌，芝ブラウンパッチ病菌及びキューリつる割病菌）に対する明確な抗菌作用を明らかにしている（表3）[11]。樹皮を溶剤抽出すると抗菌活性が消失することから，フェルギノール等の樹皮中の抽出成分が活性に関与していることが示されている。

スギ樹皮を利用した育苗キューブの開発も行われている。スギ樹皮は多量の脂溶性成分を含むことから撥水性を示すが，アンモニア処理により，保水性，吸水性を付与することができる[12]。スギ樹皮粉にアンモニア水と水を配合し，脱水成型プレスで成型，乾燥させたキューブは，トマト育苗用ロックウールと同等の生育効果を示し，水蒸発量が少なく，さらに生分解性にも優れている。

他の樹種については，ほとんど研究が行われていないが，ヒバ樹皮の周りには雑草が生えにくいという経験的な現象が観察されている。

3.3 樹皮ボード

　スギ樹皮ボードの開発研究は，秋田県立大学木材高度加工研究所と㈱アキモクボードの共同開発で進められてきた。スギ樹皮ボードの特長としては，低比重のボードが得られること，耐朽性が高いこと，断熱性が高いこと，及びホルムアルデヒド，アセトアルデヒド等の気中アルデヒド類を吸着すること等が挙げられる。これらの特長は樹皮に含まれるタンニン等のフェノール性成分に起因すると考えられ，燃え難い性質の原因にもなっていると推定される[13]。これらの特長を活かした厚物成形ボードを用いた床暖房用基材の開発が行われている。厚さ9mmの樹皮ボードを作成して断熱性を評価した結果，樹皮ボードは同様の条件で製造したスギ材パーティクルボードに比べて優れた断熱性を示した。樹皮を繊維とコルク層に分けて繊維のみから製造したボードでは，断熱性がさらに向上する[14]。

　ヒノキ樹皮繊維にポリオレフィン系繊維を重量比30%で混合し，成形，熱圧することにより，低密度（0.06～0.12g/cm^3）の複合ボードが製造できる。得られたボードは密度の低下に伴って断熱性が向上するとともに，既存の繊維系吸音材料と同等の吸音特性，ヤシ殻活性炭と同等のホルムアルデヒドやアンモニアガスに対する吸着性能を示す[15]。

　ベトナム産の早生樹であるメラルーカ樹皮粉砕物から圧縮温度200℃，圧縮時間10分の条件で製造したバインダーレスボードは，落下させても破損しない等，衝撃に強くボードとしての形状は安定していたが，その剥離強さは著しく弱い。しかしそれにもかかわらず著しく高い耐水性（吸水厚さ膨張率2%）を示す[16]。これはメラルーカ樹皮の有する撥水性によるものと考えられる。メラルーカ樹皮は21.9%のベンゼン抽出物を含み，ベンゼン抽出物中の主成分としてベチュリン酸等のトリテルペン類が報告されている[17]。メラルーカ樹皮をメタノール抽出するとボードの撥水性が失われることから，樹皮抽出成分が撥水性の原因と考えられる。

3.4 バーク堆肥

　バーク堆肥は技術的にはほとんど確立されているが，堆肥化時間を短縮することを目的とした蒸煮，爆砕，あるいはオゾン分解等の前処理が研究されている。野積前処理は1～2年樹皮を野積した後に本積堆積する方法であり，蒸気前処理は野積する代わりに高温・高圧蒸気で3～4分処理する方法である。本積堆積115日後のC/N値が両前処理法でほぼ同一であり，26日後の水溶性フェノール量は蒸気前処理の方が少なくなる。このことは，蒸気前処理を行うことにより，同等の品質のバーク堆肥を得るために要する前処理期間が1年から数分に短縮できることを示している[18]。

　スギ樹皮の堆肥化副資材としての特性を評価するために，オゾン処理したスギ樹皮のアンモニア吸着能が調べられている。スギ樹皮は未処理でもスギ木粉の約4倍のアンモニア吸着能を示

図2 オゾン処理リグニンによるアンモニアの吸着

す。オゾン投入量が増加するにつれてアンモニア吸着能も増加するが，木粉の場合と比べてオゾン処理による吸着能の向上が顕著ではない。スギ樹皮には元来アンモニア吸着能を有するタンニンが含有されていること，タンニンがオゾン処理で変性を受けることが原因と考えられる。樹皮中のリグニンは，図2に示すように芳香核が開裂してカルボキシル基が導入され，アンモニアをトラップするようになる[19]。

3.5 ポリウレタンフォーム

樹皮からポリウレタンフォーム（PUF）を調製する技術が開発されている。Ge らはモリシマアカシア樹皮をセバシン酸／ポリエチレングリコール（PEG）400から調製したポリエステルと混合，加熱して溶解させ，ジブチルチンジラウレート存在下でジイソシアネートと反応させることにより，低密度PUFの調製に成功している（図3）[20]。アカシア樹皮配合PUFは市販のPUFと同等の熱伝導率を有するとともに，水溶液中の銅，亜鉛，カドミウム等の重金属類を効率的に吸着する。また，土壌微生物や木材腐朽菌によって徐々に生分解される。モリシマアカシア樹皮は多量のタンニンを含むため，ポリエステルと100℃で混合，加熱することによって不溶分の少ないポリオール溶液が調製でき，樹皮配合の上限は40％である。スギ樹皮ではPEG400への溶解性が低いため，PUFの強度が劣り，樹皮の配合量の上限も25％である。上野らは，スギ樹皮の液化法としてPEG・バイサルファイト法を開発した[21]。内樹皮では250℃，90分，バイサルファイト濃度4％の条件で約83％が可溶化する。外樹皮では同条件では64％の可溶化率しか得られないが，バイサルファイト濃度を

図3 アカシア樹皮から調製したポリウレタンフォーム

第9章 樹皮の利用

6％に増やすことにより，71％まで可溶化率が向上する．外樹皮が液化し難いのは，樹皮中のスベリンの存在によると考えられる．ラジアータ松樹皮を原料とした場合でも，樹皮配合量が20％までならPUFの調製が可能である[22]．

3.6 接着剤への利用

アカシアマンギウム外樹皮を微粉砕して得られる粒径63μm以下の微粉末（20部）をフェノール樹脂（80部）に加えて調製した接着剤は，フェノール樹脂のみの接着剤に比べて接着強度が大きく増大する（図4）[23]．特に，熱圧温度が90～100℃で製造した接着剤の場合に強度の向上が顕著である．樹皮微粉末中のタンニン濃度が非常に高いこと（約60％）が原因と考えられている．

4 樹皮タンニン

タンニンは多くの高等植物に含まれる天然ポリフェノール化合物であり，「温水によって抽出されるポリフェノール成分で，塩化第二鉄によって青色を呈し，アルカロイド及びタンパク質と結合する化合物」と定義されている[24]．最近の研究で，通常の溶剤では抽出されないタンニン類の存在も確認されているが，現在でも上記の定義が大部分のタンニンの特性を明記していると言えるであろう．タンニンは化学構造の観点から大きく二つのグループ（縮合型タンニンと加水分解型タンニン）に分類される．前者はフラバノールのポリマー，後者はグルコースと没食子酸の

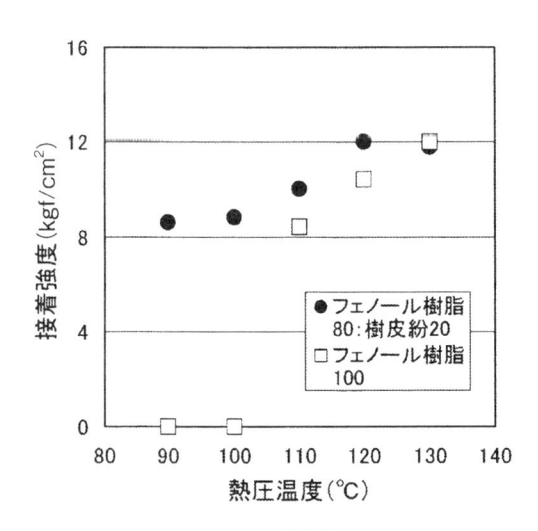

図4 アカシアマンギウム樹皮粉末添加フェノール樹脂接着剤の強度性能

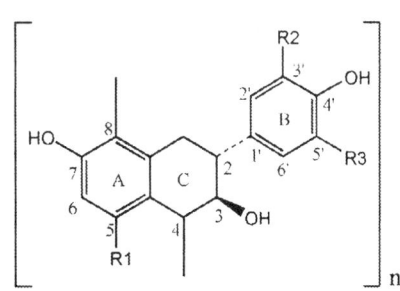

図5 縮合型タンニンの分類と化学構造

ポリエステル及びその酸化重合体である。

　樹皮に広く分布しているのは主に縮合型タンニンである。縮合型タンニンは，図5に示すようにフラバノール構成単位のA環及びB環の水酸基の置換基型によってプログイバチニジン，プロフィセチニジン，プロロビネチニジン，プロペラゴニジン，プロシアニジン及びプロデルフィニジンに分類される。これらを総称してプロアントシアニジンと呼ぶこともある。最も広く分布しているのはプロシアニジンであり，プロデルフィニジン，プロフィセチニジン，プロロビネチニジンも広い分布を有している。加水分解型タンニンに比べて分子量の幅が広く，大きいものでは約20,000に達する。以下，縮合型タンニンの分布，含有量及び利用技術について記す。

4.1　分布，含有量

　縮合型タンニンは針葉樹，広葉樹どちらにも分布している。代表的な縮合型タンニンはワットル，ケブラコ，マングローブタンニン，柿渋，ヤナギ属樹木及び針葉樹樹皮タンニンである。ワットルはアカシア属樹木の樹皮から抽出されたタンニンで，皮なめし剤として世界で最も多量に使用されている。九州の天草諸島に生育しているモリシマアカシアや東南アジアの主要造林木であるアカシアマンギウムの樹皮タンニン含有量は20〜30%に上り，アカシア属樹木は最もタンニン含有量の高い樹種といえる。最近，オーストラリアではさらに高いタンニン含有量（45%）を示すアカシア属樹木（*Acacia storyi*）が報告されている[25]。ケブラコは南米に多く生育する樹木で，他の樹木と異なり心材部にタンニンが多く含まれ，樹皮には少ない。熱帯・亜熱帯の海岸線に生育するマングローブの樹皮タンニンの濃縮物はカッチと呼ばれ，植物染料や皮なめしに使用されていた。樹種間でタンニン含有量に差がみられるが，平均で約18%と非常に高い値を示す[26]。柿渋は粉砕した柿果実の搾汁をろ過し，殺菌，冷却した後に柿酵母で発酵して調製するタンニン含有物である。古くから漆器の下塗り，魚網の補強等に利用されてきた。ヤナギ属樹木や

表4　樹木中のタンニン含有量

樹種名	部位	タンニン量[a]	樹種名	部位	タンニン量[a]
スギ	樹皮	2.5	モリシマアカシア	樹皮	30.7
ヒノキ	樹皮	1.4	アカシアマンギウム	樹皮	19.8
カラマツ	樹皮	6.7	カマパアカシア	樹皮	14.8
ヒバ	樹皮	6.3	ニセアカシア	樹皮	3.3
ラジアータ松	樹皮	15.8	クヌギ	樹皮	13.3
エゾヤナギ	樹皮	17.2	マングローブ[b]	樹皮	15.9
エゾノキヌヤナギ	樹皮	13.7	ユーカリ[c]	心材	1.7
エゾノカワヤナギ	樹皮	13.2	カキ[d]	果実	12.0
ナガバヤナギ	樹皮	12.9	ケブラコ	心材	19.8

　　a)　Folin-Ciocalteu法による定量値．数値はすべて絶乾試料に対する重量%
　　b)　*Sonneratia caseoralis*；c)　*Eucalyptus camaldulensis*；d)　*Diospyros kaki cv.* Hiratanenashi

第 9 章 樹皮の利用

ラジアータ松の樹皮には，比較的多量の縮合型タンニンが含まれている。主な縮合型タンニン含有樹種のタンニン含有量を表 4 に示す。

4.2 利用技術
4.2.1 木材用接着剤

ワットルタンニンを原料とした接着剤の製造は，1960 年代に初めてオーストラリアで実用化された。タンニン系接着剤の多くはホルムアルデヒドを硬化剤として用い，タンニンを高度に重合させることによって製造される。縮合型タンニンの A 環の 6 位及び 8 位はホルムアルデヒドとの反応性が高く，ホルムアルデヒドは先ず A 環に付加してメチロール基が導入され，その後メチレン結合を介して架橋・高分子化する。1970 年代以降，日本，米国，オーストラリア，南アフリカを中心に高品質の接着剤を調製する研究が進められ，木材用接着剤として一部では実用化されている。

日本では富山県林業技術センターにおいて，北洋産カラマツ樹皮のメタノール抽出物を原料とした接着剤の開発が試みられた。抽出物 50 部，レゾルシノール樹脂 50 部，パラホルムアルデヒド 15 部の混合物を pH9 に調整することにより，市販のフェノール・レゾルシノール樹脂接着剤の接着力を上回る接着剤が製造できる[27]。また，ワットルタンニンをユリア樹脂やフェノール樹脂に適量添加することにより，熱圧時間の短縮やホルムアルデヒド放散量の改善が認められている。最近の研究により，ワットルタンニンを主剤とする F☆☆☆☆ボード用バインダーが開発された[28]。

米国では，サザンパイン樹皮の亜硫酸ナトリウム／炭酸ナトリウム混液による抽出物を用いたフィンガージョイント用接着剤が開発されている[29]。接着する材料の一方に抽出物と水酸化ナトリウム水溶液，他方にフェノール・レゾルシノール樹脂とパラホルムアルデヒドを加えて接着する。

オーストラリアの CSIRO では，ラジアータ松樹皮を原料とする接着剤の開発が精力的に行われてきた。矢崎らは，抽出される樹皮タンニンの性状を均一にするため，熱水及びアルカリによる 4 段抽出を行い，さらにアルカリ抽出物をスルホン化して低分子化したタンニン抽出物を原料として用いた。接着剤は合成接着剤を全く用いず，樹皮抽出物のみをパラホルムアルデヒド及び水と反応させて調製できる[30,31]。

最近では，木質建材からのホルムアルデヒド放散の規制により，ホルムアルデヒド以外の架橋剤を用いるタンニン系接着剤の開発が活発に行われている。

4.2.2 抗酸化性健康飲料

フランス海岸松の樹皮抽出物（フラバンジェノール）は縮合型タンニンを主成分とし，ビタミ

ンEの50倍の抗酸化能を有する。現在では，人間の老化に活性酸素が関与していることが証明されており，抗酸化性健康飲料として市販されている。フラバンジェノールには血流改善効果，血管内皮機能の改善効果，肝機能改善効果等の作用も知られており，特に血小板凝集抑制効果は他のポリフェノール類と比べて強い作用を示す[32]。フラバンジェノールはプロアントシアニジン2-3量体が主成分であり，緑茶カテキンの主成分であるエピガロカテキンガレートの5倍以上の血小板凝集抑制活性を有することから，本活性にはカテキン骨格を有するだけでなく，カテキンオリゴマーであることが重要であることが示唆されている。ラジアータ松樹皮抽出物もビタミンCと同程度の抗酸化能を示し，抗酸化飲料としての利用が期待されている[33]。

縮合型タンニンの抗酸化性にはタンニンのB環構造が関与している。B環がピロガロール骨格を有するタンニンは，B環がカテコール骨格を有するタンニンに比べてDPPHラジカル捕捉速度が速い。一方，ラジカル捕捉の持続性は後者の方が大きいことが示唆されている[34]。

4.2.3 VOC吸着材

タンニン及び木炭を担持させたパルプを用いて抄紙，乾燥して調製したシートのホルムアルデヒド捕捉能について述べる。充分に叩解した針葉樹晒クラフトパルプ懸濁液（6100ml，パルプ濃度1.6％）にヤシガラ微粉炭（37.5g），タンニン（15g）及び少量の添加剤（湿潤紙力増強剤及びアニオン系凝集剤）を加えて抄紙を行い，充分に熱乾燥することにより，25cm角のクラフトパルプシート（坪量200g/m^2）を調製した。比較のため，パルプと添加剤，あるいはパルプ，ヤシガラ微粉炭と添加剤を添加して同様の方法でシートを調製した。得られたパルプシートを縦8cm，横22cmに裁断した試料のホルムアルデヒド捕捉能をJIS A1460に準じてデシケータ法で測定した。また，吸着試験終了後，ホルムアルデヒド発生源を取り除くとともに，結晶皿中の

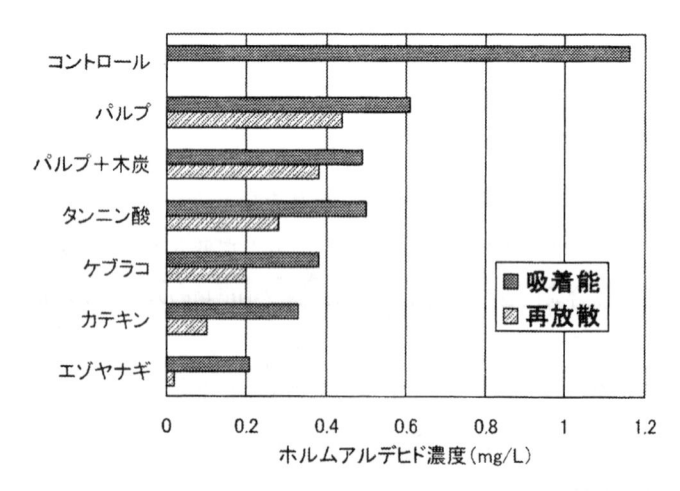

図6　タンニン・木炭添着クラフトパルプシートのホルムアルデヒド吸着能
　　　（パルプ濃度1.6％，パルプ／木炭／タンニン＝65/25/10）

第9章　樹皮の利用

蒸留水を新しい蒸留水（300ml）に交換した。交換してから24時間後の蒸留水中のホルムアルデヒド濃度を同様の方法で測定することにより，一旦吸着したホルムアルデヒドの再放散を評価した。結果を図6に示す[35]。パルプシートおよび木炭のみを加えて調製したパルプシートもホルムアルデヒド捕捉能を示したが，タンニンを担持させたシートはさらに高い捕捉能を示した。中でもエゾヤナギタンニンを担持させたパルプシートが最大の捕捉能を示した。さらに得られたパルプシートは，ホルムアルデヒドの捕捉能に優れるだけでなく，一旦吸着したホルムアルデヒドを再放散しにくいことが示された。特にエゾヤナギタンニン添着シートでは，ホルムアルデヒドの再放散がほとんど認められなかった。

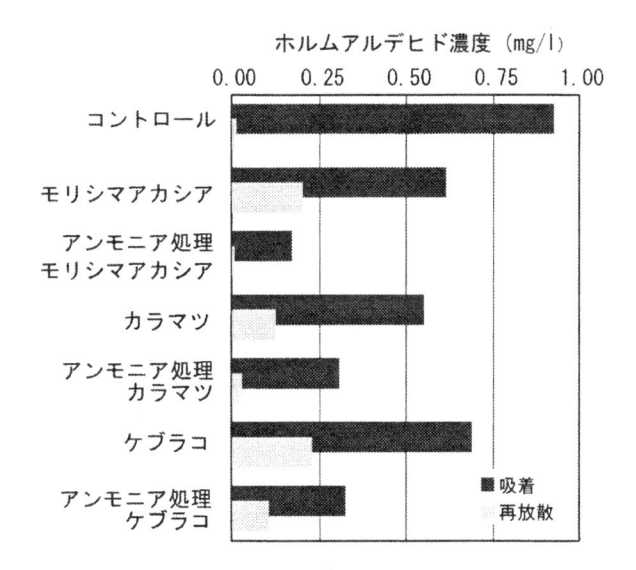

図7　アンモニア水処理タンニンのホルムアルデヒド捕捉能

樹皮タンニンをアンモニア水溶液と混合し，室温で1時間攪拌することによって調製したアンモニア処理タンニンのホルムアルデヒド吸着能を検討した結果を図7に示す[36]。樹皮タンニンのホルムアルデヒド捕捉能はアンモニア水処理により，飛躍的に向上した。特に，B環がピロガロール核から構成されるモリシマアカシアタンニンでは，捕捉能の向上効果が高かった。

樹皮タンニンのアンモニア水処理により，タンニンのB環ピロガロール核の4'位水酸基がアミノ化される（図8）[37]。アミノ基はアルデヒド類との反応性が高く，またB環にピロガロール核を多く有するタンニンほどアンモニア水処理によるホルムアルデヒド捕捉能の向上効果が高いことから，B環ピロガロール核へのアミノ基導入が，ホルムアルデヒド捕捉能の向上の要因であることが示唆された。

図8　アンモニア水処理によるアカシアタンニンの変性挙動

4.2.4 住環境向上資材

最近，炭化物の有する人間の健康維持・増進に効果的な機能が注目されはじめ，住環境改善への利用が模索されている。樹皮タンニンの水溶液を木質系炭化物と混合，攪拌して得られた懸濁液を木質材料表面に塗布・風乾すると，表面に安定な炭化物層が形成される（図9）[38]。精製タンニンを用いた場合には，炭化物層は耐水性も有している。上記の方法で得られた木質材料には，顕著なホルムアルデヒド吸着効果が認められている。

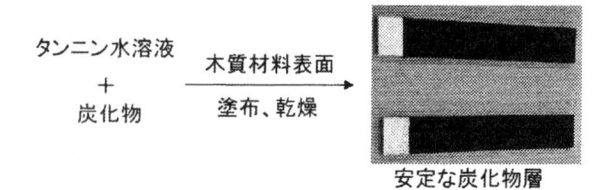

図9 タンニンによる木質材料表面への炭化物の固定化

4.2.5 重金属吸着材

タンニンが重金属吸着能を有することはよく知られているが，水溶性であるため，重金属吸着材として利用するためにはタンニンを水に不溶化する必要がある。これまでに，タンニン酸を多糖類（アガロース）と化学結合させたり[39]，ワットルタンニンをホルムアルデヒドで架橋したりすることによってタンニンを不溶化させた重金属吸着材が調製されている[40]。

著者らは，木炭微粉と樹皮タンニン水溶液を混合し，時々激しく攪拌しながら室温で24～36時間放置することにより，タンニン・木炭複合体を調製した。一旦調製されたタンニン・木炭複合体中のタンニンの吸着はかなり安定であり，複合体に新たに水を加えて攪拌してもタンニンはほとんど溶脱しなかった。得られたタンニン・木炭複合体のカドミウム吸着能は，供試したタンニンの種類によって異なり，アカシアタンニン＞ヒバタンニン＞エゾヤナギタンニン＞カテキンの順であった。いずれのタンニン・木炭複合体も，木炭単独より優れたカドミウム吸着能を示した[41]。

5 樹皮抽出成分の機能性

樹皮に特定の抽出成分を多量に含むものとして，シラカバ外樹皮のベチュリン，ヤナギやポプラ属樹皮のサリシンが挙げられる（図10）。ベチュリンはシラカバ外樹皮抽出物の約76％を占めており，抽出物をエタノールで再結晶することによって容易に単離できる[42]。ベチュリンは分子中に二つの水酸基を有するので，水酸基に反応を施して誘導体を調製して機能を向上させる研究が行われている。筆者らは，酵素の糖転移反応によってベチュリンの配糖体を合成し，生物活性物質を創製することを検討した[43]。これらの配糖体は，ヒラタケの子実体形成促進活性や植物成長制御活性を示す[44,45]。サリシンの誘導体であるアスピリンは顕著な鎮痛作用を示す。その他，含有量は少ないが有用な機能を有する抽出成分として，抗HIV活性を有するベチュリン酸及び

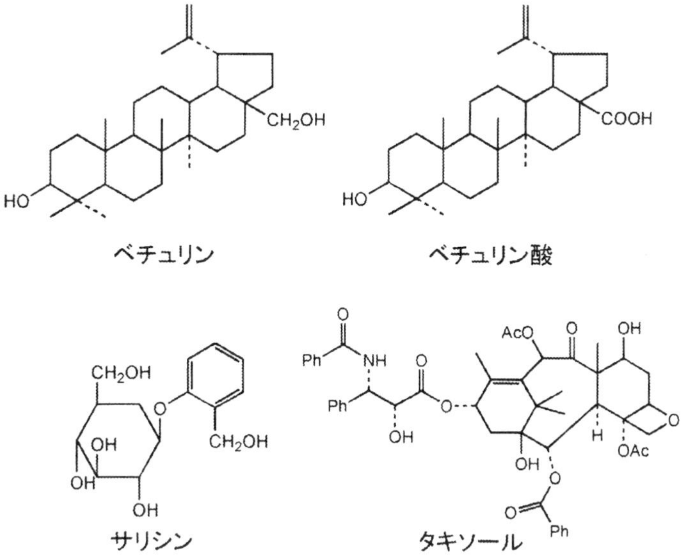

第9章 樹皮の利用

図10 機能性樹皮抽出成分

ベチュリン　　ベチュリン酸　　サリシン　　タキソール

抗がん作用を示すタキソールがシラカンバ及びイチイ樹皮から単離されている（図10）[46,47]。

樹皮タンニンは，特異的にタンパク質を変性する特性を有している。アカシア及びカラマツ樹皮タンニンには，緑茶，ウーロン茶に比べてはるかに高いグルコシルトランスフェラーゼ阻害活性を示す[48]。B環にカテコール核を有する樹皮タンニンには，B16メラノーマ細胞のメラニン生成を抑制する効果も認められる。一方，ピロガロール構造を有するタンニンには細胞毒性が検出された[49]。また，最近の研究により，樹皮タンニンが5α-リダクターゼと結合することにより，前立腺肥大に関与する5α-リダクターゼ阻害活性を示すことが解明されている[50]。

文　　献

1) 再利用・廃棄技術調査・開発事業報告書，日本住宅・木材技術センター編，p.37-61（2003）
2) 伊神裕司ほか，森林総合研究所研究報告，2, 111-114（2003）
3) 原田寿郎，木材工業，58, No.11, 508-511（2003）
4) 菊池與志也，木材工業，57, No.11, 518-521（2002）
5) 遠藤保仁，森林・木質資源利用先端技術推進協議会シンポジウム，31-36（2004）
6) 金沢滋，グリーンスピリッツ，2, No.4, 10-11（2007）
7) 森林・林業の町「下川町」だからできる地球温暖化対策，下川町商工林務課編（2004）

8) 宮川俊哉, 平成18年度木材乾燥研究会要旨集, 11-20 (2007)
9) 石井孝昭ほか, 園芸学雑誌, **62**, No.2, 295-303 (1993)
10) 石井孝昭ほか, 園芸学雑誌, **62**, No.2, 285-294 (1993)
11) 小藤田久義ほか, 木材学会誌, **47**, No.6, 479-486 (2001)
12) 笹山鉄也ほか, 公立林業試験研究機関研究成果選集, **4**, 85-86 (2007)
13) 赤塚康男, 第20回木質ボード・木質複合材料シンポジウム, 29-38 (2004)
14) 山内秀文ほか, 第52回日本木材学会大会研究発表要旨集, 576 (2002)
15) 野上英孝, 公立林業試験研究機関研究成果選集, **4**, 87-88 (2007)
16) 奥田修久, 東京大学博士論文, pp.222 (2007)
17) Y. Kato et al., Proceedings of IAWPS 2005, 27-30 (2005)
18) 竹越実郎ほか, 土肥誌, **65**, 53-55 (1994)
19) 杉本倫子ほか, 第56回日本木材学会大会講演要旨集, 134 (2006)
20) J. J. Ge et al., *Mokuzai Gakkaishi*, **42**, 87-94 (1996)
21) 上野智子ほか, 木材学会誌, **47**, 260-266 (2001)
22) 中本祐昌ほか, 住環境向上樹木成分利用技術研究成果報告書, 65-91 (2004)
23) 矢野浩之ほか, 木材工業, **60**, No.10, 478-482 (2005)
24) E. C. Bata-Smith et al., "Comparative Biochemistry", p.764, Academic Press (1962)
25) Y. Yazaki et al., Proceedings of International Conference on *Acacia* species, 1-19 (1998)
26) 桧垣宮都ほか, 木材学会誌, **36**, 738-746 (1990)
27) 高野了一, バイオマス変換計画研究報告, **29**, 67-76 (1991)
28) 鶴田夏日, 第21回木質ボード・木質複合材料シンポジウム, 35-44 (2005)
29) R. E. Kreibich, "Chemistry and Significance of Condensed Tannins", p.457-478, Plenum Press (1989)
30) Y. Yazaki et al., *Holz als Roh und Werkstoff*, **52**, 307-310 (1994)
31) Y. Yazaki et al., *Holzforschung*, **48**, 241-243 (1994)
32) 福井祐子ほか, 第54回日本木材学会大会研究発表要旨集, 654 (2004)
33) C. S. Ku et al., 第55回日本木材学会大会研究発表要旨集, p.61530 (2005)
34) R. Makino et al., Proceedings of IAWPS 2005, 319-320 (2005)
35) 吉川正吉ほか, 特願2002-259733
36) 橋田光ほか, 木材工業, **61**, No.6, 244-247 (2006)
37) K. Hashida et al., *Holzforschung*, **60**, 178-183 (2006)
38) S. Ohara et al., *Bulletin of FFPRI*, **3**, 1-6 (2004)
39) A. Nakajima et al., *J. Chem. Tech. Biotechnol.*, **40**, 223-232 (1987)
40) H. Yamaguchi et al., *Mokuzai Gakkaishi*, **37**, 942-949 (1991)
41) 大原誠資ほか, 第2回木質炭化学会研究発表会講演要旨集, 23-26 (2004)
42) S. Ohara et al., *Mokuzai Gakkaishi*, **32**, 266-273 (1986)
43) S. Ohara et al., *Mokuzai Gakkaishi*, **40**, 444-451 (1994)
44) Y. Magae et al., *Biosci. Biotechnol. Biochem.*, **70**, No.8, 1979-1982 (2006)
45) S. Ohara et al., *Journal of Wood Science*, **49**, 59-64 (2003)
46) F. Kashiwada et al., *Journal of Medicinal Chemistry*, **39**, 1016-1017 (1996)

第9章 樹皮の利用

47) F. Kawamura *et al., Journal of Wood Science*, **50**, 548-551 (2004)
48) T. Mitsunaga *et al., J. Wood Chem. & Technol.*, **17**, 323-330 (1997)
49) 清水邦義ほか,第55回日本木材学会大会研究発表要旨集,p.71045 (2005)
50) J. Liu *et al., Journal of Wood Science* (in press)

第10章　木材抽出成分の利用

1　木材抽出成分利用の現状

谷田貝光克[*]

1.1　はじめに

　石油等化石資源の過度の使用による地球温暖化が進む中で、光合成によって再生産可能な植物資源の有効利用が注目を浴びている。なかでも陸地面積の3割を占める森林からのバイオマスの有効利用が世の中の大きな関心事になっている。過度の伐採、工場の排煙・自動車からの排ガス等によって生じる酸性雨などが原因となり、森林の減少、衰退が顕著になりつつある現状だが、地球温暖化の最大の原因である二酸化炭素を吸収しながら成長する森林バイオマスの化石資源代替としての用途開発が積極的に進められている。

　森林バイオマスの積極的な利用は大気中二酸化炭素濃度を減少させるが、化石資源から製品を合成する際のエネルギー消費を抑え、そのことは二酸化炭素等温室効果ガスの排出の抑制につながり、ひいては地球温暖化防止に貢献することになる。森林資源、特に樹木の有効活用が注目されている大きな理由である。

　木材はセルロース、ヘミセルロース、リグニンの主要3成分で構成され、樹種によって差はあるものの、それぞれ40～50％、15～25％、20～35％の割合で含んでいる。これらの三成分で木材のほとんどが構成されているといえる。これら3成分は木材の細胞壁を構成し、樹木がどっしりと大地に立つ基となっている。

　これら3成分の他に、細胞内含有成分としてデンプン、タンパク質、無機質、抽出成分などの少量成分が存在する。中でも抽出成分は、主要3成分が分子量数万以上の高分子であるのに比べ、分子量が高々1,000程度の低分子である。低分子であるがゆえにアルコールなどの溶剤に溶けやすく、抽出することが可能である。それが抽出成分と呼ばれる所以でもある。抽出成分は多種多様の構造を有し、また、殺虫作用、薬理作用、抗菌作用など多様な働きをするので古来、我々の生活の中で、殺虫剤、医薬品、防腐剤などとして利用され、また、樹脂、染料などとしても利用されてきた。森林資源のうちで丸太など用材として用いられるもの以外の産物、例えば、キノコ・山菜類、木炭、薬用植物、樹脂類、精油などは特用林産物と呼ばれ、利用されてきた。抽出成分はまさに、特用林産物を代表する森林資源である。

---

　[*]　Mitsuyoshi Yatagai　秋田県立大学　木材高度加工研究所　所長・教授：東京大学名誉教授

第 10 章　木材抽出成分の利用

近年の石油化学工業の発達により，多くのものが大量に，安価に生産されるようになり，特用林産物のような天然物は次第に影を薄め，消えていってしまったものも少なくない。しかしながら，最近の地球温暖化を始めとする環境問題や合成農薬の過度の使用による残留農薬問題などが顕著になるにつれて，世の中の安全，安心を求める声も大きくなり，健康志向，自然志向が増大の傾向を示している。そのような背景の中で，安全で害の少ない天然物が再び注目されだした。そして天然物の代表とでも言える木材抽出成分の利用開発もまた進められている。

1.2　抽出成分は合成品に劣るか[1]

それではなぜ，昔から生活の中で使われてきた抽出成分が，石油等化石資源からの合成品に置き換えられていったのだろうか。そしてなぜ，また，抽出成分が注目されるようになったのだろうか。

まず，量的なことを考えてみよう。植物の抽出成分は，含有量が少ない。木材を例にとると，木材の抽出成分は国産材ならば，せいぜい 3～5 % 含まれているに過ぎない。すなわち含有量が低い。大量生産にはそれに見合うだけの嵩高い原料が必要になってくる。その原料の収集にも困難を伴うことが多い。わが国の山地は急峻で，狭いところが多い。そこで排出される枝葉，除伐・間伐材などの原料の収集，搬出が困難であるといった事情がある。含有量が少ない抽出成分は，少量生産で，したがって比較的高価である。

それに比べて石油等の合成品の原料は輸入に頼ってはいるものの大量に手に入る，すなわち大

表 1　抽出成分と合成品の比較

		抽出成分	合成品
1.	量	含有量が低い 材 3～5 %　葉 30～50%	大量生産が可能
2.	時期	時期的に含有量が変動 果実等収穫時期を考慮	必要時に合わせ生産が可能
3.	場所	植物原料の生育場所に依存する場合が多い 原料の収集・搬出が困難	工場立地条件があればよい
4.	価格	少量生産なので比較的高価	大量生産で安価
5.	効果	遅効性，おだやか	速効性，強い
6.	副作用 残留毒性	比較的少ない	健康阻害や残留毒性など環境汚染につながるものもある
7.	品質等	合成品にない良さがある 例：木ロウ，生薬	肌触り，色合い等微妙な点で天然品に劣る
8.	資源量	再生産が可能 廃材等資源の有効利用につながる	石油等化石資源には限りがある

・抽出成分の利用：収穫時期，収穫場所に合わせた効率的抽出
・組織培養，遺伝子組み換え等のバイテク技術による増収　・新機能の付与
・合成品に優る生物活性等の発掘　・抽出成分の部分改変による機能性の向上

量生産が可能で，したがって安価である。とは言うものの最近では木造建築物や木製品に対して，使用された木材量と木材の輸送距離から木材の環境負荷の程度を示すウッドマイルズの考え方が広まりつつある。石油製品についてもこの考え方が当てはめられてくれば，わが国の山地で眠っている未利用資源の利用開発が注目されてくることだろう。今まさにそのような時代に入りつつあるのは事実だ。

　花や，果実などの植物の抽出成分を利用するには，採取時期がある。また，樹木の精油含有量などにも時期的変動がある。すなわち最適収穫時期がある。それに比べて石油等製品の場合には必要時に合わせて随時生産が可能である。

　生産場所については，植物抽出成分の場合には生育場所に依存する場合が多いが，石油等からの合成品の場合には工場立地条件があればよい。効果や作用に関しては抽出成分は遅効性であり，おだやかであるが，合成品の場合には速効性で効果が大きい。合成品の多くのものが抽出成分等天然物をモデルにして，さらに効果の高いものを目指して作られたことを考えれば，合成品の効果が抽出成分に比べて大きいのは当然のことでもある。

　以上のように合成品の方が抽出成分に比べて有利な点が多い。それでも抽出成分が最近，再認識されだしたのはなぜだろうか。

　その理由の一つにバイオマス利用が最近注目されている理由と同じように，環境問題が大きく関わっている。すなわち，バイオマスの一つである抽出成分の利用は環境負荷の低減につながるということである。

　石油等化石資源が有限であるのに対して，抽出成分の原料である植物は，再生産が可能であり，それと同時に林産廃棄物等の有効利用にもつながる。すなわちゼロエミッションやリサイクル，リユースにも貢献する。また，合成品が健康阻害，残留毒性，環境汚染につながるものもあるのに対して，抽出成分の薬用や農薬としての利用などでは効果がおだやかな反面，副作用や残留毒性などの悪影響が少ないことも抽出成分が評価される理由である。現代の化学技術を駆使して様々な製品が化石資源から合成されているが，抽出成分からの製品には合成品に無い良さがあり，今でも使われているものが少なくない。おだやかに作用する生薬，肌触りのよい木ロウ，草木染に用いられる植物染料などである。このように天然物としての抽出成分のよさが再認識され，抽出成分が注目を浴びるようになってきた。

　さて，抽出成分は合成品に比べていくつかの不利な点を持ち合わせている。それを克服することが抽出成分利用拡大には不可欠である。量の問題では最適収穫時期や生育場所による含有量の違いなどを把握することによってより大きな収量を得ることができるし，同属の類似種のなかでの含有量の大きな品種の選抜なども収量を挙げる一方法である。国産材の抽出成分含有量は高々数％であるが，通常，葉は数10％の抽出成分を含み，多いときでは50％を越える植物種もある。

第10章　木材抽出成分の利用

用材を取り出したあと，ほとんど用途が無いままに林地に放置される葉の利用はこれからの課題の一つである。

　収量を上げるためには抽出方法を検討することも意義がある。目的とする成分によって蒸留，圧搾，溶媒抽出，減圧抽出など，最適な方法と抽出条件を検討することによって収量を上げることは可能である。

　さらに，遺伝子組み換えや組織培養などのバイオテクノロジー技術を駆使することによって品質，効果，収量を改善することも考えられる。天然物としての抽出成分のよさをふんだんに引き出し利用することも，森林資源を余すところ無く利用していく上で必要である。

1.3　抽出成分の持続的な利用に向けて

　樹木抽出成分は今でもその新しい働きが次々と見出され，利用に供されるものも少なくない。これまでの技術では見出されなかったものが，進んだ科学技術によって明らかにされだしたことが一つの大きな理由である。そればかりでなく，今まで伝承的に使用されていた植物の働きに科学のメスが入れられて，科学的裏づけの下に利用されだしたものもある。民間薬として古くから使われてきた薬用植物の薬効成分などはその良い例である。これらの有用植物はこれまでのように地域的に使用されていれば資源が枯渇するような問題は生じない。しかし，一度科学の波にあらわれた伝承的な資源は，その使用法が急速に広まり，絶滅の危機に瀕することも良く見られることである。いくらよいものでも絶滅してしまっては意味が無い。計画的に持続的利用することが重要である。そのためには資源の保護も必要だが，保護するだけでは資源の活用にはつながらない。保護しながら，活用しながら資源を持続的に維持することが大切である。そのための植林による増殖は一つの良い方法である。

　タイ国に生育する伝承的薬用植物であるトウダイグサ科のプラウノイ（*Plau noi*）は，その葉が現地の人々によって，傷口を治すのに使われてきた。その薬効成分は現代の抽出技術によって抽出され，胃炎，胃潰瘍治療剤として利用されている。今ではプラウノイは現地に植林されて現地で抽出されている。

　スリランカで幹，根の煎じ液が糖尿病治療薬として伝承的に使用されてきたニシキギ科樹木のコタラヒム（*Solacia reticulate*）も血糖値上昇を抑制するなどの科学的証明がなされ，今後の先進国による利用拡大が予想されるが，この場合にも植林によって資源が途絶えるのを防ぐ試みがなされている。このような例は抽出成分の利用に当たっては今までにも当然ながら行われてきており，植物精油の採取などもその一例である。インドネシアで採取されているカユプテは植林され，精油採取がしやすいように樹木は低木仕立てされている。精油採取後の残渣は，堆肥化されてメラルーカ植林地に戻される。抽出された後の残渣の利用は他の有用植物でも大きな課題の一

つである。いかに余すところ無くすべてを使うかがこれからのバイオマス利用に求められることだろうし，それと共に，植林などによる増殖，効率的抽出による伐採量の低減，計画的利用などはバイオマスからの抽出成分利用にあたって必要とされることである。これらのことは希少植物ならばなおさらのことである。これからは科学技術の進歩のもとに，今までは目に触れていなかった希少植物などからも有用成分が見出される可能性が高い。

1.4 バイオマス研究，そして抽出成分研究に終わりはない

2002年12月，6府省連携による国家戦略として「バイオマス・ニッポン総合戦略」が公表された。さらに2005年2月の京都議定書発効なども踏まえて，国産バイオ燃料の本格導入，林地残材などの未利用バイオマスの積極的利活用の推進が国家戦略のもとに行われている。

また，バイオマスの発生から利用までの総合的利活用システムが構築され，安定的かつ適正なバイオマス利活用が行われているか，今後，行われることが見込まれる地域を政府は「バイオマスタウン」と位置づけ，その構築を急いでいる。現在すでに60箇所に近いバイオマスタウンが認定されているが，2010年までに300市町村を目標にしている。バイオマスタウンに認定されるべく，地域バイオマス利活用の全体プラン「バイオマスタウン構想」の作成を急いでいる市町村も多い。バイオマス資源としては，未利用あるいは低利用バイオマスはもちろんのこと，食品廃棄物，農作物残渣，家畜糞尿，林地残材，下水汚泥などの廃棄物の利用をバイオマスタウン構想の中に組み入れているところが多い。今までゴミとして考えられていた廃棄物が，ゴミではなく資源としての位置を確保しつつあるのが現状である。地域の多様なバイオマスを複合的，総合的に利用する時代になった。ゼロエミッション，リユース，リサイクルといった言葉が飛び交う時代である。そのような中で，森林資源を余すところ無く利用しようという考えが定着しつつある。地球上に存在する最も蓄積の多い樹木の利用に目が向けられるのは当然の理と言えよう。

バイオマス・ニッポンの旗印の下，わが国でも林地残材，製材端材などからのバイオエタノール製造，ガス化などのエネルギー化の研究開発も加速しつつあるのが現状である。新・国家エネルギー戦略では2020年を目途にバイオエタノールを体積量で10%までガソリンに混合させる方針を打ち出している。その消費量の中に占める木質系材料からのバイオエタノールの割合はかなり大きくなることが期待されている。いまや国家戦略で木質系材料からのバイオエタノール生産が脚光を浴びている。しかしながら，その木質系材料には多様な働きをする抽出成分が少なからず含まれていることも忘れてはならない。有用な抽出成分を抽出した後でもセルロースを原料とした木質系材料からのバイオエタノール生産は可能である。そして抽出成分には付加価値の高い成分が多く，その成分をもし合成するとしたら多くのエネルギーを消費することを考えると，木質系材料からの抽出成分の利用は，場合によってはエネルギー生産よりもはるかに価値の高いも

第 10 章　木材抽出成分の利用

のとなる。

　地球上には約 30 万種の植物が存在する。その 3 分の 2 が熱帯地域に存在する。ところが，熱帯地域の植物の研究の歴史は浅く，薬用成分など，未知の有用成分が次々と見出されている現状にある。このことは，植物成分の利用は人類の歴史とともにあるにもかかわらず，まだまだ未知の部分が多いことを意味している。熱帯地域の植物に限らず，われわれの身近にある植物，木材にしても同様なことがいえよう。植物には有用成分が数多く含まれている。しかし，それらの有用成分を人が思いつくままに，そして思いつける範囲で利用してきた。これまでの用途と少し角度を変え，見方を変えて植物成分を眺めれば，これまでに気がつかなかった用途が見出される可能性は大きい。最近の統計ではわが国では林地残材 860 万 m^3，工場残廃材 1080 万 m^3，建築解体材 1180 万 m^3 の木質系廃棄物があるという。ゴミは資源の時代である。これら以外の未利用，低利用材も加えると相当量の利用可能な資源が存在する。木質系材料からの抽出成分の利用開発は今後，さらに注目されることだろう。

文　　献

1)　谷田貝光克，植物抽出成分の特性とその利用，八十一出版（2006）

2 テルペン

大平辰朗*

2.1 はじめに

マツ科植物の精油であるテレピン油の炭素と水素の比が5：8であることが19世紀初頭に見出され，その後他の精油類でも同様な比率であることが発見された。このような比率に従う物質はケクレ（Kekule）によりテルペンと名付けられた。初期のころのテルペンの概念ではC10の物質が最小単位と考えられたが，分析技術が発達するにつれて，炭素と水素の比率が5：8の他の単位の物質が発見され，現在では表1に示すような多種類の分類がなされている。これまでに見出されたテルペン類の種類は植物の二次代謝成分の中でも多い方で，8000種類以上の骨格が知られている[1]。機能の面でも多面的なものがあり，抗菌，殺虫，除草活性の他，薬理活性，リラックス効果，消臭活性など数多くの機能が見出されており，利用分野も多岐にわたっている。ここでは特に木本性植物から得られるテルペン類の種類，生合成機構，機能性について概説し，テルペン類の魅力にせまってみたい。

2.2 テルペンの生合成経路…メバロン酸経路[2]

自然界ではメバロン酸経路を経ないでテルペン類が合成される例が見出されているが，ほとんどのテルペン類はメバロン酸を経て合成されている。以下にその経路を概説する。

第一段階としてイソプレン単位の生成が行われる。アセチルCoAがマロニルCoAとなって活性化され，他の2分子のアセチルCoAと反応し，還元されてメバロン酸が生成する。さらにメバロン酸が脱炭酸化され，イソペンテニルピロリン酸及びジメチルアリルピロリン酸となる。この2物質がイソプレン単位の起源である2つのC5分子である。

第二段階としてイソプレン単位の結合が行われる。ジメチルアリルピロリン酸にイソペンテニルピロリン酸が付加していくことによって炭素数が5つずつ増えていき，イソプレン単位が1位と4位で結合した骨格が作られる。モノテルペン類はゲラニルピロリン酸から，セスキテルペン類はファルネシルピロリン酸から，ジテルペン類はゲラニルゲラニルピロリン酸から生成する（図1，図2）。

2.3 テルペン類の分類（表1）[1]

テルペン類はイソプレン（C_5H_8）の1位（頭）と4位（尾）が結合して得られ，炭素，水素以外に酸素を含むこともある。テルペン類の中でイソプレン単位を一つ持っているものをヘミテ

---

* Tatsuro Ohira　㈱森林総合研究所　バイオマス化学研究領域　樹木抽出成分研究室　室長

第10章　木材抽出成分の利用

表1　テルペン類の分類

テルペン化合物	主な化合物の分子式	C5骨格数	基本骨格	例
ヘミテルペン	C_5H_8	1	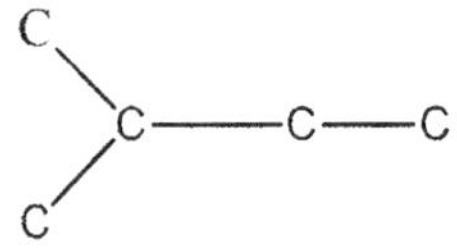	イソプレン
モノテルペン	$C_{10}H_{16}$	2	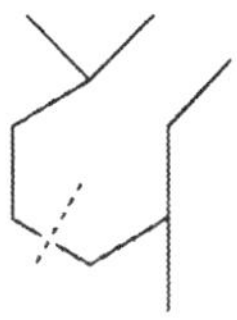	α-ピネン, リモネン
セスキテルペン	$C_{15}H_{24}$	3	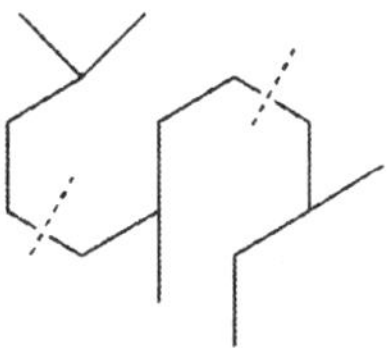	α-カジネン, α-ムロロール
ジテルペン	$C_{20}H_{30}$	4	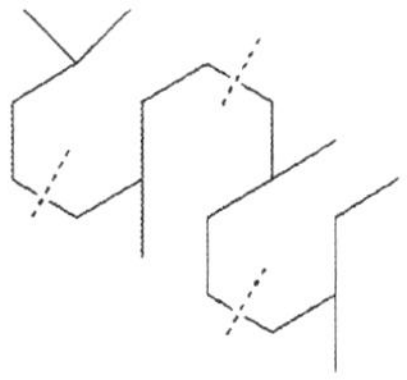	アビエチン酸, フェルギノール
トリテルペン	$C_{30}H_{48}$	6	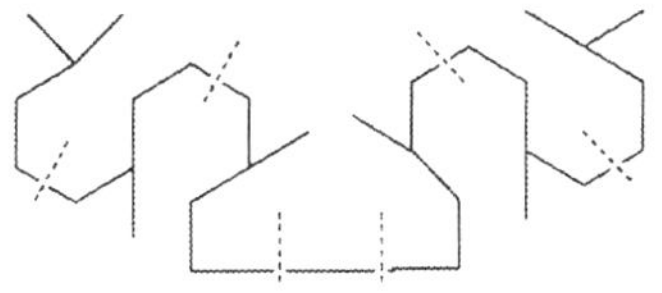	ベチュリン, β-アミリン

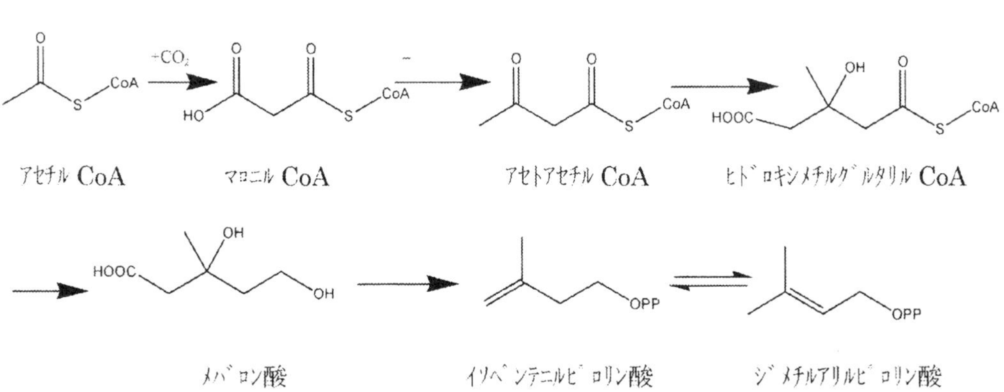

図1　テルペン類の生合成（イソプレン単位の生成）

アセチルCoA　→　マロニルCoA　→　アセトアセチルCoA　→　ヒドロキシメチルグルタリルCoA　→　メバロン酸　→　イソペンテニルピロリン酸　⇌　ジメチルアリルピロリン酸

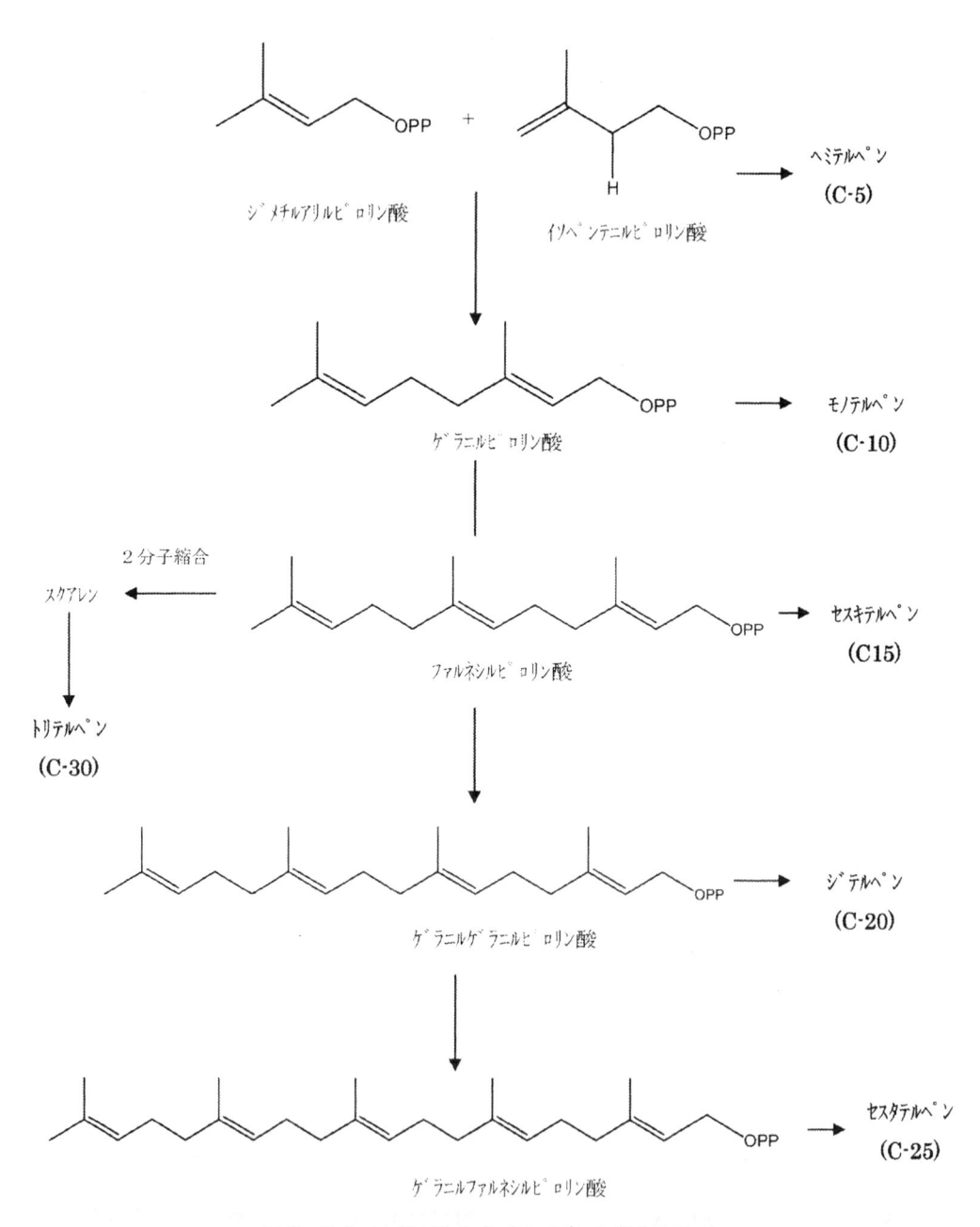

図2 テルペン類の生合成（イソプレン単位の結合）

ルペン類，2つ持っているものはモノテルペン，3つ持っているものをセスキテルペン類，4つ持っているものをジテルペン類，5つ持っているものをセスタテルペン類，6つ持っているものをトリテルペン類，8つ持っているものをテトラテルペン類，それ以上をポリテルペン類と呼ぶ。これまで見出されたテルペン類の中で，骨格の種類が多い順番を以下に示す。セスキテルペン＞

第10章 木材抽出成分の利用

ジテルペン＞トリテルペン＞モノテルペン＞テトラテルペン＞ヘミテルペン＞ポリテルペンの順番であり，セスキテルペン類の骨格の種類が最も多い[1]。

2.4 樹木に含まれるテルペン類

樹木由来のテルペン類としては，葉や材に含まれる精油類や木部に多く含まれている樹脂類がある。このほか，広葉樹の葉部で多く生産されるヘミテルペン類の一種であるイソプレンもある。

2.4.1 精油類

精油類は揮発性が高く，ものの香りを構成しており，モノテルペン，セスキテルペンを主体とする低沸点化合物からなる。表2，表3に代表的な樹木の葉や材に含まれる精油の構成成分を示した[3,4]。精油を構成している物質は50～100種のテルペン類である。樹種によって含まれる物質の種類や含有量が異なるため，それぞれが異なる香りを有している。葉部には材部に比べ揮発

表2 主な葉油の構成成分

樹種名	精油量（mL）*	主要な物質（テルペン類）
スギ	3.1	α-ピネン，サビネン，リモネン，テルピネン-4-オール
ヒノキ	4.0	α-ピネン，β-ピネン，リモネン，テルピネン-4-オール
ヒノキアスナロ	1.4	サビネン，ミルセン，テルピネン-4-オール，α-テルピニルアセテート
サワラ	1.4	δ-3-カレン，α-ピネン，ボルニルアセテート，ミルセン
ネズコ	4.2	フェンコン，フェンシルアセテート，ボルニルアセテート
コウヤマキ	0.7	α-ピネン，トリシクレン，リモネン，スクラレン，カンフェン
アカマツ	0.2	α-ピネン，ボルニルアセテート，β-ピネン，β-フェランドン
カラマツ	0.3	α-ピネン，ボルニルアセテート
トドマツ	8.0	α-ピネン，カンフェン，ボルニルアセテート，リモネン
ツガ	0.8	α-ピネン，カンフェン，ボルニルアセテート
ヒマラヤスギ	0.3	α-ピネン，β-ピネン，ミルセン，α-テルピネオール
トウヒ	1.1	α-ピネン，カンフェン，リモネン，カンファー，ボルニルアセテート
モミ	0.9	α-ピネン，リモネン
クスノキ	2.4	カンファー，リモネン

＊乾燥葉100gあたり

表3 主な材油の構成成分

樹種名	精油量（mL）*	主要な物質（テルペン類）
スギ	0.1～1.0	δ-カジネン，τ-カジノール，トレヨール，クベノール
ヒノキ	1.0～3.0	α-カジノール，δ-カジネン，α-ピネン，α-ムロロール
ヒノキアスナロ	1.0～1.5	ツヨプセン，ウイドロール，セドロール，酢酸ボルネオール
サワラ	0.5～2.0	α-カジネン，α-カジノール，δ-カジノール
ネズコ	0.7～2.0	α-ピネン，カンフェン，フェンケン，ボルネオール
コウヤマキ	0.5～2.0	セドレン，セドロール，α-ピネン
クスノキ	2.0～2.3	カンファー，1,8-シネオール，サフロール，リモネン
アカマツ	1.0～3.2	β-ピネン，ミルセン，リナロール，サビネン

＊乾燥葉100gあたり

性の高いモノテルペン類が多く，材部は揮発性がやや低いセスキテルペン類が多いことが判明しており，したがって葉部の香り成分はフレッシュな新鮮な香りがし，材部の香りは落ち着いた香りがすると言われている。樹木の葉由来の精油では一般的にα-ピネン，β-ピネン，リモネンなどの物質が共通して多く含まれている。材部ではα-ピネンなどのモノテルペン類に加えて，カジネン類などのセスキテルペン類の割合が多いことが特徴である。

2.4.2 樹脂類[5]

樹脂はジテルペンを主体とし，他にセスキテルペン，トリテルペンなどが含まれる。マツの幹を傷つけると滲出してくる粘調性の樹液は「生松ヤニ」であり，一般にこのようにして得られる樹液を天然樹脂と呼んでいる。生マツヤニはマツ科植物から得られる滲出液であり，これまで報告されたマツの種類は約80種類と言われている。今日，最も多く採取している国は中国であり，世界全体の約40％を生産している。生松ヤニは，揮発性のテレビン油と不揮発性のロジンから構成されている。テレビン油に含まれる代表的な物質としてはα-ピネン，β-ピネン，δ-3-カレン，リモネンなどである。第二次世界大戦下の日本では航空機の燃料として松根油の利用に関する研究が行われていたが，松根油とはマツを乾留することにより得られるテレビン油のことである。松根油を採取するときには，タールや木炭も得られる。ロジンは，モノカルボン酸系のジテルペン酸であり，10種類以上の異性体が知られている。代表的なものとしてアビエチン酸がある。ロジンは紀元前の昔から船の塗料として水漏れ防止剤としてや，古代ギリシャでは証明や宗教的儀式に使用されるなど，人々の生活に様々な形で利用されてきた。ロジンが化石となったものは琥珀としても知られている。表4に代表的な天然樹脂を示した。ペルーバルサムは中央アメリカの太平洋岸に多く生育する *Myroxylon pereirae* からの滲出液で，かつては薬用としてインディアンに利用されていた。トルーバルサムは南米に生育する *Myroxylon balsamum* からの滲出液で，せっけん，化粧品香料，チューインガム・アイスクリームなどの食品香料として使用さ

表4 主な天然樹脂類

種類	主な樹種	主な産地	用途
生マツヤニ	*Pinus* 属	アメリカ，中国，ロシア	テレビン油，マツヤニ
カナダバルサム	*Abies balsamea*	アメリカ，カナダ	工学機械，医薬品
コパイババルサム	*Copaifera langsdorfii*	南米，アフリカ	医薬品，塗料
ペルーバルサム	*Muroxylon pereirae*	アメリカ	医薬品
トルーバルサム	*Myroxylon balsamum*	南米，	せっけん，化粧品香料
コンゴーコーパル	*Copaifera demeusii*	コンゴ	塗料
マニラコーパル	*Agathis alba*	フィリピン，インドネシア	塗料
カウリコーパル	*Agathis australis*	ニュージーランド	塗料
ダンマル	*Dipterocarpaceae*	東南アジア	塗料
サンダラック	*Callitris quadrivalvis*	アフリカ，オーストラリア	塗料
アカロイド	*Xanthorrhoea* 属	オーストラリア，タスマニア	香料，医薬品

第10章　木材抽出成分の利用

れている。

2.4.3　イソプレン

　イソプレンは，沸点が40℃以下であり，広葉樹林の葉部から比較的高い割合で放出されることがわかっている（図3）[6]。イソプレンが顕著である点が特徴である[7]。イソプレンは植物が生産し放出する非メタン系揮発性炭化水素（Biogenic Volatile Organic Carbon, BVOC）の一種であり，これらの年間放出量は，推定によると人間活動由来の揮発性炭化水素の年間排出量よりも高いことが示されている。中でもイソプレンの放出量は最大で，全BVOC放出量の50％を占めると推定されている[8]。実に驚くべき数値である。イソプレンを植物がなぜこれだけ大量に放出しているのかは，明確になっていないが，花の開閉シグナル説[9]，窒素循環関与説[10]，抗酸化活性説（対オゾン）[11]，植物葉部の熱刺激緩和説[12]など様々な議論がされている。イソプレンの生物活性についてはほとんど研究例がなく，今後の研究が待たれている。

2.5　テルペン類の利用

　テルペン類の中には機能性に関する研究が進んでおり，様々な効能が見出されているものがある。表5に代表的なテルペン類の効能をまとめて示した。これらも含めて既に医薬品や食品添加剤などとして実用化されている物質も複数ある。本項では実用化が行われているものや可能性の大きいテルペン類について特に紹介を行うこととする。

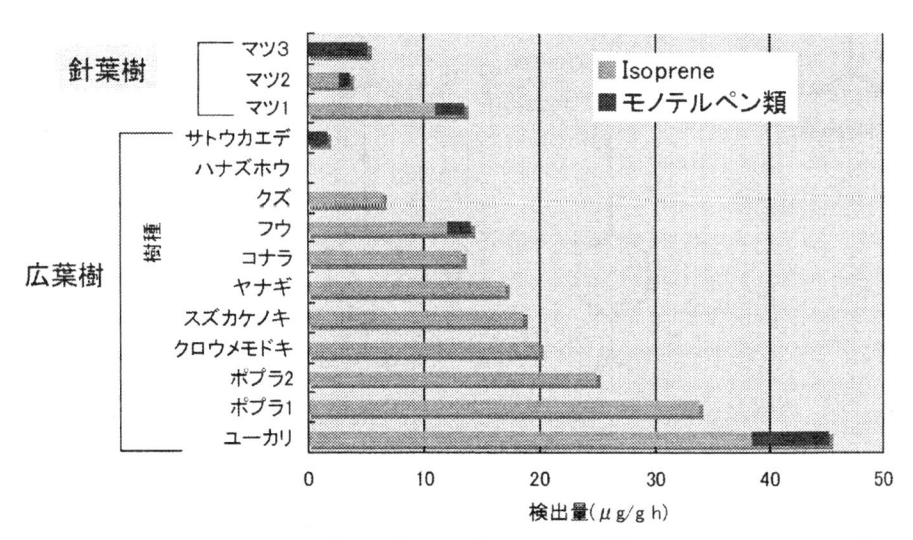

（温度：28℃，照度：1000μE/m²/s）の環境下での実測値

図3　様々な樹種の葉部から放出される揮発性物質

表5 木材由来の代表的なテルペン類の効能

成分	効能	含まれている主な樹種
カンファー	興奮	クスノキ, サワラ, ネズコ
ボルネオール	興奮・血圧低下	トドマツ, サワラ
リナロール	興奮・血圧低下	ヒノキ, スギ, トドマツ
リモネン	殺菌・防腐	ヒノキ, スギ, トドマツ, ヒバ, アカマツ
ツヨン	興奮・血圧上昇	スギ, ヒバ
シネオール	去痰	ユーカリ
α-ピネン	リラックス	スギ, ヒノキ, アカマツ

2.5.1 モノテルペン類

(1) リモネン（I）

リモネン（d体）は，柑橘類の外果皮などの主要精油構成成分でもある単環式テルペン類である。本物質はコレステロール系胆石直接溶解除去作用があり，医薬品の一部に用いられている他[13]，発泡スチロールを溶解する作用があり，本機能を利用したリサイクル化に関する実用化も行われている[14]。精油の機能の一部にホルムアルデヒドに対する消臭作用があり，その機能の1つとしてリモネンなど環状二重結合を有している物質の関与が考えられている（図4）[15]。

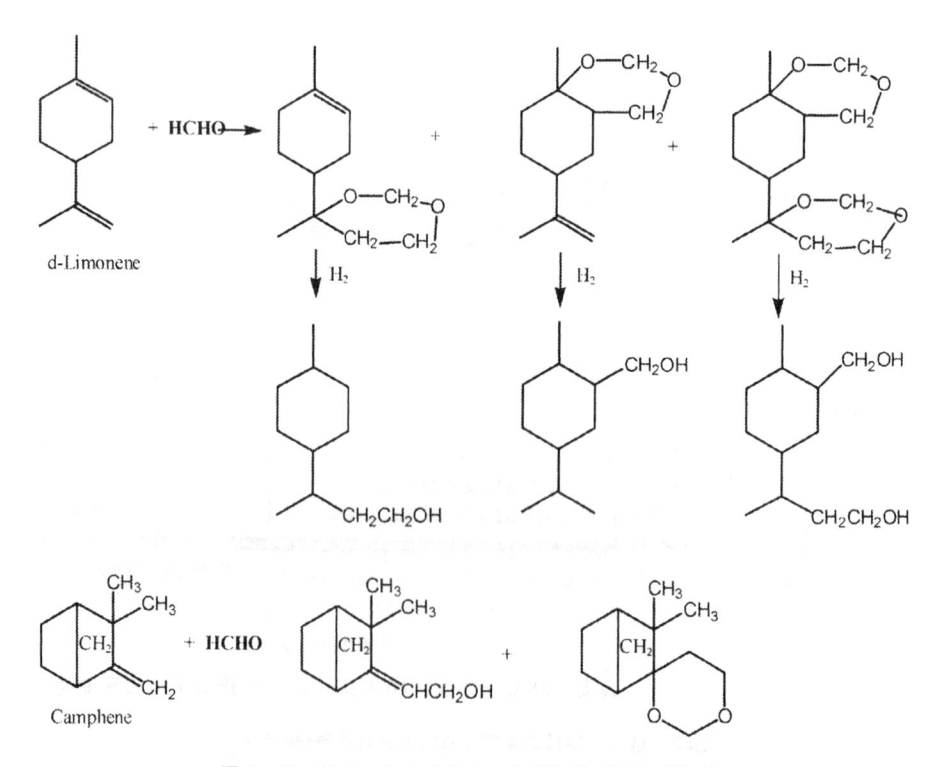

図4 モノテルペンとホルムアルデヒドの反応（推定）

第 10 章　木材抽出成分の利用

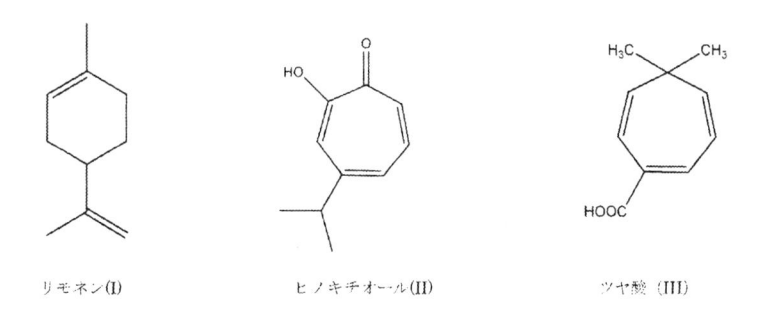

リモネン(I)　　　　ヒノキチオール(II)　　　　ツヤ酸 (III)

(2) ヒノキチオール (II)

　青森ヒバやベイスギの材から最初に見出されたモノテルペンとして著名なものにヒノキチオール（別名 β-ツヤプリシン）がある。ヒノキチオールは野副博士により 1936 年にタイワンヒノキ（*Chamaecyparis taiwanensis*）の心材及び根から見出された物質であり，構造的に自然界には珍しい 7 員環を有する結晶性の物質である。別名である β-ツヤプリシンはベイスギ（*Thuja plicata*）材から見出され，命名された物質であるが，発見当初は異なる物質と考えられていたが，後にそれぞれが機器分析に供された結果，同一物質であることが判明し，今日にいたっている。金属イオンと容易に錯塩を形成し，鉄塩とは著しい着色反応を呈する。光，特に紫外線の照射により分解することも知られている。植物界における分布は主としてヒノキ科の樹種で見出されている[16]。日本のヒノキ材（*Chamaecyparis obtusa*）にも最近になって，その存在が確認されているが，その量は極めて微量である。国内産材では青森ヒバ材（ヒノキアスナロ）（*Thujopsis dolabrata Sieb. et Zucc var. hondae* Makino）中における存在量が比較的多い。ヒバは日本では東北地方に多く分布するが，その産地により含有率には若干であるが差が認められている[17]。また石川県能登地方では現地名でアテと呼ばれる香りや材質等が青森ヒバと類似した材があり，ヒノキチオールの存在も確認されている。アテは生物学的にはヒノキアスナロあるいはアスナロ（*Thujopsis dolabrata*）のどちらかであるとされている。最近では国内のヒノキ材中における存在が科学的に確認され，注目されているが，その存在量は極めて微量である[18]。機能性の高さが特徴であるヒノキチオールは利用に関する研究も多くある[19]。既に多くの特許が出されており，2007 年の調査では，386 件に及ぶ特許出願がされている。代表的な機能としては抗菌性が挙げられる。ヒノキチオールは低濃度で抗菌性を示すこと，一般細菌，真菌類にわたる抗菌スペクトルが広いことが特徴であり，近年医療現場で問題となっているメチシリン耐性黄色ブドウ球菌（MRSA）に対しても抗菌性を有している。応用面では虫歯菌に対する抗菌性も研究されており実用化も行われている。動物実験ではあるが，ヒノキチオールの Na 塩には利尿作用や腎血流の増加作用が認められている。また，毛髪への効果も動物実験等で確認されており，ヘアトニックなどへの応用も研究されている。病虫害への応用についても検討されており，イエシロアリに対

する強い殺蟻性，殺屋内塵性ダニ作用，植物の生長阻害活性，金属プロテアーゼ阻害活性なども見出されている。食品分野においては果実のエチレン発生抑制作用や発芽抑制作用が認められており，鮮度保持を目的とした用途もある。今日のヒノキチオールは化学的に合成されたものも実用化されているが，木材中に含まれるヒノキチオールを抽出・分離して利用する技術も開発されており，自然志向の風潮のもと，天然物としてのヒノキチオールの需要も高い水準を維持している。青森県では天然物としてのヒノキチオールを県主導のもと，取り出す研究も行われている。

(3) ツヤ酸（Ⅲ）

ベイスギ（*Thuja plicata*）材に含まれる物質で，独特な香りを有する。抽出原料となるベイスギの在積量が多く，アメリカ等ではヒノキチオール以上に機能性の高い物質として注目されている物質である。ツヤ酸には抗菌性，殺虫性などの効果も見出され[20]，最近では抗酸化活性も見出されており[21]，様々な分野において実用化が進んでいる。本物質の抗菌性を活かし，特殊な加工技術により繊維と化学反応させることにより得られる抗菌繊維の開発は既に実用化されている[22]。木材からの抽出法の検討も行われ，ツヤ酸を含むトロポロン類を高選択的に抽出可能な条件などが報告されている（図5）[23]。

2.5.2 セスキテルペン類

(1) セドロール（Ⅳ）

香り成分は嗜好性や認知の程度が性差，年齢差，人種等により異なることが知られており，こ

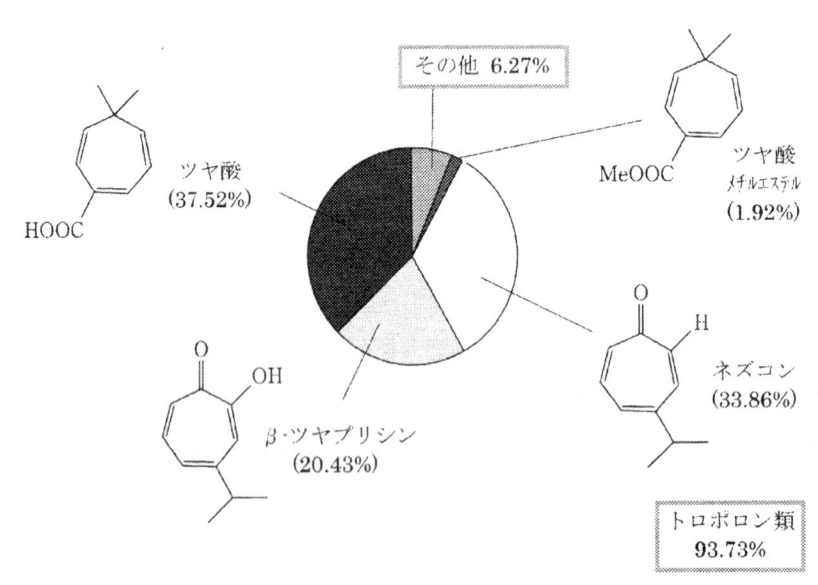

図5 超臨界二酸化炭素抽出法で得られたベイスギ材抽出物の組成
（ツヤ酸をはじめとするトロポロン類が高選択的に抽出可能）

第 10 章　木材抽出成分の利用

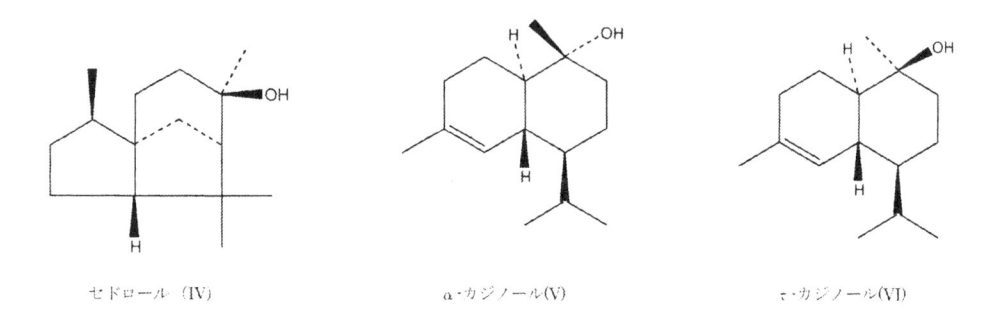

セドロール（Ⅳ）　　　α-カジノール(V)　　　τ-カジノール(Ⅵ)

れらの影響によって香り成分の有する生理学的な効果が全て同様に現れないこともある。そのため香り成分の評価を行うために嗜好性等にとらわれない，微香性の香り物質を用いることもある。例えばヒノキ科のセダーウッドバージニア（*Juniperus virginiana*），スギ科のコウヨウザン（*Cunninghamia lanceolata*），コウヤマキ（*Sciadopitys verticillata*）材等の材に比較的高い割合で含まれるセドロールと呼ばれるセスキテルペンアルコールがある。本物質は昇華性を有する物質であり，純度が高くなればなるほど香りを感じなくなるユニークな特徴を有している。殺蟻性など一部の生物活性が見出されているが，人の生理学的な面での作用を調べた結果によると，セドロールの香りには交感神経系の興奮を抑制し，副交感神経系を優位にする作用があり，さらに精神緊張状態を低下させる効果があることが判明している。また，睡眠への効果として，興奮状態にある心身を積極的に鎮静へと導き，睡眠の導入を改善し，さらに睡眠を維持させる効果があることも明らかにされている[24]。

(2) カジネン類（V）（Ⅵ）

主として木材の精油類に多く含まれている物質であり，抗菌性，殺ダニ性などが見出されており，これらを利用した商品も開発されている。異性体が多く存在し，スギ（*Cryptomeria japonica*）やヒノキ（*Chamaecyparis obtusa*）の材の香りの主要な物質はδ-カジネンである。ヒノキ材の香りには，殺ダニ作用があるが，それらの原因物質としてカジネンの類縁体であるα-カジノール（V），τ-カジノール（Ⅵ）などが見出されており，畳の一部に混入させて利用する技術が開発されている[25]。

2.5.3　ジテルペン類，トリテルペン類

(1) ピシフェリン酸（Ⅶ）

ヒノキ属樹木でヒノキに類似した樹木としてサワラ（*Chamaecyparis pisifera*）がある。この樹木の葉には，新規物質であるピシフェリン酸が含まれている。この物質はマツヤニ成分でもあるアビエチン酸と構造が類似しており，殺ダニ作用，抗菌作用などが見出されている[26,27]。サワラにはピシフェリン酸の類縁体も数多く含まれており，それらにも殺ダニ作用があるとされている。この作用の傾向はピシフェリン酸の酸化の度合いが進んだ構造のものほど，殺ダニ作用が強

ピシフェリン酸(VII)　　　　　フェルギノール(VIII)

く，カルボキシル基の影響が大きいが，フェノール性水酸基の影響は小さいこともわかっている[28]。

(2) フェルギノール（VIII）

スギの樹皮などに比較的割合が多く含まれている物質であることから，樹皮などの廃材の有効利用の観点で注目に値する物質である。抗酸化活性や抗菌作用，殺ダニ作用などが見出されており，特に抗酸化活性は天然抗酸化剤として有名なα-トコフェノールと同程度の作用があることがわかっている[29]。本物質を効率よく利用するために，効率的な抽出・分離法が検討され，超臨界二酸化炭素を用いた抽出及び超臨界二酸化炭素を用いたクロマトグラフィーの併用による方法により本物質の回収率が72％という高い割合で回収可能な条件が見出されている[30]。

(3) パクリタキセル（商品名：タキソール）（IX）

イチイ科植物から得られるジテルペンアルカロイドの一種であり，乳ガンなどに対して強力な抗ガン作用があることが知られており，既に医薬品として実用化されている物質である。作用の詳細は微小管重合阻害作用，P糖タンパク質阻害作用などが確認されている[31]。太平洋イチイ（*Taxus brevifolia*）の樹皮から初めて見出され，その後，葉，材，根，実における存在も確認されている。いずれも存在量が微量であることから化学的な合成法も検討されたが，複雑な構造ゆえ，実用化されていない。植物体からの抽出や組織培養による生産などが研究されている[31]。日本産のイチイ（*Taxus cuspidata* S. and Z.）においてもその存在が明らかにされているが，10年生の幼木の葉における存在量の多さが見出され，幼木を用いた大量生産法も検討されている[32]。

(4) ベチュリン（X）

カバノキ科のシラカンバ（*Betula platyphylla* var. *japonica* Hara）の樹皮に多く含まれるトリテルペン類である。ベチュリン及びその配糖体には殺シロアリ活性[33]，抗菌活性[33]，ヘルペスウイルス増殖抑制作用[33]，魚毒性[33]，抗炎症活性[34]が見出されている。またベチュリンの類縁体であるベチュリン酸には抗発ガンプロモーター抑制活性が見出されており[35]，医薬品原料としての利用も検討されている[36]。

第 10 章　木材抽出成分の利用

ハクリタキセル(IX)　　　　　　　　　　　　　ベチュリン(X)

文　　献

1) J. D. Connolly and R. A. Hill, Dictionary of Terpenoids Vol.1, CHAPMAN & HALL, 653pp (1991)
2) G. H. N. Towers and H. A. Stafford, Biochemistry of the mevalonic acid pathway to terpenoids, Plenum, 341pp (1990)
3) F. Terauchi, T. Ohira *et al., Mokuzai Gakkaishi*, **39** (12), 1421-1430 (1993)
4) M. Yatagai and T. Sato, *Biochemical Systematics and Ecology*, **14** (5), 469-478 (1986)
5) W. Sandermann（荒川守正訳），天然樹脂，テレビン油・トール油，北尾書籍貿易，550pp (1987)
6) R. C. Evans *et al., Bot. Gaz.*, **134** (3), 304-310 (1982)
7) R. A. Rasmussen, *Environmental Science Technology*, **4** (8), 667-671 (1970)
8) A. Guenther *et al., J. Geophy. Res.*, **100** (D5), 8873-8892 (1995)
9) GM Terry, *et al., J. Exp. Bot.*, **46**, 1629-1631 (1995)
10) C. S. White, *J. Chem. Ecol.*, **20**, 1382-1406 (1994)
11) L. F. Mannozzi *et al., Plant Physiol.*, **126**, 993-1000 (2001)
12) TD Sharkey, *et al., Plant Physiol.*, **125**, 2001-2006 (2001)
13) 宮崎利夫編，天然物医薬品学，朝倉書店，265pp (1987)
14) 真邉久始，特開 2001-2828
15) 大平辰朗，谷田貝光克，特許第 3498133
16) 右田伸彦，米沢保正，近藤民雄，木材化学（上），共立出版，461-463 (1968)
17) T. Ohira *et al., Mokuzai Gakkaishi*, **42** (10), 1006-1012 (1996)
18) K. Fujimori, A. Kaneko *et al., J. Essent. Oil Res.*, **10**, 711-712 (1998)
19) 岡部敏弘，斉藤幸司他，青森ヒバの不思議，青森ヒバ研究会出版，245pp (1990)
20) 島本浦，特許第 3523829

21) 大平辰朗,松井直之,逆瀬川三有生,特願 2007-167203
22) 棚橋光彦,勝園進,島本浦,特開 2006-307392
23) T. Ohira *et al.*, *Holzforschung*, **48** (4), 308-312 (1994)
24) 矢田幸博,AROMA RESEARCH, **15** (3/4), 213-222 (2003)
25) 樹木抽出成分利用技術研究組合:樹木抽出成分利用技術研究成果集, 209-222 (1995)
26) H. Fukui, K. Koshimizu *et al.*, *Agric. Biol. Chem.*, **42**, 1419 (1978)
27) M. Yatagai and N. Nakatani, *Mokuzai Gakkaishi*, **40** (12), 1355-1362 (1994)
28) M. Yatagai and T. Takahashi, *Phytochemistry*, **19** (6), 1149-1151 (1980)
29) 小岩井晃他,特開平 63-156881
30) 井上直子,大日向肇,特開平 05-294878
31) M. Suffness, TAXOL Science and applications, CRC Press, 426pp (1995)
32) T. Ohira, Y. Kikuchi, *et al.*, *Mokuzai Gakkaishi*, **42** (12), 1234-1242 (1996)
33) 大原誠資他,バイオマス変換計画研究報告, **27**, 54-73 (1991)
34) 高嶺最土他,油化学討論会講演要旨集, **38**, 160 (1999)
35) 秋久俊博,浮谷基彦,日本大学理工学研究所所報, **95**, 202-203 (2001)
36) J. F. Mayaux *et al.*, *Proc. Natl. Acad. Sci. USA*, **91** (9), 3564-3568 (1994)

3 ロジン

谷中一朗*

3.1 はじめに

　ロジンは松に多量に含まれる松脂の不揮発成分であり，樹脂酸と呼ばれる各種異性体を主成分としたものである。松は石炭や石油と違い，植林により約20年のサイクルで再生可能な尽きることのない資源であり，石油化学品では代替しがたい特性を備えているがゆえに貴重な資源である。聖書の「ノアの箱舟」の話にもでてくるように，紀元前より水漏れ防止剤に使われたり，古代ギリシャでは照明や宗教的儀式に使用されたりなど，古くから人々の生活にさまざまな形で利用されてきた。現在では，戦後の化学工業の発展にともないロジンを多種多様の用途に有用な誘導体へと変化させることが可能となったことをうけて，工業的あるいは学術的にロジン以外の松由来の化学物質も含めて「パインケミカル（＝松の化学）」というひとつの分野を築くに至っている。パインケミカルについては，日本では約20年ほど前に執筆された中野ら[1]，岡部[2]，松尾[3]による総説があったが，最近では岩佐[4]により最新の統計データ，ロジンの新しい適用についてまとめた総説が示された。また，1989年には米国のPulp Chemical Association（PCA）によって過去の文献を取りまとめた形式で総説本が発刊されている（日本語の訳本[5]については1993年に発刊）。

　ロジンは今なおインキ，紙，接着剤，塗料，はんだ，コンクリート，医薬に至るまで人類の生活に欠かすことのできない資源として様々な分野で使用されている。本稿ではそのロジンの種類，化学構造および特性や用途の一部について述べることにする。

3.2 ロジンの種類

　ロジンは製法により，トールロジン，ガムロジン，ウッドロジンに分類される。トールロジンはクラフトパルプ化の工程で木材をアルカリ抽出してセッケンの形で副生する粗トール油を減圧下で精留することにより得られる。この際，トールロジンとほぼ同量のトール油脂肪酸も得られる。なお，トール油脂肪酸は飽和脂肪酸が極めて少なくオレイン酸とリノール酸を主成分とすることを特徴としている。

　ガムロジンは松の幹に切り傷をつけ，そこから流れ出てくる生松脂をろ過精製し，次いで水蒸気蒸留によりテレピン油を除くことで得られる。ウッドロジンは松の切り株のチップから樹脂分を石油ナフサなどの溶剤で抽出し，溶剤とテレピン油を除き暗色の樹脂として得た後，さらにフルフラールで着色成分を溶剤分別することにより淡色のウッドロジンとして得られる。

---

* Ichiro Taninaka　ハリマ化成㈱　中央研究所　開発室長

この3種類のロジンはいずれも炭素数20で1個のカルボキシル基をもつジテルペン樹脂酸が主成分であるが，この樹脂酸以外にもロジンには少量の中性成分と酸性成分（たとえば，トールロジン中の脂肪酸）が含まれており，その組成は松の種類や産地，および製法によって決まる。

3.3 樹脂酸

松の樹脂酸はごく少数の例外を除き $C_{20}H_{30}O_2$ という分子式で表されるモノカルボン酸系のジテルペン酸で構成され，図1に示すアビエタン，ピマラン，イソピマランおよびラブダンという4種類の基本炭化水素骨格群に分類される。なお，これらの基本骨格の番号付与法と系統命名法には種々あるが，今回は現在最も一般的に使用されているRoweら[6]が提唱した方法によって記載した。また，その命名法の一部は1976年のIUPAC暫定推奨規定[7]に盛り込まれている。

アビエタン系，ピマラン系およびイソピマラン系の樹脂酸はC-13位のイソプロピルまたはメチル／エチルが立体配置を有し，またいずれもα-C-1位の位置に1個のカルボキシル基を有しており，二重結合の数と位置が異なるだけである。一般的には2個の二重結合を持っており，それぞれアビアタジエン-18-酸，ピマラジエン-18-酸およびイソピマラジエン-18-酸と呼ぶ。一方，ラブダン系のほとんどの樹脂酸は1個のカルボキシル基と1～3個の二重結合を有しているがあまり一般的ではない。

Pimarene

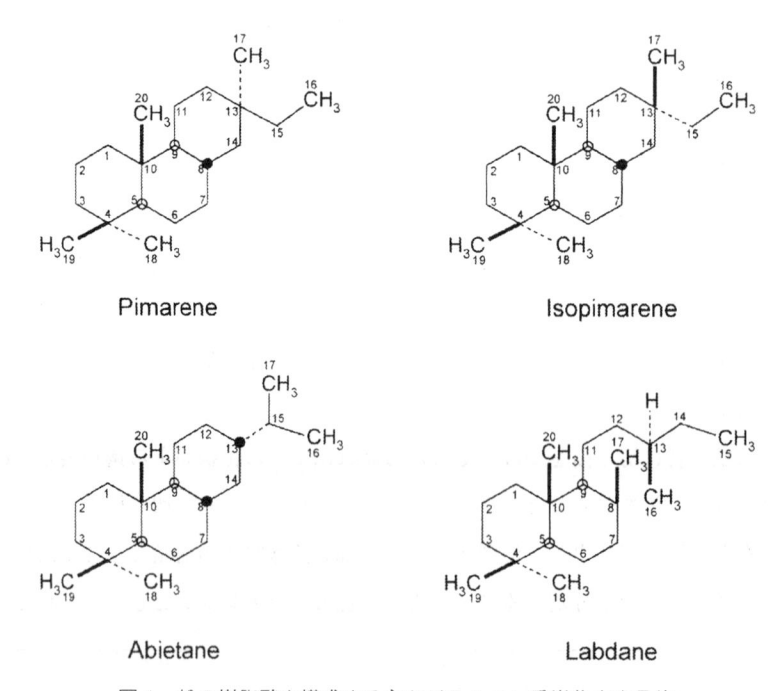

Isopimarene

Abietane

Labdane

図1　松の樹脂酸を構成する主なジテルペン系炭化水素骨格

第10章 木材抽出成分の利用

アビエタン骨格を有する一般的な松の樹脂酸の構造と名称を図2に示す。また，ピマランおよびイソピマラン骨格を有する一般的な樹脂酸の構造と名称を図3に示す。なお，ラブダン骨格を有する松の樹脂酸についてはロジン中の含有率が低く異性体の種類も多いことから構造と名称について示すことは省略するが，松の種類によっては特定のラブダン系樹脂酸が特異的に含有されるという報告がなされている[8,9]。

Abietic　　Neoabietic　　Palustric

Levopimaric　　Dehydroabietic

図2　アビエタン骨格を有する一般的な松の樹脂酸

Pimaric　　Isopimaric　　Sandaracopimaric

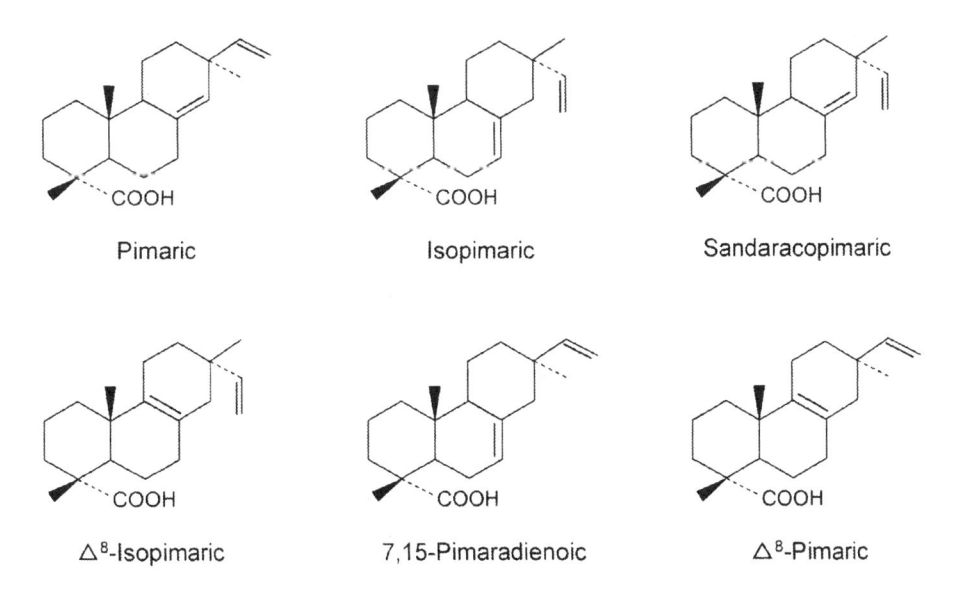

Δ^8-Isopimaric　　7,15-Pimaradienoic　　Δ^8-Pimaric

図3　ピマランおよびイソピマラン骨格を有する一般的な松の樹脂酸

ロジン中にはこれらの樹脂酸が松の種類や産地，ロジンの製法により異なる比率で含有している。工業的にはそれぞれの樹脂酸を分離して使用することはほとんどないが，学術的な研究用や一部の医薬用途などでは主に特定のアミン塩として結晶化させることで各樹脂酸を分離する方法が種々報告されている[10〜19]。また，これらの単離した樹脂酸の融点を測定した結果についての報告[20]もあり，表1にその値を記した。単離された純粋な樹脂酸の多くは結晶性を示し，ロジン中で結晶化した物質は加熱しても再溶融しにくいため取り扱い上問題となる場合が多いとされている。一般に樹脂酸成分の一つがロジン中に25〜30%以上を占めるようになると結晶化が起こる可能性があるが，一般に流通しているロジンは非結晶であり複数の樹脂酸が各々25〜30%以下で含有していることになる。そのため明確な融解転移を示すことはなく比較的広い温度範囲で軟化するというガラスのような性質を示す場合が多い。

さて，ロジン中には種々の樹脂酸が含有されていることを述べたが，各々の樹脂酸の量的分布を調査した結果が報告されている。ここでその一例について触れておく。Zinkel[21]は，米国南部産のトールロジン，ガムロジンおよびウッドロジンにおける代表的な樹脂酸組成を示した（表2）。トールロジンは製造時に多くの熱変性を受けるため，より化学的に安定であるデヒドロアビエチン酸の含有率が高くなっていることが特徴的である。また，Joyeら[20]は松の種類や産地が異なる代表的な生松脂と市販ガムロジンに含まれる樹脂酸組成を示した（表3）。このようにロジンは単一物質ではなく様々な樹脂酸が様々な量的分布をもって存在する混合物質である。したがって，ロジンに工業的二次加工を施すメーカーは，これら種々の樹脂酸の物理化学的性質を十分に把握しておくことが重要であり，産地や製法についてのトレーサビリティーを徹底しているのが実情である。

表1 樹脂酸の融点

樹脂酸	融点（℃）
Pimaric acid	217〜219
Sandaracopimaric acid	173〜174
Palustric acid	162〜167
Isopimaric acid	150〜152
Levopimaric acid	162〜164
Dehydroabietic acid	173〜176
Abietic acid	172〜175
Neoabietic acid	171〜173
Δ^8-Isopimaric acid	106〜107

表2 米国産ロジンに含まれる一般的な樹脂酸の代表組成値
（酸成分中の%値）

樹脂酸	トール	ウッド	ガム
Pimaric acid	4.4	7.1	4.5
Sandaracopimaric acid	3.9	2.0	1.3
Levopimaric acid	—	—	1.8
Palustric acid	8.2	8.2	21.2
Isopimaric acid	11.4	15.5	17.4
Abietic acid	37.8	50.8	23.7
Dehydroabietic acid	18.2	7.9	5.3
Neoabietic acid	3.3	4.7	19.1
Others	12.8	3.8	5.7

第10章　木材抽出成分の利用

表3　代表的な生松脂と市販ガムロジンに含まれる主な樹脂酸（酸成分中の％値）

		Pimaric	Sandara-copimaric	Levo-pimaric	Palustric	Iso-pimaric	Abietic	Dehydro-abietic	Neo-abietic	Others
生松脂	P. elliottii var. elliottii	5.1	1.8	—	37	21	9.7	3.7	16	5.7
	P. elliottii var. densa	3.8	1.9	—	38	21	12	3.7	16	3.6
	P. palustris	5.4	1.1	—	52	10	9.4	8.3	13	0.8
	P. taeda	8.7	2.2	—	64 (Palustric + Isopimaric)		8.6	6.3	9.5	0.7
	P. ponderosa	7.6	2.9	—	40	15	11	8.2	11	4.3
	P. halepensis	—	1.2	—	39	10	37	1.5	9.7	1.6
	P. brutia	—	1.2	—	44	10	32	2.5	10	0.3
	P. pinaster	8.0	2.0	—	39	12	14	4.2	18	2.8
	P. caribaea	4.2	2.2	—	49	8.0	10	8.6	16	2.0
	P. peuce	1.8	1.0	—	12	32	35	0.8	14	3.4
ロジン	米国産	5.4	1.8	1.4	20	14	28	7.1	16	6.3
	ブラジル産	4.7	1.7	0.3	11	18	36	5.4	15	7.9
	中国産	9.2	2.7	—	22	1.5	44	4.3	15	1.3
	フランス産	10	2.2	—	22	7.0	36	4.9	17	0.9
	インド産	9.2	1.5	—	11	20	38	2.0	18	0.3
	メキシコ産	6.8	1.2	0.3	10	13	53	7.8	6.1	1.8
	ポルトガル産	8.8	1.9	—	30	5.3	32	5.1	16	0.9
	ロシア産	7.8	2.4	—	27	5.6	35	5.3	17	—
	スペイン産	8.7	1.5	—	27	—	36	1.9	24	0.9

3.4　ロジンの市場動向[4]

　ロジンの生産量は全世界で年間約118万6,000トン（2003年）であり，ガムロジンが全体の69％を占めており，1999年以降は年率6％で増えたのに対して，トールロジンは30％でほぼ一定である。ガムロジンの生産量の上昇は，中国やインドなどの後進国といわれた国々の凄まじい産業発展にともなうロジン需要の拡大によるところが大きい。一方，トールロジンの生産量が一定である要因としては，トールロジンの製造には大規模な製造設備が必要となり，近年この設備投資が行われていないことによると考えられる。ウッドロジンは全体の1％であり徐々に衰退している[22]。

　生産国はガムロジンを産出する中国が全生産量の49％を占め1999年以降は年率12％で伸びている。次いでトールロジンを主体とする米国が全生産量の19％と続いている。なお，日本では唯一ハリマ化成がトールロジンを年間約2万トン生産している。

　日本国内の推定消費量は年間約9万1,000トン（2006年）であり，最近の10年間は年間9万トン前後でほぼ一定である。国内消費量のうち約70％が中国から輸入されたガムロジンである。図4に国内の用途別消費量を示しているが，国内消費の30％が製紙用サイズ剤，同じく30％が

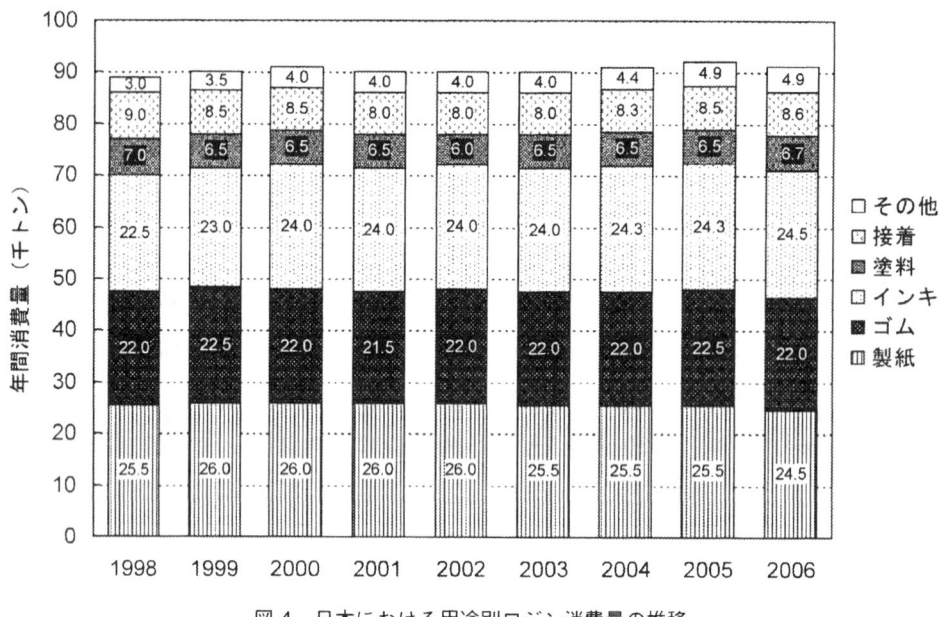

図4 日本における用途別ロジン消費量の推移

印刷インキ用樹脂，24％が合成ゴム用乳化剤，9％が粘接着剤用樹脂である[23]。米国ではロジン（大部分はトールロジン）の22％が粘接着剤用樹脂として使用されている点が日本と大きく異なっている。

3.5 ロジンの変性と用途
3.5.1 化学的性質

ロジンの化学的性質を利用して各種の誘導体が化学工業的に製造され，3.4項で述べた各用途向けの工業製品となって世の中の役に立っている。誘導体を形成させる上で重要なロジンの化学的性質を以下に記す。

① 分子内にカルボキシル基を有しているためエステル化，アルコキシル化，アミド化などの化学変性が容易に行える。

② ロジンの水への溶解力は極めて低い[24]が，ナトリウム，カルシウム，亜鉛，マグネシウム，アルミニウムなどと通常の塩を形成し，金属種によっては水に溶解させることができる。

③ 分子内に共役二重結合を有している樹脂酸を含有するため，ディールス–アルダー付加反応が容易に行える。

④ 分子中に親水性極性基（カルボキシル基）部分と非極性基（大量の炭化水素）部分の両者をもっており両親媒性があるため界面活性作用を有する。

以下の項にこれらのロジンの化学的性質を利用した変性方法とそれら誘導体の具体的用途につ

第10章　木材抽出成分の利用

いて述べる。

3.5.2　ロジン塩

(1)　エマルション重合用乳化剤

　ロジンのアルカリ金属塩は単独あるいは脂肪酸塩と組み合わせて合成ゴムのエマルション重合プロセスにおける乳化剤として使われている。一般的にはロジンに後述する不均斉化反応処理を施し，熱力学的に安定な異性体（すなわち，デヒドロアビエチン酸）へ変性させた後に水酸化ナトリウムや水酸化カリウムと反応させて得られる。得られたロジン塩は水溶性であるが，分子内に多量の炭化水素からなる親油性部をもつため，ゴムの原料である油性モノマーを水中でミセル化させることができる。不均斉化処理を施す理由は，樹脂酸中のオレフィン基が重合の停止反応に作用してしまうからである。

　最初にロジン塩を用いてエマルション重合により商業的に得られた合成ゴムはネオプレン（ポリ-2-クロロ-1,3-ブタジエン）であり1935年のことであった[25]。その後，スチレン-ブタジエンゴム（SBR）の開発にともない急激にこれらのロジン塩の消費が拡大した。現在もSBRおよびクロロプレンゴム（CR）のエマルション重合に必要な乳化剤として世界的に重要な用途となっている。

(2)　グラビアインキ用樹脂

　グラビア印刷に用いられるインキは低粘度で樹脂を比較的低沸点の溶剤に溶解し各種顔料を分散させたものである。その樹脂としてロジンのアルカリ土類金属塩が使用されることが多く，特にカルシウム塩のことを称してライムロジン（もしくはライムレジン）と呼ばれている。また，マグネシウム塩や亜鉛塩もグラビアインキ用樹脂として使用されることがある。これらのロジン塩がグラビアインキに適している理由は，ロジンのもつ界面活性作用のため顔料の分散性が良好であり，かつ溶剤の脱離が迅速で非粘着性（乾性）印刷基材が素早く得られることが挙げられている[26]。

3.5.3　製紙用サイズ剤

　製紙用サイズ剤は，抄紙プロセスで硫酸アルミニウムとともに添加することにより紙に撥水性を付与し，水溶液の浸透を遅らせることでインキ等の滲みを防止することができる。ロジンのもつ撥水性とカルボキシル基が有するアルミニウムイオンとの反応性を利用した用途であり，紙に求められる特性の変化とともにロジン系サイズ剤も発展してきた。ロジンがサイズ剤として機能するプロセスは，まず水溶性のアルカリ金属塩を形成させて紙料水溶液への添加を可能にし，次いで硫酸アルミニウムと反応することで不溶性のアルミニウム塩となる。不溶性となったロジンは沈殿し陽電荷が付与され，陰電荷を有するパルプ繊維表面への吸着と保持が起きるのである。最終的にロジンは疎水性層となって紙の表面に固定され極性液体の浸透を防ぐことになる[27,28]。

このようなプロセスで使用されるロジン系サイズ剤は、アルカリ金属塩のかたちで供給されるためケン化サイズ剤と呼ばれている。ここで使用されるロジンは、共役二重結合を有する樹脂酸に無水マレイン酸のような二塩基酸をディールス－アルダー付加反応により変性して得られる二塩基酸変性ロジン（例えば、無水マレイン酸を付加させた場合はマレイン化ロジン）が一般的である[29]。このように二塩基酸変性ロジンを使用したサイズ剤は、単なるロジン塩と比較してサイズ性が高くなることから強化サイズ剤と呼ばれている。

一方、炭酸カルシウムを填料として使用した紙の抄造系は、従来の酸性から中性へと変化することになるが、この場合、従来のケン化サイズ剤の効果が発現しにくくなる。そこで塩のかたちで水溶液にして紙料水溶液に添加する方法から、変性ロジンを水に分散した状態（すなわち中性ロジンエマルション[30,31]）で添加する方法へと変遷してきており、サイズ性の発現機構については従来のケン化サイズ剤の場合と異なることが最近の研究で明らかとなってきている[32,33]。

3.5.4 油性印刷インキ用樹脂（ロジン変性フェノール樹脂）

油性印刷インキに使用されるロジン変性フェノール樹脂には、ロジンの消費用途では製紙用サイズ剤と並ぶ最も多くのロジンが使用されている。ロジン変性フェノール樹脂は、置換フェノール（特にパラ位の置換フェノール）とホルマリンを酸性条件下もしくはアルカリ性条件下で縮合反応させ、それぞれノボラック型もしくはレゾール型のフェノール樹脂を得た後にロジンの共役二重結合とさらに反応させて得られる。反応機構が複雑であるため分子構造を明確に示すことはできないが、概ね図5のような反応機構である。無数の異性体が存在するためにロジン変性フェノール樹脂はアモルファス性を示し、置換フェノール、ホルマリンおよびロジンの比率を任意に設定することにより、多様な性能特性が得られることになる。

3.5.5 ロジンエステル

ロジンのエステル化は一世紀以上も前から商業的に実施されており、非常に単純なプロセスで目的物が得られる。ロジンエステルは高温でロジンとアルコールとを反応させ、反応副生成物である水を除去する方法で作ることができる。ロジンを高温加圧下でメタノールとエステル化させるとラッカーの可塑剤として使用される液体状のメチルエステルができる。しかし、ロジンは一般的には多価アルコール、すなわち水酸基を2個以上もっているアルコールと組み合わせて用いることが多い。その例としては、エチレングリコール、ジエチレングリコール、グリセリンおよびペンタエリスリトールなどがあげられる[34]。これらすべてのロジンエステルの溶解度パラメーターは8.4～9.0であり各種の炭化水素系溶剤やポリマーに溶解しやすいという特徴がある。

ロジンエステルの主たる用途は粘接着剤に添加する粘着付与剤樹脂（タッキファイヤー）である。粘接着剤の大部分は様々なポリマーやエラストマーで構成されているが、そこへロジンエステルのような非晶性で高相溶性のオリゴマーを添加することで、ポリマーやエラストマーのモ

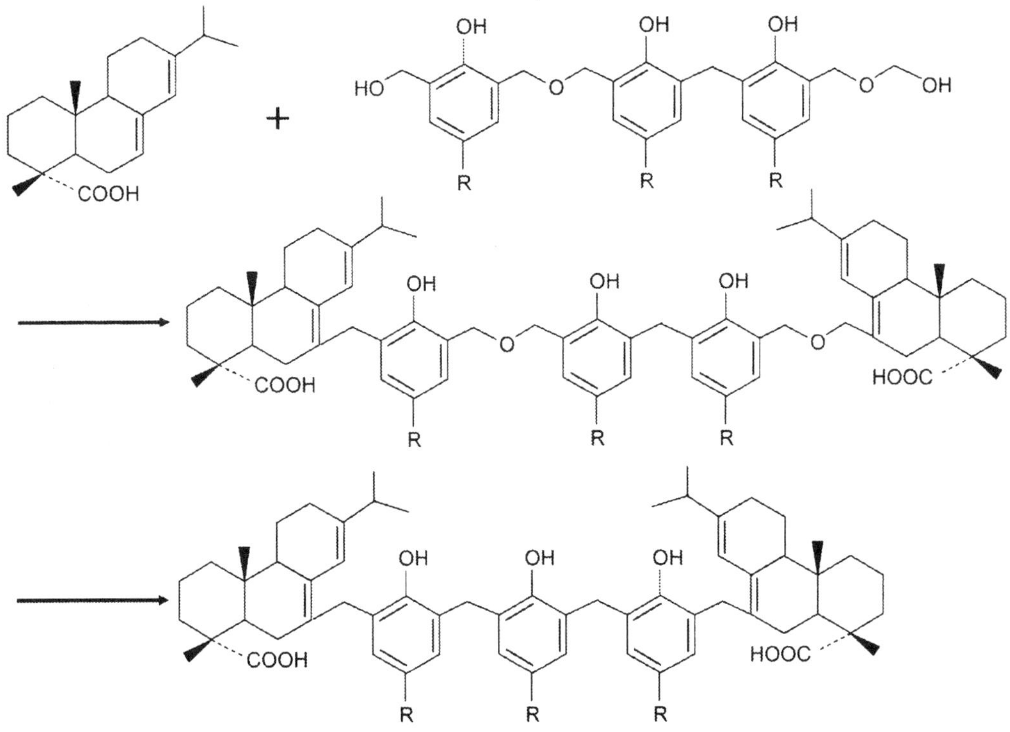

第 10 章　木材抽出成分の利用

図 5　ロジン変性フェノール樹脂の反応機構

ジュラスを変化させてタックを付与させたり接着強度を向上させたりすることができる[35,36]。さらに近年では，環境負荷の低減を目的に各種粘接着剤は水系化に移行しているが，従来のロジンエステルは非水溶性であったため水系粘接着剤に添加することは困難であった。そこで界面活性剤を使用してロジンエステルをエマルション化した粘着付与剤樹脂が商業的に製造[37]されるようになり，またエマルション化された粘着付与剤樹脂の挙動に関する研究[38,39]も盛んに行われるようになったため，市場は拡大してきている。

3.5.6　安定化ロジン

(1) 不均斉化ロジン

アビエタジエン酸の共役二重結合は，ディールス-アルダー付加反応のようなロジン誘導体の製造のための反応に反応部位を提供するとともに，ロジンで最もやっかいな問題の一つである着色の原因にもなっている。ロジンの黄変や変色は酸化によるものであり，ロジンやその誘導体が長時間大気中の酸素にさらされたり，空気の存在下で高温になったりすると起こる現象である[40〜42]。

酸化によるロジンやロジン誘導体の経時的な変質は，商業的には受け入れがたいものであるこ

とは自明であるため，あらかじめ樹脂酸中の共役二重結合を不均斉化することにより酸化を抑制する手法をとっている。高温非酸素共存下で長時間加熱することで安定なロジンを得ることはできるが，同時に不要な脱カルボキシル化反応が起こるため，一般的には種々の金属触媒を共存させて短時間で処理する方法がとられている[43~46]。不均斉化反応で安定化されたロジンは，共役二重結合を反応部位としない用途の原料として一般的に使用されている。

(2) 水素添加ロジン

不均斉化と同様にロジンの酸化を抑制する手段として古くから水素添加により共役二重結合を除去する方法が知られている[47]。共役している第一の二重結合はパラジウム型の触媒下で比較的簡単に水素添加できる[48]が，第二の二重結合は共役の効果がなくなり，さらに立体障害を受けるため水素添加が難しくなる。完全に水素添加されたテトラヒドロ生成物を得るためには貴金属触媒下で高い圧力を加える必要がある[49]。不均斉化ロジンと比較してより酸化に対する抵抗力が高いため，より使用条件の厳しい用途向けにこの水素添加ロジンは使用されることになる。

3.5.7 重合ロジン

硫酸のようなルイス酸触媒下でロジンを加熱するとアビエタジエン酸が重合反応を起こし，安定なロジンの二量体が生成する。これは重合ロジンと呼ばれ，分子内に2個のカルボキシル基を有することと樹脂の軟化温度が非常に高くなることから，商業的に有用なロジンとして古くから製造されている[50~53]。2個のカルボキシル基を有することにより多価アルコールとの脱水反応により容易にポリエステルが形成されることがわかる。近年では，重合ロジンエステルが前述した粘接着剤の用途においてオレフィンフィルムのような非極性被着体への接着性を向上させる粘着付与剤樹脂として注目されている。

3.6 ロジンのその他の用途

3.6.1 はんだへの適用

ロジンの用途としてはんだ用のフラックスがある。ロジンは約170℃で活性となり金属酸化膜（特にCu_2O）を除去する化学作用がある。さらに，はんだ付け後の残渣が不活性で電気絶縁性にも優れているという化学的特徴を有し，はんだ溶融温度とロジンの活性化温度が近接しているという点も相まってはんだ付け用のフラックスとして古くから他に代替ができない材料として使用されてきた。鉛の環境規制とともに鉛フリーはんだが出現してきたが，この鉛フリーはんだにもロジンが適用されている。

3.6.2 ロジンの生物活性

多種多様な構造をもつテルペン類は様々な生物活性をもつことが知られている。テルペン類に属するロジンのアビエチン酸類にも同様に生物活性をもつものがある。谷田貝ら[54]は，ヒノキ属

第 10 章　木材抽出成分の利用

サワラの葉から得られたアビエチン酸骨格をもつピシフェリン酸がヤケヒョウダニ，コナヒョウヒダニに対して強い殺ダニ活性のあることを示した。

また，デヒドロアビエチン酸の誘導体であるスルホデヒドロアビエチン酸塩類が粘膜保護および組織修復型胃潰瘍の治療作用があることが見いだされて医薬品としての承認も受けている[55]。

3.7　おわりに

一般消費者には野球の試合などでボールの滑り止めに使用する「ロジンバック」でロジンということばを耳にする程度であり，世界で年間約 120 万トンも生産されているロジンのことを知る人は残念ながら少ないといえる。しかしながら，地球温暖化が叫ばれ，二酸化炭素の排出を抑制しなければならないという至上命題を解決するひとつの手段として，バイオマス原料であるロジンは有用であるといえる。ロジンが応用される国内市場はほぼ飽和しており，今後も急激に使用量が増えることはないと考えられるが，中国やインドを中心とした後進国の産業発展に伴い世界的な需要は益々増加すると見込まれている。

文　献

1) 中野　茂，内田成美，河野政直，油脂，**34**, No.5, 57 (1981)
2) 岡部省吾，JETI, **36**, No.12, 61 (1988)
3) 松尾宏太郎，日本接着協会誌，**24**, No.3, 22 (1988)
4) 岩佐　哲，JETI, **54**, No.1, 142 (2006)
5) Zinkel, D. F., James Russell 編，長谷川吉弘 訳，"松の化学"(1993)
6) Rowe, J. W., et al., "Common and systematic nomenclature of cyclic diterpenes," Forest Products Laboratory, Forest Service, USDA, Madison, Wis., 57 pp. (1969)
7) Rigaudy, J., Klesney, S. P., "Nomenclature of Organic Chemistry, Sections A, B, C, D, E, F, and H" Pergamon Press, New York (1970)
8) Weissman, G., *Holzforschung,* **28**, 186 (1974)
9) Zinkel, D. F., Toda, J. K., Rowe, J. W., *Phytochem,* **10**, 1161 (1971)
10) Harris, G. C., Sanderson, T. F., *J. Am. Chem. Soc.,* **70**, 334 (1948)
11) Harris, G. C., Sanderson, T. F., *J. Am. Chem. Soc.,* **70**, 2079 (1948)
12) Loeblich, V. M., Lawrence, R. V., *J. Org. Chem.,* **21**, 610 (1956)
13) Baldwin, D. E. Jr., Loeblich, V. M., Lawrence, R. V., *J. Org. Chem.,* **23**, 25 (1958)
14) Harris, G. C., Sanderson, T. F., *Organic Synthesis,* Coll. Vol.IV, 1 (1963)
15) Joye, N. M. Jr., Loeblich, V. M., Lawrence, R. V., *J. Org. Chem.,* **30**, 654 (1965)
16) Halbrook, N. J., Lawrence, R. V., *J. Org. Chem.,* **31**, 4246 (1966)

17) Schuller, W. H., Takeda, H., Lawrence, R. V., *J. Chem. Eng. Data*, **12**, 283 (1967)
18) Halbrook, N. J., Lawrence, R. V., U.S. Patents 3,579,571 (1971)
19) Halbrook, N. J., Lawrence, R. V., U.S. Patents 3,737,453 (1973)
20) Joye, N. M. Jr., Lawrence, R. V., *J. Chem. Eng. Data*, **12**, 279 (1967)
21) Zinkel, D. F. *"Organic Chemicals from Biomass"*, Goldstein, I. S. eds., CRC Press, Boca Raton (1981)
22) Forest Chemicals Review International Year Book, **2003**, 9 (2003)
23) 化学工業日報, 2007年3月1日
24) Nyren, V., Back, E., *Acta Chem. Scand.*, **12**, 1516 (1958)
25) Johnson, P. R., "Polychloroprene Rubber", *Rubber Chem. Technol.*, **40**, 650 (1976)
26) Burachinsky, B. V., Dunn, H., Ely, J. E., "Encyclopedia of Chemical Technology", Vol.13, 3rd ed, pp.374-398, Interscience Publication (1981)
27) Watkins, S. H., *"Internal Sizing of Paper and Paperboard"*, TAPPI Monograph Series, No.33 (1971)
28) Strazdins, E., *Tappi*, **60** (10), 102 (1977)
29) Wilson, W. S., Bump, A. H., U. S. Patent 2,628,918 (1962)
30) 木村吉晴, 浜田正男, 紙パルプ技術協会誌, **46** (1), 56 (1992)
31) 岩佐 哲, 紙パルプ技術協会誌, **53** (2), 176 (1999)
32) 磯貝 明, 紙パルプの技術, **47** (1), 3 (1996)
33) 磯貝 明, 紙パルプ技術協会誌, **51** (4), 612 (1997)
34) "Tall Oil and its Uses", McSweeney, E. E., Arlt, H.G. Jr., Russell, J., eds., Pilp Chemicals Association (1987)
35) Class, J. B., Chu, S., *Polym. Sci. Technol.*, **20**, 87 (1985)
36) Satas, D., *Adhesives Age*, **31** (9), 28 (1988)
37) 水本敏之, 谷中一朗, ファインケミカル, **3**, 27 (2005)
38) 谷中一朗, 木賀大悟, 堀 成人, 竹村彰夫, 小野拡邦, 日本接着学会誌, **42** (4), 129 (2006)
39) 谷中一朗, 木賀大悟, 堀 成人, 竹村彰夫, 小野拡邦, 日本接着学会誌, **42** (8), 317 (2006)
40) Minor, J. C., Schuller, W. H., Lawrence, R. V., *Tappi*, **48**, 548 (1965)
41) Radbil, B. A., Zakharova, R. V., *Gidroliz. Lesokhim. Prom.*, **1985** (4), 8
42) Minn, J., *Thermochim. Acta*, **91**, 87 (1985)
43) Loeblich, V. M., Lawrence, R. V., *J. Am. Oil Chem. Soc.*, **33**, 320 (1956)
44) Sanderson, T. F., 138th Meeting of American Chemical Society, Meeting Abst. p.56 (1960)
45) Ishigami, M., Yamane, K., Agawa, T., Ohshiro, Y., Ikeda, I., *J. Am. Oil Chem. Soc.*, **53**, 214 (1976)
46) Ishigami, M., Inoue, Y., Ohshiro, Y., Agawa, T., *Yukagaku*, **25**, 266 (1976)
47) Brooks, B. T., U. S. Patent 1, 167, 264 (1916)
48) Ruzicka, L., Bacon, R. G. R., *Chim, Acta*, **20**, 1542 (1937)
49) Glasebrook, A. L., Montgomery, J. B., Hoffman, A. N., U. S. Patent 2,776,276 (1975)
50) Rummelsburg, A. L., U. S. Patent 2,108,928 and 2,136,525 (1936)
51) Rummelsburg, A. L., U. S. Patent 2,124,675 (1938)

第 10 章　木材抽出成分の利用

52) Sinclair, R. G., Berry, D. A., Schuller, W. H., Lawrence, R. V., *Ind. Eng. Chem. Prod. Res. Dev.*, **9**, 60 (1970)
53) Parkin, B. A., Schuller, W. H., *Ind. Eng. Chem. Prod. Res. Dev.*, **11**, 156 (1972)
54) 谷田貝光克, 中谷延二, *Mokuzai Gakkaishi*, **40** (12), 1355 (1994)
55) 坪下明夫, ファルマシア, **30** (4), 394 (1994)

4 水溶性パクリタキセル（水溶性タキソール）

三國克彦[*1], 浜田博喜[*2]

4.1 はじめに

パクリタキセル（paclitaxel, 図1(1)）は，米国の国立がん研究所が1958年から1980年まで行った植物由来の抗がん剤検索プログラムの中で発見された抗がん剤である。35,000を超える植物種の抽出物が試験され，1963年にWaniらによってタイヘイヨウイチイ（*Taxus brevifolia*）の樹皮抽出物に抗腫瘍活性が見出され，1971年に，その活性物質としてパクリタキセルの単離・構造決定がなされた[1]。発見当初はタキソール（taxol）と呼ばれていたが，ブリストル・マイヤーズスクイブ社が商標として登録したため，現在は一般名であるパクリタキセルと呼んでいる。

パクリタキセルが製剤化された当初は，原料が不足し盗伐が問題になるほどで，さらに樹皮にパクリタキセルが多く含まれるために，樹皮を樹木から剥ぎ樹木が枯れてしまうことも問題となった。原料不足ということもあり，パクリタキセルの有機合成法による全合成競争に拍車がかかり，1993年にロバート・ホルトンらのグループにより初めて全合成された。しかし，全合成

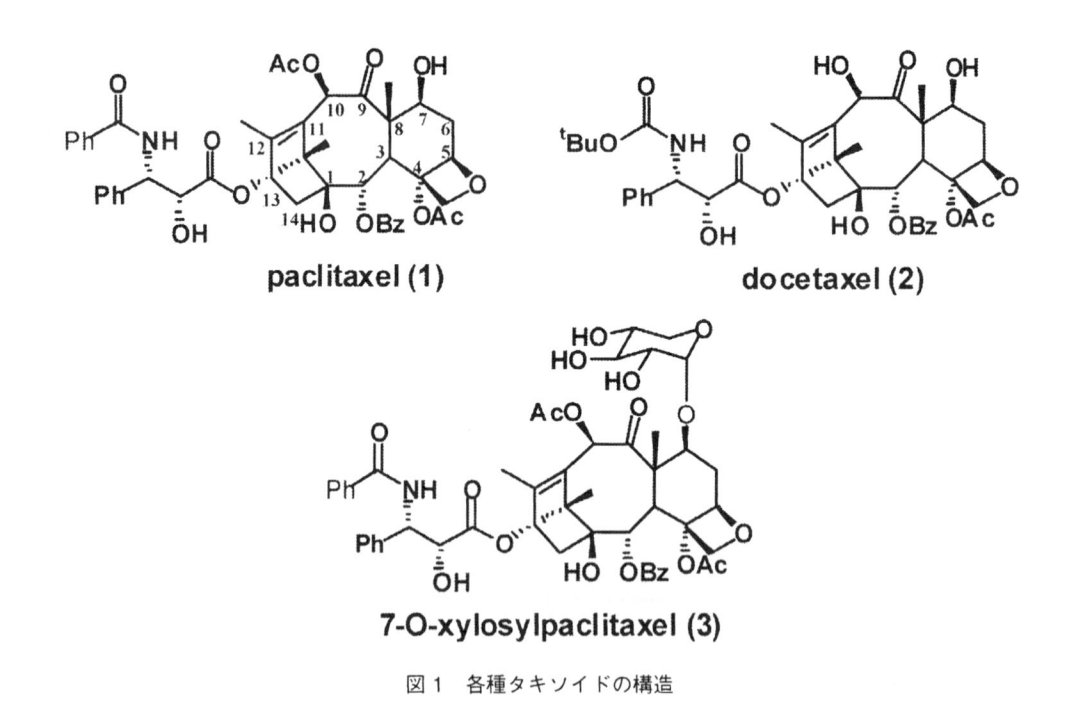

図1　各種タキソイドの構造

*1　Katsuhiko Mikuni　塩水港精糖㈱　糖質研究所　商品企画開発室　室長
*2　Hiroki Hamada　岡山理科大学　理学部　臨床生命科学科　教授

第10章　木材抽出成分の利用

は多くの反応行程が必要でコストが高いため，現在では，医薬品としてのパクリタキセルはイチイの葉よりパクリタキセルの前駆体である10-ジアセチルバッカチンⅢ（10-Diacetyl Bacchatin Ⅲ）を抽出し，側鎖を有機合成法で合成・結合させパクリタキセルを製造している（半合成方法）。

　タイヘイヨウイチイ以外のヨーロッパイチイ（*T. baccata*），中国イチイ（*T. chinensis*），日本イチイ（*T. cuspidata*）等にもパクリタキセルが含まれていることが，明らかになっている。日本では，イチイは木質が密で堅く，腐りにくいことから木工に利用されている。聖徳太子が推古天皇時代に，朝廷官人の序列を示す位階のうち最高位を一位と定め，仁徳天皇の時代に正一位の貴人が持つシャクをイチイの木で作らせたので，それからこの木をイチイと呼ぶようになったと言われている。日本イチイは北海道，本州，四国，九州に生育しており，別名アララギ，オンコとも呼ばれている。漢方では糖尿病の治療薬と用いられており，樹皮，葉，根のいずれの部位も効果があることが知られている。Waniらの発見より前に薬として利用されていたことは，非常に興味深いことである。

4.2　パクリタキセル

　パクリタキセルの作用機序は，有糸分裂の際に微小管を安定化しその脱重合を抑えることによって細胞分裂を抑制するという，他の抗がん剤と異なったユニークなものである[2]。難治性卵巣がん，乳がんに有効で，肺がんや悪性黒色腫などに対する効果も有する[3]抗がんスペクトルが幅広い抗がん剤であるが，難水溶性（$0.4\mu g/ml$）で前投薬が必要など，投与方法や吸収の面で問題を残している。パクリタキセルの側鎖のフェニル基を*tert*-ブチル基に置換し，溶解性が改善されたドセタキセル（docetaxel，図1(2)）でも，水への溶解量は$14\mu g/ml$と決して充分なものではなく，副作用の軽減のために新規誘導体の開発が望まれている。最近では，患者の負担を軽減するために，経口投与できる抗がん剤の開発も望まれている。

　ポリグルタミン酸と結合した水溶性が高いパクリタキセルも開発されているが，筆者らは，パクリタキセルの7位にキシロースが配糖化された7－キシロシルパクリタキセル（7-xylosylpaclitaxel，図1(3)）のチューブリン脱重合阻害活性がパクリタキセルよりも優れている[4]点に着目し，パクリタキセルの溶解性改善ならびに抗腫瘍活性を高めることを目的に水溶性パクリタキセルを開発したので，これに関して説明する。

4.3　配糖化剤

　一般の配糖化法では，結合する糖の1位の水酸基を脱離能の高い官能基に変換した後，各種ルイス酸で活性化する必要がある。しかし，ルイス酸を使用すると酸に不安定なパクリタキセルの

オキセタン骨格が開裂したり，バッカチン骨格の転移が起こる可能性があることから，スペーサーを介して糖を結合する方法を選択した。そこでスペーサーとしてグリコール酸エステルを用い，糖の1位に結合した配糖化剤（図2）の合成に成功した。糖として，グルコース，ガラクトース，マンノース，キシロースのいずれを用いても，それぞれ効率良く配糖化剤が合成できる[5]。

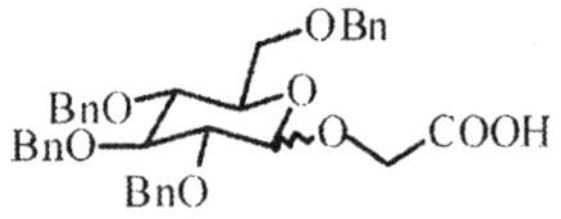

図2 グリコシルオキシ酢酸配糖化剤の構造

4.4 パクリタキセル配糖体

パクリタキセルは，天然に，7位の水酸基に糖が結合した型で存在していることとパクリタキセルの1位の水酸基は反応性が低いため，7位の水酸基に配糖化することを計画した。パクリタキセルの2'位をケイ素（TESCl）によって保護した後，7位に配糖化し，最後に水素添加，ケイ素の脱保護を行うことによって7-GLG-PT（グルコース配糖体），7-GAG-PT（ガラクトース配糖体），7-MAG-PT（マンノース配糖体，7-XYG-PT（キシロース配糖体）をそれぞれ合成した（図3）。

いずれの配糖体もパクリタキセルおよびドセタキセルよりも水に対する溶解度が飛躍的に上昇し，特に7-MAG-PTは103.0μg/mlとパクリタキセルの約250倍の溶解度であった（表1）。チューブリン脱重合阻害活性試験では，7-XYG-PTが121とパクリタキセルより高い活性を示したが（表2），$in\ vitro$におけるP388マウス白血病細胞に対する抗腫瘍試験では，いずれの配糖体もパクリタキセルの1/10以下の効果であった。無細胞系の試験ではパクリタキセルと同程度の活性を示すものの細胞系では活性が落ちることから，パクリタキセル配糖体の細胞内移行性

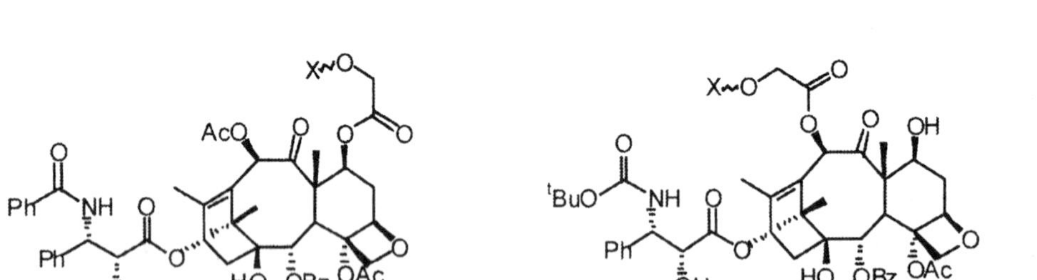

X: glucosyl (7-GLG-PT, **5a**)
galactosyl (7-GAG-PT, **5b**)
mannosyl (7-MAG-PT, **5c**)
Xylosyl (7-xyg-PT, **5d**)

X: α-glucosyl (10-a-GLG-DT, **6a**)
β-glucosyl (10-β-GLG-DT, **6b**)
α-galactosyl (10-α-GAG-DT, **6c**)
β-galactosyl (10-β-GAG-DT, **6d**)
α-mannosyl (10-a-MAG-DT, **6e**)

図3 合成したタキソイド化合物

第10章　木材抽出成分の利用

表1　タキソイド誘導体の溶解度

Taxoid	solubility in water (μg/ml)
paclitaxel	0.4
docetaxel	14
7-GLG-PT	22.6
7-GAG-PT	67.8
7-MAG-PT	103.0
7-XYG-PT	32.4
10-α-GLG-DT	331.5
10-β-GLG-DT	252.9
10-α-GAG-DT	481.7
10-β-GAG-DT	301.4
10-α-MAG-DT	1038.6

表2　タキソイド誘導体のチューブリン脱重合阻害活性

Taxoid derivatives	Depolymerization (%)
Paclitaxel	100
7-GLG-PT	104
7-GAG-PT	117
7-MAG-PT	83
7-XYG-PT	121
10-GLG-DT	131
10-GAG-DT	121
10-MAG-DT	127

が低下していることが示唆され[6]．細胞系でも有効な誘導体の開発が望まれた。

4.5　ドセタキセル配糖体

　パクリタキセル配糖体の結果から，ドセタキセルの10位を配糖化することを計画した。側鎖のフェニルイソセリン誘導体は既知の方法に従って合成した[7,8]。10-ジアセチルバッカチンⅢの7位をケイ素（TESCl）で保護した7-TES体の10位の水酸基に配糖化を行った。続いて，13位の水酸基とフェニルイソセリン誘導体のエステル化を行った後，パラジウム触媒下，ギ酸で処理することによって一挙に窒素上の保護基を外した。窒素にBocをかけた後，水素添加により脱ベンジル化，続いてケイ素の保護を外すことによって10-GLG-DT（グルコース配糖体）を合成した。10-GAG-DT（ガラクトース配糖体），10-MAG-DT（マンノース配糖体）も同様に合成した（図3）。α-アノマーをHPLCで分取し，試験に供した。

　いずれのドセタキセル配糖体もドセタキセルより水に対する溶解度が上昇し，特に10-α-MAG DTは1038.6μg/mlとドセタキセルの約70倍の溶解度であった。また，いずれのドセタキセル配糖体のチューブリン脱重合阻害活性はパクリタキセルの1.2～1.3倍であった（表2）。抗腫瘍活性が最も優れていたのは10-α-GAG-DTであり，*in vitro*における抗腫瘍活性はドセタキセルより低濃度であった。マウスにP388細胞および薬剤を腹腔投与した系での10-α-GAG-DTの抗腫瘍活性は，抗腫瘍活性用量では劣ったが，毒性用量はドセタキセルよりも高く，治療係数としてはドセタキセルと同等であった。このことより，毒性のある界面活性剤を使用せずに投与できる可能性が広がった[9,10]。さらに，これらの配糖体は分解されやすいほど高い抗腫瘍活性を示しており，プロドラッグとして機能している可能性が示唆された。

4.6 おわりに

　我々はパクリタキセル（タキソール）とドセタキセルの水溶化を目的として研究を行い，水溶化に成功した。また一方，サイクロデキストリンを用いてパクリタキセルを水に溶解することができ，特にジメチルβ-サイクロデキストリンが水溶化に効果的であることを明らかにした[11]。いずれの水溶性パクリタキセルもまだ実用化には至っていないが，毒性のある界面活性剤を使用せずに投与できるため，副作用が軽減されることが期待できる。この研究の延長は錠剤化やカプセル化水溶性パクリタキセル（タキソール）とドセタキセルが作られ，がん患者達が楽にがん治療することが可能になる。

　ごく最近，我々はこの一連の水溶性化合物の抗がん剤に抗体を結合させた誘導体を開発して，がん細胞のみを選択的に攻撃して，正常細胞を攻撃しないミサイル療法の実用化の研究を行っている。この研究が成功すれば，これまでの抗がん剤治療の副作用の大問題を克服して，新規な抗がん剤治療法が実用化できる。このような理由から，この一連の研究は今後の抗がん剤治療方法のイノベーションであると確信できる。

謝辞

本研究は倉敷芸術科学大学教授の萬代忠勝先生と東京サプライ㈱社長中島潔氏との共同で行いました。

文　　献

1) Wani, M. C., Taylor, H. L., Wall, M. E., Coggon, P., McPhail, A. T., *J. Am. Chem. Soc.*, **93**, 2325 (1971)
2) Horowitz, S. B., Lothsteia, L., Manfredi, J. J., Mellado, W., Parness, J., Roy, S. N., Schiff, P. B., Sorbara, L., Zeheb, R., *Ann. N. Y. Acad. Sci.*, **466**, 733 (1986)
3) Borman, S., *C & EN*, Sept. **2**, 11 (1991)
4) Lataste, H., Se'nilh, V., Wright, M., Gue'nard, D., Potier, P., *Proc. Natl. Acad. Sci., U. S. A.*, **81**, 4090 (1984)
5) Mandai, T., Okumoto, H., Oshitari, T., Nakanishi, K., Mikuni, K., Hara, K., Hara, K., *Heterocycles*, **52**, 129 (2000)
6) Mandai, T., Okumoto, H., Oshitari, T., Nakanishi, K., Mikuni, K., Hara, K., Hara, K., Iwatani, W., Amano, T., Nakamura, K., Tsuchiya Y., *Heterocycles*, **54**, 561 (2001)
7) Wang, Z.-M., Kolb, H. C., Sharpless, K. B., *J. Org. Chem.*, **59**, 5104 (1994)
8) Kanazawa, A. M., Denis, J.-N., Green, A. E., *J. Chem. Soc., Chem. Commun.*, 2591 (1994)
9) Nakanishi, K., Hara, K., Mikuni, K., Hara, K., Iwatani, W., Amano, T., Nakamura, K.,

第 10 章　木材抽出成分の利用

Tsuchiya, Y., Okumoto, H., Mandai, T., Proceedings 58th Annual Meeting of the Japanese Cancer Association, Vol.90, 1999 Hiroshima
10) Nakanishi, K., Hara, K., Mikuni, K., Hara, K., Iwatani, W., Amano, T., Nakamura, K., Tsuchiya, Y., Okumoto, H., Mandai, T., Proceedings of American Association for Cancer Research, Vol.41, 2000 San Francisco
11) Hamada, H., Ishihara, K., Masuoka, N., Mikuni, K., Nakjima, N., *J. Biosci. Bioeng.*, **102**, 369 (2006)

5 香料

大平辰朗*

5.1 はじめに

　植物の花，蕾，果実，葉，幹，茎，根，天然樹脂などから得られる揮発性の油をそれらの「精」であるという意味で精油（Essential oil）と呼ばれている。精油はイソプレンが2分子結合した形のモノテルペン，3分子結合した形のセスキテルペンとそれらから誘導されるアルコール，アルデヒド，ケトン，エステル等から構成されている。フェノール系化合物やその他の有機化合物を含むことも多い。これらの多くは天然香料として様々な分野で利用されている。天然香料は1500種類ほど知られているが，主に商業取引されているものは150種類ほどである。この内，動物性香料はアンバーグリス，ムスク等の数種類しかなく，ほとんどが植物性香料で占められる。その内，木本性植物を原料としている精油は約40種ある。日本では植物性香料のほとんどを輸入に依存している。輸入している精油の原料となる植物のほとんどが亜熱帯・熱帯地域に生育しており，亜熱帯・熱帯植物は天然香料の宝庫といっても過言ではない（図1）。ここでは，特に木本性植物を原料とする主要な香料についてそれらの起源植物，産地，採取部位，主要成分，用途等について概説する。

5.2 花等から得られる精油類 [1〜3]

5.2.1 イランイラン（Ylang ylang oil）

　バンレイシ科の植物である *Cananga odorata forma genium* から得られる精油である。この樹

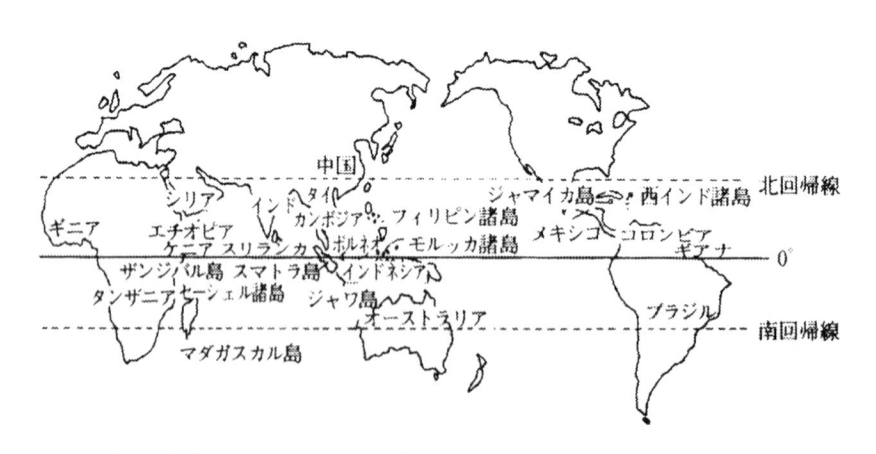

図1　熱帯・亜熱帯地域における植物性香料及び香料採取用樹種の産地

＊　Tatsuro Ohira　㈱森林総合研究所　バイオマス化学研究領域　樹木抽出成分研究室　室長

第10章　木材抽出成分の利用

種の材質は堅いが，もろいのが特徴である。セーシェル諸島，モーリシャス，タヒチ及びフィリピン等で栽培されている。精油はこの植物の花から得られるが，花の種類はピンク色，藤色，黄色のものなどがあり，精油の品質が最もよいものは黄色の花から採油されたものである。特に黄色の花から得る精油の内，水蒸気蒸留の過程で最初に得られる画分が，最も品質が高くイランイランと呼ばれ，この過程の後半の画分はカナンガという名がつけられている。イランイランとは「花々のなかの花」という意味のマレー語の「アランイラン」から由来している。インドネシアには，新婚のカップルが夜をすごすベッドにこの花の花びらをまきちらす美しい風習があることは有名な話である。主成分はリナロール (1)，ゲラニオール (2) であり，用途として石鹸，化粧品等への高級調合香料等がある。

5.2.2　クローブ（チョウジ）(Clove oil)

精油はフトモモ科の樹種である *Eugenia caryophyllata* から得られる。モルッカ諸島とインドネシアが原産地であるが，現在ではマダガスカル島，ザンジバル島，ジャワ島等で多く栽培されている。精油は，花蕾から得る精油 (Clove bud oil)，花茎から得る精油 (Clove stem oil) と葉から得る精油 (Clove leaf oil) があり，含有成分が若干異なっているが，いずれもオイゲノール (3) を主成分としている。精油の内，最も品質のよいとされるのは花蕾油であり，その原料である花蕾は，針のような形をしているので中国では「丁字」，「丁香」といわれており，ヨーロッパでもフランス語ではチョウジの花蕾を意味する「clou」と呼ばれ，英語の「clove」もこれに由来している。用途としては，スパイス，香料等としてのほかに医療用としての用途も有名であり，中国では歯痛剤として用いられている。

5.3　果実等から得られる精油類 [1~3)]

5.3.1　アニス (Anis oil)

セリ科の植物である *Pimpinella anisum* から精油を得る。主な産地はエジプト，チリ，メキシコ，ヨーロッパ等である。灰褐色の果実の水蒸気蒸留により精油が得られ，主成分はアネトール (4)，アニスアルデヒド (5) で，洋酒，菓子，歯磨，調味料，医薬品等に使用している。同じよう

(-)-Linalool (1)　　　Geraniol (2)　　　Eugenol (3)

MeO―⟨benzene⟩―CH=CH―CH₃   MeO―⟨benzene⟩―CHO

Anethole(4)   Anisaldehyde(5)

な名前で香りも似ているスターアニス（Star anis oil）があるが，この精油はモクレン科の植物である *Illicium verum* の種子から得られる。

5.3.2 ジュニパー・ベリー（Juniper berry）

ジュニパー・ベリーは，ヒノキ科の植物である *Juniperus communis* から得られる精油である。ヨーロッパ，北アメリカ，アジア等を原産としている。小さな黄色の花を咲かせ，青色または黒色の液果を実らせ，その液果から精油を採取する。主成分はボルネオール（6），テルピネオール（7），セドレン（8）等である。この精油は，ジンというお酒の香味づけとして使用されていることは有名な話で，ジンという名前はこの木のフランス語名，ジュネブリエまたはジュニエーブルに由来したものである。

5.3.3 ナツメグ（Nutmeg oil）

ニクズク科の植物である *Myristica frograns* の果実のナッツ部（堅果）を水蒸気蒸留することにより精油を得る。西インド諸島，モルッカ島，インドネシア等が主な産地である。ナツメグの木は樹高が14m弱にまで成長する強健な木で雄株1本で20本の雌株に受粉させることができるといわれている。特に果実の種子の仁から得られる精油をナツメグ油，種子の仮種皮から得られる精油をメース油と呼ばれている。主成分はサビネン（9）等であり，用途は食品のスパイス，リキュール，歯科用治療剤，化粧品等である。

5.3.4 ピメンタ（オールスパイス）（Pimenta oil（Allspice oil））

精油はフトモモ科の植物である *Pimenta officinalis* から得られる。原産地は西インド諸島であるが，その他南米，インド等でも生育している。小さな白い花を咲かせ，緑色の果実をつけ，やがて赤褐色に変化する。この果実や葉を水蒸気蒸留することにより精油を得る。得られた精油は2層の油状成分になるが，ピメンタ油とは，両方の画分を混合したものを指す。香気がペッパー

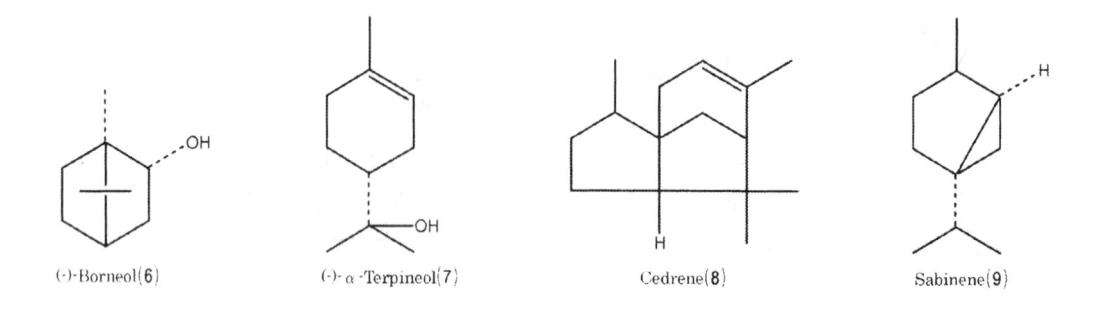

(-)-Borneol(6)   (-)-α-Terpineol(7)   Cedrene(8)   Sabinene(9)

第 10 章　木材抽出成分の利用

Methyl eugenol(10)　　　　Linallyl acetate(11)

やクローブなどに似ているので，別名「オールスパイス」とも呼ばれている。主成分はメチルオイゲノール (10) 等である。西インド諸島ではこの精油を「ピメントドラム」と呼ばれる飲料に使用しており，北欧では食物の香味料として使用している。同属種である *Pimenta racemosa* という植物の葉から得られる精油はベイ（Bay oil）と呼ばれるもので，主成分はオイゲノール (3) である。フレーバーや各種調合香料として利用されている。

5.3.5　ベルガモット（Bergamot）

精油は，ミカン科の植物である *Citrus bergamia* から得ている。この植物は長い緑の葉をつけ，白い花を咲かせ，果実は小さなオレンジ様で，表面にぶつぶつしたへこみがあり，その形はセイヨウナシ型をしており，この果皮を水蒸気蒸留して精油を得ている。主な産地はイタリアとモロッコである。精油の名前の由来は，この木が最初に栽培されたイタリアの小都市「ベルガモ」の名前に由来している。精油の主成分は，酢酸リナリル (11)，リナロール (1) である。ベルガモット油は，アールグレーティーの独特のフレーバーをつけるのに使用したり，オーデコロン，香水，石鹸等の調合香料などに使用する。

5.4　葉，樹皮から得られる精油類 [1〜3)]

5.4.1　ガルバナム（Galbanum oil）

精油は，セリ科の植物 *Ferula galbaniflua* 及びその近縁種の樹皮等から得られる樹脂を水蒸気蒸留することにより得られる。主な産地は，中東，特にイラン，シリア，レバノン等である。神秘的な力を及ぼす薫香として古代から知られており，瞑想を行う時などに使用されていた。旧約聖書の出エジプト記にもガルバナムの使用に関する記述がある。主成分はミルセン (12)，カジネン (13) 等であり，特有のグリーン感を有し，ファインフレグランスに効果的である。使用例としてCHANEL No.19（CHANEL）やfidji（Guy Laroche）などがある。現在ではオリエンタルタイプの香水や医薬品香料，様々な製品の調合香料として使用されている。

5.4.2　カユプテ（Cajaput oil）

精油は，フトモモ科の植物である *Melaleuca leucadendron* から得られ，フィリピン諸島，イ

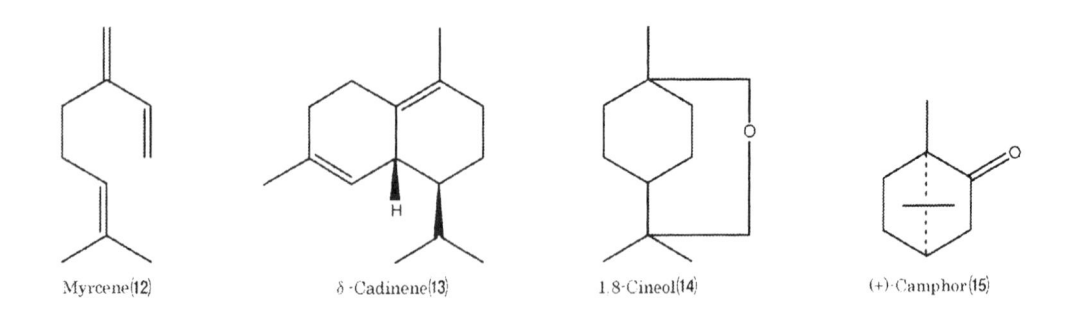

Myrcene(12)   δ-Cadinene(13)   1,8-Cineol(14)   (+)-Camphor(15)

ンドネシア，モルッカ諸島が産地であり，樹皮が白く，幹が曲がっているのが特徴である。マレー語で「カユ・プテ」は白い木という意味であり，別名ホワイティートリーとも呼ばれる。この木は他の木々を締め出して生育することが知られている。カユプテは東南アジアでは料

Safrol(16)

理や化粧品，香水等の成分として利用されていたり，その消毒特性の為にインドや中国では家庭療法に使用されている。精油はこの植物の根，茎等から水蒸気蒸留により得られ，その主成分は1,8-シネオール (14) で，害虫の忌避作用や解毒作用も知られており，トイレタリー香料や医薬用に使用されている。

5.4.3　カンファー（Camphor oil），ホウショウ（Ho leaf oil, Ho wood oil）

クスノキ科クスノキ属の植物から精油を得ている。主な産地は中国，台湾，スリランカ，ボルネオ，日本等である。種類が多く，精油成分に着目して分類した広田らによると，13品種に分けられ，カンファー (15)，リナロール (1)，サフロール (16) 等を精油の主成分とする樹種が知られている。その昔，神々に献じられた木と考えられ，宗教上の目的でよく使われた。中国では船の建造，寺院，仏像等の建立に使用された。中国，日本等にある樟（*Cinnamomum camphora* Sieb.）油は主成分がカンファー (15) であり，かつてはそれらを化学製品の原料としていたが，今日では合成品に完全に移行している。用途としては香料や医薬品，防虫剤等に使用される。日本では合成カンファー (15) が出現する昭和37年ごろまでクスノキから採取する専売制が実施されていた。同属種に芳樟（*Cinnamomum camphora* Sieb. var. *linaloolifera*）があるが，芳樟精油にはカンファー (15) がほとんど含まれず主要成分はリナロール (1) である。産地は台湾や中国等であり，葉から得る芳葉油（Ho leaf oil），木部から得る芳油（Ho wood oil）があり，石鹸や調合香料等に使用される。

5.4.4　グアイアック（Guaiac wood oil）

ハマビシ科の植物である *Guaiacum officinale* L., *G. sanctum* 等の木材部から水蒸気蒸留により精油を得ている。産地は，西インド諸島，南米である。主成分はグアイコール (17)，ブルネソー

第10章　木材抽出成分の利用

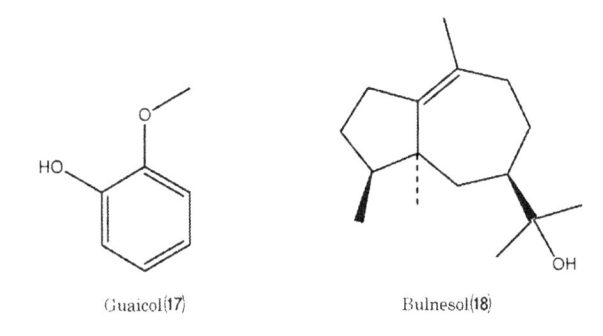

Guaicol(17)　　Bulnesol(18)

ル (18) 等であり，ローズ系の調合香料や各種調合香料に使用されている。

5.4.5 シナモン（Cinnamon oil），カッシア（Cassia oil）

シナモンは，クスノキ科の植物であるCinnamonから得られる精油で，原産地は東南アジアである。以下のような採取対象樹種が知られている。

① *Cinnamomum zeylanicum* Nees：主としてスリランカを中心とした地域に産するセイロンケイヒ。

② *C. cassia* Blume：中国から東インドにかけて産するカッシア。

③ *C. luoreirii* Nees：日本，中国南部，ベトナムなど東南アジアにかけて産するニッケイ。

④ *C. burmanii* Blume：インドネシア，スマトラに産する。この中でスリランカで生産されるセイロンニッケイから得る精油は，最も有名で品質もよい。この精油はCinnamon ceylon bark oilと称し，*C. cassia*より採ったCassia oilとは香り，味共に異なり区別されている。主として樹皮及び葉から精油を得る。主な含有成分は，ケイ皮アルデヒド (19) である。用途としては，食品添加物や，化粧品，石鹸，医薬品等に使用されている。

この他クスノキ科の植物である*Ocotea pretiosa*の材からはリナロール (1) を主要成分とするポアドロース油が得られる。

5.4.6 ユーカリ（Eucalyptus oil）[4]

ユーカリは，フトモモ科の植物で，その種類は非常に多く，600種以上にものぼるが，精油採取の素材として重要なものは約20種類ほどにすぎない。大部分はオーストラリア，タスマニヤ島の特産であるが，ニューギニア，フィリピンなどの近接地域にも分布しており，現在ではブラジル，インド，スペイン，アフリカ等の熱帯，亜熱帯地方で広く栽培されている。ユーカリの語源はギリシャ語で「よくおおった」との意味で，乾燥地によく生育し，成長が早く，材は木材として，葉は精油採取用の原料として重要な資源である。その葉を水蒸気蒸留して得られる精油はユーカリ油として総称されるが，含有成分の点から7個のグループに大別される（表1）。精油の用途としては，香料のほか薬用，洗剤などにも使用されている。特に薬用としては，日本をは

Cinnamic aldehyde (19)　　Piperitone (20)　　α-Phellandrene (21)　　Menth-2-en-1-ols (22)

(±)-Citronellal (23)　　Citral (24)　　Geranyl acetate (25)

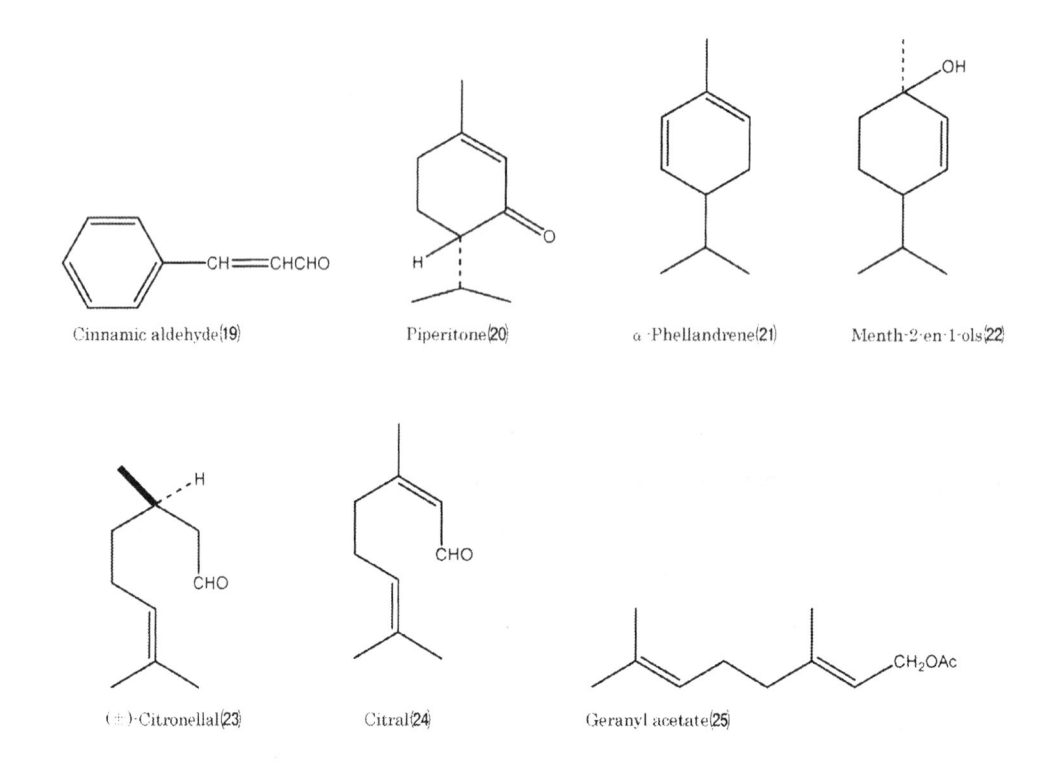

表1　ユーカリ精油の分類（主成分による）

タイプ	樹種	主要物質 （精油中に含まれる割合）	産地
CINEOLE	Eucalyptus globulus E.radiata var. 　australiana E.polybractea E.smithii	1,8-Cineole (14) (70〜80%)	タスマニア，スペイン オーストラリア オーストラリア アフリカ，南米
PIPERITON	E.dives	Piperitone (20) (40〜50%)	オーストラリア
PHELLANDRENE	E.radiata var. 　phellandra	α-Phellandrene (21) (35〜40%)	オーストラリア
MENTHENOL	E.pauciflora E.delegatensis	Menth-2-en-1-ols (22) (20〜30%)	オーストラリア オーストラリア
CITRONELLAL	E.citriodora	(±)-Citronellal (23) (65〜85%)	オーストラリア， ザイール，ブラジル
CITRAL	E.staigeriana	Citral (24) (35〜40%)	セイシャル島，グアテマラ， ブラジル
GERANYL ACETATE	E.macarthurii	Geranyl acetate (25) (70〜80%)	オーストラリア，インド

第10章　木材抽出成分の利用

じめアメリカ，イギリス，ドイツ，中国等で薬局方に収載されている。またユーカリの精油には様々な機能があり，植物の成長制御活性や蚊等の害虫忌避活性物質，抗菌活性物質，抗炎症活性物質，抗マラリア活性物質等が見出されている。

5.5　木材から得られる精油類 [1~3]

5.5.1　サンダル（白檀）（Sandalwood oil）

　サンダルは，ビャクダン科の植物である *Santalum album* L. から得られる精油で，ジャワ島東部からチモールの原産であるが，生産地としてはインドのマイソールからマドラス地方が有名である。その他西インド，西オーストラリア，アフリカ産などもサンダルと呼ばれるが，それぞれ植物分類上は別種であり成分も異なる。マイソール州は特に栽培の中心地であり，一部は材のまま輸出されるものもあるが，大部分はインド国内で水蒸気蒸留され，精油が得られる。本植物は，他の植物の根に寄生して養分を吸収して生育する半寄生性の常緑樹である。一般にサンダルウッドの材は硬く緻密で，持続性のある芳香を有しているので，古くから仏像，彫刻，家具類，数珠，線香等の材料として使用されている。また中国やインドでは薫香として需要がいまだに多く，宗教的な儀式で使用されている。精油は，サンダルウッドの心材や根部を細断後，水蒸気蒸留により得られる。精油の成分としては，サンタロール (26, 27) 含量が多く，その他含酸素テルペン類等で構成されている。用途としてはオリエンタルタイプの調合香料，化粧品等がある。

5.5.2　シーダーウッド（Cedarwood oil）

　木々の名前でシーダーとつくものは，数多くあるが，学問上シーダーというのはマツ科ヒマラヤスギ属（*Cedrus*）の樹種を示し，ヒマラヤシーダー等3種しかない。ところが，実用上「シーダー」と呼ばれているものは，ヒノキ，クロベ，イトスギ，ビャクシン等の針葉樹を総合した総称である。このため，それらから得られる精油もすべてシーダーウッドオイルと総称されており，種類も多岐にわたっている。精油は主に木材から水蒸気蒸留によって得られている。以下に代表的な精油採取樹種を示す。

　①シーダーウッド・バージニア（*Juniperus Virginia* L.）：北アメリカ原産，ヒノキ科ネズミサシ属の常緑樹である。非常に削りやすい材質を有することから，かつては鉛筆の材料として使用されていた。そのため「エンピツビャクシン」などの和名が与えられている。

　②シーダーウッド・テキサス（*Juniperus mexicana* Scheide）：北アメリカから

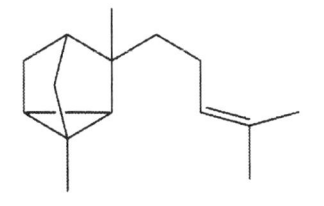

α-Santarol(26) 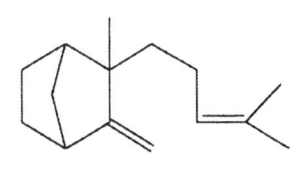　　　　β-Santarol(27)

メキシコまでに分布している。

　③シーダーウッド・チャイナ (*Sabina chinensis* ANT.)：ヒノキ科ビャクシン属の樹種に属する樹種で，中国名で柏木（パイムウ）という。中国原産である。この樹種の精油はシーダーウッドの中でも最も多く採取されている。

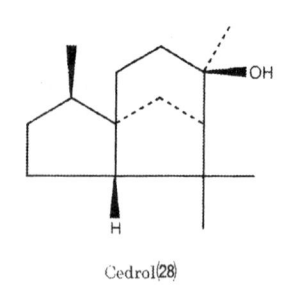

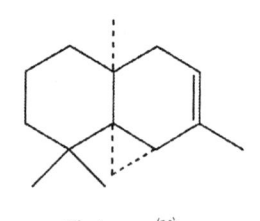

Cedrol (28)

Thujopsene (29)

　④シーダーウッド・アトラス (*Cedrus atlantica* Manetti)：モロッコ原産で，マツ科ヒマラヤスギ属に属する樹種である。

　⑤シーダーウッド・ヒマラヤ (*Cedrus deodra* Loud.)：マツ科ヒマラヤスギ属に属する樹種で別名デオダラシーダーとして知られている。「デオダラ」とはヒンズー語で「神の樹」を意味し，インドでは聖なる樹としてあがめられている。和名はヒマラヤスギ。シーダーウッドは，寺院での薫香として，最も古くから使用されており，古代エジプトではこの精油を特にミイラづくりに使用したとされている。主要な含有成分はセドロール (28)，セドレン (8)，ツヨプセン (29) 等であり，防虫，抗菌作用がある。現在この精油は石鹸やヘアケア製品などの各種調合香料に使用されている。

　また，同じシーダーという名がつくシーダーリーフオイルは，和名ニオイヒバ (*Thuja occidentalis* L.) の針葉から得られる精油を示す。

5.5.3　ローズウッド（ボアドローズ，Bois de rose）(Rosewood oil)

　南米大陸のギアナとブラジルの国境地帯に拡がる広大なジャングルに自生するクスノキ科の植物からローズウッド油は採油する。この精油は世界の香料界にとってリナロールの供給源として有名である。別名のボアドローズは，ローズウッドのスペイン語名である。採油対象となる樹種は，大きく2分される。共にクスノキ科の樹種であるが，材質，得られた精油の特性等が異なっている。一つは仏領ギアナに多く生育している *Aniba rosaeodora* Ducke で，これから採油された精油は採取地の知名にちなんで「カイエンヌ産」ローズウッド油と呼ばれている。材質は，マホガニー調の黄色～赤色の重く堅い幹材であり，精油の主成分は，リナロール (1) であり，壮快でウッディー調の香気を有している。もう一つはブラジルのアマゾナス及びパラ州のアマゾン川周辺に生育している *Aniba rosaeodora* Ducke var. *amazonica* で，採油された精油は「ブラジル産」ローズウッドと呼ばれている。材の色調は灰色がかった黄色を帯びている。精油の主成分は，D体とL体 (1) の混合物で，他にシネオール (14) 類が数％含まれており，カイエンヌ産の精油と比べ香気の点で大きく異なっている。石鹸，化粧品等の調合香料としての用途がある。現在ブ

第10章　木材抽出成分の利用

ラジルでは資源保護の点から伐採量を規制する法律を定めている。

5.5.4　スギ，ヒノキ，ヒバ

　数十年前までは日本国内でも樟脳油，松根油，ハッカ油等が盛んに採取されていた。しかし最近では安価な合成品が入手できるようになったこと，精油採取に要する人件費の高騰が原因で，精油採取が行われなくなったものが多く，規模が縮小されているのが現状である。しかしながら，従来の精油の採取の状況と逆行するように，森林浴などの自然志向の風潮にのって，樹木由来の精油に対する関心が高まり，日本特有のスギ，ヒノキなどの樹木から精油を採取することが盛んになっている。人工物が氾濫する現代社会において，精油類などの自然の素材を生活環境に取り入れる動きは，今後もますます注目を集めると予想される。以下にその代表例の機能を中心に紹介する。

(1) スギ

　スギは国内最大の人工林であり，その材積量も豊富な日本特産の樹種である。その分布は九州，四国から本州では東北地方まで幅広い地域に存在する。材は古くから建築材，家具，樽材等に用いられてきた。その香りはやや酸味を帯びた甘い郷愁を感じさせるものがある。酒樽に使用されたスギ材の香りを尊び，スギ材のアルコール抽出物（木香＝キガ）を酒に添加することも行われていたことがある。また，スギの葉油には殺菌作用があり，炎症性疾患の治療に局所的に適用され[5]，その他鎮咳効果[6]を有することが知られている。この他精油には各種悪臭ガスの消臭作用が認められているが，最近の研究でシックハウス症候群の原因物質の一つと考えられているホルムアルデヒドの除去作用が，各種精油それぞれにあることが見出され，中でもスギ葉油の除去率が高いことが判明している[7]。

(2) ヒノキ

　ヒノキは日本の代表的な針葉樹林の一つであり，九州から四国，東北地方に分布している。ヒノキ材の精油の香りは日本人にとってなじみ深いものであり，床柱や風呂桶などに用いている。その香りには人をリラックスさせる効果などが認められており，その他抗菌活性，殺ダニ活性，消臭作用等が知られている[8]。特に殺ダニ作用についてはヒバを含めた様々な樹種の精油の中でも強い方で，塗布量 $0.6g/m^2$ で殺ダニ活性が50％以上あり，その活性物質の検索の結果 α-カジノール (30)，τ-カジノール (31) が見出されている[9]。これらの物質は一般に揮発性は低い物質であり，約1年経過した材においても持続的に放散することが明らかになっており[10]，効果の持続力という点でも有望な物質である。ヒノキを使用した畳などの開発も進んでいる。

(3) ヒバ

　ヒバは本州の東北地方に多く分布している代表的な針葉樹林である。ヒバ材油に関する研究は古くからあり，材の耐久性の観点から抗菌性成分に関する研究により，ヒノキチオール (32) やカ

279

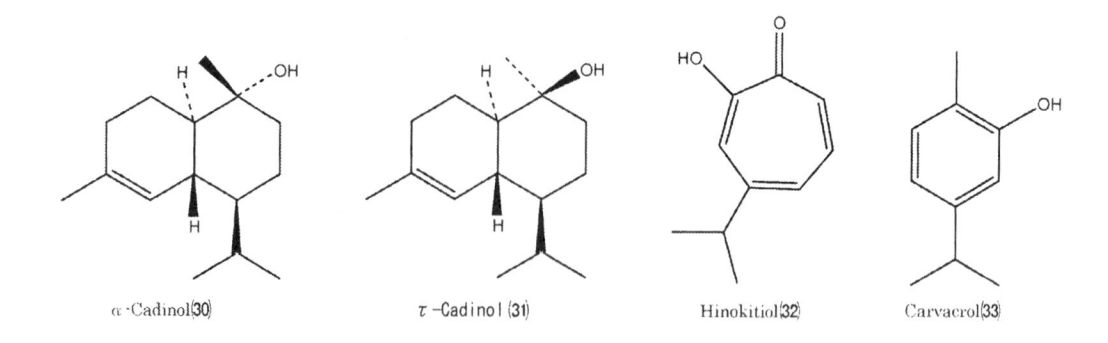

α-Cadinol(30)　　τ-Cadinol(31)　　Hinokitiol(32)　　Carvacrol(33)

ルバクロール (33) などの利用価値の高い物質が見出されている[11]。特にヒノキチオール (32) には多種類の機能があり，大腸菌 O-157, 院内感染の原因菌である MRSA 菌，腐朽菌，虫歯菌などに対する強力な抗菌活性[12]，その他植物成長抑制作用[13]，エチレン生成抑制作用[14]，抗シロアリ活性などがあり[15]，最近では活性酸素の発生に関与するラジカルを捕捉する機能が極めて高いことも報告されている[16]。食品添加物，医薬品などへも利用されており，樹木由来の抽出成分の中でも，利用率の高い物質の一つである。

5.6　おわりに

　香料の基となる精油類は化粧品や食品，医薬品等に限らず，近年ではその様々な機能を生かした農薬，殺虫剤，誘引剤，忌避剤等への利用や，香りの心理的効果を応用した芳香剤，浴用剤，空調機器及び空間演出の香りビジネス，セラミックなどの新素材に香りをつけた商品，香りのついた葉書，絵本，カード等のグッズなどへの利用がなされており，今後益々需要は拡大することが期待されている。しかし天然から得られる精油は，その原料になる資源が有限であるため，精油採取と同時に資源の保護も重要な課題である。そのため天然品に代わる合成香料の開発も盛んに行われているが，自然の生み出す絶妙な香りは人工的につくり出すことは困難なことが多く，天然精油に依存する割合は依然として高いと考えられる。今後は天然精油の原料確保の為にバイオテクノロジーによる大量生産や精油類の効率的な採油方法等に関する研究が今まで以上に必要になるだろう。

文　　献

1)　赤星亮一，香料の化学，380pp, 大日本図書（1986）

第 10 章　木材抽出成分の利用

2) 奥田 治, 香料化学総覧(1), 386pp, 廣川書店 (1980)
3) 日本香料協会, 香りの百科, 507pp, 朝倉書店 (1991)
4) 西村弘行, 未来の生物資源 ユーカリ, 274pp, 内田老鶴圃 (1987)
5) 三澤三和, 木澤元之, 応用薬理, **39** (1), 81-87 (1990)
6) 長谷川千佳, 松永孝之 他, TEAC42 講演要旨集, 24-26 (1998)
7) 大平辰朗, 谷田貝光克, 特許第 3498133
8) 樹木抽出成分利用技術研究組合, 樹木抽出成分利用技術研究成果集, 389-406 (1995)
9) 樹木抽出成分利用技術研究組合, 樹木抽出成分利用技術研究成果集, 209-222 (1995)
10) Y. Hiramatsu *et al.*, *J. Wood Sci.*, **52**, 353-357 (2006)
11) 稲森喜彦, 森田泰弘, AROMA RESEARCH, **2** (2), 137-143 (2001)
12) 松本清一郎 他, 防菌防黴, **22** (5), 265-269 (1994)
13) Y. Inamori *et al.*, *Chem. Pharm. Bull.*, **39** (9), 2378-2381 (1991)
14) F. Mizutani *et al.*, *Phytochemistry*, **48** (1), 31-34 (1998)
15) 中島義人 他, 宮大農報, **19**, 251-259 (1972)
16) Y. Arima, *et al.*, *Chem. Pharm. Bull.*, **45** (12), 1881-1886 (1997)

《CMC テクニカルライブラリー》発行にあたって

　弊社は，1961年創立以来，多くの技術レポートを発行してまいりました。これらの多くは，その時代の最先端情報を企業や研究機関などの法人に提供することを目的としたもので，価格も一般の理工書に比べて遙かに高価なものでした。

　一方，ある時代に最先端であった技術も，実用化され，応用展開されるにあたって普及期，成熟期を迎えていきます。ところが，最先端の時代に一流の研究者によって書かれたレポートの内容は，時代を経ても当該技術を学ぶ技術書，理工書としていささかも遜色のないことを，多くの方々が指摘されています。

　弊社では過去に発行した技術レポートを個人向けの廉価な普及版《CMC テクニカルライブラリー》として発行することとしました。このシリーズが，21世紀の科学技術の発展にいささかでも貢献できれば幸いです。

2000年12月

株式会社シーエムシー出版

ウッドケミカルスの新展開《普及版》　(B1002)

2007年8月31日　初　版　第1刷発行
2012年6月6日　普及版　第1刷発行

監　修　飯塚堯介　　　　　　　Printed in Japan
発行者　辻　賢司
発行所　株式会社シーエムシー出版
　　　　東京都千代田区内神田 1-13-1
　　　　電話 03（3293）2061
　　　　大阪市中央区南新町 1-2-4
　　　　電話 06（4794）8234
　　　　http://www.cmcbooks.co.jp/

〔印刷　豊国印刷株式会社〕　　　©G. Meshitsuka, 2012

定価はカバーに表示してあります。
落丁・乱丁本はお取替えいたします。

本書の内容の一部あるいは全部を無断で複写（コピー）することは，法律で認められた場合を除き，著作者および出版社の権利の侵害になります。

ISBN978-4-7813-0506-6　C3043　¥4400E